"十二五"普通高等教育本科国家级规划教材
住房城乡建设部土建类学科专业"十三五"规划教材
高校建筑环境与能源应用工程学科专业指导委员会规划推荐教材

流体输配管网

（第四版）

付祥钊　肖益民　主编

潘云钢　主审

中国建筑工业出版社

图书在版编目（CIP）数据

流体输配管网/付祥钊等主编. —4 版 .—北京：中国
建筑工业出版社，2018.7（2025.8重印）
"十二五"普通高等教育本科国家级规划教材　住房
城乡建设部土建类学科专业"十三五"规划教材　高校
建筑环境与能源应用工程学科专业指导委员会规划推荐
教材
　ISBN 978-7-112-21774-8

Ⅰ. ①流… Ⅱ. ①付… Ⅲ. ①房屋建筑设备-流体输
送-管网-高等学校-教材 Ⅳ. ①TU81

中国版本图书馆 CIP 数据核字(2018)第 012395 号

　　本书为"十二五"普通高等教育国家级规划教材。

　　本书系统地阐述了通风空调、采暖供热、城市燃气、建筑给水排水、工厂动力
和消防工程等所采用的各种流体输配管网的基本原理和工程计算分析方法。本书总
结了编者和各高校使用前几版的教学经验和教学研究成果，紧跟科技和工程实践的
进展，进一步提炼了各种流体输配管网的共性原理和工程分析方法，加强了管网的
动力源匹配与调节方面的内容。同时进一步改进了文字表述的准确性和清晰性。

　　全书共分 8 章，各章内容为：第 1 章　绪论；第 2 章　流体输配管网的功能与
构成；第 3 章　管流水力特性与枝状管网水力分析；第 4 章　枝状管网水力计算案
例与分析；第 5 章　泵、风机的原理与性能；第 6 章　枝状管网的动力和调节装置
匹配；第 7 章　枝状管网水力工况分析与调节；第 8 章　环状管网水力计算与水力
工况分析。供教学用的环状管网水力计算与水力工况分析软件可通过以下方式下
载：中国建筑工业出版社官网 www.cabp.com.cn→输入书名或 31599（征订号）
查询→点选图书→点击配套资源即可下载。（重要提示：下载配套资源需注册网站
用户并登录）

　　除作为教材外，本书还可供公用设备工程师和其他相关工程技术人员学习参考。

*　　*　　*

责任编辑：齐庆梅
责任校对：刘梦然

"十 二 五" 普 通 高 等 教 育 本 科 国 家 级 规 划 教 材
住 房 城 乡 建 设 部 土 建 类 学 科 专 业 "十 三 五" 规 划 教 材
高校建筑环境与能源应用工程学科专业指导委员会规划推荐教材

流 体 输 配 管 网

（第 四 版）

付祥钊　肖益民　主编

潘云钢　主审

*

中国建筑工业出版社出版、发行（北京海淀三里河路 9 号）
各地新华书店、建筑书店经销
北京红光制版公司制版
北京市密东印刷有限公司印刷

*

开本：787 毫米×1092 毫米　1/16　印张：22　字数：544 千字
2018 年 7 月第四版　　2025 年 8 月第四十次印刷
定价：**56.00** 元（附网络下载）
ISBN 978-7-112-21774-8
（42597）

第 四 版 前 言

从 2001 年 9 月到现在，《流体输配管网》作为建筑环境与能源应用工程（原名：建筑环境与设备工程）专业的主干课程教材，在全国已有 16 年的教学实践。学习了这本教材的学生，毕业后持续不断地进入了工程领域，承担了流体输配管网的设计、施工、调适和运维等工作。老师们的教学实践和毕业生们的工程实践，为本教材的完善和提升，供应了丰富的养料。借此第四版发行之际，首先向他们表示谢意。

近 20 年的专业教学和工程实践，证明当初专业调整中，整合形成流体输配管网这门专业主干课是恰当的。在此缅怀当时领导和组织我们进行专业调整、课程整合的彦启森先生；同时悼念主审《流体输配管网》第一、二、三版的茅清希先生。

流体输配管网是本专业的基本工程设施。任何工程设施都是因为有需求才有其功能，有功能才有其性能。理解这些主从关系，是学习流体输配管网的基础。在流体力学的理论基础上，流体输配管网的工程技术性强于科学理论性。建立基本概念、掌握基本原理当然是前提，但更需要在工程应用领域深入，把握好该技术的工程应用方法。现在社会生活中，随处都会遇见流体输配管网，这为学习提供了非常优越的实践条件。建议同学们在老师的指导下，从关注和运维身边的流体输配管网入手，学习本教材。

我们一直强调教材是编给学生看的，也适当考虑了实际工程技术人员参考的需要。本书的内容，老师授课中不必一一照讲，宜根据教学大纲要求，结合所面对的学生情况，组织教学内容，形成自己的教学风格。为了便于不同教学风格的老师，或不同的教学方案，选择和组织教学内容，第四版调整了部分章节的结构。另外，第四版注意突出各种流体输配管网水力计算的共同原理和基本方法，把具体的计算步骤和细节放入计算案例。这便于学生阅读时把握重点，也便于工程技术人员正确理解和使用实际工程中的水力计算软件。另外，"泵与风机的理论基础"改为"泵、风机的原理与性能"，更确切地概括了该章内容。

重庆大学付祥钊教授负责撰写了新增的第 1 章绪论，并修订了第 2～4 章；重庆大学肖益民教授负责修订了第 5～8 章以及第 1～8 章的思考题与习题；沈阳建筑大学王宏伟教授参与了第 6 章第 2、3、4 节的修订。在本书统稿方面，肖益民教授花费了更多的心血，承担了更多的工作。本书配套 ppt 可发 email 至 *xiaoyimin1974@126.com* 索取。

本书特地聘请工程理论和实践功底均很深厚的潘云钢总工担任主审。潘总在主审中，提出了很多宝贵的意见和建议，使本版教材更好地联系工程实践。在此表示衷心感谢。

感谢一直为本教材付出辛劳的编辑们。

第 三 版 前 言

2005 年 7 月，本教材第二版出版发行，至今已有四年了。

这四年，国家在节能减排方面采取了更加有力的措施，国际上的呼声也阵阵高涨。随着国内外节能工作的逐渐深入，流体输配管网在能源保障和能源消耗方面的重要贡献成为工程界的共识。随着主机和末端在工厂的系列化生产，公用设备工程的设计、施工、调试及运行管理的工作量和难度越来越集中到流体输配管网上，流体输配管网性能成为公用设备工程节能的关键。节能减排要求公用设备工程技术人员更深入地认识流体输配管网的基本原理，研发和掌握新的流体输配管网的设计、施工、调试和运行技术。本教材（第三版）力求满足工程界的这一新需求。工程实践中发现，本专业一些毕业生对流体输配管网的功能缺乏认识和理解，不作功能需求分析就生搬硬套地确定管网类型、装置和关键技术参数，为此，本教材将第 1 章由原第一、二版中的"流体输配管网类型与装置"改为"流体输配管网的功能与类型"，帮助学生理解类型、装置等是由功能需求决定的。

这四年，围绕建筑环境与设备工程专业的教学改革继续深入，不断取得成果。各校逐渐形成有自己特色的课程体系和培养计划。本教材丰富的内容和清晰的层次为适应不同类型的课程安排提供了可能。若在暖通空调等专业课之前讲授流体输配管网，又受学时和学生接受能力的限制，可重点选用本教材的第 1～6 章和第 7 章的第 7.1、7.4、7.5 节，着重学习流体输配管网的功能、基本类型、水力特征与水力计算、匹配和调节的基本原理和基本方法等内容；若在专业课之后讲授流体输配管网，则可略去第 1 章，选用第 2～8 章，在把握好基本原理和基本方法的同时，更加深入学习流体输配管网的水力工况分析和调节。编者仍然推荐在建筑环境与设备工程概论课程之后结合认识实习，指导学生自学第 1章，在专业课之前教学第 2～8 章。

第三版的编写分工与第二版相同。付祥钊、肖益民完成了全书统稿工作。

编者希望使用第三版教材的师生和工程技术人员，随时提出批评和改进意见，慷慨贡献教学和工程经验，以利于本教材的不断完善与提高。

谨此再次感谢本教材的编审和出版工作人员。

2009 年 9 月

第 二 版 前 言

自本教材第一版发行以来，已经在 4 届本科生中使用。各高校"流体输配管网"的任课教师和学生通过教学实践，对本教材的改进提供了许多宝贵的意见和建议。

建筑环境与设备工程学科专业指导委员会对本教材一直给予了高度的重视，将其推荐成为普通高等教育"十五"国家级规划教材，并多次对第二版的编写提出了"提炼共性"的指导性意见。在 2004 年全国高校建筑环境与设备工程专业教学研讨会的总结报告中，指导委员会主任彦启森先生指明：《流体输配管网》要重视"匹配与调节"。

2002、2004 年连续两届全国暖通空调制冷学术年会表现了工程界对流体输配管网理论和工程技术，尤其是"管网动力匹配与调节"的关注，也显露出学校专业教学在这些方面的不足。

编者非常珍视上述的一切，结合自己的教学研究与实践，在第一版的基础上，调整体系，充实内容，改进文字表述。在流体输配管网的功能与组成、分类、管网之间的连接、管网水力特征与水力计算、泵（风机）与管网的匹配、管网水力工况分析与调节等方面努力提炼出共性。将各种管网归纳成开式与闭式、枝状与环状两大分类。通过引入虚拟管道和虚拟闭合的概念，将各种枝状管网统一为闭式枝状管网，建立了通用的枝状管网水力计算方法和水力工况分析与调节方法；通过建立环路共用管路和独用管路的概念，区别压损平衡和阻力平衡；将重力循环管网与机械循环管网的水力计算与水力特征分析方法融会贯通，通过第 5、6、7 章中前后呼应地强调相似工况的概念和应用，澄清管网运行调节中对泵、风机性能参数变化和能耗变化的模糊认识。在第 6、7 章深入研究了枝状管网的基础上，第 8 章以图论为基础，计算机为手段，分析研究了环状管网的匹配与调节。

教材在提炼各种管网的基本原理和基本方法的同时，并未忽视各种管网的特性。清晰地了解气、液、多相流三大类管网不同的水力特征，是流体输配管网工程成功的关键之一。

教材特别指出泵与风机的运行工况、调节阀的调节特性都要受管网或管路特性的影响，要重视掌握泵、风机性能与管网特性的匹配方法以及调节阀的性能与管路特性的匹配方法。

第二版内容比第一版丰富。但不少内容学生自己能看懂，教材上的内容并不需要在课堂上一一讲解。

流体输配管网是各种公用设备工程中形成和发展起来的通用理论与技术，脱离通风空调、采暖供热、城市燃气、建筑给水排水、工厂动力和消防工程等这些具体的工程实际，是讲不好、也做不好的。虽然学生尚未学习专业课，但应该引导他们联系工程实际。作为授课教师则至少必须了解上述工程实际。为此在参考文献中列出了相应参考书。

后续各门专业课教材中，大多编写了管网水力计算、水力工况分析、泵与风机选用等内容。这有利于专业课教材内容体系的完整性。但是，在学了"流体输配管网"课程后，这些内容没有必要在课堂上再一一讲授，可由学生结合《流体输配管网》自己看。为了让学生掌握和应用好流体输配管网的理论和方法，教师还必须做的工作是，在课程设计、综合课程设计或毕业设计中指导学生遵照工程设计规范，借助设计手册，应用所学流体输配管网理论和方法，计算分析具体的工程，优化管网的设计和调节方案。

第二版除主编、主审和各章编写分工与第一版相同外，重庆大学肖益民和主编一起在调整本教材体系、充实内容等方面作了大量工作，并编写了第 7.3、7.5、8.3 和 8.4 节，各章习题，还编制了供教学用的环状管网水力计算与水力工况分析软件。

由于编者的学识和经验有限，第二版仍会存在不足，恳请读者批评指正，以利以后编写更好的第三版。

2005 年 2 月

第 一 版 前 言

"流体输配管网"是建筑环境与设备工程专业的一门主干课程。它专门讲述公用设备工程中各种流体输配管网的工作原理和计算分析方法，以及流体输配管网的动力源——泵与风机的基础理论和选用方法。

本书是在建筑环境与设备工程专业学科指导委员会组织和指导下，为"流体输配管网"课程编写的教材。许多教师为本教材的编写提供了宝贵的意见和建议。《流体力学泵与风机》、《空气调节》、《燃气输配》、《供热工程》、《工业通风》、《锅炉及锅炉房设备》、《建筑给水排水》、《建筑消防工程》、《工厂动力工程》等课程的教材是编写本教材的主要参考文献，其教学实践是本教材内容体系得以形成的基本条件。在此一并表示真诚的敬意和衷心的感谢。

本书由重庆大学付祥钊主编，同济大学茅清希主审。各章编写分工如下：

重庆大学付祥钊编写第 1～4 章；

沈阳建筑大学王岳人编写第 6、7 章；

西安建筑科技大学王元编写第 5 章；

广州大学梁栋编写第 8 章。

编者的学识和经验有限，在贯彻建筑环境与设备工程专业学科指导委员会精神、融汇理论、采纳各种经验和意见等方面，难免有偏差。恳请大家（包括学生们）对本教材的缺点错误予以斧正。

2001 年 5 月

目　　录

第 1 章　绪　　论

1.1　大自然创造的流体输配管网

大自然用了亿万年的时间创造各种各样神奇的生物流体输配管网。这些流体输配管网是自然界生物体正常演替的基本条件之一。

人体是大自然的绝妙创造。人体结构的基本单位是细胞。由简单到复杂，细胞分化形成组织，组织构成器官，各个器官按照一定的顺序排列在一起，完成一项或多项生理活动。各种结构构成若干系统，形成了完美的人体，当它们无故障地协调配合运行时，人体内各种复杂的生命活动得以正常进行，人体处于健康状态。人体有八大系统：运动系统、神经系统、内分泌系统、血液循环系统、呼吸系统、消化系统、泌尿系统和生殖系统。

其中血液循环系统是人体的体液（包括细胞内液、血浆、淋巴和组织液）及其借以循环流动的管道组成的系统。血液循环系统分为心脏和血管两大部分，叫做心血管系统，如图 1-1-1 所示，这是经千百万年进化形成的人体内的流体输配管网之一。它将消化道吸收的营养物质和肺吸进的氧输送到各组织器官并将各组织器官的代谢产物输入血液循环系统，经肺、肾排出体外。血液循环系统有两个相互贯通的环路，肺循环和体循环。肺循环：右心房→右心室→肺动脉→肺部毛细血管网→肺静脉→左心房，肺循环使血液与肺持续不断地进行气体交换，排出二氧化碳，获得氧气，维持供氧能力。体循环：左心房→左心室→主动脉→各级动脉→各级毛细血管网→各级静脉→上/下腔静脉

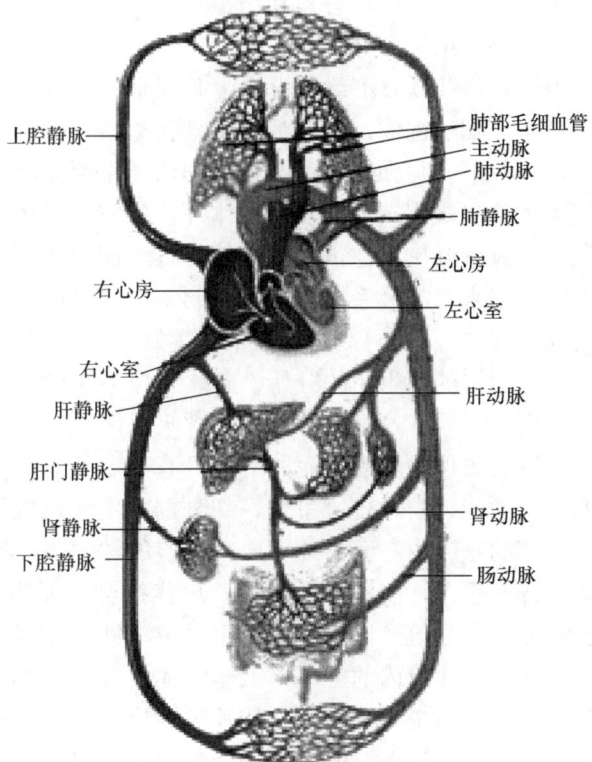

图 1-1-1　人体血液输配管网

→右心房，血液通过体循环将氧输配到身体的各部分，与那里的器官或组织进行质交换，提供氧，带走二氧化碳，维持身体的正常机能。

建筑环境与能源应用工程专业的空调冷水输配系统的构造和功能与此类似，如图 1-1-2所示。空调冷水输配系统也有两个相互贯通的环路，主机（冷水机组）循环和建筑

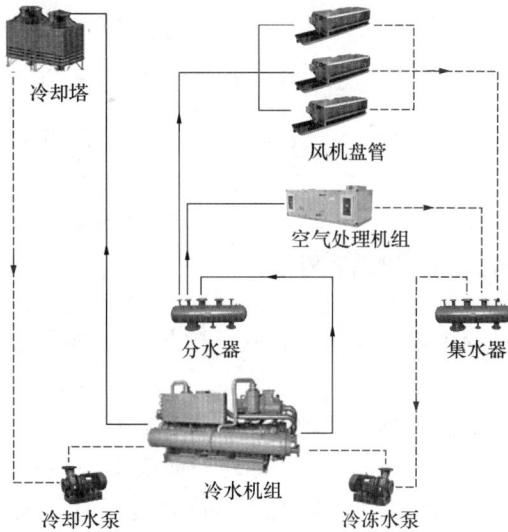

图 1-1-2　空调冷水输配管网

体循环。"主机循环"可类比为肺循环，从建筑内吸收热量而升温的空调冷水，被回水管汇集到集水器，由集水器→主管→冷水循环泵→主机→分水器，已升温的水与主机进行热交换，排出热量，获得冷量，维持供冷能力。右心房右心室是肺循环的动力，冷水循环泵是主机循环的动力。肺使血液维持供氧能力，主机使冷水维持供冷能力。"建筑体循环"可类比为体循环，从主机获得冷量、温度降低具有供冷能力的空调冷水被送入分水器，由分水器→供水干管→支管→建筑内各末端装置（风机盘管、空气处理机组），在末端装置进行热交换，提供冷量，带走热量，使建筑维持所要求的室内环境温度，建筑体内的各末端装置相当于人体的各脏器和组织。

　　人体呼吸系统由鼻、咽、喉、气道、肺及胸廓组成。呼吸道以环状软骨（俗称喉结）下缘为界，环状软骨下缘以上为上呼吸道；环状软骨下缘以下则为下呼吸道。上呼吸道由鼻、鼻窦、咽喉构成。上呼吸道感染就是指这一部分发生了炎症。下呼吸道包括气管和支气管，再往下就是肺脏。呼吸系统的功能主要是吸入体外空气，向体内输送氧气；呼出体内气体，将二氧化碳等废气排出体外。建筑的新风系统吸入建筑外的空气，向建筑内输送氧气；排风系统排出建筑内的空气，将二氧化碳等废污气体排出建筑外。新、排风两个系统功能加起来与呼吸系统相当。控制室内空气质量是调控建筑环境的首要任务。建筑学将建筑物视为"凝固的音乐"，音乐是美妙的，但凝固了就没有生机。新生儿的第一声啼哭，宣告一个独立的新生命的开始；新、排风系统的启动使"凝固"的建筑有了生机。人体的呼吸采用同一器官——鼻；建筑的呼吸采用排风口和新风口两个装置。人体的胸廓具有足够的坚硬度来保护肺脏，而同时又具有一定的活动性，与肺一起，类似风箱，实现了呼和吸的动力功能。新、排风系统，却分别采用新风机与排风机，各自承担新、排风的动力功能。人体的呼吸由一套系统完成；建筑的"呼吸"用了两套系统。现代建筑的"呼吸"系统效果普遍很差，能源消耗很大。现代社会，城市居民 90% 的时间是在建筑内，人的呼吸实质上是由建筑"呼吸"系统和人体呼吸系统共同完成的，建筑新风系统吸入室外空气，人体吸入建筑内的空气；人体将体内废气呼到建筑内，建筑排风系统将其排到室外。建筑"呼吸"系统效果差，人体呼吸效果必然差，建筑新、排风系统是建筑环境与能源应用工程最基本、最普遍的流体输配管网。构建和维护好建筑新、排风系统是当今建筑环境与能源应用工程专业急需解决的难题。人体呼吸系统具有巨大的肺泡表面，以便与血液系统之间进行氧气和二氧化碳的气体交换。空气进入肺泡，与肺泡周围毛细血管内的血液进行气体交换，使氧气进入血液，由血液系统输配到身体的各部位；血液中的二氧化碳进入肺泡中，由呼吸系统排出体外。这是人体最重要的两大流体输配管网之间的质关联。可惜，人工的建筑"呼吸"系统不具备这样的质关联，新风输配管网必须直接将室外空气输配到建筑的各室内空间；排风管网必须直接从建筑的各室内空间捕集废污气体，将其排出建筑之外。

人体的流体输配管网各组成部分的功能是相辅相成的，其中任何一部分发生了障碍都将或多或少地对整个机体功能产生影响。建筑的流体输配管网也是如此，任何局部的故障都将影响整个功能的实现。但是前者的多数损伤或障碍，可以通过自愈机能修复或消除，维持正常运行。后者没有前者的这种自愈机能，任何微小的损伤或故障，若不及时修理与维护，迟早会影响正常运行。这是生物流体输配管网与机械流体输配管网的重大区别。本教材研讨的是机械流体输配管网，但这并不妨碍我们去想象怎样使后者具有前者的机能。

植物的流体输配管网也很神奇。植物通过蒸腾作用提供水分和矿物质上升的动力。蒸腾作用是水分从活的植物体表面（主要是叶子）以水蒸气状态散失到大气中的过程。与物理学的蒸发过程不同，蒸腾作用不仅受外界环境条件的影响，而且还受植物本身的调节和控制，因此它是一种复杂的生理过程。植物幼小时，暴露在空气中的全部表面都能蒸腾。蒸腾作用的过程如下：土壤中的水分在根压作用下进入根毛→根内导管→茎内导管→叶内导管→叶肉细胞→气孔→大气。这些植物的机体和组织结构形成了流体输配管网。蒸腾作用的生理意义有下列三点：（1）蒸腾作用是植物对水分的吸收和运输的一个主要动力，特别是高大的植物，假如没有蒸腾作用，由蒸腾拉力引起的吸水过程便不能产生，植株较高部分也无法获得水分。（2）矿质盐类（无机盐）要溶于水中才能被植物吸收和在体内运转，蒸腾作用是水分吸收和流动的动力，矿物质随水分的吸收和流动而被吸入并分布到植物体各部分中去。所以，蒸腾作用对这两类物质在植物体内的输配都是有帮助的。（3）蒸腾作用能够降低叶片的温度。太阳光照射到叶片上时，大部分能量转变为热能，如果叶子没有降温的本领，叶温过高，叶片会被灼伤。蒸腾过程中，水变为水蒸气带走大量热量，降低叶片表面温度。影响蒸腾作用的外界因素有，（1）光：光促进气孔的开启，蒸腾增加。（2）水分状况：恰当的水分有利于气孔开放，过多的水分反而使气孔关闭。（3）温度：气孔开度一般随温度的升高而增大，但温度过高失水增大也可使气孔关闭。（4）风：微风有利于蒸腾，强风蒸腾降低。（5）CO_2浓度：CO_2浓度低促使气孔张开，蒸腾增强。树木的生长发育是靠树根吸收水分和养分，进而通过叶片的光合作用制造碳水化合物，供应枝干、根系等。树木的流体输配管网，主要是树心和皮层。一般情况下，树皮侧重于运输水分和养分，树心侧重于运输叶片制造的光合产物。它们的职能在不同的季节会发生一定的变化，比如说春季，主要是为向上、向外的生长扩展服务，运输水分和养分；秋天则是以积累储存碳水化合物为主（主要是枝干、根系、果实和种子）。

树木复杂的流体输配管网，由无数根毛通过树干和树枝将水输送并分配到亿万的树叶细胞中，又将光合作用所制造的碳水化合物输送到各个部位去消耗和贮藏。所依靠的输配管道是木质部的导管和韧皮部的筛管等，动力是叶片的蒸腾力、根压力和树干中水的内聚力。树木的流体输配管网比动物和人体的优越，对于人工的流体输配管网而言，更是无与伦比。它的流体输配动力遍布全身，不但确保流体在亿万细胞中按需分配，而且能承受损毁性的打击，只要有肢体存在，即使残缺的部分，也能构成有效的流体输配功能，使树木的残肢断体得以新生，再次生长发育成新的完美植株。以心脏为流体输配主动力的动物和人体血液输配系统，一旦心脏受到损毁，整个系统瘫痪，难以维系生命。人工的流体输配管网则更显脆弱，不止泵与风机等动力设备出现故障后不能运行，即使是局部问题，也会造成整个输配功能失调。树木的流体输配管网还有一个神奇之处，它从几十米深的根梢将流体输送到几十米高的树梢叶片，没有噪声、没有振动，悄无声息。

建筑的机械流体输配管网功能与动植物、人体内的生物流体输配管网类似。但是，在功能和性能水平两方面，大自然亿万年进化的成就是人工望尘莫及的。人类流体输配管网工程要想建成仿生物类型的流体输配管网，除了学习仿生学外，基础理论需要从机械流体力学扩展到生物流体力学，材料方面需要发展生物材料。

建筑环境与能源应用工程专业可以从自然界获取灵感，推动流体输配管网的科技进步。

1.2　人类创造的大规模流体输配管网工程

尽管人类的工程创造远远比不上大自然的造化，但其成就对人类社会进步的意义仍是伟大的。人类的生存与发展，离不开水、空气等流体的输送与分配。人类早期用于输配流体的工具是竹筒、陶罐、皮囊等。由于这些容器的输配功能极为有限，不能长距离持续性大规模地进行，那个时期的人类必须临水而居。待到发明了管道，组成了输配水的管网，人类才有了在更广阔的区域上生存发展的条件。这些流体输配管网，正如人体呼吸系统、心血管系统等维系人体健康一样，维系着人类社会的生存和发展。各种流体资源与人类需求在空间分布上的不完全一致，是流体输配管网产生和发展的根本原因。当它们正常运行时，除建筑环境与能源应用工程专业和其他一些相关专业外，社会往往忽视其存在，但当它们出现故障时，社会即刻就会出现困境，甚至陷入灾难之中。建筑环境与能源应用工程等专业担负着建设和维护管理流体输配管网、保障社会正常生存发展的重任。

当今世界，有三大不同规模等级的流体输配管网，建筑的、城区的和地域（包含若干城市，甚至若干国家）的，同一规模等级内还可进一步细分。

建筑的流体输配管网在建筑内输送和分配水、空气等清洁流体，或从建筑的各个位置收集和输送污染或使用后的流体，排出室外。一般的现代建筑都需配置供水管网、通风管网、燃气管网、排水管网、消防排烟管网等。现代医院等功能复杂的建筑还需配置氧气输配管网等，保障抢救和医治病人的需求。工业厂房内还要配置工业生产所需的各种动力管网，如蒸汽管网等。

城区的流体输配管网，人们感受最直接的是城市给水管网、燃气管网、热力管网和排污管网、排雨洪管网等。其中，热力管网以水、蒸汽等流体为热媒，通过对这些流体的输送和分配，满足城区各种热用户的要求。世界上城区热力管网先进的有美国、俄罗斯、英国、德国、法国、芬兰、波兰、丹麦、瑞典等国家。俄罗斯全国城市 70% 的热量由城区的管网输配，莫斯科整个城区的热力输配管网的干线总长超过 3000km。瑞典的城市热力输配管网总长达 6400km。北京热力集团的流体输配管网长度约 1400km，以水为热媒供热，是中国最大的城市热力管网。该管网为提高北京市民生活水平，保障政府机关和社会各机构的正常运转，改善城市环境，发挥着重要的作用。

地域规模的流体输配管网，对国家和国际社会的安危影响最直接的是石油、天然气长输管网。中东的石油输配管网为全世界所关注，它的正常与否关系世界的安宁。天然气是清洁能源，天然气燃烧后的二氧化硫、粉尘的排放量接近为零，二氧化碳的排放量也很低。天然气的开发利用是世界能源发展的一个重要方向，世界各发达国家都抓紧了对天然气的开发利用。不如人意的是，天然气的产地与使用地大多不重叠，甚至相距万里。大规模建设和运营天然气输配管网是新能源时代的必备条件。当今，欧盟的天然气输配管网有188.47万km，美国的天然气输配管网达358.547万km。跨国、跨洲的天然气输配管网，不但能保障世界各国安度寒冷的冬天，更是全球实现可持续发展的需要。

我国现有天然气输配管网48.85万km。其中最值得一提的是西气东输管网。

我国西部地区天然气资源比较丰富，约占全国天然气总资源量的60%，特别是新疆塔里木盆地蕴藏着丰富的油气资源，其中天然气资源量8万多亿m³，占全国天然气总资源量的22%。我国西部地区的塔里木、柴达木、陕甘宁和四川盆地蕴藏着26万亿m³的天然气资源，约占全国陆上天然气资源的87%。塔里木北部的库车地区的天然气资源量有2万多亿m³，是塔里木盆地中天然气资源最富集的地区，具有形成世界级大气区的开发潜力。塔里木盆地天然气的发现，使我国成为继俄罗斯、卡塔尔、沙特阿拉伯等国之后的天然气大国。而在西部对资源的需求不大，这一严重的供求不平衡，是我国"西气东输"工程得以产生的现实基础。启动"西气东输"工程是把西部的天然气资源优势变成西部经济优势的大事。它不仅能有效地将新疆地区的天然气资源转化为现实的经济资源，造福新疆各族人民，而且能为沿线省、自治区、直辖市经济社会发展提供清洁的能源，有助于改善我国的能源结构，减少大气污染，提高人民生活质量，是适合我国国情的必然选择。实施西气东输工程的结果表明，该工程促进了我国能源结构和产业结构调整，带动了东、西部地区经济共同发展，改善了长江三角洲、珠江三角洲及管网沿线地区人民生活质量，有效治理了大气污染。"西气东输"工程，建设了覆盖全国疆土的天然气输配管网，并和国际天然气输配管网相连。"西气东输"工程形成的天然气输配管网是我国地域规模等级的流体输配管网的代表。

"西气东输"工程一线，西起新疆塔里木轮南油气田，向东经过库尔勒、吐鲁番、鄯善、哈密、柳园、酒泉、张掖、武威、兰州、定西、西安、洛阳、信阳、合肥、南京、常州等大中城市，终点为上海。东西横贯新疆、甘肃、宁夏、陕西、山西、河南、安徽、江苏、上海等9个省区，全长4200km，上游气田开发、主干管道铺设和城市输配管网总投资超过3000亿元，年设计输气量120亿m³，设计压力为10MPa。全线采用自动化控制，供气范围覆盖中原、华东、长江三角洲地区。迄今年输配天然气能力已逾120亿m³。

"西气东输"工程二线，西起新疆的霍尔果斯，经西安、南昌，南下广州，东至上海，途经新疆、甘肃、宁夏、陕西、河南、安徽、湖北、湖南、江西、广西、广东、浙江和上海13个省、自治区、直辖市。干线全长4859km，加上若干条支线，管道总长度超过7000km。二线管网开辟了西气东输的第二供气通道，增强了我国天然气输配管网的安全性和可靠性。二线管网主供气源为引进土库曼斯坦、哈萨克斯坦等中亚国家的天然气，国内气源作为备用和补充气源。与土库曼斯坦签署协议，通过已经启动的中亚天然气管网，每年引进300亿m³天然气，在霍尔果斯进入西气东输二线管网。二线管网是确保国家油气供应安全的重大骨干工程。它将中亚天然气与我国经济最发达的珠三角和长三角地区相连，同时实现塔里木、准噶尔、吐哈和鄂尔多斯盆地天然气资源联网，有利于改善我国能源结构，保障天然气供应，促进节能减排，推动国际能源合作互利共赢。该工程由中国石油天然气集团公司独资建设，对管径、设计压力等工艺方案及市场分配方案进行了优化比选，并开展板材、制管、施工机具等科研攻关工作，完成了工程可行性研究和管网设计，于 2008 年全线开工，2010 年建成通气。据专家测算，西气东输二线管网建成，每年可替代 7680 万 t 煤炭，减少二氧化硫排放 166 万 t、二氧化碳排放 1.5 亿 t。

西气东输三线工程，路线确定为从新疆通过江西抵达福建，把俄罗斯和中国西北部的天然气输往能源需求量庞大的长江三角洲和珠江三角洲地区。

1.3　建筑环境与能源应用工程中的流体输配管网

1.3.1　流体输配管网在专业中的作用

建筑环境与能源应用工程的基本任务是为人类的生存与发展提供必需的建筑环境，同时高效应用各种能源，保护城市环境和全球生态环境。完成这一任务，首先需要向建筑内有人的空间输送新鲜空气。当室内空间划分简单时，可以通过开启的外门窗，直接向室内空间输送新鲜空气。随着建筑规模的扩大，室内空间布局日渐复杂，加上室外新鲜空气采集位置的限制，由外门窗直接向室内各空间输送新鲜空气非常困难，尤其是那些位于建筑内区、没有外门窗的房间。这就需要为建筑构建输送和分配新鲜空气的管网系统——新风系统，保障各建筑空间都能获得所需的新鲜空气。同时，还得捕集各室内空间的废气和污染气体，将其排出室外，这又需要构建具有该功能的建筑排气管网。

第二，为了人体健康，使人感受到舒适，能够高效地工作，建筑环境温度需要维持在大约 16~28℃ 范围，空气相对湿度需要维持在大约 40%~70% 范围。由于室外全年季节和天气的变化，建筑围护结构的得热或失热，室内人员设备的散热散湿等原因，如果不采取一定的措施，一年中会有部分时间，建筑环境内的温湿度会超出上述范围。工程上通常在建筑环境内各空间设置具有热湿交换功能的末端装置，当空间温湿度将超过上述范围的上界时，该空间的末端装置从室内空气与环境中吸收相应的热量或水蒸气量，使温湿度下降，保持在要求的范围内；在这一过程中，末端装置必须及时排走吸收的热湿量，才能持续保持吸收能力。反之，当温湿度将要达到下界时，末端装置向室内送出相应的热量或水蒸气量，使温湿度回升，维持在要求的范围内；这时必须向末端装置源源不断地提供热量和水蒸气量。

图 1-3-1　排除建筑热量的冷却水管网

这都需要流体输配管网以水、蒸汽等流体为介质，汇集各末端装置吸收的热湿量，将其排出所调控的建筑环境，送入热汇与湿汇中；或从热（湿）源中获取热（湿）量，及时输送到建筑内，按需要分配给各末端装置。图 1-3-1 为排除建筑热量的冷却水管网的局部实景。

此外，所有生产的各个环节，其工艺对环境、能源、空气、水等都有特定的需求；同时，生产活动产生的污染、废弃的流体物质也需要及时排除；还需要供应热量和排除余热。这些需求在时间和空间上是变化的。

需求的空气、水、燃气及热量等从何而来（源）？使用后废弃的流体和热量，又向何处而去（汇）？人类在全球生态环境中寻找它们的源与汇。这些源与汇所存在的时空域与人类所要求的时空域并不一致，往往相差很大。当存在地域差异时，就需要创建上节介绍的地域规模的流体输配管网。当有需求的建筑与城市中的源或汇不相邻时，就需要创建城镇规模的流体输配管网；而在建筑中，源（汇）的位置与需求位置不一致时，就需在建筑内创建流体输配管网。有关流体输配管网的原理和技术是建筑环境与能源应用工程专业的基本原理与技术之一。《流体输配管网》专门学习研讨流体输配最核心的原理与技术。作为流体输配管网工程，除本书涉及的技术原理外，还涉及许多社会的、经济的问题，以及制造业生产的设备材料的性能与质量、工程结构安全、甚至保温隔热等专门性问题。在工程实践中，它们都可能成为某一项工程成败与否、可行与否的关键问题之一。这些问题将在各专业课程和实践教学环节中学习解决。而对本书所研讨的流体输配原理与技术的把握是否确实，应用是否恰当，始终是任何一个流体输配管网工程必然面临的关键问题。

1.3.2　流体输配管网基本类型

工程中的流体输配管网有各种不同的类型，依在具体工程中承担的任务而异，第 2 章将作具体介绍。从输配流体的目的看，可以分为两类。第一类是流体的直接应用，即直接满足工程对某种流体的需求。例如：为维护室内空气质量所输配的清洁空气，从居住空间排除的污染空气，为燃烧器输送的燃气，为饮用或洗涤用的清洁水，从卫生间排除的污水或废水等。这类流体输配管网具有进口和出口，进口从源处将流体吸入管网内，通过管网输送分配到要求的时空点，在该点上管网出口开启，送出所需要的流体流量。这些送出的流体不再回到管网内。第二类是流体的间接应用，以满足工程对热量的需求，管网中所输配的流体是热量的载体。在热源处，管网内流体并不流出或流入，而是通过接入管网的换热器，从热源取得热量，然后载着热量被管网输配到需求热量的时空点，在那里也不流出或流入，而是通过需求点的换热器将所承载的热量传出，然后在管网内回到热源处，再次从热源换热器获取热量。如此不停地在管网内循环流动，将热源热量持续不断地输送给需求的时空点。

直接输配流体的管网类型称为开式。它不仅与环境有着流体的质交换，而且管网内的流动与环境流体是力学相关的。

以流体为载体输配热量的管网类型称为闭式。它与环境只有间接的热交换，没有流体的质交换，管网内的流动与环境流体不存在力学相关性。

两者在流体输配技术上有明显的区别。不过理论上可通过引入虚拟管路的概念，将两者在水力特性分析上达成一致。在第 3.4 节将具体介绍。

1.3.3　流体输配管网的能效

可以用所输配的流量与所消耗的能源之比来表征流体输配管网的能效。现代社会，建筑使用中所消耗的能源占社会总能耗的三分之一左右，供暖、通风、空调能耗是其中的主要组成部分，由冷热源主机、末端和流体输配这三部分能耗构成。图 1-3-2 显示了某建筑空调系统的能耗比例。从装机容量看，主机最大，但从全年累积能耗看，流体输配的能耗与主机相当，采用大规模管网的工程，输配能耗累积量可能会超过主机。提高能效是流体

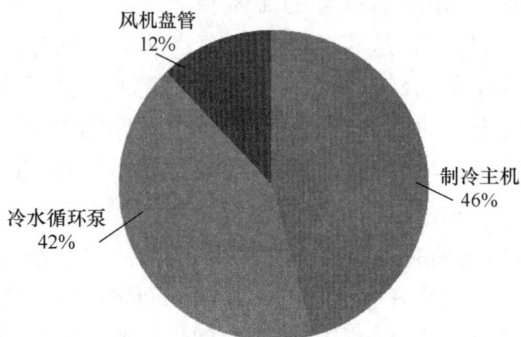

图 1-3-2　某建筑空调系统
的能耗比例

输配管网的一个主要技术发展方向，主要可从以下三个方面着手。

优化管网系统的水力特性。在遵守流体力学基本原理的基础上，通过管网水力计算，设计出水力特性优良的管网结构，达到减少调节阀门的设置，降低管网系统阻力的目标。

尽量利用重力场作用，形成输配流体的自然动力。当使用机械动力（如泵、风机等）时，既要注意机械动力设备的铭牌效率，更要关注它们在管网运行条件下的工作效率。要在水力计算的基础上，仔细进行管网特性与动力设备特性之间的匹配，使动力设备的工作点保持在高效区内。

重视运行调节。从工程的可靠性或保证率出发，流体输配管网是按设计工况构建的。但在实际运行中，出现设计工况的概率不足 10%，绝大多数情况，对流体需求的时空分布不同于设计工况，这就需要根据不同的需求，采取实时的调节措施。流体输配管网的调节，既是技术难度很高的实践工作，又涉及很深的流体力学等基础理论；而管网结构水力特性的优良、动力设备与管网的良好匹配，是调节得以实施的前提。

1.4　掌握流体输配管网理论与技术的方法

我们的生命、生活和专业都一刻也离不开流体输配管网，但对它们究竟了解多少？大家都知道自己体内有呼吸系统、血液循环系统这些流体输配管网，可怎样才能让它们在我们一生中保持良好的工作状态？尽管有医学、生理卫生及保健知识的指导，仍然有很多人不得不承受它们的故障带来的无限痛苦，甚至因此而失去生命。同样地，我们周围存在着众多人工的流体输配管网在昼夜为我们服务，对这些管网我们认识又有多深？从生活中常见的水淹厨房、水淹卫生间到水淹大都市；从高层供水不足到底层供气不足；从水管破裂到燃气管道爆炸等等事故，大家才感到由于对流体输配管网缺乏基本的认识，不正确地使用和处理会造成多大的灾害。流体输配管网应该作为科普知识对大众进行教育。而作为专业工程人员对流体输配管网核心理论和关键技术的认识和掌握，决定着社会的正常运行与安宁。

从工程哲学上讲，掌握流体输配管网的理论与技术的方法与其他工程技术没有根本性的区别，都得遵循认识论的基本规律：从实践到理论，从个别到一般。从整个人类而言，对流体输配管网的掌握，是从实践开始的。通过一个个流体输配管网工程的实践，总结经验，提出理论，反映一般规律，再指导新的更高水平的流体输配管网的创造与运行维护。作为专业人员，尤其是专业学生，则可以站在前人的肩上，在比前人更高的层次上学习和掌握流体输配管网理论与技术，即可以从学习理论开始，然后在理论指导下去实践。这里要强调流体力学等理论的指导作用，凭借流体力学理论理解流体输配管网理论。同时，应结合流体输配管网的学习，再次重温流体力学。还要强调的是：流体输配管网是工程技术，没有基本的实践感受，很难理解，更谈不上切实把握其原理，运用其技术。建议学子们在理论学习的同时，能主动地参与流体输配管网工程的运行维护实践活动。可首先从认识自己宿舍楼的、家里的流体输配管网开始，测绘管网图，分析输配任务，评价性能好坏；主动到学校后勤、小区或大楼的物业管理公司去做义工，参与流体输配管网的运行与维护，加强工程体验和感受，逐步建立工程概念，切实理解流体输配管网的工作原理。还可随时关注和感知自己体内的流体输配管网，将其与工程中的流体输配管网进行类比，加深理解，扩大思路。

在后继的各专业课程和课程作业，课程设计、毕业设计等实践教学环节中，学生们应努力学习在工程条件下运用流体输配管网理论与技术。

就工程学而言，学习理论的目的在于工程运用。只有当你能应用理论正确处理实际工程问题时，才称得上掌握了理论。理论的运用与理论的学习研究在着重点上有显著的区别。例如泵与风机相似原理的研究学习，着重在流体力学的科学理论上，从必要的设定条件出发，符合逻辑地严谨地推导出泵与风机的相似律：

1. 全压换算：

$$\frac{P}{P'} = \frac{\rho}{\rho'}\left(\frac{D_2}{D_2'}\right)^2\left(\frac{n}{n'}\right)^2$$

2. 流量换算：

$$\frac{Q}{Q'} = \left(\frac{D_2}{D_2'}\right)^3\frac{n}{n'}$$

3. 功率换算：

$$\frac{N}{N'} = \frac{\rho}{\rho'}\left(\frac{D_2}{D_2'}\right)^5\left(\frac{n}{n'}\right)^3$$

进而推导出，对于同一台泵与风机，不同转速下的功率关系如下：

$$\frac{N}{N'} = \left(\frac{n}{n'}\right)^3$$

即 $N = \left(\frac{n}{n'}\right)^3 N'$

式中　P、Q、N——分别表示全压、流量、功率；

$\qquad$ D_2——叶轮外径；

$\qquad$ n——转速；

$\qquad$ ρ——流体密度。

这是建筑环境与能源应用工程领域耳熟能详的"泵与风机的能耗与其转速的三次方成正比"的理论依据。于是变频调速技术成了不少节能公司进行节能改造的灵丹妙药。但在很多节能改造中，转速是降下来了，能耗并未按三次方的规律下降。原因何在？不少博士硕士不理解，自己能合上书本，严谨地推演出上述相似律三公式，教授们也没有挑出推导毛病，为何在工程实践中却在这一熟悉的原理上马失前蹄。缺乏工程实践锻炼的年轻博士硕士，难以理解理论的严谨不等于工程实践的严谨。工程如战争，深藏玄机。两千年前赵国几十万士兵的生命，还没有使后来的学子切实理解什么叫"纸上谈兵"及其巨大危害。任何理论都有其成立的背景和前提，这些背景和前提，一旦为学界认可或公认后，在随后的理论研究和学习过程中，将逐渐不被提起，失去关注。但在实际工程中，这些背景和前提是否满足，始终是理论能否使用的关键。因此，工程思维的重点，不是理论的推演与证明，而是首先要分析理论的边始条件是否与工程实际相符。就理论学习而言，能关着书本推演出相似三公式确属难能可贵。但从工程应用而言，关键不在于是否背得出甚至推出这三个公式，而是在工程实践中，能否分析判断具体的工程条件是否适用这三个公式。能耗是否按转速的三次方下降的关键是：转速改变前后的运行工况是否是相似工况。这可比背得出和推导三公式复杂多了。由此可以说，学习流体输配管网理论与技术并不难，要掌握却真不容易。但掌握之路很明确：实践认知理论，理论指导实践，实践提升理论。

思 考 题 与 习 题

1-1　认真观察 1～3 个不同类型的流体输配管网，绘制出管网系统轴测图。结合第 1 章学习的知识，回答以下问题：

（1）该管网的作用是什么？

（2）该管网中流动的流体是液体还是气体？还是水蒸气？是单一的一种流体还是两种流体共同流动？或者是在某些地方是单一流体，而其他地方有两种流体共同流动的情况？如果有两种流体，请说明管网不同位置的流体种类、哪种流体是主要的。

（3）该管网中工作的流体是在管网中周而复始地循环工作，还是从某个（某些）地方进入该管网，又从其他地方流出管网？

（4）该管网中的流体与大气相通吗？在什么位置相通？

（5）该管网中的哪些位置设有阀门？它们各起什么作用？

（6）该管网中设有风机（或水泵）吗？有几台？它们的作用是什么？如果有多台，请分析它们之间是一种什么样的工作关系（并联还是串联）？为什么要让它们按照这种关系共同工作？

（7）该管网与你所了解的其他管网（或其他同学绘制的管网）之间有哪些共同点？哪些不同点？

1-2　绘制自己居住建筑的给水排水管网系统图。

第2章　流体输配管网的功能与构成

公用设备工程，如通风空调、供暖供热、燃气供应、建筑给水排水等工程，需要将流体输送并分配到各相关设备或空间，或者从各相关设备或空间将流体收集起来输送到指定点。承担这一功能的管网系统称为流体输配管网，它包括管道、动力装置、调节装置、末端装置及保证管网正常工作的其他附属装置。各类工程的流体输配管网类型不同，装置及系统布置也各有不同。本章从认识流体输配管网的基本功能与基本构成开始，逐步深入地了解各种流体输配管网。

2.1　流体输配管网的基本功能与基本构成

公用设备工程中常用各类流体输配管网，尽管它们的形式多样，装置不同，具体的作用也不一样，但存在基本的共性。本节着重介绍各类流体输配管网的共性。

2.1.1　流体输配管网的基本功能

流体输配管网的基本功能是将从"源"取得的流体，通过管道输送，按照装置的流量要求，分配给各装置；或者按需要排除的流量要求，从各装置收集流体，通过管道汇集后，输送到"汇"。

2.1.2　流体输配管网的基本构成与重要装置

流体输配管网的基本功能决定了它的基本构成。需求流体或需要排除流体的装置是流体输配管网的基本构成之一，通常称为流体输配管网的末端装置。它们的作用是按要求从管道获取一定量的流体或将一定量的流体送入管道。排风管网的排风罩、送风管网的送风口、燃气管网的用气设备、供暖管道的散热器、给水管网的配水龙头、排水管网的各种受水器、消防灭火管网的喷嘴等，都归属于末端装置。

源和汇是流体输配管网的另一个基本构成。源向管道输送流体；汇从管道接受流体。室外空气是送风管网的源，是排风管网的汇。市政给水管是建筑给水管网的源，市政排水管是建筑排水管网的汇。上级燃气管网是下一级燃气管网的源。区域供热供水管网的供水干管是建筑供暖管网的源，回水干管是建筑供暖管网的汇。锅炉既是供热管网的源，也是供热管网的汇。

管道是流体输配管网的又一个基本构成。它是源或汇与末端装置之间输送和分配流体的通道。

实际流体的流动总是存在阻力的，因此必须要有动力，才能实现流体输配管网的基本功能。流体输配管网的动力有不同的来源。其一，来自于源。例如建筑燃气管网的动力来自于它的源——小区燃气管道内的压力。许多建筑给水管网的动力来源于它的源——市政给水管网内的压力。CO_2 管网的动力来源于它的源——CO_2 贮存器内的压力。其二，来自于重力。如建筑排水管网内的流动是以重力为动力的。这两种情况，流体的输配动力，来自于管网系统的整体结构与其输配的流体特性的结合。这样的流体输配管网没有专门的动力装置。其三，来自于机械动力，如管网中的风机、水泵等提供的机械动力。以机械动力克服阻力的流体输配管网，风机、水泵等动力装置不可缺少，它们对管网中流体的输配起着决定性的作用。尽管动力装置不能作为流体输配管网的基本构成，由于机械动力的流体输配管网在工程中十分普遍，因此本教材仍将动力装置作为流体输配管网的重要装置进行研究。

要实现按流量要求分配流体，必须调整各管段内的流量。根据流体力学理论，可以通过改变管径的大小，调整各管段内的流量。但是实际工程中，管材的尺寸不是连续变化的，往往没有所要求尺寸的管道。另外，实际工程中，许多末端装置对流量的要求是变化的，各末端装置要求的流量变化规律并不一致，甚至相互冲突，导致同一管网不同时间的流量分配要求变化。这些都需要有专门的流量调节装置。设在管道上恰当地方的各种调节阀、平衡阀等，虽然不是流体输配管网的基本构成，但对于安全、可靠、高效地实现流体输配管网功能要求又是必需的。

流体流动的阻力，除来自于管道管件、设备的摩擦阻力和局部阻力之外，流动中共存的不同相态的物质也可能产生阻力。例如气流或液流中的固体颗粒物、气流中的液体、液流中的气体都会对流动产生阻力。这些阻力有时很大，以至于使管网不能实现输配流体的基本功能。因此在流体输配管网中加装阻挡或排除异相物质的装置是必要的。如蒸汽管网中的输水器，气体管网中的排液装置和液体管网中的排气装置等。这些装置的安装位置十分重要，位置不当，起不到应有的作用。排液装置通常设在管道的凹处，排气装置则设在管道的凸起处。

不少流体输配管网还需要设置安全、卫生、计量等装置，如安全阀、防火阀、排烟阀、报警器、膨胀水箱、过滤器、压力表、温度计、流量计等。

2.1.3　管网之间的连接

大型流体输配工程，如第 1 章中介绍的区域的、跨区域的，甚至跨国、跨洲的燃气输配管网及热力管网、冷热联供管网等，通常需要多级管网逐级连接，共同完成流体输配任务。由于具体条件和具体要求不同，各级管网之间的连接方式不相同，相互之间的水力关系也不相同。

管网之间的连接方式可分为直接连接和间接连接两大类。直接连接的管网，流体要穿越各级管网之间的分界，从一级管网进入另一级管网。这使管网之间压力和流速等水力参数产生相互影响，工程上称之为管网之间水力相关；管网之间的流体温度等热力参数的相互影响，称之为热力相关。各级直接连接的管网不能不顾及上下级管网的水力、热力工况，孤立地进行自己的水力、热力工况分析与调节。为了削弱各级管网之间的水力干扰，通常在连接处设置压力调节装置。为了调节热力相关性，往往还需在连接处设置热力调节装置。间接连接的管网，流体不能穿越各级管网之间的分界。不同级管网内的流体不直接接触，各级管网之间的水力参数不相互影响，工程上称为水力无关。各级管网可以分别独立进行水力工况分析与调节，但通过设在管网分界处的换热器等固体界面，各级管网的流体相互可以进行热量交换。间接连接的管网是热力相关的。

2.2　流体输配管网的分类

为了系统地研究流体输配管网，需要对流体输配管网进行分类。按不同的属性可有不同的分类方法。

2.2.1　单相流与多相流管网

按管内流体的相态，可分为单相流与多相流管网两类。单相流管网内只有一种相态的流体——气体或液体。单相流管网的流动阻力包括沿程摩擦阻力和局部阻力。单相流管网是本教材的重点和主要内容。多相流管网内流体含有两种或两种以上的相态，气相和液相、气相和固相、液相和固相、气—液—固三相等。多相流管网的流动阻力除沿程摩擦阻力和局部阻力以外，还存在不同相态物质混杂在一起形成的阻力。多相流管网的研究重点就是认识不同相态流动之间的影响机理、变化规律，开发降低其阻力、保障正常流动的技术。

2.2.2　重力驱动管网与压力驱动管网

按照管网动力性质的不同，流体输配管网可以分为重力驱动管网与压力驱动管网。重力驱动管网的动力来源于地球引力，管网内外流体之间或者管网内不同流段内的流体之间的密度存在差异，重力作用下形成的流体柱压强也就不同，成为驱动管网内流体流动的动力。如建筑排水管网内流体（水）的密度大于环境流体（空气）的密度，来自各末端装置的流体汇集向下流动，从管网的下部出口排出。建筑自然排烟管网，管内烟气密度小于管外空气，使管内流体的重力作用压强小于管外，由管内外重力作用差形成浮升力，驱动来自各末端装置（排烟口）的烟气，汇集向上流动，从管网的上部出口排出。采用闭式管网形式的热水供暖管网，供水管内的水温高、密度小，回水管内的水温低、密度大，供、回水管内的重力作用压强差，驱动供水管内的水向上流，经末端装置换热后，温度下降，流入回水管，回水管内的水向下流，汇集回到热源，从热源获取热量，温度上升、密度减小，进入供水管，形成重力驱动下的自然循环流动。重力属于体积力，重力驱动管网的动力不是在某个或几个局部位置输入的，而是由管网及其内部或内、外部流体密度分布特点共同形成的。又由于重力作用方向是竖直向下的，因此管内外流体密度的沿程变化和管网在高度上的尺寸决定驱动力的大小。

压力驱动管网的动力可以来自于源的压力，如蒸汽管网的动力来自于锅炉内的压力，建筑燃气管网的动力来自于上一级供气管网的压力，直供式建筑给水管网的动力来自于与其直接连接的城市供水管网的压力。压力驱动管网的动力也可来自泵或风机等机械提供的动力。压力是表面力，压力驱动管网的动力是在某个（或若干个）局部位置输入的。管网中只有一个位置输入动力的，称为动力集中式管网；在动力输入位置的上游侧是管网全压的最低点，下游侧是全压的最高点。在若干个位置输入动力的，称为动力分布式管网，每个动力输入位置的上、下游是局域的全压最低、最高点，但不一定是整个管网全压的极点。需强调的是，由泵或风机提供的动力的大小，并不完全由泵或风机决定，而是由泵或风机的性能与管网特性之间的匹配情况决定。这方面的规律，是把握和应用流体输配管网的关键之一，将在第 6 章中深入研究。

2.2.3　开式管网与闭式管网

按照管网内流体与外界环境空间的联系，流体输配管网可分为开式管网与闭式管网。开式管网与外界环境空间相通，具有进口和出口，它的源或汇是开敞的环境空间。环境空间的流体从管网的进口流入管网，管网内的流体从出口排出管网，进入环境空间。从流体力学管流能量方程可知，管网内流体与环境空间流体的密度差、管网进出口的高差直接影响到管网内的流体流动；从热工学可知，内外温度差则直接影响热力状态。因此开式管网和环境空间是水力、热力相关的。通风管网、燃气管网、建筑给水排水管网等都属于开式管网。

闭式管网与外界环境空间在流体流动方面是隔绝的。管网没有供管内流体与环境空间相通的进出口。它的源和汇通常是同一个有限的封闭空间，其中的流体经管道输送分配到末端装置，又从各末端装置经管道汇集流回其中。环境空间的流体状态与流动情况对管网内的流体流动和流动所需的动力没有直接的影响，管网内外流体之间是水力无关的。供热管网、空调工程的冷热水管网等大都属于闭式管网。但管网内外流体之间可能是热力相关的，环境空间可以通过与管网内流体的热交换，影响管网内流体的热力状况，进而影响其流动。许多情况下这种影响不容忽视，如环境空间与管网内蒸汽的热交换，可使汽体单相流转变成汽液两相流。

2.2.4　枝状管网与环状管网

根据流动路径的确定性可分为枝状管网与环状管网。管网的任一管段的流向都是确定的、唯一的，该管网属于枝状管网。若管网中有的管段的流动方向是不确定的，该管网属于环状管网。

由于枝状管网的任一管段的流向是确定的，任一管段的阻抗变化，只会引起自己和其他管段的流量改变，不会引起流向变化。因此管网各管段之间的串并联关系是明确的。可以直接利用流体力学关于串并联管路的阻抗、流量关系式进行分析计算和运行控制。

环状管网中有的管段的流向具有两种可能性。当某一管段的阻抗发生变化时，不但会引起自己和其他管段流量改变，而且还会使某些管段的流向改变。因此各管段之间的串并联关系不是全部明确的（类似于电工学中的"桥式电路"），不能直接利用串并联管路的阻抗、流量关系式进行分析计算，而必须从流体力学更基本的质量守恒和能量守恒原理、伯努利能量方程出发进行分析计算。环状管网的最大优点是具有很高的后备能力。当流体输配管线某处出现事故时，环状管网可以切断故障段后，由另一方向输配流体，保证一定程度的流体供应。而枝状管网出现故障后，故障管段以后的管路都得不到流体供应。

注意不能以是否有闭合的环路来判断是否为环状管网。不要将闭式管网混淆为环状管网。图 2-2-1 （a）为开式的环状管网，其中 bc、cd 两管段的流向具有两种可能性；（b）为闭式枝状管网，所有管段的流向都是确定的。

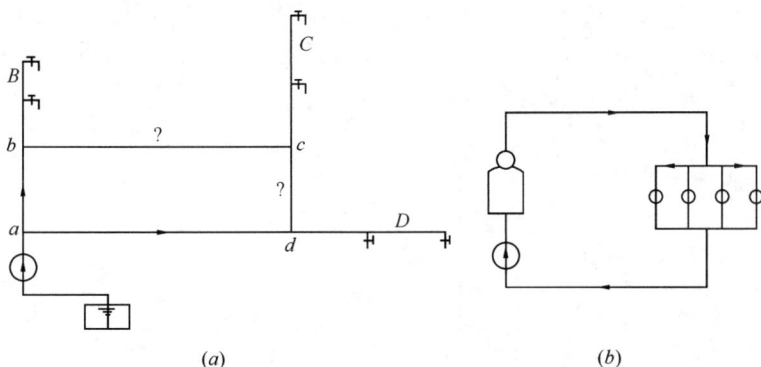

图 2-2-1 枝状、环状与开式、闭式管网
(a) 开式的环状管网；(b) 闭式的枝状管网

2.2.5 异程式管网与同程式管网

根据并联管段各所在环路之间流程长短差异情况，可分为异程式管网和同程式管网。各环路之间的流程长度有显著差异的是异程式管网，没有显著差异的为同程式管网。

同程式管网各并联环路的阻抗差异较异程式小，有利于各并联环路均匀输配流体。但它管路较复杂，一般只用于对流量分配要求严格且末端设备阻力较小的闭式枝状管网。应当注意，不要误认为同程式管网各并联环路的阻抗是相等的。以图 2-4-1 中的水平同程为例，其各并联环路都有 4 个三通，但左边第一个末端装置所在的环路是一个分流三通，3 个合流三通；右边第一个末端装置所在环路则是 3 个分流三通，1 个合流三通。由流体力学课程已知，分流三通与合流三通的阻抗是显著不同的，因此同程式管网各并联环路的阻抗并不相等。

2.3 气体输配管网的功能与装置

2.3.1 通风空调工程的空气输配管网

2.3.1.1 空气输配管网的功能

通风的含义是室内外空气的交换。通风的前提是室外空气质量符合卫生标准。本教材将引入的符合卫生标准的室外空气简称为"新风"。通风工程的主要任务是保障良好的室内空气质量，满足人体健康或生产工艺要求。通风工程的基本技术路线是通过排除室内的污染空气，将清洁的空气送入室内，实现室内外空气交换，使室内空气污染物浓度符合卫生标准或生产工艺要求。为了保护室外环境，通风工程排出的室内污染空气必须符合排放标准才能排到室外环境中。通风工程的空气输配管网（常称为通风系统）基本功能就是室内外空气交换。通风系统按功能分为排风系统和新风系统。

排风系统的基本功能是排除污染空气。如图 2-3-1，在排风机 4 的动力作用下，排风罩（或排风口）1 将污染空气吸入，经管道 2 汇聚送入净化设备 3，经净化处理达到规定的排放标准后，通过排风帽 5 排到室外大气中。

15

新风系统的基本功能是将清洁空气送入室内。如图 2-3-2，在送风机 3 的动力作用下，室外空气进入新风口 1，经进气处理设备 2 处理达到卫生或工艺要求后，由风管 4 输送并分配到各送风口 5，由送风口送入室内。

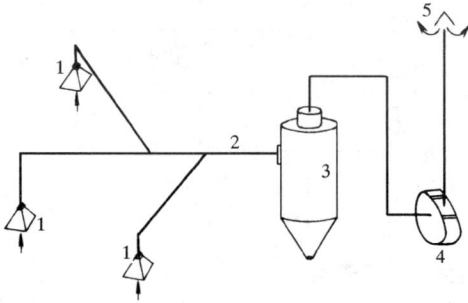

图 2-3-1　排风系统

1—排风罩；2—风管；3—净化设备；
4—风机；5—排风口与排风帽

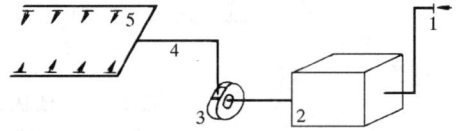

图 2-3-2　新风系统

1—新风口；2—进气处理设备；3—风机；
4—风管；5—送风口

新、排风管网都是开式管网。新风管网通过新风口与室外空气形成水力相关和热力相关，通过送风口与室内空气形成水力和热力相关；排风管网通过排风罩与室内空气形成水力、热力相关，通过室外排风口与室外空气形成水力和热力相关。利用与室内外空气的水力、热力相关可构建无能耗的新排风系统，如自然通风管网。另一方面，水力、热力相关又可能影响新排风系统的正常功能，需要将新排风口设在室外气流比较微弱的区域，并采用风罩、风帽等装置加以防御和消减。

空调工程在通风工程的室内外空气交换基础上，维持室内热环境的舒适性，或使室内热环境满足生产工艺的要求。控制室内空气污染物浓度和热环境质量这两个基本功能，在技术上，可由两个相对独立的系统分别承担：一个是保障室内空气质量的新风系统；另一个是维持室内热环境的冷、热供应系统，例如采用冷、热水循环的降温、取暖系统；也可由空调系统的空气输配管网（简称空调风系统）承担这两个功能。这时需要综合考虑控制室内空气污染物浓度和热环境质量的要求，合理确定空调风系统输配的空气量（风量）。在冬夏季节，向室内供热供冷，维护热环境舒适的风量大大超过保障室内空气质量所要求的新风量。而在冬夏季节，新风必须经过热湿处理，要消耗大量能源。为了节能，在室内空气可以重复使用时，可循环使用一部分室内空气，向室内供冷供热，这部分循环使用的室内空气需要回到空气处理设备进行处理，也称为回风。新风量则仅按保障室内空气质量的要求输配，从而降低新风热湿处理能耗。图 2-3-3 所示，这样的一个空气输配管网由送风管道、回风管道、新风管道和排风管道组成。

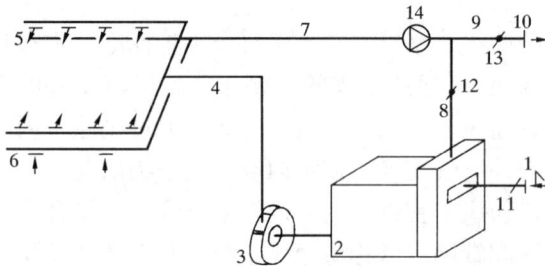

图 2-3-3　空调风系统

1—新风口；2—空调机；3—风机；4—送风管；5—送风口
6—回风口；7、8—回风管；9—排风管；10—排风口；11—新风阀；12—回风阀；13—排风阀；14—排风机

工程实践中，由于室外气象条件变化或室内情况变化，维持室内热环境要求的冷、热量随之变化。空调风系统有两种适应这一变化的基本方法。一种是恒定送风量、变送风状态参数；一种是恒定送风状态参数，变送风量。前一种称为定风量系统。后一种则称为变风量系统。

2.3.1.2 通风空调工程风系统的装置及管件

通风空调工程中风系统的装置及管件有风机、风阀、风口、三通、弯头、变径（形）管等，以及空气处理设备。它们是影响管网性能的重要因素。

风机是空气输配管网的动力装置。如图 2-3-3 所示，该管网有两台不同型号的风机 3 和 14，分布在管网的不同位置，属于动力分布式空气输配管网。在风机 3 的作用下，室外空气经新风口进入空调机；在风机 14 的作用下，空调房间内的空气经回风口 6 进到回风管 7，一部分经排风管 9，从排风口 10 排至室外，称为排风；另一部分经回风管 8 回到空调机，称为回风；回风与新风混合，并经空调机处理后，经送风管 4、送风口 5 分配到空调房间。当室内设计的正压造成的围护结构渗漏风量能达到设计排风量时，可以改变风机 3 的型号，省去风机 14 和排风管 9，简化成动力集中式。第 5 章将系统地研究风机的基本理论。第 6、7 章则将全面分析风机的性能和应用方法。

风阀是风系统的控制和调节机构，基本功能是截断或开通空气流通的管路，调节或分配管路流量。同时具有控制和调节功能的风阀有：（1）蝶式调节阀；（2）菱形单叶调节阀；（3）插板阀；（4）平行式多叶调节阀；（5）对开式多叶调节阀；（6）菱形多叶调节阀；（7）复式多叶调节阀；（8）三通调节阀等。（1）～（3）主要用于小断面风管；（4）～（6）主要用于大断面风管；（7）、（8）两种风阀用于管网分流或合流或旁通处的各支路风量调节。这类风阀的主要性能是流量特性，全开时的阻力性能（用阻力系数表示）和全关闭时的漏风性能（用漏风系数表示）。蝶式、平行、对开式多叶调节阀靠改变叶片角度调节风量，平行式多叶调节阀的叶片转动方向相同；对开式多叶调节阀的相邻两叶片转动方向相反。插板阀靠插板插入管道的深度调节风量。菱形调节阀靠改变叶片张角调节风量。只具有控制功能的风阀有逆止阀、防火阀、排烟阀等。逆止阀控制气流的流动方向，阻止气流逆向流动。它的主要性能有二：气流正向流动时的阻力性能和逆向流动时的漏风性能。防火阀平常全开，火灾时关闭并切断气流，防止火灾通过风管蔓延；排烟阀平常关闭，排烟时全开，排除室内烟气，主要性能是全开时的阻力性能和关闭时的漏风性能。如图 2-3-3 所示，管网中新风阀 11、回风阀 12、排风阀 13 的功能是调节新风量、回风量和排风量的大小。春秋季节，室外空气处于热舒适状态，无须进行热湿处理，可直接送入室内，同时承担保障室内空气质量和维持热舒适这两大基本功能，只需要消耗输配空气的风机能耗。这时需要关闭回风阀 12，完全开启新风阀 11 和排风阀 13。从流体力学伯努利能量方程可知，新风阀、回风阀和排风阀并非各自独立调节新风、回风和排风的，三者是相互关联的，调动任一风阀，新、回、排风量都会发生变化。

若风阀的调节性能不佳，要准确调节新、回、排三个风量，技术难度很大。去掉排风机 14，风阀 11、12、13 分别用可连续调节转速的风机替代，风机 3 的型号也作相应调整，用调节上述分布风机代替调节分布风阀，三个风量的调节难度会有所降低，且整个风系统的输配能耗也会有所降低。这是动力分布式流体输配管网的优越处。图 2-3-3 的风系统虽也属动力分布式，但其动力分布位置欠佳。

风口的基本功能是将气体吸入或排出管网，按具体功能可分为新风口、排风口、送风口、回风口等。新风口将室外清洁空气吸入管网内；排风口将室内或管网内空气排到室外；回风口将室内空气吸入管网内；送风口将管网内空气送入室内。控制污染气流的局部排风罩，从空气输配管网角度也可视为一类排风口，它将污染气流和室内空气吸入排风系统管道，通过排风口排到室外。新风口、回风口比较简单，常用格栅、百叶等形式。排风口为了防止室外风对排风效果的影响，往往要加装避风风帽。送风口形式比较多，根据室内气流组织的要求选用不同的形式。常用的有格栅、百叶、条缝、孔板、散流器、喷口等。从空气输配管网角度，风口的主要特性是风量特性和阻力特性。无论是动力集中还是动力分布式空气输配管网，各风口风量和新、回、排三个风量的调整都是有难度的，主要原因是风口等末端装置的风量稳定性和可调性差。后面的章节将对此进行更深入的分析研究。

空气输配管网中有各种不同功能的管件。为了分配或汇集气流，在管路中设有分流或汇流三通、四通；为了连接不同口径的管道和设备，或由于空间的限制等，在管路中设置变径、变形管件；为了改变管流方向设置弯头等。这些管件都会对流动产生局部阻力。它们的阻力特性和形成原理在《流体力学》中已作了分析研究。

空气处理设备的基本功能是对空气进行净化处理和热湿处理，如空气过滤器、表面式换热器、喷水室、净化塔等。空气处理设备在处理空气的同时，对空气的流动也造成阻碍，空气处理设备可集中设置，也可分散设置，不管集中还是分散，它都在所处的位置形成流体输配管网的局部阻力。

2.3.2　燃气输配管网

燃气是现代城市生活和生产的一种主要能源。城市燃气化，是现代城市可持续发展的需要，是我国城市能源结构优化的要求。燃气输配管网是城市燃气工程的主要组成部分。

2.3.2.1　燃气输配管网的功能与装置

燃气管道漏气可能导致火灾、爆炸、中毒及其他安全事故。燃气管道的气密性与其他管道相比，有特别严格的要求。管道中压力越高，管道接头脱开或管道本身裂缝的可能性和危险性就越大。因此，燃气管道按输气压力分级。不同压力等级，对管道材质、安装质量、检验标准和运行管理的要求也不同。

我国城市燃气管道按设计表压力 P（MPa）分为 7 级：

1）高压管道 A：$2.5 < P \leqslant 4.0$；
2）高压管道 B：$1.6 < P \leqslant 2.5$；
3）次高压管道 A：$0.8 < P \leqslant 1.6$；
4）次高压管道 B：$0.4 < P \leqslant 0.8$；
5）中压管道 A：$0.2 < P \leqslant 0.4$；
6）中压管道 B：$0.01 < P \leqslant 0.2$；
7）低压管道：$P < 0.01$。

各级压力的燃气输配管网之间是逐级水力相关的。为保障不同压力的燃气输配管网的正常运行，需要在级间连接处设置压力调控装置。居民和小型公共建筑用户一般直接由低压管道供气。低压燃气输配管网由分配管道、用户引入管和室内管道三部分组成。分配管道包括街区和庭院分配管道，其功能是在供气区域内将燃气分配给各用户。用户引入管将燃气从分配管道引到入口处的总阀门。室内燃气管道由总阀门处将燃气引向并分配到各燃气用具。

中压和次高压管道必须通过区域调压室或用户专用调压室才能给低压和中压管道供气，或给工厂、大型公共建筑用户及锅炉房供气。

一般由城市高压管道构成大城市燃气输配管网的外环环网，是大城市燃气供应工程的主动脉。高压燃气必须通过调压才能送入次高压或中压管道，送入高压储气罐以及工艺需要高压燃气的大型工厂。各级压力管网的干管，特别是中压以上管道，应连成环状管网。分期建设的，初建时也可以是半环形或枝状管网，但应逐步构成环状管网。环状管网的最大优点是具有很高的后备能力。当输配干线某处出现事故时，可以在切除故障段后，通过环状管网由另一方向保证燃气输配。

环状管网和枝状管网相比，投资增大，运行管理更为复杂，要有较高的自动控制措施。

城市燃气输配管网根据所采用的压力级制不同，可分为：

1）一级系统，仅用低压或中压或次高压一个压力等级的管网。

2）二级系统，由低、中压两级或低、次高压两级管网组成。

3）三级系统，由低、中（或次高）、高三级压力管网组成。

4）多级系统，由低、中、次高和高压，甚至更高压力的多级压力管网组成。

（1）低压一级管网系统

气源送出的燃气先进入储气罐，然后经稳压器进入低压管网，如图2-3-4所示。用气量较小，供气范围为2～3km的城镇和地区，可以选用低压一级系统。

（2）中压或次高压一级管网系统

中压或次高压一级管网系统如图2-3-5所示。

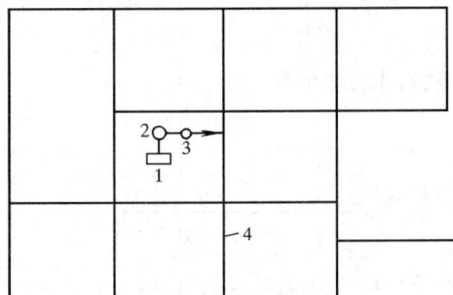

图 2-3-4　低压一级管网系统
1—气源厂；2—低压储气罐；
3—稳压器；4—低压管网

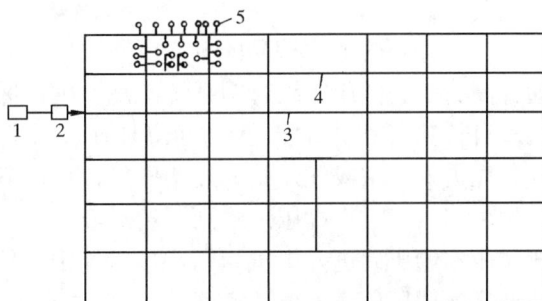

图 2-3-5　中压或次高压一级管网系统
1—气源厂；2—储配站；3—中压或次高压输气管网；
4—中压或次高压配气管网；5—箱式调压装置

燃气自气源厂（或长输管线）送入城市燃气储配站（或门站、配气站），经加压（或调压）送入中压或次高压输气干管，再由输气干管送入配气管网，最后经调压器调至低压后送入户内管道。

由于中压或次高压一级系统的供气安全性比二级或三级系统差，对于街道狭窄、房屋密度大的城区和安全距离不足的地区不宜采用。新城区和安全距离可以保证的地区应优先采用。

（3）二级管网系统

二级管网系统一般均有一级是低压管网，另一级管网则可以是中压、次高压或高压。人工煤气中、低压二级管网系统如图 2-3-6 所示。

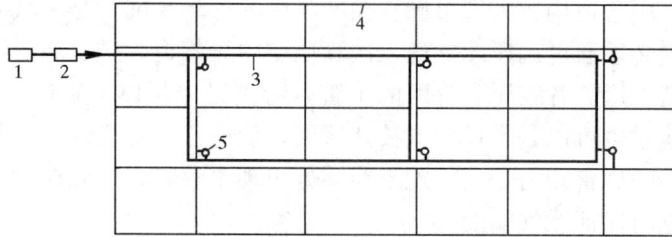

图 2-3-6　人工煤气中、低压二级管网系统

1—气源厂；2—储配站；3—中压管网；4—低压管网；5—调压站

从气源厂送出的燃气先进入储配站的低压储气罐，然后由压缩机加压后送入中压管网，再经调压器将压力降至低压，最后送入低压管网。

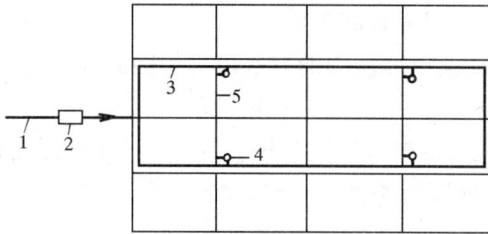

图 2-3-7　天然气中（次高）、低压二级管网系统

1—长输管线；2—门站或配气站；3—中压管网；
4—中（次高）、低压调压站；5—低压管网

通称高、中、低压三级管网系统。高、中、低压三级管网系统如图 2-3-8 所示。

自长输管线来的天然气（或加压气化煤气）先进入门站或配气站，经调压、计量后进入城市高压（或次高压）管网，然后经高、中压调压站调压后进入中压管网，最后经中、低压调压站调压后送入低压管网。

三级管网系统投资大，通常只在特大城市，并要求供气有充分保证时才考虑选用。

2.3.2.2　燃气输配管网设施

（1）储配站

储配站是城市燃气输配管网的一个重要设施。

储配站具有三个功能。一是储存必要的燃气量用以调峰；二是使多种燃气进行混合，保

天然气中（次高）、低压二级管网系统如图 2-3-7 所示。

自长输管线来的天然气先进入门站或配气站，经调压、计量后送入城市中压管网，然后经中、低压调压站调压后送入低压管网。

（4）三级管网系统

三级系统通常含有中、低压两级管网，另外一级是次高压管网或高压管网，

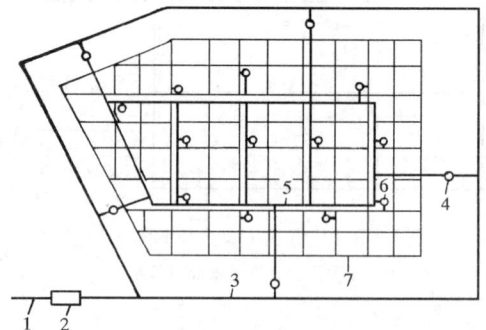

图 2-3-8　高、中、低压三级管网系统

1—长输管线支线；2—门站或配气站；3—高压管网；
4—高、中压调压站；5—中压管网；6—中、低压调
压站；7—低压管网

证用气组分均衡；三是将燃气加压以保证每个燃气
用具前有足够的压力。

低压储存中压输送储配站工艺流程如图2-3-9
所示。

送入储配站的燃气首先进入低压储气罐，然后
由储气罐引出至压缩机加压至中压，再经流量计计
量后送入城市中压管网。

（2）调压站

调压站是城市燃气输配管网的另一个重要设施。

调压站有两个功能：一是将输气管网的压力调
节到下一级管网或用户需要的压力；二是保持调节
后的压力稳定。

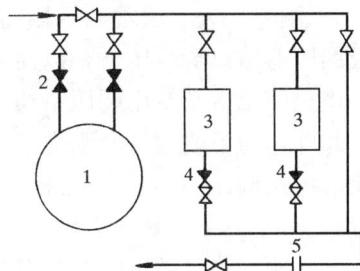

图 2-3-9　低压储存、中压输送储备站
工艺流程
1—低压湿式储气罐；2—水封阀门；
3—压缩机；4—止回阀；
5—流量计

调压站按用途分为区域调压站，专用调压站和箱式调压装置，分别用于区域性用气调
压；工业、公用事业用户专用调压；少量居民用户，小型工业、公用事业用户调压（楼栋
调压）。

调压站通常由调压器、阀门、过滤器、安全装置、旁通管及测量仪表等组成。

1）调压器。燃气输配管网的压力工况是利用调压器来控制的。所有调压器均是将较
高的压力降至较低的压力。调压器是一个降压稳压装置，是调压站的核心设备。

若调压器后的燃气压力为被调参数，则这种调压器为后压调压器。若调压器前的压力
为被调参数，则这种调压器为前压调压器。城市燃气输配管网通常多用后压调压器调节燃
气压力。

2）阀门。调压室进口及出口处设置的阀门，主要作用是当调压器、过滤器检修或发
生事故时切断燃气。在调压室之外的进出口管道上亦应设置切断阀门，此阀门是常开的
（但要求它必须随时可以关断），并和调压室相隔一定的距离，以便当调压室发生事故时，
不必靠近调压室即可关闭阀门，避免事故蔓延和扩大。

3）过滤器。在燃气中含有的固体悬浮物很容易积存在调压器和安全阀内，破坏调压
器和安全阀的正常工作。因此，有必要在调压器入口处安装过滤器，以清除燃气中的固体
悬浮物。

过滤器前后应设置压差计，根据测得的压降可以判断过滤器的工作情况。在正常工作
的情况下，燃气通过过滤器的压降不得超过10kPa，压降过大时应拆下清洗。

4）安全装置。当负荷为零而调压器阀口关闭不严，以及调压器中薄膜破裂或调节系
统失灵时，调压站出口压力会突然增高，它会危及设备的正常工作，甚至会对公共安全造
成危害。因此调压站必须设安全装置。

防止出口压力过高的安全装置有安全阀、监视器装置和调压器并联装置。

5）旁通管。为了保证在调压站维修时不间断供气，故在调压室内设有旁通管。燃气
通过旁通管供给用户时，管网的压力和流量由手动调节旁通管上的阀门来实现。对于高压
调压装置，为便于调节，通常在旁通管上设置两个阀门。

选择旁通管的管径时，要根据燃气最低的进口压力和需要的出口压力以及管网的最大
负荷进行计算。旁通管的管径通常比调压器的出口管的管径小2～3号。

6）测量仪表。通常调压器的入口安装指示式压力计，出口安装自记式压力计，自动记录调压器出口瞬时压力，以便监视调压器的工作状况。

用户调压室及专用调压室通常还安装流量计。

此外，为了改善管网水力工况，随着燃气管网用气量的改变应使调压室出口压力相应变化，可在调压室内设置孔板或凸轮装置。当调压室产生较大的噪声时，必须有消声装置。

燃气输配管网常用的阀门有闸阀、旋塞阀、截止阀、球阀、蝶阀等。

2.3.3 其他气体输配管网

工业生产中常用的其他气体输配管网如表 2-3-1 所示。

工业生产常用气体输配管网　　　　　　　　　　　　　　　表 2-3-1

输配气体	压缩空气	氧　气	氮　气	乙　炔	氢　气	二氧化碳
工作压力（MPa）	≤0.8	≤1.6（低压）	≤1.6	≤0.15	≤1.6	≤0.8

2.3.3.1 其他气体输配管网的功能与类型

（1）压缩空气管网系统

压缩空气管网系统由压缩空气站、室外压缩空气管道、车间入口装置及车间内部压缩空气管道等四部分组成。

压缩空气站是压缩空气的气源，一般压缩空气站设有空气压缩机、后冷却器、储气罐和干燥装置。

压缩空气管网系统有下列不同类型：

1）如工厂各用户要求的压缩空气压力相同，则集中供应一种压力的压缩空气，各用户不需减压即可直接使用，此种压缩空气管网系统最简单。如工厂各用户要求供不同压力的压缩空气，此时压缩空气站可按最高压力的压缩空气供应，在各车间入口处按不同压力要求进行减压，以满足不同用户的要求。如工厂各用户需要的压力差距过大，则可按不同压力分别输送压缩空气，此种系统最复杂，投资最大。

2）如工厂所有用户都对压缩空气质量（干燥度、含油量等指标）有一定要求，则可以在压缩空气站内集中设置干燥及净化装置，全厂供应单一的净化压缩空气。如工厂只有个别用户对压缩空气质量有要求，而大多数用户仅要求供应普通的压缩空气，则可集中供应普通的压缩空气，而在个别用户的入口处装置小型干燥净化设备，以满足其对压缩空气的质量要求。如工厂内对压缩空气有不同质量要求的用户数量相当时，则可在压缩空气站内设置干燥净化装置，分设压缩空气管道系统，向不同的用户分别供应质量不同的压缩空气。

3）对于一些特殊用户，可根据其负荷特点选择压缩空气管道系统。如锻工车间以压缩空气为动力的锻锤、铸工车间气力送砂的风泵和大型造型机都是一种间断的用气设备，其瞬时压缩空气的最大消耗量和小时平均消耗量相差悬殊，其负荷曲线波动很大。为了不影响其他车间用气设备的工作，一般应采用单独一根压缩空气管道供气。如果上述车间距压缩空气站较远时，则应在用气设备附近（车间外面）装置储气罐，以缓冲压缩空气的高峰负荷，保持压力稳定。

（2）氧气管网系统

氧气管网系统，按氧气压力不同，可分为下列三种：

1）低压氧气管网系统，氧气压力 $P_N < 1.6MPa$；

2）中压氧气管网系统，氧气压力 $P_N = 1.6 \sim 3.0MPa$；

3）高压氧气管网系统，氧气压力 $P_N > 10MPa$。

氧气管网系统的形式有树枝状和辐射状两种。树枝状系统输送距离大，适应供应气割、气焊及火焰淬火等一般用户。辐射状系统主要用于供氧技术条件要求较高、压力较稳定、流量较大的氧气用户，例如电炉炼钢吹氧。

低压氧气管网系统如图 2-3-10 所示。

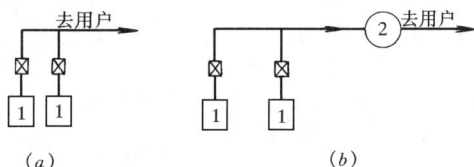

图 2-3-10　低压氧气管道系统
1—分馏塔；2—低压储气器

低压氧气管网系统是利用从分馏塔 1 出来的氧气压力直接送至用户（图 2-3-10a）。在氧气消耗量不均衡的情况下，为了均衡氧气瞬间停歇以及氧气产量与用量的不平衡，在分馏塔出口之后设置低压储气器（图 2-3-10b）。

高压氧气管网系统如图 2-3-11 所示。用于专供高压充瓶用氧的系统。氧气加压后的压力为 15MPa，采用的氧气机一般为活塞式。由于充瓶操作制度是间歇的，故用低压储气器 4 作为平衡容器，充气台一般设两组，转换使用。

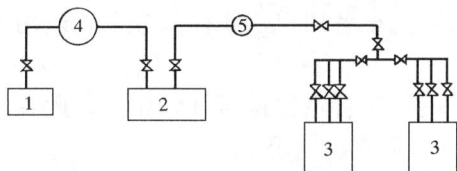

图 2-3-11　高压供氧系统
1—分馏塔；2—氧气机；3—充气台；
4—低压储气器；5—水分离器

中压氧气管道系统（图 2-3-12）为大中型工厂常用。当各用户的用氧量连续均匀时，此时氧气机 4 以等于用户用氧压力工作。在分馏塔与氧气机之间配置低压储气器 2 或缓冲罐 3。储气柜的作用是从分馏塔出来的氧气在蓄冷器参与和空气切换，三通阀放空停止送氧时，用储气柜作为调节储气器；缓冲罐的作用是当分馏塔出来的氧气不参与和空气切换，但为了减除活塞式氧气机吸气脉动动作引起气流在管路中产生脉冲，用缓冲罐作缓冲。

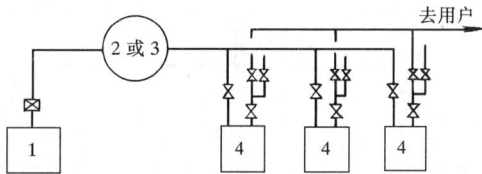

图 2-3-12　中压氧气管道系统
1—分馏塔；2—低压储气柜；3—缓冲罐；4—活塞式氧气机

当各用户使用氧气制度是连续的，且周期性出现高峰低谷负荷，此时氧气机也是以等于用户用氧压力工作，低压储气柜 2 的作用是当低谷负荷时，停止一台或几台氧气机工作，产氧量进入储气器储存；到高峰负荷时，由储气器补充供氧，氧气机全部工作。

（3）乙炔管网系统

对用户集中、厂区面积不大的工厂可建集中乙炔站，用管道输送乙炔气供给用户。

乙炔管网系统一般为枝状单管系统，如图 2-3-13 所示。为防止乙炔爆炸破坏管道，根据乙炔爆炸试验结果，乙炔管道的管径极限规定如下：

1）乙炔工作压力 $P = 0.007 \sim 0.15MPa$ 时的中压乙炔管道的内径不应超过 80mm；

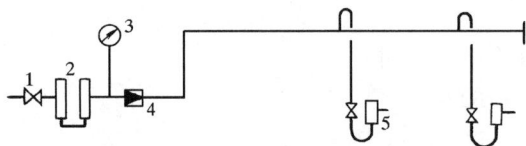

图 2-3-13　车间乙炔管道系统

1—阀门；2—水封；3—压力表；4—流量表；5—岗位水封

2）乙炔工作压力为 $P = 0.15 \sim 2.5\text{MPa}$ 时的高压乙炔管道内径不超过 20mm。

当乙炔消耗量较大，总管内径超过上述规定的管径极限时，可以采用辐射状管道系统或双管系统。

在乙炔站内，乙炔管道出站之前装置中央水封。厂区乙炔管道系统中，在通往各用户的支管上应装阀门，在车间入口处设中央水封；在车间用气点及用气设备前装阀门及岗位回火防止器。

（4）氢气管网系统

氢气在工业建筑中有多种用途，例如作为熔炼石英光学玻璃和加工石英器皿等的燃料，以及作为硬质合金生产的保护气体等。

氢气供应方式如下：

1）从氢气站送出的氢气，沿氢气管道以中压输送至各用户，此种供应方式适用在氢气消耗量较大且用户较多的情况；

2）采用瓶装方式将氢气瓶送至氢气汇流站，然后用管道输送氢气到用户，此种方式适用于氢气消耗量较小、用户数量较少甚至只有一个用户的情况。

氢气管道系统一般为树枝状。

（5）二氧化碳管网系统

由集中式二氧化碳站直接以气态供应各用户使用，其管道系统为树枝状。图 2-3-14 为厂区二氧化碳管道系统图，图 2-3-15 为车间二氧化碳管道系统图。

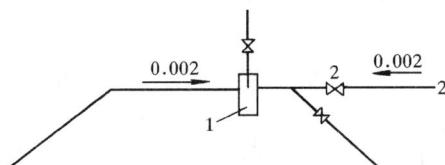

图 2-3-14　厂区二氧化碳管道系统图

1—集水器；2—阀门

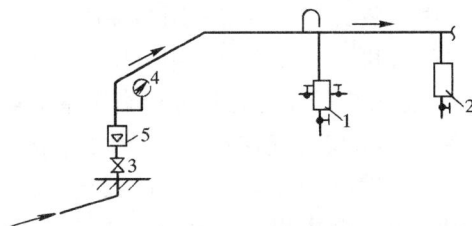

图 2-3-15　车间二氧化碳管道系统图

1—配气器；2—集水器；3—阀门；

4—压力表；5—流量表

2.4　液体输配管网的功能与装置

2.4.1　采暖空调冷热水管网

2.4.1.1　采暖空调冷热水管网的功能与类型

采暖空调工程常用冷热水作为介质从冷、热源向换热器、空气处理设备等末端装置提供冷、热量。在动力的驱动下，来自冷源的低温水（热源的高温水），经过管道输送分配到各末端装置，将冷（热）量提供给末端装置后，温度上升（下降），然后从各末端装置经管道汇集流回冷（热）源，从冷热源处获得冷（热）量，温度下降（上升）后再次经管道输配到各末端装置，如此循环不止。

冷热水输配管网系统的形式很多。

（1）按循环动力可分为重力（自然）循环系统和机械循环系统

重力循环系统靠水的重度差进行循环，机械循环系统靠机械（水泵）能进行循环。重力循环系统装置简单，运行时无噪声，不消耗电能，但循环动力小，作用范围受限，通常只在单幢建筑中采用。机械循环要消耗电能、水泵运行有噪声，但循环动力大。大而复杂的管网，多采用机械循环。

（2）按水流路径可分为同程式和异程式系统

同程式水系统除了供回水管路以外，还有一根同程管。由于各并联环路的管路总长度基本相等，阻抗差异较小，流量分配易满足要求。高层建筑的垂直立管长，通常采用垂直同程；水平管路系统范围大时，常采用水平同程。图 2-4-1 是垂直同程和水平同程的布置示意。

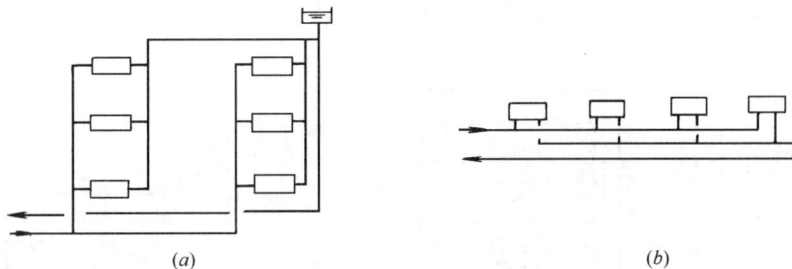

图 2-4-1　同程式水系统
(a) 垂直同程；(b) 水平同程

异程式水系统管路简单，不需采用同程管，系统投资较少，但并联环路阻抗相差较大，水量分配、调节较难。

（3）按流量是否变化可分为定流量和变流量系统

和空调风系统同样的原理，定流量水系统中用户侧的循环水量保持定值，用户侧水流量随着负荷变化则为变流量系统。采用定流量系统时，可通过改变供回水温度进行调节，其优点是系统简单，操作方便，不需要复杂的自控设备；缺点是水流量不变，当负荷下降时，输配效能比随之下降。输送效能比是指输送的冷量（或热量）与付出的输送能源消耗量的比值。空调工程通常 90％ 的时间是部分负荷状态，定流量管网年均输配效能比很低，不节能。

变流量水系统的负荷改变时，通过改变供水量来调节。当通过调节水泵转速来调节流量时，其输送能耗随负荷减少而显著降低，节能效果显著。当通过减小水阀开度调节流量时，水阀造成的能量损失增大，节能效果下降。

（4）按水泵设置可分为单式泵和复式泵系统

单式泵水系统的冷（热）源侧和负荷侧用同一组循环水泵，因为要保证冷（热）源对水流量的要求，这种水系统不能完全按负荷变化调节水泵流量，不利于节省水泵输送能量。单式泵系统属于动力集中式系统。

复式泵水系统的冷（热）源侧和负荷侧分别设置循环水泵，可以实现负荷侧的水泵变流量运行，能节省输送能耗，并能适应供水分区不同压降的需要，系统总压低。复式泵系统属于动力分布式系统。

图 2-4-2 所示为单式泵定流量系统和变流量系统。定流量系统的用户盘管用三通阀调节水量以适应室内冷热负荷变化，而又不改变整个系统流量。变流量系统的用户盘管用二通阀调节水流量，同时改变系统负荷侧的流量，但冷（热）源侧每台机组设备的流量基本恒定。

图 2-4-3 所示为复式泵系统，在分水器 A 和集水器 B 之间的旁通管上设流量开关（用来检查水流方向和控制冷源、水泵的启停）和流量计（检查管内流量）。控制原理是：当负荷减小时，负荷侧二通阀关小，流量减小，水流经旁通管从 A 向 B 流动，当旁通管内通过的水流量达到设定值时，流量开关动作，通过程序控制器，关掉一台冷（热）水机组和水泵。反之，当负荷增加时，负荷侧流量增大，旁通管中流量相应减小，直到为零，最后使水流反向，从 B 流向 A，当流量达到设定值时，旁通管上的流量开关动作，通过程控器启动一台冷（热）水机组和水泵。

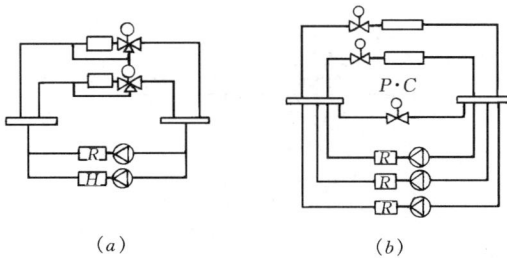

图 2-4-2　单式泵定流量和
变流量系统

（a）单式泵定流量；（b）单式泵变流量

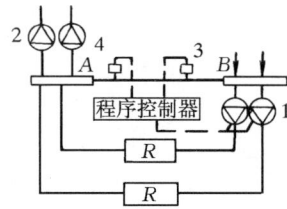

图 2-4-3　复式泵系统

1——次泵；2——二次泵；3—流量开关；4—流量开关
A—分水器；B—集水器；R—冷（热）源机组

（5）按与大气接触情况可分为开式和闭式系统

开式系统有与大气相通的进出口。运行时，除需要克服管道阻力外，还需克服进出口高差形成的位压。闭式水系统不与大气相通，仅在系统最高点设置膨胀水箱，水泵不需克服系统静水压头，闭式循环输配的耗电较小。具体工程的冷热水输配系统是开式还是闭式，与工程采用的换热设备、空气处理设备类型相关。当采用表冷器等间接换热设备时，冷热水输配管网通常为闭式；当采用喷水室等直接热质交换设备时，通常为开式。从能效、运行维护等方面考虑，供暖空调工程多采用闭式冷热水输配管网。

2.4.1.2　供暖空调冷热水管网装置

（1）膨胀水箱

膨胀水箱的基本作用是用来平衡冷热水系统中水温变化引起的水体积变化。膨胀水箱的另一作用是恒定水系统的压力。在重力循环上供下回式系统中，它还起着排气作用。虽然膨胀水箱的位置是冷热水输配管网的最高点，但其膨胀管与管网的连接点却有所不同。在重力循环管网中，接在供水总立管的顶端；在机械循环系统中，一般接至循环水泵吸入口前。当膨胀水箱的液面高度不变时，连接点处的压力，无论系统是否运行，都是恒定的。此点因而称为定压点。

在有防冻需求的情况下，在膨胀水箱设一循环管，其连接点设在定压点前的水平回水干管上（见图 2-4-4），该点与定压点之间应保持 1.5～3m 的距离，这样可让少量热水能缓慢地通过循环管和膨胀管流过水箱，以防水箱里的水冻结；同时，冬季运行的膨胀水箱应考虑保温。在膨胀管、循环管上，严禁安装阀门，以防止系统超压及水箱水冻结。膨胀水箱的容积，可按下式计算确定：

$$V_p = \alpha \Delta t_{max} \cdot V_c \qquad (2-4-1)$$

式中　V_p——膨胀水箱的有效容积（即由信号管到溢流管之间的容积），L；

　　　α——水的体积膨胀系数，$\alpha=0.0006L/℃$；

　　　V_c——系统内的水容量，L；

　　　Δt_{max}——系统内水温的最大波动值，℃。

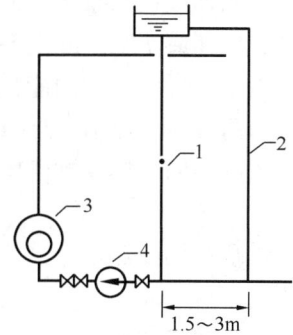

图 2-4-4　膨胀水箱与机械循环系统的连接方式
1—膨胀管；2—循环管；3—冷热水机组；4—循环水泵

（2）排气装置

有多种原因使冷热水管网中积存空气。新管网或旧管网清洗维保后，充水或补水，往往会有空气残留在管网内；在大气压力下，1kg 水在 5℃时，水中的含气量超过 30mg，而加热到 95℃时，水中的含气量约只有 3mg，管网中的水被加热时，会分离出空气；此外，在管网停止运行时，通过负压区内的不严密处也会渗入空气。系统中如积存空气，就会形成气塞，影响管网的正常循环。因此必须设置排气装置。在管网各环路的供水干管末端的最高处（见图 2-4-5）及各局部凸起位置都应设排气装置。常见的排气装置有集气罐、自动排气阀和跑风阀等。排气装置可是自动的，也可以是手动的，在系统运行时，定期开启阀门将水中分离出来的空气排除。

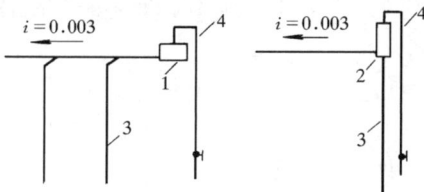

图 2-4-5　集气罐安装位置示意图
1—卧式集气罐；2—立式集气罐；3—末端立管；4—DN15 放气管

（3）散热器温控阀

散热器温控阀是一种自动控制散热器散热量的设备，工作原理是当室温高于给定的温度值时，将阀关小，进入散热器的水流量减小，散热器散热量减小，室温下降。当室温下降到低于设定值时，阀孔开大，水流量增大，散热器散热量增加，室温开始升高，从而保证室温处在设定的温度范围。

对热水输配管网而言，散热器温控阀实际上是流量调节阀，而且其阻力较大（阀门全开时，阻力系数 ζ 可达 18.0 左右）。

（4）分水器、集水器

分水器、集水器一般是为了便于连接通向各个环路的许多并联管道而设置的，也能起到一定程度的均压作用，有利于流量分配和调节、维修和操作。分水器、集水器管径可按并联接管的总流量通过时的断面流速为 1.0～1.5m/s 确定。流量特别大时，允许增大，但最大不宜超过 4m/s。

（5）过滤器

过滤器设在水系统中的水泵、换热器、孔板等设备的入口管道上，以防止杂质进入、污染、损坏或堵塞这些设备。但另一方面，过滤器又增加了管路阻力，随着使用时间的增长，阻力会增大，增加能耗，阻碍输配。应根据管网正常运行的要求，设定需要清洗时过滤器的前后压力差值，运行中，一旦达到该压差，应及时清洗过滤器。普遍而言，任何设置有过滤器的流体输配管网都应如此。

（6）阀门

供暖空调冷热水管网用的阀门与热水供热管网种类相同。本书将在热水供热管网中介绍。

（7）换热装置

换热装置的基本功能是从冷、热水中获得冷热量。进入换热装置的流量关联着换热装置的换热量；同时换热装置也是输配管网的阻力部件，影响着管网的输配性能。

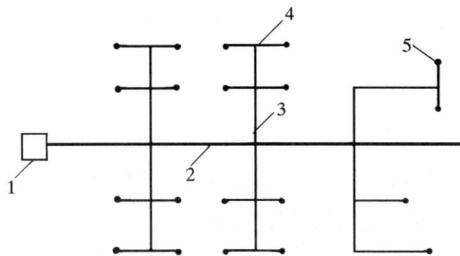

图 2-4-6 枝状管网
1—热源；2—主干线；3—支干线；4—用户支线；5—热用户的用户引入口
注：供水管与回水管并行，合用一单线表示，阀门未标出。

2.4.2 热水集中供热管网

2.4.2.1 热水集中供热管网的功能与类型

在城市热水供热系统中，有为数众多的用户系统与热水网路相连接。以区域锅炉房为热源的热水供热管网为例，其供暖建筑面积一般为数万至数十万平方米，个别系统甚至超过百万平方米。而热电厂为热源或具有几个热源的大型热水供热系统，其供暖建筑面积可高达数百万平方米。

图 2-4-6 是一个供热范围较小的单热源热网系统图。管网采用枝状连接，管网供水从热源沿主干线 2、分支干线 3、用户支线 4 送到各热用户的引入口 5 处，管路回水从各用户沿相同线路返回热源。

枝状供热管网简单，管道的直径距热源越远而逐渐减小，初投资小，运行管理简便。但枝状管网不具有后备供热的性能。当供热管网某处发生故障时，在故障点以后的热用户都将停止供热。

为了在热水管网发生故障时，缩小事故的影响范围和迅速消除故障，在与干管相连接的管路分支处，及在与分支管路相连接的较长的用户支管处，均应装设阀门。

图 2-4-7 是由几个热电厂和一些区域锅炉房组成的多热源联合供热系统的环状管网示意图。多热源联合供热系统，主要有两种热源组合方式：

1）热电厂与区域锅炉房联合供热；
2）几个热电厂联合供热。

热网系统图的特点是输配干线呈环状，如图 2-4-7所示，支干线 4 从环状管网 3 分出，再到各热

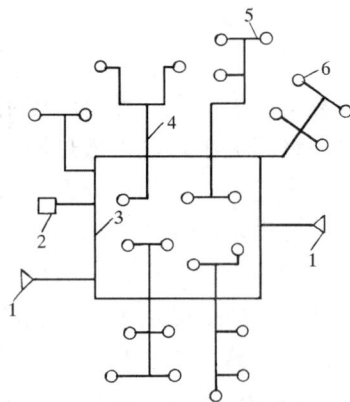

图 2-4-7 多热源供热系统的环状管网示意图
1—热电厂；2—区域锅炉房；3—环状管网；4—支干线；5—分支管线；6—热力站
注：双管线路以单线表示，阀门未标出。

力站 6。

2.4.2.2 热水集中供热管网用户连接方式与装置

热水供热管网系统按管内流体与环境空间的关系可分为闭式系统和开式系统。在闭式系统中，热网的循环水仅作为热媒供给热用户热量，而不从热网中取出使用。在开式系统中，热网的热水部分地或全部地从热网中取出，直接用于热用户。这里重点介绍闭式系统与用户的连接方式。

图 2-4-8 是双管闭式热水供热系统用户连接方式示意图。来自热源的热水，沿热网供水干管输送到各个热用户，在热用户的用热设备内放出热量后，沿热网回水干管返回热源。双管闭式热水供热系统是目前最广泛应用的热水供热系统。

下面分别介绍闭式热水供热管网与供暖、通风、热水供应等热用户的连接方式。

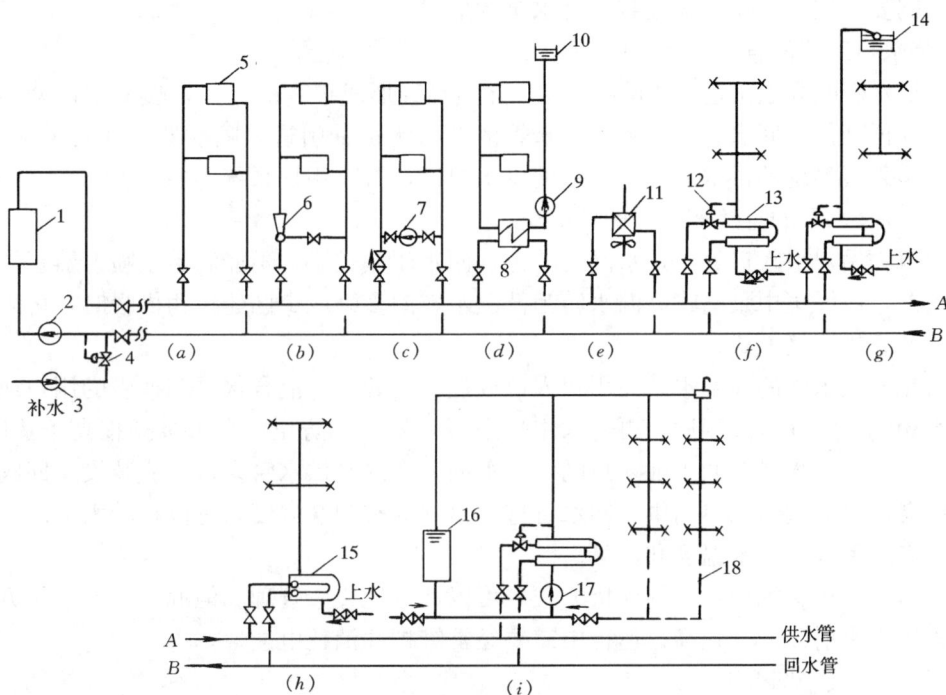

图 2-4-8 双管闭式热水供热系统用户连接方式示意图
(a) 无混合装置的直接连接；(b) 装水喷射器的直接连接；(c) 装混合水泵的直接连接；(d) 采暖热用户与热网的间接连接；(e) 通风热用户与热网的连接；(f) 无储水箱的连接方式；(g) 装设上部储水箱的连接方式；(h) 装设容积式换热器的连接方式；(i) 装设下部储水箱的连接方式
1—热源的加热装置；2—网路循环水泵；3—补给水泵；4—补给水压力调节器；5—散热器；6—水喷射器；7—混合水泵；8—表面式水-水换热器；9—采暖热用户系统的循环水泵；10—膨胀水箱；11—空气加热器；12—温度调节器；13—水-水式换热器；14—储水箱；15—容积式换热器；16—下部储水箱；17—热水供应系统的循环水泵；18—热水供应系统的循环管路

（1）采暖系统热用户管网与热网的连接方式

采暖用户管网与热水网路的连接方式可分为直接连接和间接连接两种方式。

直接连接是用户管网直接连接于热网上。热网的水力工况（压力和流速状况）和热力工况与用户管网有着密切的联系。间接连接方式是在采暖用户处设置水-水换热器，用户管网与热网被水-水换热器隔离，形成两个水力工况独立的系统，两者只进行热交换而水力工况互不影响。

采暖用户与热网的连接方式，常见的有以下几种：

1) 无混合装置的直接连接（图 2-4-8a）。

热水由热网供水管直接进入供暖用户，在散热器内放热后，返回热网回水管。这种直接连接方式最简单，造价低。但这种无混合装置的直接连接方式，只能在网路的设计供水温度不超过采暖系统的最高热媒温度时方可采用，且用户引入口处热网的供、回水管的资用压差大于采暖系统用户设计流量下的压力损失时才能使用。

绝大多数低温水热水供热系统采用无混合装置的直接连接方式。

当集中供热系统采用高温水供热，供水温度超过采暖热媒最高温度时，如采用直接连接方式，则要采用装水喷射器或装混合水泵的形式。

2) 装水喷射器的直接连接（图 2-4-8b）。

热网供水管的高温水进入水喷射器 6，在喷嘴处形成很高的流速，喷嘴出口处动压升高，静压降低到低于回水管的压力，回水管的低温水被抽引进入喷射器，并与供水混合，使进入用户采暖系统的供水温度低于热网供水温度，符合用户系统的要求。

3) 装混合水泵的直接连接（图 2-4-8c）。

当建筑物用户引入口处，热水网路的供、回水压差较小，不能满足水喷射器正常工作所需的压差，或设集中泵站将高温水转为低温水，向多幢或街区建筑物供暖时，可采用装混合水泵的直接连接方式。

来自热网供水管的高温水，在用户入口或热力站处，与混合水泵 7 抽引的用户或街区网路回水相混合，降低温度后，再进入用户采暖系统。为防止混合水泵扬程高于热网供、回水管的压差，而将热网回水抽入热网供水管内，在热网供水管入口处应装设止回阀，通过调节混合水泵的阀门和热网供、回水管进出口处的阀门开启度，可以在较大范围内调节进入用户供热系统的供水温度和流量。

在热力站处设置混合水泵的连接方式，可以适当地集中管理。但混合水泵连接方式的造价比采用水喷射器的方式高，运行中需要经常维护并消耗电能。

4) 间接连接（图 2-4-8d）。

间接连接系统的工作方式如下：热网供水管的热水进入设置在建筑物用户引入口或热力站的水-水换热器 8 内，通过换热器将热能传递给供暖系统的循环水，冷却后的回水返回热网回水管去。

间接连接方式需要在建筑物用户入口处或热力站内设置水-水换热器和采暖系统热用户的循环水泵等设备，造价比上述直接连接要高得多。循环水泵需经常维护，并消耗电能，运行费用增加。

采用直接连接，由于热用户系统漏损水量大，造成热源水处理量增大，影响热网的供热能力和经济性。采用间接连接方式，虽造价增高，但热源的补水率大大减小，同时热网的水力工况不受用户的影响，便于热网运行管理。对小型的热水供热系统，特别是低温水供热系统，直接连接仍是最主要的形式。

（2）通风热用户与热网的直接连接

由于通风系统中加热空气的设备能承受较高压力，并对热媒参数无严格限制，因此通风用热设备 11（如空气加热器等）与热网的连接，通常都采用最简单的直接连接形式，如图 2-4-8（e）所示。

（3）热水供应热用户与热网的连接方式

在闭式热水供热系统中，热网的循环水仅作为热媒，供给热用户热量，而不从热网中取出使用。因此，热水供应热用户与热网的连接只能是间接的，必须通过水-水换热器换热。根据用户热水供应系统中是否设置储水箱及其设置位置的不同，连接方式有如下几种主要形式：

1）无储水箱的连接方式（图 2-4-8f）；

2）装设上部储水箱的连接方式（图 2-4-8g）；

3）装设容积式换热器的连接方式（图 2-4-8h）；

4）装设下部储水箱的连接方式（图 2-4-8i）。

（4）闭式双级串联和混联连接的热水供热系统

在热水供热系统中，各种热用户（供热、通风和热水供应）通常都是并联连接在热网上。热网循环水量应等于各热用户换热器所需水量之和。热水供应热用户所需水量与网路的连接方式有关。

为了减少热水供应热负荷所需的网路循环水量，可采用采暖系统与热水供热系统串联或混联连接的方式，如图 2-4-9 所示。

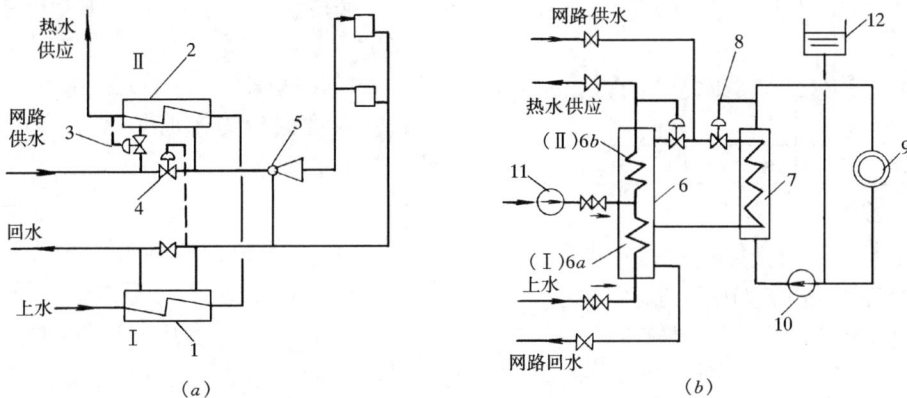

图 2-4-9　采暖与热水供应串联或混联方式

(a) 闭式双级串联水加热器的连接图示；(b) 闭式混合连接的示意图

1—Ⅰ级热水供应水加热器；2—Ⅱ级热水供应水加热器；3—水温调节器；4—流量调节器；5—水喷射器；6—热水供应水加热器；6a—水加热器的预热段；6b—水加热器的终热段；7—采暖系统水加热器；8—流量调节装置；9—采暖热用户系统；10—采暖系统循环水泵；11—热水供应系统的循环水泵；12—膨胀水箱

图 2-4-9（a）是一个双级串联的连接方式。热水供应系统的用水首先由串联在网路回水管上的水加热器（Ⅰ级加热器）1 加热。如经过第Ⅰ级加热后，热水供应水温仍低于所要求的温度，则通过水温调节器 3 将阀门打开，进一步利用网路中的高温水通过第Ⅱ级加热器 2，将水加热到所需温度。经过第Ⅱ级加热器放热后的网路供水，再进入采暖系统中。为了稳定采暖系统的水力工况，在供水管上安装流量调节器 4，控制用户系统的流量。

图 2-4-9（b）是一个混联连接的图式。热网供水分别进入热水供应和供暖系统的热交换器 6 和 7 中（通常采用板式热交换器）。上水同样采用两级加热，但加热方式不同于图 2-4-9（a）。热水供应热交换器 6 的终热段 6b（相当于图 2-4-9a 的 II 级加热器）的热网回水，并不进入采暖系统，而与热水采暖系统的热网回水相混合，进入热水供应热交换器的预热段 6a（相当于图 2-4-9a 的 I 级加热器），将上水预热。上水最后通过热交换器 6 的终热段 6b，被加热到热水供应所要求的水温。根据热水供应的供水温度和供暖系统保证的室温，调节各自热交换器的热网供水阀门的开启度，控制进入各热交换器的网路水流量。由于采用了串联式或混联连接的方式，利用采暖系统回水的部分热量预热上水，可减少网路的总循环水量，适宜用在热水供应热负荷较大的城市热水供热系统上。图 2-4-9（b）的图式，除了采用混联的连接方式外，采暖热用户与热网采用了间接连接。这种全部热用户（采暖、热水供应、通风空调等）与热水网路均采用间接连接的方式，使用户系统与热网的水力工况完全隔开，便于管理。

开式热水供热系统用户的热水直接取自热网。采暖和通风热用户系统与热网的连接方式，与闭式热水供热系统完全相同。开式热水供热系统的热水供应热用户与网路的连接，有下列几种形式：

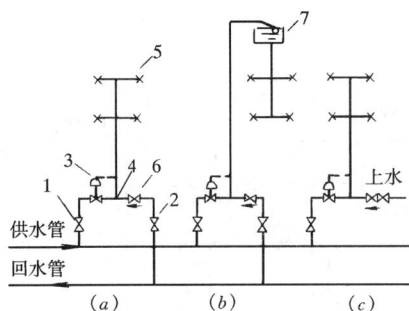

图 2-4-10　开式热水供热系统中，
热水供应热用户与网路的连接方式
1、2—进水阀门；3—温度调节器；
4—混合三通；5—取水栓；6—止回
阀；7—上部储水箱

1）无储水箱的连接方式（图 2-4-10a）。热水直接从网路的供、回水管取出，通过混合三通 4 后的水温可由温度调节器 3 来控制。为了防止网路供水管的热水直接流入回水管，回水管上设止回阀 6。由于直接取水，因此网路供、回水管的压力都必须大于热水供应用户系统的水静压力、管路阻力以及取水栓 5 自由水头的总和。

2）装设上部储水箱的连接方式（图 2-4-10b）。这种连接方式常用于浴室、洗衣房和用水量很大的工业厂房中。网路供水和回水先在混合三通中混合，然后送到上部储水箱 7，热水再沿配水管送到各取水栓。

3）与上水混合的连接方式（图 2-4-10c）。当热水供应用户的用水量很大，建筑物中（如浴室、洗衣房等）来自采暖通风用户系统的回水量不足于与供水管中的热水混合时，则可采用这种连接方式。混合水的温度同样可用温度调节器控制。为了便于调节水温，网路供水管的压力应高于上水管的压力。在上水管上要安装止回阀，以防止网路水流入上水管路。如上水压力高于热网供水管压力时，在上水管上安装减压阀。

2.4.2.3　集中供热管网的装置

供热管网的附件和装置主要有管件（三通、弯头等）、阀门、补偿器、支座及放气、放水、疏水、除污等装置，它们是构成供热管网和保证供热管网正常运行的重要部分。

（1）阀门

在供热管道上，常用的阀门形式有：截止阀、闸阀、蝶阀、止回阀和调节阀等。

截止阀按介质流向可分为直通式、直角式和直流式（斜杆式）三种。截止阀关闭严密性较好，但阀体长，介质流动阻力大。

闸阀按闸板的形状及数目分，有楔式与平行式，还有单板与双板的区分。闸阀的优缺点正好与截止阀相反。

截止阀和闸阀主要起开闭管路的作用。由于其调节性能不好，不适于用来调节流量。

蝶阀阀板沿垂直管道轴线的立轴旋转，当阀板与管道轴线垂直时，阀门全闭；阀板与管道轴线平行时，阀门全开。蝶阀阀体长度很小，流动阻力小，调节性能稍优于截止阀和闸阀。

止回阀（逆止阀）是用来防止管道或设备中介质倒流的一种阀门。它利用流体的动能来开启阀门。止回阀常安装在泵的出口、疏水器出口管道上，以及其他不允许流体反向流动的地方。

当需要调节供热介质流量时，在管道上应设置调节阀。第7章将更深入地分析调节阀的特性和应用方法。

（2）放气、排水装置

为便于热水管道顺利放气和在运行或检修时排净管道的存水，地下敷设供热管道的坡度应不小于0.002，同时，应配置相应的放气、排水装置。

热水管道放气和排水装置位置的示意图见图2-4-11。

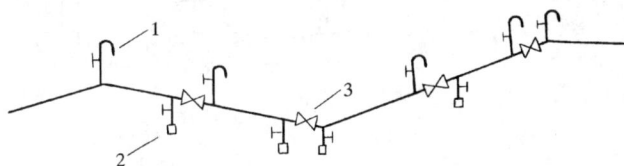

图 2-4-11　热水管道放气和排水装置位置示意图
1—放气阀；2—排水阀；3—阀门

（3）补偿器

为了防止管道升温时，由于热伸长或温度应力而引起管道变形或破坏，需要在管道上设置补偿器，以补偿管道的热伸长，从而减小管壁的应力和作用在阀件或支架结构上的作用力。

供热管道上采用补偿器的种类很多，主要有管道的自然补偿器、方形补偿器、波纹管补偿器、套筒补偿器和球形补偿器等。前三种是利用补偿器的变形来吸收热伸长量，后两种是利用管道的位移来吸收热伸长量。

2.4.3　建筑给水管网

2.4.3.1　建筑给水管网的功能与类型

建筑给水系统将城镇给水管网或自备水源给水管网的水引入室内，经支管配水管送至用水的末端装置，满足各用水点对水量、水压和水质的要求。

1. 建筑给水管网的类型

（1）直接给水管网

由室外给水管网直接供水，是最简单、经济的给水方式，如图2-4-12所示。适用于

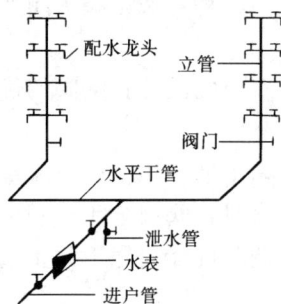

图 2-4-12　直接给水管网

室外给水管网的水量、水压在一天内均能满足用水要求的建筑。

（2）设水箱的给水管网

设水箱的给水方式宜在室外给水管网供水压力周期性不足时采用。如图 2-4-13（a）所示，低峰用水时，可利用室外给水管网水压直接供水并向水箱进水，水箱储备水量。高峰用水时，室外管网水压不足，则由水箱向建筑内给水系统供水。当室外给水管网水压偏高或不稳定时，为保证建筑内给水系统的良好工况或满足稳压供水的要求，也可采用设水箱的给水方式，如图 2-4-13（b）所示。室外管网直接将水输入水箱，由水箱向建筑内给水系统供水。

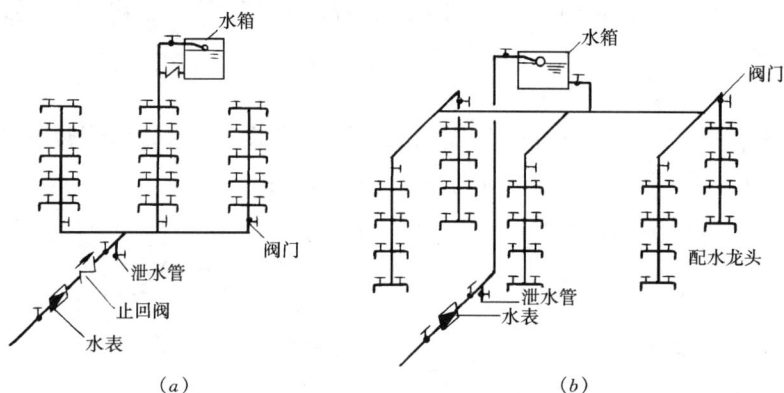

（a）　　　　　　　　　　　　　（b）

图 2-4-13　设水箱的给水管网

（3）设水泵的给水管网

室外给水管网的水压经常不足时常采用设水泵的给水方式。当建筑内用水量大且较均匀时，可用恒速水泵供水；当建筑内用水不均匀时，宜采用多台或调速泵供水，以提高水泵的工作效率。为充分利用室外管网压力，节省电能，当水泵与室外管网直接连接时，应设旁通管，如图 2-4-14（a）所示。当室外管网压力足够大时，可自动开启旁通管的逆止

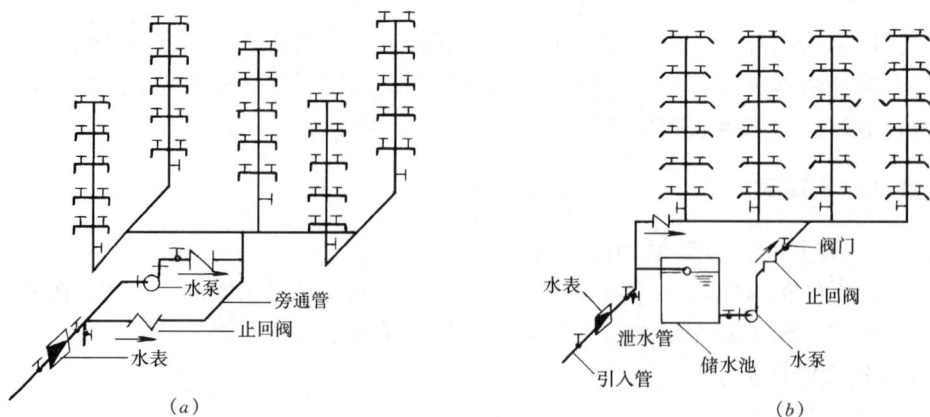

（a）　　　　　　　　　　　　　（b）

图 2-4-14　设水泵的给水管网

阀直接向建筑内供水。因水泵直接从室外管网抽水，会使外网压力降低，影响附近用户用水，严重时还可能造成外网负压。为避免上述问题，可在系统中增设储水池，采用水泵与室外管网间连接的方式，如图 2-4-14（b）所示。

（4）设水泵和水箱的给水管网

设水泵和水箱的给水方式宜在室外给水管网压力低于或经常不能满足建筑内给水管网所需的水压，且室内用水不均匀时采用。如图 2-4-15 所示，该给水方式的优点是水泵能及时向水箱供水，可缩小水箱的容积，又因有水箱的调节作用，水泵出水量稳定，能保持在高效区运行。

（5）气压给水管网

气压给水方式即在给水系统中设置气压给水设备，利用该设备的气压水罐内气体的可压缩性，升压供水。气压水罐的作用相当于高位水箱，但其位置可根据需要设置在高处或低处。该给水方式宜在室外给水管网压力低于或经常不能满足建筑内给水管网所需水压，室内用水不均匀，且不宜设置高位水箱时采用，如图 2-4-16 所示。

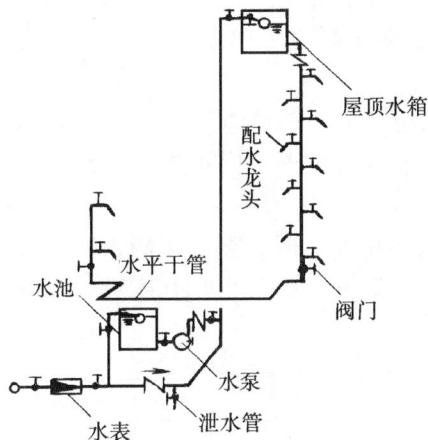

图 2-4-15　设水箱、
水泵的给水管网

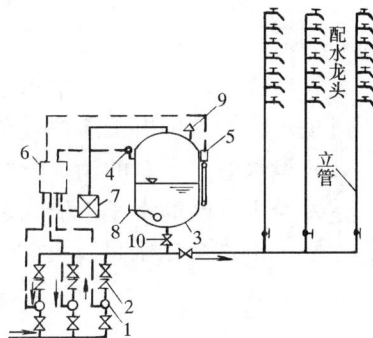

图 2-4-16　气压给水管网
1—水泵；2—止回阀；3—气压水罐；4—压力信号器；5—液位信号器；6—控制器；7—补气装置；8—排气阀；9—安全阀；10—阀门

（6）分区给水管网

当室外给水管网的压力只能满足建筑下层供水要求时，可采用分区给水管网。如图 2-4-17 所示，室外给水管网水压线以下楼层为低区由外网直接供水，以上楼层为高区由升压储水设备供水。可将两区的 1 根或几根立管相连，在分区处设阀门，以备低区进水管发生故障或外网压力不足时，打开阀门由高区水箱向低区供水。

（7）分质给水管网

分质给水管网即根据不同用途所需的不同水质，分别给水。如图 2-4-18 所示，饮用水给水系统供饮用、烹饪、盥洗等生活用水，水质符合"生活饮用水卫生标准"。杂用水给水系统，水质较差，仅符合"生活杂用水水质标准"，只能用于建筑内冲洗便器、绿化、洗车、扫除等用水。

2. 室内消火栓给水管网

（1）由室外给水管网直接供水的消防给水管网

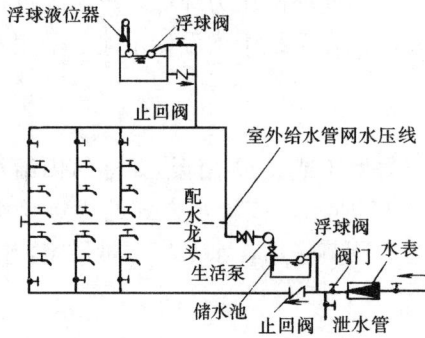

图 2-4-17　分区给水管网

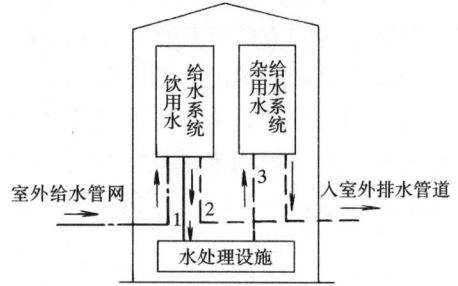

图 2-4-18　分质给水管网

1—生活废水；2—生活污水；3—杂用水

在室外给水管网提供的水量和水压，在任何时候均能满足室内消火栓给水系统要求时采用，如图 2-4-19 所示。该方式中消防管道有两种布置形式：一种是消防管道与生活（或生产）管网共用，此时在水表处应设旁通管，水表选择应考虑能承受短时通过的消防水量。

这种形式可以节省 1 根给水干管、简化管道系统；另一种是消防管道单独设置，这样可以避免消防管道中由于滞留过久而腐化的水对生活（或生产）管网供水产生污染。

（2）设水泵、水箱的消火栓给水管网

室外给水管网的水压不能满足室内消火栓给水系统要求时采用。水箱由生活泵补水，储存 10min 的消防用水量，火灾发生时先由水箱供水灭火，如图 2-4-20 所示。

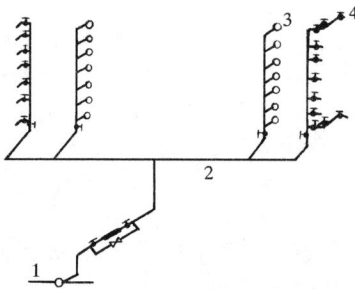

图 2-4-19　直接供水的消防-生活
共用给水管网

1—室外给水管网；2—室内管网；3—消
火栓及立管；4—给水立管及支管

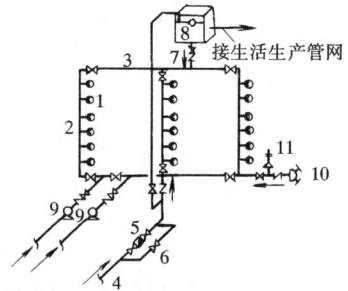

图 2-4-20　设水泵、水箱的
消防给水管网

1—室内消火栓；2—消防竖管；3—干
管；4—进户管；5—水表；6—旁通管及
阀门；7—止回阀；8—水箱；9—消防水
泵；10—水泵接合器；11—安全阀

3. 自动喷水灭火系统

在火灾发生时，自动喷水灭火系统能自动打开喷头喷水灭火。扑灭初期火灾的效率在 97% 以上。自动喷水灭火系统由水源、加压贮水设备、喷头、管网、报警装置等组成。

（1）湿式自动喷水灭火系统

为喷头常闭的灭火系统，如图 2-4-21 所示，管网中充满有压水、当建筑物发生火灾，火点温度达到开启闭式喷头设定的温度时，喷头出水灭火。

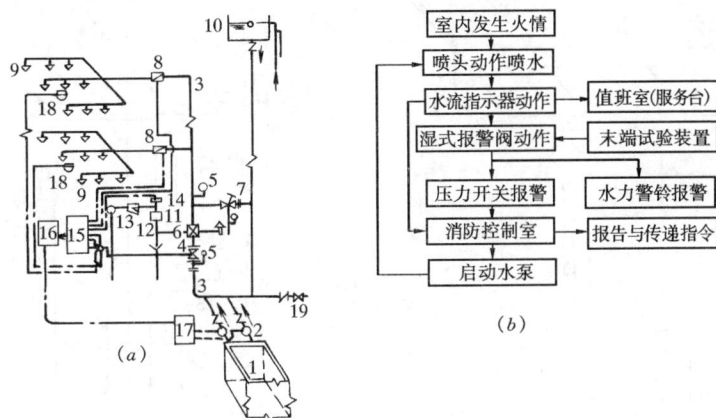

图 2-4-21　湿式自动喷水灭火系统图示

（a）组成示意图；（b）工作原理流程图

1—消防水池；2—消防泵；3—管网；4—控制蝶阀；5—压力表；6—湿式报警阀；7—泄放试验阀；8—水流指示器；9—喷头；10—高位水箱、稳压泵或气压给水设备；11—延时器；12—过滤器；13—水力警铃；14—压力开关；15—报警控制器；16—非标控制箱；17—水泵启动箱；18—探测器；19—水泵接合器

（2）干式自动喷水灭火系统

为喷头常闭的灭火系统，管网中平时不充水，充有有压空气（或氮气），如图 2-4-22 所示。当建筑物发生火灾，火点温度达到开启闭式喷头设定的温度时，喷头开启，排气、充水、灭火。

（3）预作用喷水灭火系统

为喷头常闭的灭火系统，管网中平时不充水（无压），如图 2-4-23 所示。发生火灾时，火灾探测器报警后，自动控制系统控制闸门排气、充水，由干式变为湿式系统。只有当着火点温度达到开启闭式喷头设定的温度时，才开始喷水灭火。

4. 自动喷水灭火系统的喷头及控制配件

（1）喷头

闭式喷头的喷口用由热敏元件组成的释放机构封闭，当达到一定温度时能自动开启，如玻璃球爆炸、易熔合金脱离。

开式喷头根据用途又分为开启式，水幕、喷雾三种类型。

（2）报警阀

报警阀的作用是开启和关闭管网水流，传递控制信号到控制系统并启动水力警铃直接报警，不同的自动喷水灭火系统采用不同类型的报警阀。

（3）水流报警装置

水流报警装置主要由水力警铃、水流指示器和压力开关等组成，分别用于不同的自动喷水灭火系统。

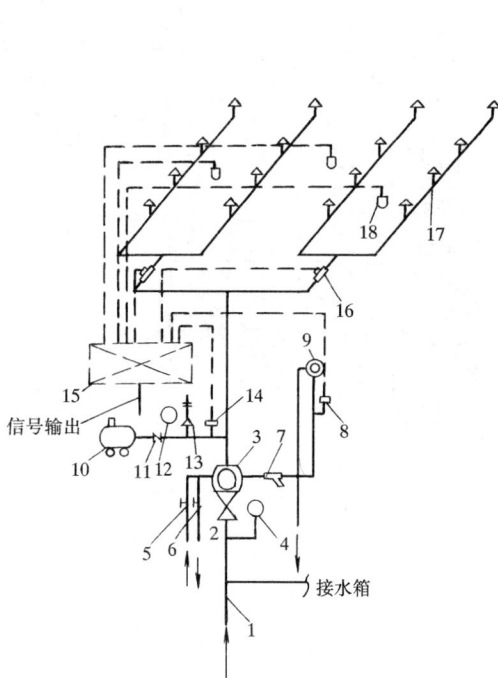

图 2-4-22　干式自动喷水灭火系统图示
1—供水管；2—闸阀；3—干式阀；4—压力表；5、
6—安全阀；7—过滤器；8—压力开关；9—水力警铃；
10—空压机；11—止回阀；12—压力表；13—安全阀；
14—压力开关；15—火灾报警控制箱；16—水流指示
器；17—闭式喷头；18—火灾探测器

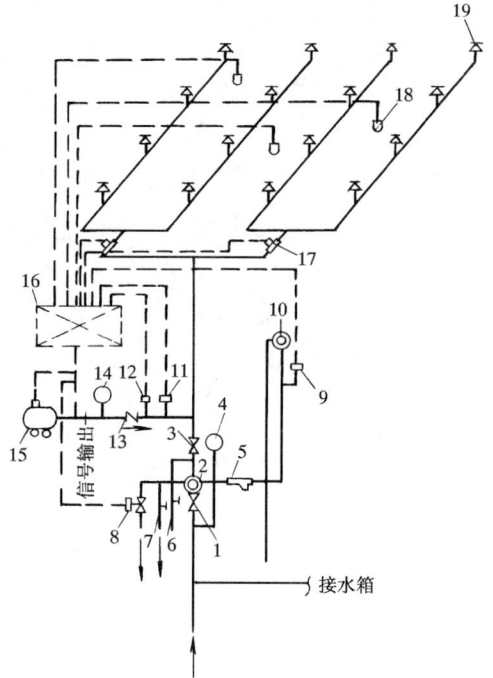

图 2-4-23　预作用喷水灭火系统图示
1—总控制阀；2—预作用阀；3—检修闸阀；4—压力
表；5—过滤器；6—截止阀；7—手动开启截止阀；
8—电磁阀；9—压力开关；10—水力警铃；11—压力
开关（启闭空压机）；12—低气压报警压力开关；13—止
回阀；14—压力表；15—空压机；16—火灾报警控
制箱；17—水流指示器；18—火灾探
测器；19—闭式喷头

（4）延迟器

延迟器是一个罐式容器，安装于报警阀与水力警铃（或压力开关）之间，报警阀开启后，水流需经 30s 左右充满延迟器后方可冲打水力警铃，用来防止由于水压波动原因引起报警阀开启而导致误报。

5. 室内热水供应系统

按热水供应范围的大小，可分为集中热水供应系统和局部热水供应系统。集中热水供应系统供水范围大，热水集中制备，用管道输送到各配水点。一般在建筑内设专用锅炉房或热交换间，由加热设备将水加热后，供一幢或几幢建筑使用。

热水供水方式按管网压力工况的特点可分为开式和闭式两类。开式热水供水方式中一般是管网顶部设水箱，与大气连通，系统内的水压仅取决于水箱的设置高度，而不受室外供水管网水压波动的影响。所以，当给水管道的水压变化较大，且用户要求水压稳定时，宜采用开式热水供水方式，如图 2-4-24 所示。该方式中必须设置高位冷水箱和膨胀管或开式加热水箱。闭式热水供水方式中管网不与大气相通，冷水直接进入水加热器，需设安全阀，有条件时还可以考虑设隔膜式压力膨胀罐或膨胀管，以确保系统的安全运转，如图 2-4-25 所示。闭式热水供水方式具有管路简单，水质不易受外界污染的优点，但供水水压稳定性、安全可靠性较差，适用于不设屋顶水箱的热水供应系统。

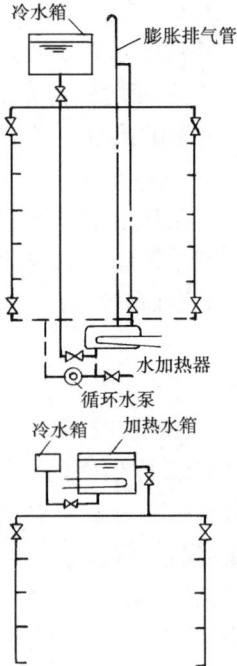

图 2-4-24 开式热水供应管网

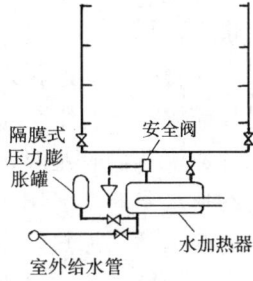

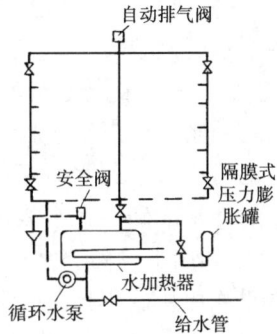

图 2-4-25 闭式热水供应管网

根据热水供应管网设置循环管网的方式不同，有全循环、半循环、无循环热水供水方式之分，如图 2-4-26 所示。全循环热水供应方式是指热水干管、热水立管及热水支管均能

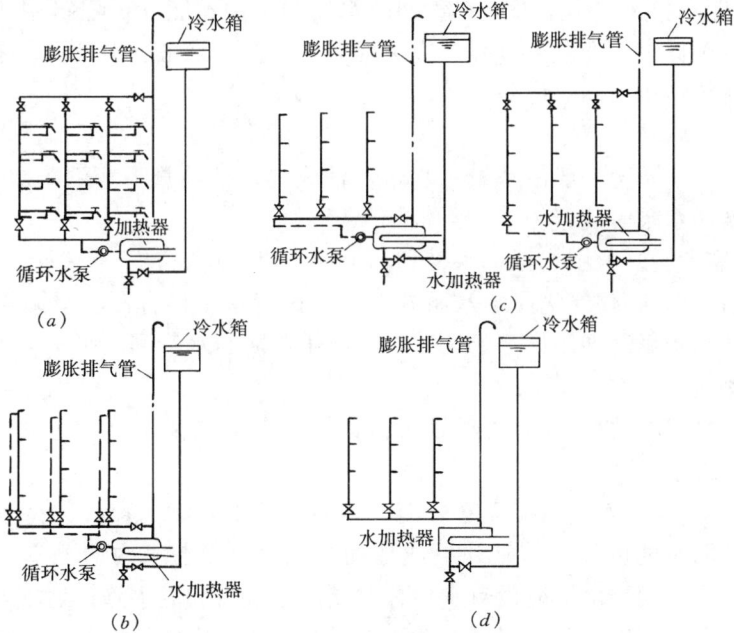

图 2-4-26 热水供应管网的循环方式
(a) 全循环；(b) 立管循环；(c) 干管循环；(d) 无循环

保持热水的循环，各配水龙头随时打开均能提供符合设计水温要求的热水。该方式用于有高标准要求的建筑中，如：高级宾馆、饭店，高级住宅等。半循环方式分为立管循环和干管循环两种方式。立管循环热水供水方式是指热水干管和热水立管均保持有热水的循环，打开配水龙头时只需放掉支管中少量的存水，就能获得规定水温的热水。该方式多用于设有全日供应热水的建筑和设有定时供应热水的高层建筑中。干管循环热水供水方式是指仅保持热水干管内的热水循环，多用于定时供应热水的建筑中。在热水供应前，先用循环泵把干管中已冷却的存水循环加热，当打开配水龙头时只需放掉立管和支管内的冷水就可流出符合要求的热水。无循环热水供水方式是指在热水管网中不设任何循环管道。

2.4.3.2　建筑给水管网装置

（1）普通给水管网装置

1）水表节点。水表节点是安装在引入管上的水表及其前后设置的阀门和泄水装置的总称。水表前后的阀门用以水表检修、拆换时关闭管路，泄水口主要用于系统检修时放空管网的余水，也可用来检测水表精度和测定管道进户时的水压值。为了使水流平稳流经水表，保证水表的计量准确，在水表前后应有符合产品标准规定的直管段。

2）配水装置和用水设备。常用的配水龙头有：球形阀式配水龙头，一般装在洗涤盆、污水盆、盥洗槽等卫生器具上，水流通过时因改变方向，阻力较大。旋塞式配水龙头旋转90°即可完全开启，水流直线通过，阻力较小，在短时间里可获得较大流量，使用压力宜在1个大气压左右，适用于洗衣房、开水间等用水设备上，其缺点是启闭迅速易引起水锤。

3）给水附件。管道系统中用于调节水量、水压，控制水流方向，以及关断水流，便于管道、仪表和设备检修的各类阀门有：截止阀、闸阀、蝶阀、止回阀等。液位控制阀用以控制水箱、水池等储水设备的水位，以免溢流。

4）增压和储水设备。当室外给水管网的水压、水量不能满足建筑用水要求，或要求供水压力稳定、确保供水安全可靠时，应根据需要，在给水系统中设置水泵、气压给水设备和水池、水箱等增压、储水设备。

（2）消防给水管网装置

建筑消火栓给水系统一般由水枪、水带、消火栓、消防管道、消防水池、高位水箱、水泵接合器及增压水泵等装置。

1）消火栓装置。一般由水枪、水带和消火栓组成，均安装于消火栓箱内。

2）水泵接合器。在建筑消防给水系统中均应设置水泵接合器。水泵接合器是连接消防车向室内消防给水系统加压供水的装置，一端由消防给水管网水平干管引出，另一端设于消防车易于接近的地方。

3）消防管道。建筑物内消防管道是否与其他给水系统合并或独立设置，应根据建筑物的性质和使用要求经技术经济比较后确定。

4）消防水池。消防水池用于无室外消防水源情况下，能储存火灾持续时间内的室内消防用水量。消防水池可设于室外地下或地面上，也可设在室内地下室，或与室内游泳池、水景水池兼用。消防水池应设有水位控制阀的进水管和溢水管、通气管、泄水管、出水管及水位指示器等附属装置。根据各种用水系统的供水水质要求是否一致，可将消防水池与生活或生产贮水池合用，也可单独设置。

5）消防水箱。消防水箱对扑救初期火灾起着重要作用，为确保其自动供水的可靠性，应采用重力自流供水方式；消防水箱宜与生活（或生产）高位水箱合用，以保持箱内储水经常流动、防止水质变坏；水箱的安装高度应满足室内最不利点消火栓所需的水压要求，且应储存有室内 10min 的消防用水量。

（3）室内热水供应管网的装置

1）热媒系统（第一循环系统）。热媒系统由热源、水加热器和热媒管网组成。由锅炉生产的蒸汽（或过热水）通过热媒管网送到水加热器加热冷水，经过热交换蒸汽变成冷凝水，再送回锅炉加热为蒸汽。对于区域性热水系统不需设置锅炉，水加热器的热媒管道和冷凝水管道直接与热力网连接。

2）热水供水系统（第二循环系统）。热水供水系统由热水配水管网和回水管网组成。被加热到一定温度的热水，从水加热器出来经配水管网送至各个热水配水点，而水加热器的冷水由水箱或给水管网补给。为保证各用水点随时都有规定水温的热水，在立管和水平干管甚至支管设置回水管，使一定量的热水经过循环水泵流回水加热器以补充管网散失的热量。考虑管网内因温度升高引起水的膨胀，应采取措施消除热水体积膨胀和由于膨胀引起的超压问题。

3）附件。包括蒸汽、热水的控制附件及管道的连接附件，如：温度自动调节器、疏水器、减压阀、安全阀、膨胀罐、管道补偿器、闸阀、水嘴等。

2.4.4 高层建筑液体输配管网的特点

我国建筑工程设计中高、低层建筑的界线是根据市政消防能力划分的，由于目前我国登高消防车的工作高度约24m，大多数城市通用的普通消防车，直接从室外消防管道或消防水池抽水，扑救火灾的最大高度也约为24m，故以此作为高层建筑的起始高度，即建筑高度（以室外地面至檐口或屋面面层高度计）超过24m的公共建筑或工业建筑均为高层建筑。而住宅建筑由于每个单元的防火分区面积不大，有较好的防火分隔，火灾发生时火势蔓延扩大受到一定的限制，危害性较少，同时它在高层建筑中所占比例较大，防火标准提高，将影响工程总投资的较大增长，因此高层住宅的起始线与公共建筑略有区别，以10层及10层以上的住宅（包括首层设置商业服务网点的住宅）为高层住宅建筑。

高层建筑层多楼高，有别于低层建筑，因此对液体输配管网提出了新的技术要求。

2.4.4.1 高层建筑给水管网特点

整幢高层建筑若采用同一给水系统，则垂直方向管线过长，低层管道中的静水压力很大，必然带来以下弊病：需要采用耐高压的管材、附件和配水器材，费用高；启闭龙头、阀门易产生水锤，不但会引起噪声，还可能损坏管道、附件，造成漏水；由于低层配水龙头前压力过大，水流速度过快，出流量增大，不但会产生水流噪声，还浪费水量，影响使用。因此，高层建筑给水系统必须解决低层管道中静水压力过大的问题。

为克服低层管道中静水压力过大的弊病，高层建筑给水系统采取竖向分区供水，即在建筑物的垂直方向上分区，分别组成各自的给水系统。

竖向分区的基本形式有以下几种：

（1）串联式

各区分设水箱和水泵，低区的水箱兼作上区的水池，如图 2-4-27 所示。

（2）减压式

　　建筑用水由设在底层的水泵 1 次提升至屋顶水箱，再通过各区减压装置（如减压水箱、减压阀等），依次向下供水。图 2-4-28 为采用减压水箱的供水管网，也可采用减压阀代替减压水箱。

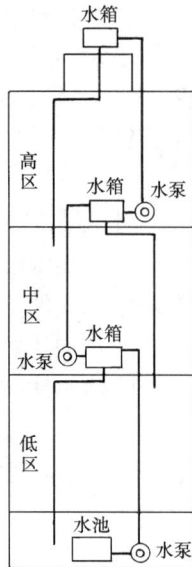

图 2-4-27　串联供水方式　　　　图 2-4-28　减压水箱供水方式

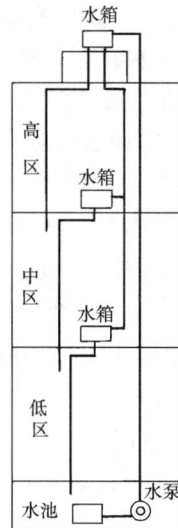

（3）并列式

　　各区升压设备集中设在底层或地下设备层，分别向各区供水。图 2-4-29（a）、（b）、（c）分别为采用水泵、水箱，变频调速水泵和气压给水设备升压供水的并列供水方式。

（4）室外高、低压给水管网直接供水

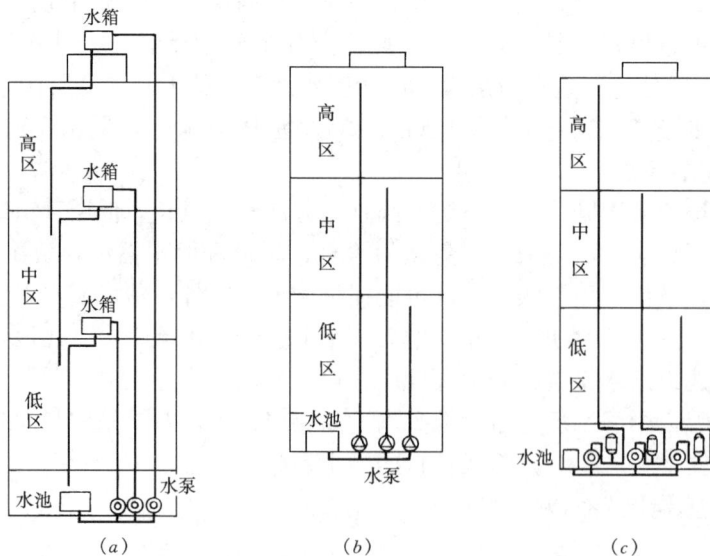

图 2-4-29　并列式供水
（a）水泵、水箱供水；（b）变频调速泵供水；（c）气压给水设备供水

当建筑周围有市政高、低压给水管网时，可利用外网压力，由室外高、低压给水管网分别向建筑内高、低压给水系统供水。

2.4.4.2 高层建筑热水供应管网特点

高层建筑热水供应系统与给水系统相同，若采用同一系统供应热水，也会使低层管道中静水压力过大。为保证良好的工况，高层建筑热水供应系统也要解决低层管道中静水压力过大的问题。

与给水系统相同，可采用竖向分区的供水方式。热水供应系统的分区，应与给水系统的分区一致，各区的水加热器、贮水器的进水，均应由同区的给水系统供应。冷、热水系统分区一致，可使系统内冷、热水压力平衡，便于调节冷、热水混合龙头的出水温度，也便于管理。但因热水系统水加热器、贮水器的进水由同区给水系统供应，水加热后，再经热水配水管道送至各配水龙头，热水在管道中的流程远比同区冷水龙头流出冷水所经历的流程长，所以尽管冷、热水分区相同，混合龙头处冷、热水压力仍有差异。为保持良好的供水工况，还应采取相应措施适当增加冷水管道的阻力，减小热水管道的阻力，以使冷、热水压力保持平衡，也可采用内部设有温度感应装置，能根据冷、热水压力大小、出水温度高低自动调节冷热水进水量比例，保持出水温度恒定的恒温式水龙头。

热水供应系统的分区形式主要有两种：

（1）集中式

各区热水配水循环管网自成系统，加热设备、循环水泵集中设在底层或地下设备层，各区加热设备的冷水分别来自各区冷水水源，如冷水箱等。其优点是：各区供水自成系统，互不影响，供水安全、可靠；设备集中设置，便于维修、管理。其缺点是位于底层，为高区提供热水的水加热器需承受高压，耗钢量较多，制作要求和费用较高。该分区形式不宜用于 3 个分区以上的高层建筑。

（2）分散式

各区热水配水循环管网也自成系统，但各区的加热设备和循环水泵分散设置在各区的设备层中。其优点是：供水安全可靠，且加热设备承压均衡，耗钢量少，费用低。其缺点是：设备分散设置不但要占用一定的建筑面积，维修管理也不方便，且热媒管线较长。

2.4.4.3 高层建筑消防给水管网特点

消防给水系统有分区、不分区两种给水方式，后者为一栋建筑采用同一消防给水系统供水，当消火栓口处压力超过 0.8MPa、自动喷水灭火系统中管网压力超过 1.2MPa 时，则需分区供水，否则消防给水系统压力过高。

高压消防给水系统不论是否分区，均不需设置水箱，由室外高压管网直接供水。若为临时高压消防给水系统，为确保消防初期灭火用水，均需设高位水箱。否则，应在系统中设增压设备，以保证火灾初起消防水泵开启前系统的水压要求。增压设备可采用稳压泵，也可采用气压给水设备。

2.4.4.4 高层建筑采暖空调冷热水管网特点

高层建筑中的采暖空调冷热水管网，同样面临设备装置、管道管件的承压问题。解决承压问题的基本方法与给水管网相同。根据承压能力，进行竖向分区，分别组成水力无关的冷热水管网系统，合理选择冷热源设备、水泵等的安装位置。

以下几种是常用的分区形式：

（1）对于裙房和塔楼组成的高层建筑，将裙房划为下区、塔楼划为上区。为上、下区服务的冷热源、水泵等主要设备都集中布置在裙房屋顶上，分别与上、下区管道组成相互独立的管网，如图 2-4-30 所示。

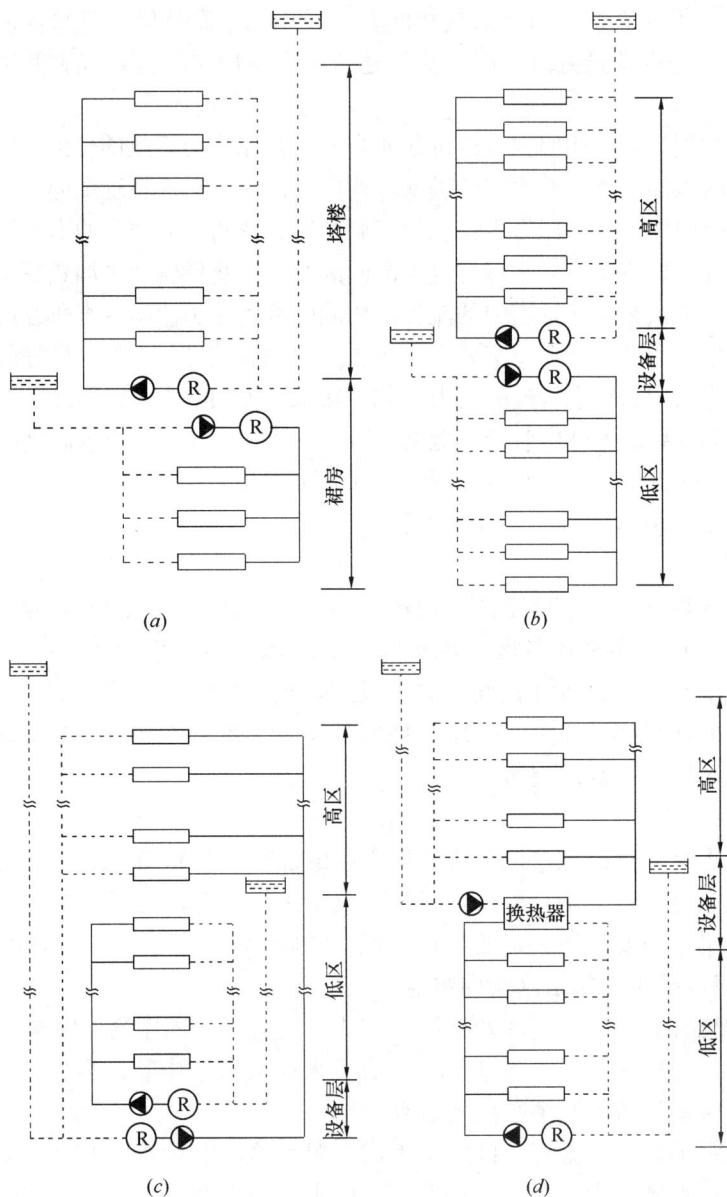

图 2-4-30　高层建筑供暖空调冷热水管网竖向分区

R—冷热源设备

（2）以中间技术设备层（或避难层）为界进行竖向分区，为上、下区服务的冷热源、水泵等主要设备都集中布置在设备层内，分别与上、下区管道组成相互独立的管网。

（3）冷热源、水泵等设备均布置在地下室，为上区服务的用承压能力强的加强型设备，为下区服务的用普通型设备。

（4）冷热源、水泵等主要设备仍布置在地下室，在中间技术设备层内布置水-水式换热器和上区循环水泵。地下室的水泵使冷、热水在冷热源和换热器之间循环,为1次循环。设备层内的水泵使冷、热水在换热器和上层采暖器、空调机之间循环,为2次循环。1、2次循环在换热器中交换冷热量,但循环水不直接接触。因此上、下两个循环的热力工况相关,水力工况相互独立,从而隔断了设备层以上的静水压力,降低了地下室设备所承受的压力。

当循环水泵在管网底部时,水泵出口处是管网压力的最高点。在水泵启动的瞬时,管内流动尚未形成,此时,水泵出口处压力等于管网静水压力和水泵全压之和。所以,承压能力富裕值不足的冷、热源设备不宜连接在水泵出口处,而宜在水泵入口处。

目前的冷热源及其他设备、管件产品的承压能力都在1.0MPa以上,循环水泵扬程一般为20~30mH_2O。因此,一个竖向分区高度可达70m左右。高度不超过70m的高层建筑,采暖空调冷热水管网不必进行竖向分区。

2.5 相变流或多相流管网的功能与装置

2.5.1 蒸汽管网的功能与类型

本专业所涉及的蒸汽管网,通常是将锅炉产生的蒸汽,由供汽管道输送并分配至各换热设备,蒸汽在换热设备释放出热量后,凝结成水,凝结水由凝结水管送回锅炉,吸收热量再次汽化成为蒸汽重新使用。蒸汽管网较之单相流管网,有如下特点:

单相流管网内流体状态参数变化小,没有相变发生。蒸汽管网内,蒸汽状态参数变化大,往往伴随相态变化。例如,湿饱和蒸汽沿管流动时,由于管壁传热降温,沿途会产生凝水,会形成不同状态的汽-液两相流。又如,从换热设备流出的饱和凝结水,在凝结水管路中流动,随着压力下降,沸点降低。当沸点降到凝结水温度以下时,部分凝结水重新汽化,形成气—液两相流。

按照供汽压力的大小,将蒸汽采暖分为三类:供汽的表压力高于70kPa时,称为高压蒸汽采暖;等于或低于70kPa时,称为低压蒸汽采暖;当系统中的压力低于大气压力时,称为真空蒸汽采暖。

2.5.1.1 低压蒸汽采暖管网的类型

图2-5-1是重力回水低压蒸汽采暖系统示意图,(a)是上供式,(b)是下供式。在系

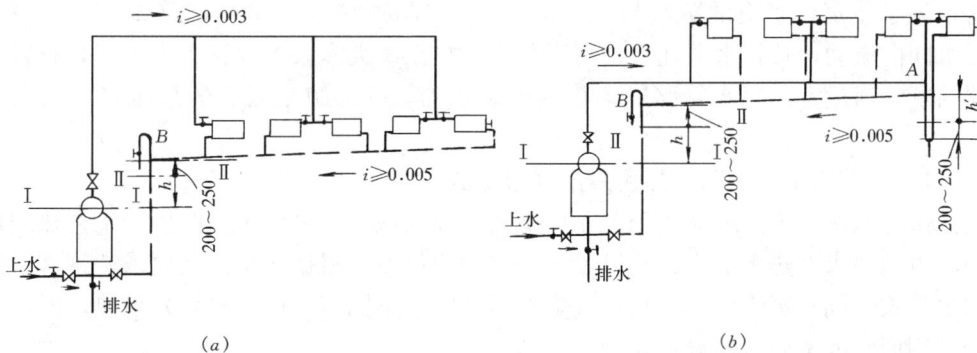

图2-5-1 重力回水低压蒸汽采暖系统示意图
(a)上供式;(b)下供式

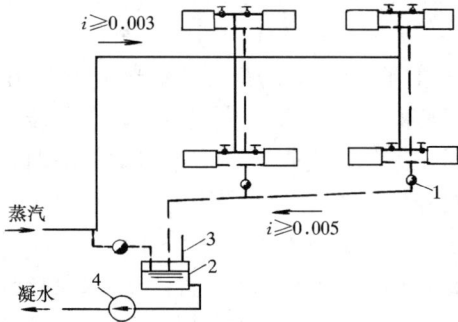

图 2-5-2　机械回水低压蒸汽采暖系统示意图
1—疏水器；2—凝水箱；3—空气管；4—凝水泵

统运行前，锅炉充水至 I - I 平面。锅炉加热后产生的蒸汽，在其自身压力作用下，克服流动阻力，沿供汽管道输进散热器内，并将原来积聚在供汽管道和散热器内的空气驱入凝水管，最后，经连接在凝水管末端的 B 点处排出。蒸汽在散热器内冷凝放热。凝水靠重力作用沿凝水管返回锅炉，重新加热变成蒸汽。

图 2-5-2 是机械回水的中供式低压蒸汽采暖系统示意图。不同于连续循环重力回水系统，机械回水系统是一个"断开式"系统。凝水不直接返回锅炉，而首先进入凝水箱 2，然后再用凝水泵 4 将凝水送回锅炉重新加热成蒸汽。在低压蒸汽采暖系统中，凝水箱位置低于所有散热器和凝水管。进凝水箱的凝水干管应有顺流向下的坡度，使从散热器流出的凝水靠重力自行流入凝水箱。

2.5.1.2　高压蒸汽供热管网的基本形式

在工厂中，生产工艺用热往往需要使用较高压力的蒸汽。因此，利用高压蒸汽作为热媒，向工厂车间及其辅助建筑物供热，是一种常用的工厂供热方式。

图 2-5-3 所示是一个厂房的用户入口和室内高压蒸汽供热系统示意图。高压蒸汽通过室外蒸汽管路进入用户入口的高压分汽缸。根据各种热用户的使用情况和要求压力的不同，从不同的分汽缸中引出蒸汽分送至不同的用户。当蒸汽入口压力或生产工艺用热的使用压力高于供热系统的工作压力时，在分汽缸之间设置减压装置 4。

高压蒸汽的压力较高，容易引起水击，为了使蒸汽管道的蒸汽与

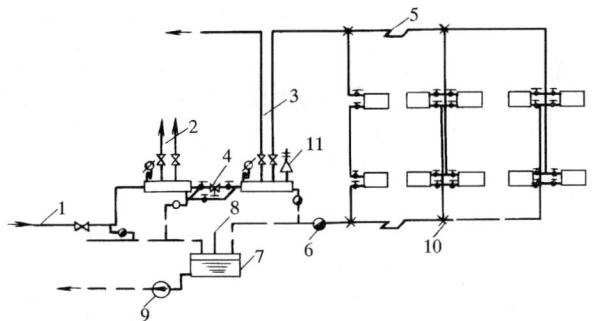

图 2-5-3　高压蒸汽供热系统示意图
1—室外蒸汽管；2—室内高压蒸汽供热管；3—室内高压蒸汽供热管；4—减压装置；5—补偿器；6—疏水器；7—开式凝水箱；8—空气管；9—凝水泵；10—固定支点；11—安全阀

沿途凝水同向流动，减轻水击现象，高压蒸汽供热系统大多采用双管上供下回式布置。各散热器的凝水通过室内凝水管路进入集中的疏水器，并靠疏水器后的余压将凝水送回凝水箱。

2.5.1.3　蒸汽供热管网与热用户的连接方式

蒸汽供热系统，广泛地应用于工业厂房或工业区域，它主要承担向生产工艺热用户供热，同时也向要求有热水供应、通风及采暖热用户供热。根据热用户的要求，蒸汽供热系统可用单管式（同一蒸汽压力参数）或多根蒸汽管（不同蒸汽压力参数）供热，同时凝结水也可采用回收或不回收的方式。

图 2-5-4 所示为蒸汽供热系统用户连接方式的示意图。

图 2-5-4 (a) 为生产工艺热用户与蒸汽网路的连接方式。蒸汽在生产工艺用热设备

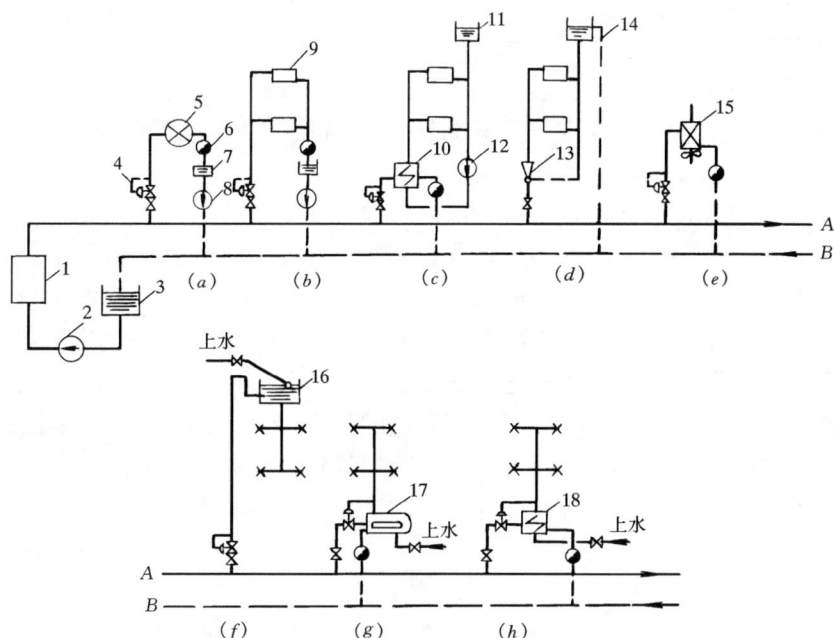

图 2-5-4　蒸汽供热系统用户连接方式示意图

(a) 生产工艺热用户与蒸汽网连接图；(b) 蒸汽采暖用户系统与蒸汽网直接连接图；(c) 采用蒸汽-水换热器的连接图；(d) 采用蒸汽喷射器的连接图；(e) 通风系统与蒸汽网的连接图；(f) 蒸汽直接加热的热水供应图示；(g) 采用容积式加热器的热水供应图示；(h) 无储水箱的热水供应图示

1—蒸汽锅炉；2—锅炉给水泵；3—凝结水箱；4—减压阀；5—生产工艺用热设备；6—疏水器；7—用户凝结水箱；8—用户凝结水泵；9—散热器；10—供暖系统用的蒸汽-水换热器；11—膨胀水箱；12—循环水泵；13—蒸汽喷射器；14—溢流管；15—空气加热器；16—上部储水箱；17—容积式换热器；18—热水供应系统的蒸汽-水换热器

5，通过间接式热交换放热后凝结，凝结水被泵8送入凝结水干管。

图 2-5-4 (b) 为蒸汽采暖用户系统与蒸汽网路的连接方式。高压蒸汽通过减压阀4减压后进入用户系统，凝结水通过疏水器6进入凝结水箱7，再用凝结水泵8将凝结水送回热源。

图 2-5-4 (c) 中，热水采暖用户系统与蒸汽供热系统采用间接连接，在用户引入口处安装蒸汽-水加热器10。

图 2-5-4 (d) 是采用蒸汽喷射装置的连接方式。蒸汽在蒸汽喷射器13的喷嘴处，产生低于热水供热系统回水的压力，回水被抽引进入喷射器并被加热，通过蒸汽喷射器的扩压管段，压力回升，使热水供热系统的热水不断循环，系统中多余的水量通过水箱的溢流管14返回凝结水管。

图 2-5-4 (e) 为通风系统与蒸汽网路的连接图式。它采用简单的连接方式。如蒸汽压力过高，则在入口处装置减压阀。

热水供应系统与蒸汽网路的连接方式如图 2-5-4 (f)、(g)、(h) 所示。

其中，图 2-5-4(g)为采用容积式加热器的间接连接图示，图 2-5-4(h)为无储水箱的间接连接图示。

2.5.1.4　疏水器及其他附属装置

（1）疏水器

蒸汽疏水器的功能是阻止蒸汽逸漏，迅速排走用热设备及管道中的凝水，同时能排除系统中积留的空气和其他不凝性气体。疏水器是蒸汽供热系统中重要的设备。它的工作状况对系统运行的可靠性和经济性影响极大。

根据工作原理的不同，疏水器可分为以下三种类型：

1）机械型疏水器　利用蒸汽和凝水的密度不同，形成凝水液位，以控制凝水排水孔自动启闭工作的疏水器。主要产品有浮筒式、钟形浮子式、自由浮球式、倒吊筒式疏水器等。

2）热动力型疏水器　利用蒸汽和凝水热动力学（流动）特性的不同来工作的疏水器。主要产品有圆盘式、脉冲式、孔板或迷宫式疏水器等。

3）热静力型（恒温型）疏水器　利用蒸汽和凝水的温度不同引起恒温元件膨胀或变形来工作的疏水器。主要产品有波纹管式、双金属片式和液体膨胀式疏水器等。

疏水器通常多为水平安装。疏水器与管路的连接方式如图 2-5-5 所示。

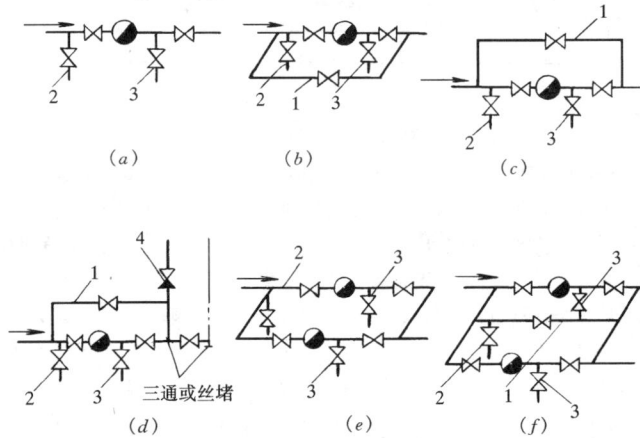

图 2-5-5　疏水器的安装方式

（a）不带旁通管水平安装；（b）带旁通管水平安装；（c）旁通管垂直安装；
（d）旁通管垂直安装（上返）；（e）不带旁通管并联安装；（f）带旁通管并联安装
1—旁通管；2—冲洗管；3—检查管；4—止回阀

疏水器前后均需设置阀门，用以截断检修。疏水器前后应设置冲洗管和检查管。冲洗管位于疏水器前阀门的前面，用以放空气和冲洗管路。检查管位于疏水器与后阀门之间，用以检查疏水器的工作情况。图 2-5-5（b）为带旁通管的安装方式。旁通管可水平安装或垂直安装（旁通管在疏水器上面绕行）。旁通管的主要作用是在开始运行时排除大量凝水和空气。运行中不应打开旁通管，以防蒸汽窜入回水系统，影响其他用热设备和凝水管路的正常工作并浪费热量。实践表明，装旁通管极易产生副作用。因此，对小型供热系统和热风供热系统，可考虑不设旁通管，如图 2-5-5（a）所示。对于不允许中断供汽的生产用热设备，为了检修疏水器，应安装旁通管和阀门。

当多台疏水器并联安装时，可设旁通管（图 2-5-5f），也可不设旁通管（图 2-5-5e）。

此外，供热系统的凝水往往含有渣垢杂质，在疏水器前端应设过滤器（疏水器本身带有过滤网时，可不设）。

（2）减压阀

减压阀通过调节阀孔大小，对蒸汽进行节流而达到减压目的，并能自动地将阀后压力维持在一定范围内。

图 2-5-6 所示为减压阀的安装方式。减压阀两侧应分别装设高压和低压压力表，为防止减压后的压力超过允许的限度，阀后应安装安全阀。

（3）二次蒸发箱（器）

二次蒸发箱的作用是将室内各用汽设备排出的凝水，在较低的压力下分离出一部分二次蒸汽，并将低压的二次蒸汽输送到热用户利用。

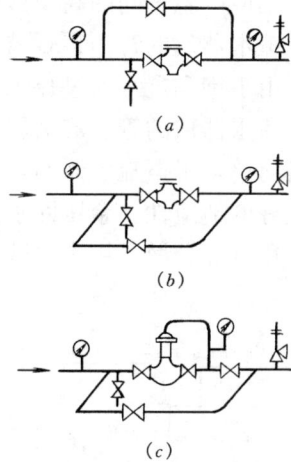

图 2-5-6　减压阀安装
(a) 活塞式减压阀旁通管垂直安装；
(b) 活塞式减压阀旁通管水平安装；
(c) 薄膜式或波纹管式减压阀安装

2.5.2　凝结水管网的功能与装置

蒸汽在用热设备内放热凝结后，凝结水流出用热设备，经疏水器、凝结水管道返回热源的管路系统及其设备，称为凝结水回收系统。

凝结水回收系统按其是否与大气相通，可分为开式系统和闭式系统。

按凝结水的相态组分，可分为单相流和两相流两大类。单相流又可分为满管流和非满管流两种流动方式。满管流凝结水充满整个管道截面；非满管流凝水并不充满整个管道断面。

如按驱使凝水流动的动力不同，可分为重力回水和机械回水。重力回水利用凝水位能驱使凝水流动；机械回水利用水泵动力驱使凝水流动。

（1）非满管流的凝结水回收系统（低压自流式系统，如图 2-5-7 所示）

工厂内各车间的低压蒸汽供热的凝结水经疏水器，依靠重力，沿着坡向锅炉房凝结水箱的凝结水管道 3，自流返回凝结水箱 4。

低压自流式凝结水回收系统只适用于供热面积小、地形坡向凝结水箱的场合，锅炉房应位于全厂的最低处，其应用范围受到很大限制。

（2）两相流的凝结水回收系统（余压回水系统，如图 2-5-8 所示）

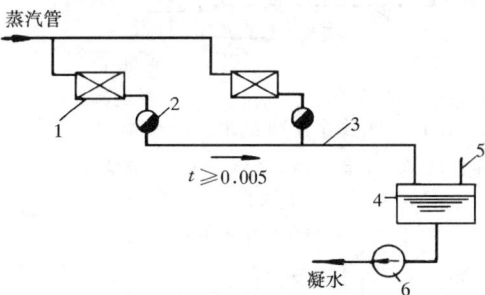

图 2-5-7　低压自流式凝结水回收系统
1—车间用热设备；2—疏水器；
3—室外自流凝结水管；4—凝结水箱；
5—排气管；6—凝结水泵

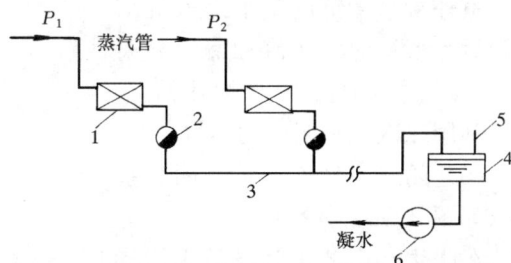

图 2-5-8　余压回水系统
1—用气设备；2—疏水器；3—两向
流凝水管道；4—凝结水箱；
5—排气管；6—凝结水管

　　工厂内各车间的高压蒸汽供热的凝结水，经疏水器2后直接进入室外凝结水管网3，依靠疏水器后的背压将凝结水送回锅炉房或凝结水分站的凝结水箱4中。

　　由于饱和凝水通过疏水器及其后管道造成压降，产生二次蒸汽，以及疏水器漏汽，因而在疏水器后的管道流动属两相流的流动状态，因此凝结水管的管径较粗。余压回水系统设备简单，根据疏水器的背压大小，系统作用半径一般可达500～1000m，并对地势起伏有较好的适应性。余压回水系统是应用最广的一种凝结水回收方式，适用于全厂耗汽量较少、用汽点分散、用汽参数（压力）比较一致的蒸汽供热系统。

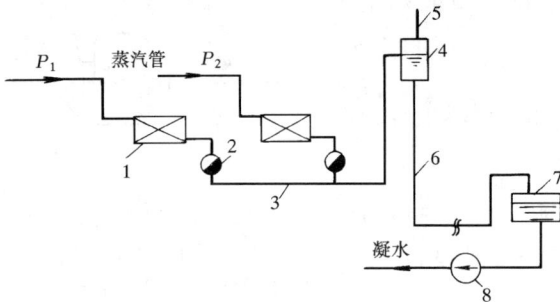

图 2-5-9　重力式满管流凝结水回收系统

1—车间用热设备；2—疏水器；3—余压凝结水管道；
4—高位水箱（或二次蒸发箱）；5—排气管；6—室
外凝结水管道；7—凝结水箱；8—凝结水泵

　　（3）重力式满管流凝结水回收系统（如图2-5-9所示）

　　工厂中各车间用汽设备排出的凝结水，首先集中到一个承压的高位水箱4（或二次蒸发箱），在箱中排出二次蒸汽后，纯凝水直接流入室外凝水管网6，靠着高位水箱（或二次蒸发箱）与锅炉房或凝结水分站的凝结水箱7顶部回形管之间的水位差，凝水充满整个凝水管道流回凝结水箱。

　　重力式满管流凝结水回收系统工作可靠，适用于地势较平坦且坡向热源的蒸汽供热系统。

　　上面介绍三种不同凝结水流动状态的凝结水回收系统，均属于开式凝结水回收系统，系统中的凝结水箱或高位水箱与大气相通。

　　（4）闭式余压凝结水回收系统（如图2-5-10所示）

　　闭式余压凝结水回收系统的凝结水箱必须是承压水箱4和需设置一个安全水封5，安全水封的作用是使凝水系统与大气隔断。当二次汽压力过高时，二次汽从安全水封排出；在系统停止运行时，安全水封可防止空气进入。

　　室外凝水管道的凝水进入凝结水箱后，大量的二次汽和漏汽分离出来，通过一个蒸汽-水加热器8，可以利用二次汽和漏汽的热量。

　　（5）闭式满管流凝结水回收系统（如图2-5-11所示）

　　车间生产工艺用汽设备1的凝

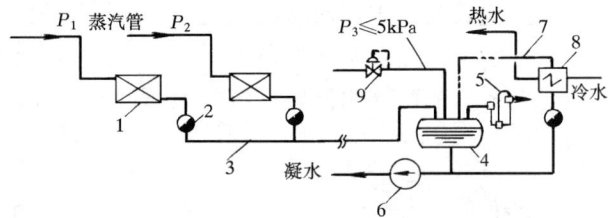

图 2-5-10　闭式余压凝结水回收系统

1—车间用热设备；2—疏水器；3—余压凝结水管；
4—闭式凝结水箱；5—安全水封；6—凝结水泵；
7—二次汽管道；8—利用二次汽的换热器；
9—压力调节器

结水集中送到各车间的二次蒸发箱3，产生的二次汽可用于供热。

　　二次蒸发箱内的凝结水经多级水封7引入室外凝结水管网，靠多级水封与凝结水箱顶部回形管的水位差，使凝水返回凝结水箱9，凝结水箱应设置安全水封10，以保证凝水系统不与大气相通。

（6）加压回水系统（如图 2-5-12 所示）

在用户处设置凝结水箱 3，收集该用户或邻近几个用户流来的凝结水，然后用水泵 4 将凝结水输送回热源的总凝结水箱 6。这种利用水泵的机械动力输送凝结水的系统，称为加压回水系统。这种系统凝水流动工况呈满管流动，它可以是开式系统，也可以是闭式系统，主要取决于是否与大气相通。

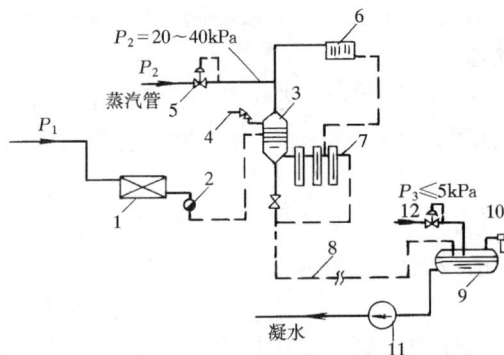

图 2-5-11　闭式满管流凝结水回收系统

1—车间生产工艺用汽设备；2—疏水器；3—二次蒸发箱；4—安全阀；5—补汽的压力调节器；6—散热器；7—多级水封；8—室外凝水管道；9—闭式水箱；10—安全水封；11—凝结水泵；12—压力调节器

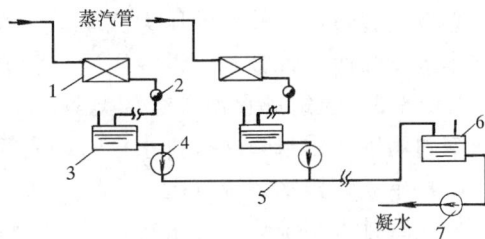

图 2-5-12　加压回水系统

1—车间用汽设备；2—疏水器；3—车间或凝结水泵分站的凝结水箱；4—车间或凝结水泵分站的凝结水泵；5—室外凝水管道；6—热源总凝结水箱；7—凝结水泵

2.5.3　建筑排水管网

2.5.3.1　建筑排水管网的功能与类型

建筑内部排水系统的功能是将建筑内部人们在日常生活和工业生产中使用过的水收集起来，及时排到室外。排水系统按系统接纳的污废水类型的不同，建筑内部排水系统可分为三类：

（1）生活排水管网；

（2）工业废水排水管网；

（3）屋面雨水排除管网。

2.5.3.2　建筑排水管网的构成

建筑内部排水管网的构建应能满足以下三个基本要求，首先，管网能迅速畅通地将污废水排到室外；其次，排水管道系统气压稳定，有毒有害气体不进入室内，保持室内环境卫生；第三，管线布置合理，简短顺直，工程造价低。

建筑内部排水管网的基本构成为：卫生器具和生产设备的受水器、水封、排水管道、清通设备和通气管道，如图 2-5-13 所示。在有些排水系统中，根据需要还设有污废水的提升设备和局部处理构

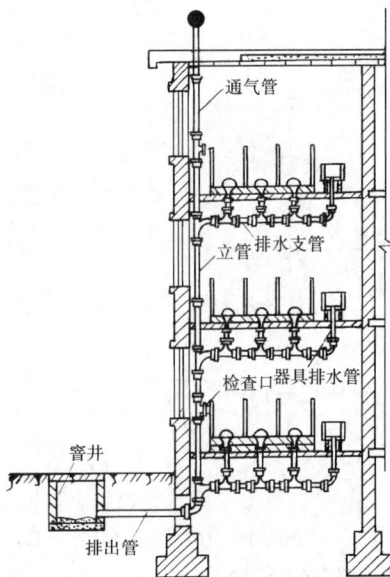

图 2-5-13　室内排水系统基本组成

51

筑物。

排水管道包括器具排水管、横支管、立管、埋地干管和排出管。为疏通排水管道，需在横支管上放清扫口或带清扫门的 90°弯头和三通，在立管上设检查口，室内埋地横干管上设检查口井。检查口井不同于一般的检查井，能防止管内有毒有害气体外逸。

由于卫生器具和受水口排水时会卷吸带入空气，排水管内是水气两相流。为防止气压波动破坏水封，使有毒有害气体外逸，排水管网需设通气系统。层数不高，用水器具不多时，可将排水管上端延长并伸出屋顶，成为伸顶通气管。

高层建筑中卫生器具多，排水量大，且排水立管连接的横支管多，多根横管同时排水，必将引起管道中较大的压力波动，导致水封破坏，污染室内环境。为稳定管内气压，须将排水管和通气管分开，设专用通气管道。

2.5.3.3　建筑排水管道组合类型

室内污废水排水管网按排水立管和通气立管的设置情况分为：

（1）单立管排水系统（图 2-5-14a、b、c）

单立管排水系统只有 1 根排水立管，没有专门通气立管。利用排水立管本身及其连接的横支管进行气流交换，这种通气系统叫内通气系统。

（2）双立管排水系统（图 2-5-14d）

双立管排水系统也叫两管制，由 1 根排水立管和 1 根通气立管组成。因为双立管排水系统利用排水立管与另 1 根立管之间进行气流交换，所以叫外通气系统。适用于污废水合流的各类多层和高层建筑。

（3）三立管排水系统（图 2-5-14e）

三立管排水系统也叫三管制，由 1 根生活污水立管，1 根生活废水立管和 1 根通气立管组成，两根排水立管共用 1 根通气立管。三立管排水系统也是外通气系统，适用于生活污水和生活废水需分别排出室外的各类多层、高层建筑。

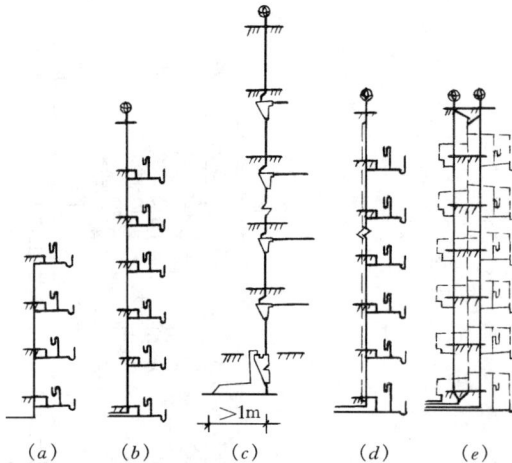

图 2-5-14　排水管道组合类型
(a) 无通气单立管；(b) 有通气普通单管；(c) 特制配件单立管；(d) 双立管；(e) 三立管

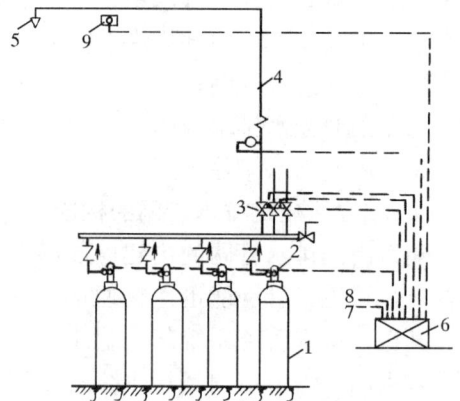

图 2-5-15　卤代烷灭火系统组成图示
1—灭火剂贮瓶；2—容器阀；3—选择阀；4—管网；5—喷嘴；6—自控装置；7—控制联动；8—报警；9—火警探测器

三立管排水系统还有一种变形系统，省掉专用通气立管，将废水立管与污水立管每隔两层互相连接，利用两立管的排水时间差，互为通气立管。

2.5.4 卤代烷、二氧化碳等灭火管网的功能与装置

2.5.4.1 卤代烷灭火系统

卤代烷灭火系统是将卤代烷碳氢化合物作为灭火剂的消防系统，适用于不能用水灭火的场合，如计算机房、图书档案、文物资料库等建筑物。管内流动过程中部分液态灭火剂汽化，由单相流转变为液汽两相流。

图 2-5-15 为卤代烷灭火系统的组成。其输配管网包括容器阀、止回阀、集流管、选择阀、管道、喷嘴等。在容器阀和集流管间设止回阀，一方面能保证移去个别贮瓶进行检修时仍能保持正常的工作状态，另一方面能阻止灭火剂回流到已放空的贮瓶中去。容器阀用于封存并控制释放灭火剂贮瓶内的灭火剂。选择阀的功能相当于一个常闭的二位二通阀，平时关闭。系统启动时，与需要施放灭火剂的那个防护区相对应的选择阀被打开。喷嘴主要用来控制灭火剂的喷射速率，并使灭火剂迅速汽化，均匀分布在被保护区域内。连接喷嘴的管道尽量缩短，并均衡对称布置。

2.5.4.2 二氧化碳灭火系统

二氧化碳灭火系统是一种纯物理的气体灭火系统。这种灭火系统具有不污损保护物、灭火快、空间淹没效果好等优点。图 2-5-16 为其组成图。

CO_2 灭火系统的管网形式和装置与卤代烷灭火系统基本相同。

2.5.5 气力输送管网的功能与装置

气力输送是一种利用气流输送固体物料的输送方式，按其装置的形式和工作特点可分为吸送式、压送式、混合式和循环式四类。气力输送管道内是气固两相流。

2.5.5.1 吸送式系统

低压吸送式系统如图 2-5-17 所示。安装在系统尾部的风机开动后，系统内形成负压，物料（如砂）和空气一起被吸入喉管（受料器），物料经喉管启动、加速后沿输料管送至分离器（设在卸料目的地），分离器分离下来的物料存入料仓，含尘空气则经除尘器净化后再通过风机排入大气。整个系统在负压下工作，所以也称负压气力输送系统。

2.5.5.2 压送式系统

压送式系统分为以风机为动力的低压压送式系统，和以压缩空气为动力的高压压送式系统（压力在 1 大气压以上）。低压压送式系统如图 2-5-18 所示。风机安装在系统的前端，系统在正压下工作。从受料器进来的物料被压送至分离器后，经分离器下部卸料器卸出，含尘空气则经除尘器净化后排入大气。

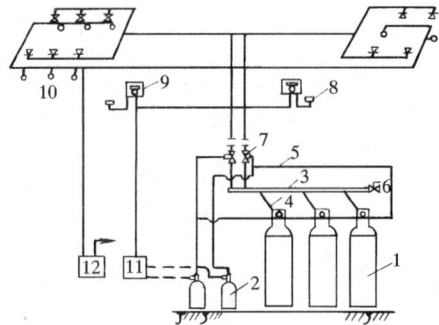

图 2-5-16 CO_2 灭火系统组成

1—CO_2 贮存器；2—启动气容器；
3—总管；4—连接器；5—操作管；
6—安全阀；7—选择阀；8—报警器；
9—手动启动装置；10—探测器；
11—控制盘；12—检测盘

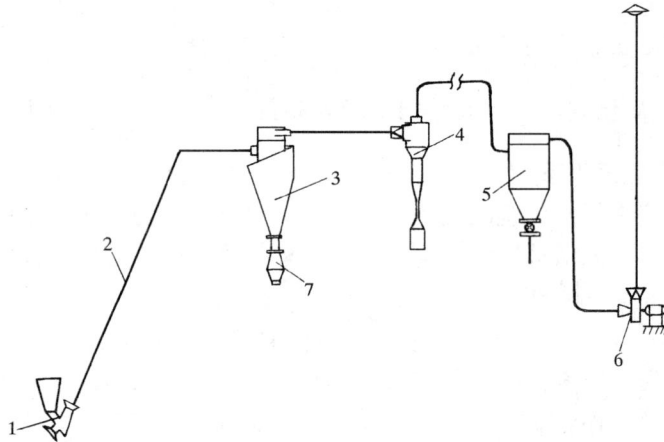

图 2-5-17　低压吸送式气力输送系统

1—受料器；2—输料管；3—分离器；4、5—除尘器；6—风机；7—卸料器

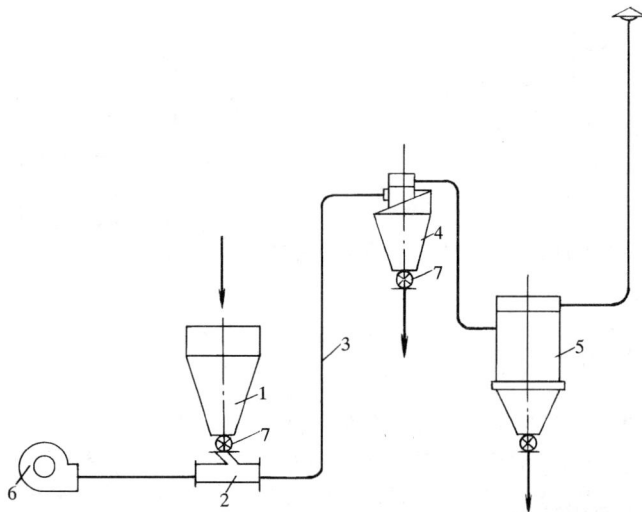

图 2-5-18　低压压送式系统

1—料斗；2—受料器；3—输料管；4—分离器；5—除尘器；6—风机；7—卸料器

高压压送式系统利用压缩空气（$P=1 \sim 5$ 个大气压）为动力。压缩空气经油水分离器、贮气罐进入受料器（发送器）压送物料。

2.5.5.3　气力输送系统的主要设备和部件

（1）受料器

受料器的作用是引入物料，造成合适的料气比（混合比），使物料启动、加速。它的性能对气力输送系统的生产率（输料量）和动力消耗有很大的影响，是气力输送系统的一个重要部件。

（2）弯管

弯管的作用是改变输送方向。料、气两相流以较高的速度通过弯管时，由于物料的撞击与摩擦，造成弯管的严重磨损。

（3）分离器

分离器的作用是将物料从两相流中分离出来。输送粒度较大的物料（如粮食、铸造车间旧砂等），采用一级分离已能满足要求；对于较细的物料，则需两级分离，而且后一级的分离效率应比前一级高。

在气力输送系统的末端还要装设除尘器，以保证排出空气的含尘浓度不超过排放标准的规定。

（4）锁气器

锁气器可装在喉管加料口上，作为供料器；也可以装在分离器或除尘器的卸料口上，作为卸料器。它的作用是均匀供料或卸料，同时阻止空气漏入。

（5）风机

气力输送系统采用的动力设备有离心式风机、罗茨式鼓风机、水环式真空泵和空气压缩机等。

采用离心风机时，因为系统在不接入管网空载运行和接入管网有载运行情况下，它们的管道特性是不同的，所以风机的工作点也不同，空载时风机所需的功率会大于有载功率，在运行时必须注意。

必须指出，罗茨式鼓风机与离心式风机不同，不能用调节阀改变风量，管道堵塞时将使它的电机超载而损坏。

思 考 题 与 习 题

2-1 流体输配管网有哪些基本构成部分？各有什么作用？

2-2 试比较气相、液相以及多相流这三类流体输配管网的异同点。

2-3 比较开式管网与闭式管网、枝状管网与环状管网的不同点。

2-4 按以下方面对建筑环境与能源应用工程领域的流体输配管网进行分类。对每种类型的管网，给出一个在工程中应用的实例。

（1）管内流动的介质；

（2）动力的性质；

（3）管内流体与管外环境的关系；

（4）管道中流体流动方向的确定性；

（5）上下级管网之间的水力相关性。

第 3 章　管流水力特性与枝状管网水力分析

3.1　气体管流的水力特性

3.1.1　气体重力管流的水力特性

如图 3-1-1，在开式管网的管道内，气体由断面 1 流向断面 2。根据流体力学理论，当管内外气体的密度都不沿高度变化时，其流动能量方程式为：

$$P_{j1} + \frac{\rho v_1^2}{2} + g(\rho_a - \rho)(H_2 - H_1) = P_{j2} + \frac{\rho v_2^2}{2} + \Delta P_{1\sim 2} \tag{3-1-1}$$

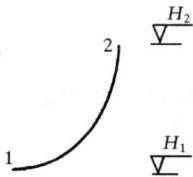

其中，P_{j1}、P_{j2} 分别是管内断面 1、2 的静压；v_1、v_2 分别是断面 1、2 的流速；H_1、H_2 分别是断面 1、2 的位置标高；ρ_a、ρ 为环境空气密度和管内气体密度；g 为重力加速度；$\Delta P_{1\sim 2}$ 为从断面 1 到断面 2 的流动能量损失。工程上，通常称 $\frac{\rho v_1^2}{2}$、$\frac{\rho v_2^2}{2}$ 为断面 1、2 处的动压；$g(\rho_a - \rho)(H_2 - H_1)$ 在流体力学中称为位压，它实质上是重力对流动的作用。当管内外流体密度相同时，位压为零。当密度差 $(\rho_a - \rho)$ 由温差造成时，工程上称为热压。

图 3-1-1　竖管道内的重力流

若 1、2 断面分别在管道的临近进口处和出口处，则有 $P_{j1}=0$，$P_{j2}=0$，$v_1=0$，式（3-1-1）变形为：

$$g(\rho_a - \rho)(H_2 - H_1) = \frac{\rho v_2^2}{2} + \Delta P_{1\sim 2} \tag{3-1-2}$$

式（3-1-2）表明，出口的动压和断面 1、2 之间流动损失的压力来源于进出口之间的位压。即由断面 1 到 2 的流动是由重力引起的，属重力流，动力大小取决于进出口的高差和管道内外密度差之积。流动方向取决于管道内外气体密度的相对大小，若管道内气体密度小（$\rho < \rho_a$），管道内气流向上，反之气流向下。如卫生间排气竖井内，气体密度冬季小于室外，夏季大于室外，若无排气风机，则竖井内冬季气流向上运动，有可能侵入位于建筑高层的卫生间，污染建筑高层；夏季气流向下流动，倒灌入位于低层的卫生间。

如图 3-1-2 所示，假设气流从断面 1 流入、断面 2 流出，断面 1 和断面 D 的能量方程式为：

$$P_{j1} + \frac{\rho_1 v_1^2}{2} + g(\rho_a - \rho_1)(H_1 - H_2) = P_{jD} + \frac{\rho v_D^2}{2} + \Delta P_{1\sim D} \tag{3-1-3}$$

断面 D 和断面 2 的能量方程为：

$$P_{jD} + \frac{\rho v_D^2}{2} + g(\rho_a - \rho_2)(H_2 - H_1) = P_{j2} + \frac{\rho_2 v_2^2}{2} + \Delta P_{D\sim 2} \tag{3-1-4}$$

其中，ρ_1、ρ_2 分别为管道 $1\sim D$ 和 $D\sim 2$ 中的气体密度；P_{jD}、v_D 为断面 D 处的静压和流速；$\Delta P_{1\sim D}$、$\Delta P_{D\sim 2}$ 分别是管流从断面 1 到 D 和断面 D 到 2 的能量损失，将式（3-1-3）和式（3-1-4）相加，整理得到：

$$g(\rho_1 - \rho_2)(H_2 - H_1) = \frac{\rho_2 v_2^2}{2} + \Delta P_{1\sim 2} - \frac{\rho_1 v_1^2}{2} \qquad (3\text{-}1\text{-}5)$$

式（3-1-5）表明，U 形管道内的重力流与管道外的空气密度无关。流动动力取决于两竖直管段内的气体密度差（$\rho_1 - \rho_2$）和管道高度（$H_2 - H_1$）之积。气体密度相对较大的竖管内气体下流，相对较小的竖管内气体上流。

当图 3-1-2 中的断面 1、2 合为一体，如图 3-1-3 所示，形成闭式循环管道，其能量方程式为：

$$g(\rho_1 - \rho_2)(H_2 - H_1) = \Delta P_l \qquad (3\text{-}1\text{-}6)$$

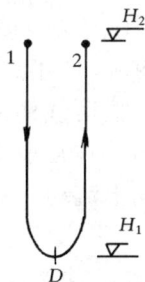

图 3-1-2　U 形管内的重力流　　　　　图 3-1-3　闭式管道内的重力循环流动

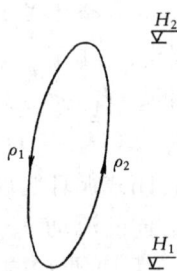

其中 ΔP_l 是流过闭式循环管道的能量损失，式（3-1-6）表明，无机械动力的闭式管道中，流动动力取决于竖管段内的气体密度差和竖管段的高度之积。密度相对大的竖管内气流向下，密度相对小的竖管内气流向上。

3.1.2　气体压力管流的水力特性

当管道之间、管道内外不存在密度差，或是水平管网，则有：
$$g(\rho_a - \rho)(H_2 - H_1) = 0$$
即位压为零，式（3-1-1）变为：

$$P_{j1} + \frac{\rho v_1^2}{2} = P_{j2} + \frac{\rho v_2^2}{2} + \Delta P_{1\sim 2} \qquad (3\text{-}1\text{-}7)$$

同一断面上静压与动压之和称为全压 P_q，即 $P_j + \frac{\rho v^2}{2} = P_q$，式（3-1-7）可变形为：

$$P_{q1} - P_{q2} = \Delta P_{1\sim 2} \qquad (3\text{-}1\text{-}8)$$

式（3-1-8）表明，位压为零的管流中，是两断面的全压差克服流动阻力造成流动，上游断面全压减去上、下游断面间的流动阻力等于下游断面的全压，即：

$$P_{q1} - \Delta P_{1\sim 2} = P_{q2} \qquad (3\text{-}1\text{-}9)$$

因此，流速的变化引起动压变化，也必然引起静压变化。上游断面静压减去上、下游断面间的流动阻力与上下游断面动压变化之和等于下游断面的静压，即：

$$P_{j1} - \left[\Delta P_{1\sim 2} + \left(\frac{\rho v_2^2}{2} - \frac{\rho v_1^2}{2} \right) \right] = P_{j2} \qquad (3\text{-}1\text{-}10)$$

式（3-1-9）和式（3-1-10）表明了压力流管网的基本水力特征。当管段中没有外界动力输入时，下游断面的全压总是低于上游断面。而下游断面与上游断面静压之间的关系则较为复杂，当 $\left[\Delta P_{1\sim2} + \left(\dfrac{\rho v_2^2}{2} - \dfrac{\rho v_1^2}{2}\right)\right] > 0$ 时，下游断面静压小于上游断面；$\left[\Delta P_{1\sim2} + \left(\dfrac{\rho v_2^2}{2} - \dfrac{\rho v_1^2}{2}\right)\right] = 0$ 时，上、下游断面静压相等；$\left[\Delta P_{1\sim2} + \left(\dfrac{\rho v_2^2}{2} - \dfrac{\rho v_1^2}{2}\right)\right] < 0$ 时，下游断面静压大于上游断面。显然可以通过改变流速，在一定范围内调整静压。

3.1.3　压力和重力综合作用下的气体管流水力特征

由式（3-1-1）可得：

$$(P_{q1} - P_{q2}) + g(\rho_a - \rho)(H_2 - H_1) = \Delta P_{1\sim2} \tag{3-1-11}$$

式中，断面之间的全压差 $(P_{q1} - P_{q2})$ 反映压力作用；位压 $g(\rho_a - \rho)(H_2 - H_1)$ 反映重力的作用。二者综合作用，克服流动阻力 $\Delta P_{1\sim2}$，维持管内流动。但二者的综合作用并非总是相互加强的。当 $\rho < \rho_a$，即管内气体密度小时，位压驱动气体向上流动（$H_2 > H_1$），阻挡向下流动（$H_2 < H_1$）。反之，管内气体密度大时，位压驱动气体向下流动，阻挡向上流动。在闭式循环管路内，位压驱动密度小的气体向上流动，密度大的气体向下流动，阻挡相反方向的流动。

若压力（$P_{q1} - P_{q2}$）驱动的流动方向与位压一致，则二者综合作用加强管内气体流动，若驱动方向相反，则由绝对值大者决定管流方向，绝对值小者实际上成为流动阻力。

如空调建筑装有排气风机的卫生间排气竖井，冬季在位压的辅助作用下，排气能力明显加强；夏季排气风机除克服竖井的阻力外，还要克服位压，排气能力削弱，尤其是高层建筑。

当 ρ_a、ρ 两者或两者之一沿高度变化时，公式中的位压应为 $\displaystyle\int_{H_1}^{H_2} g(\rho_a - \rho)\mathrm{d}H$，因此气体管流的水力特征可用下式表述：

$$(P_{q1} - P_{q2}) + \int_{H_1}^{H_2} g(\rho_a - \rho)\mathrm{d}H = \Delta P_{1\sim2} \tag{3-1-12}$$

3.2　液体输配管网的水力特性

液体管网与气体管网的根本区别在于管内液体的密度是管外气体密度的 1000 倍左右，因而能量方程中的位压 $g(\rho_a - \rho)(H_2 - H_1)$，可简化为 $g\rho(H_1 - H_2)$，称为水柱压力。水柱压力对液体管网的正常运行影响很大，须充分注意。另一个区别是，空气的渗入，会严重影响管内液体的正常流动。

3.2.1　闭式液体管网的水力特性

3.2.1.1　重力循环液体管路的工作原理及其环路作用压力

图 3-2-1 是重力循环管路的工作原理图。整个系统有一个放热中心 1（散热器）和一

个加热中心 2（锅炉），供水管 3 和回水管 4 把锅炉与散热器相连接。在系统的最高处连接一个膨胀水箱 5，用它容纳水在受热后膨胀而增加的体积。

当水在锅炉内被加热后，密度减小为 ρ_g，沿供水干管上升，流入散热器。在散热器内水被冷却，密度增大为 ρ_h，再沿回水干管流回锅炉，形成如图 3-2-1 箭头所示的方向循环流动。重力循环流动的环路能量方程为：

$$\oint \rho \vec{g} \cdot \mathrm{d}\vec{l} = \Delta P_l \qquad (3\text{-}2\text{-}1)$$

方程的左端是重力作用产生的环路作用动力，右端是环路流动阻力。方程中 $\vec{g}$ 为重力加速度，方向竖直向下；$\mathrm{d}\vec{l}$ 为环路微段矢量，方向为流动方向。若忽略管道散热的影响，可得：

$$g[(\rho_g - \rho_g)h_1 + (\rho_h - \rho_g)h + (\rho_h - \rho_h)h_0] = \Delta P_l$$

化简得：

$$gh(\rho_h - \rho_g) = \Delta P_l$$

所以，无管道散热的重力循环的环路作用动力为：

$$\Delta P_h = gh(\rho_h - \rho_g) \quad (\text{Pa}) \qquad (3\text{-}2\text{-}2)$$

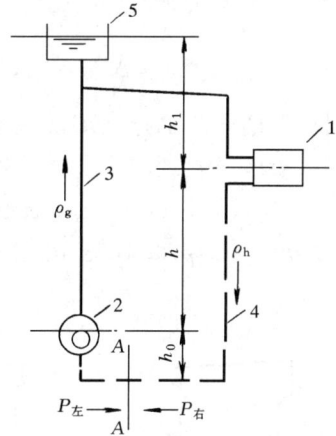

图 3-2-1 重力循环热
水供热系统工作原理图
1—散热器；2—热水锅炉；3—供水
管路；4—回水管路；5—膨胀水箱

式中　g——重力加速度，取 $9.81\mathrm{m/s^2}$；

　　　h——冷却中心至热源中心的高差，m；

　　　ρ_h——回水密度，$\mathrm{kg/m^3}$；

　　　ρ_g——供水密度，$\mathrm{kg/m^3}$。

由式（3-2-2）可见，起循环作用的是散热器（冷却中心）和锅炉（加热中心）之间的水柱密度差与高差的乘积。如供水温度为 95℃，回水为 70℃，则每米高差可产生的作用动力为：$gh(\rho_h - \rho_g) = 9.81 \times 1 \times (977.81 - 961.92) = 156\mathrm{Pa}$。重力循环的作用动力不大，环路中若积有空气，会形成气塞，阻碍循环。例如在下降的回水管中，有个充满回水管断面，高仅为 2cm 的气泡，就可产生约 192Pa 的反循环力，因此要特别重视排气。

为了排气，系统的供水干管必须有 0.5%～1.0% 向膨胀水箱方向上的坡度，使空气通过膨胀水箱排除。散热器支管向膨胀水箱的坡度一般取 1%。在重力循环系统中，水的流速较低，空气能逆着水流方向，聚集到系统的上凹处。系统布置应避免上凸，所有上凸处应设置排气装置。

3.2.1.2　重力循环液体管网的水力特性

重力循环液体管网，通常有若干个冷却中心和（或）加热中心。这些中心有时相互并联，形成若干并联环路，有时串联在一个环路中。

（1）重力循环液体管网并联环路的水力特性

在如图 3-2-2 所示的热水供暖双管系统中，由于供水同时在上、下两层散热器内冷却，形成了两个并联环路 aS_1ba、aS_2ba、两个冷却中心 S_1 和 S_2。分别沿两个环路积分，可得它们的作用压力分别为：

$$\Delta P_1 = gh_1(\rho_h - \rho_g) \tag{3-2-3}$$

$$\Delta P_2 = g(h_1 + h_2)(\rho_h - \rho_g) = \Delta P_1 + gh_2(\rho_h - \rho_g) \tag{3-2-4}$$

式中　ΔP_1——通过底层散热器 aS_1ba 环路的作用压力，Pa；

　　　ΔP_2——通过上层散热器 aS_2ba 环路的作用压力，Pa。

由式（3-2-4）可见，通过上层散热器环路的作用压力比通过底层散热器的大，其差值为 $gh_2(\rho_h - \rho_g)$Pa，这个差值必须考虑。散热器之间的高差 h_2 越大，环路作用压力差异越大。

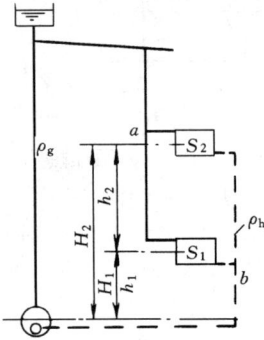

图 3-2-2　双管系统

在双管系统中，由于各层散热器与锅炉的高差不同，上层作用压力大，下层压力小，若管道、散热器尺寸一样，则上层散热器的流量会显著大于下层。即使进入和流出各层散热器的供、回水温度相同（不考虑管路沿途冷却的影响），由于流量分配不均，必然要出现上热下冷的现象。

在供暖建筑物内，同一竖向的各层房间的室温不符合设计要求，出现上、下层冷热不匀的现象，通常称作系统垂直失调。双管系统的垂直失调，是由于各层所在环路的循环作用动力不同而引起的；楼层数越多，最上层和最下层的作用动力差值越大，垂直失调就越严重。

图 3-2-2 中，管路 aS_1b 与 aS_2b 是两并联管路，同时也分别是 aS_1ba 环路和 aS_2ba 环路的独用管路，而管路 $b{\to}a$ 则是两环路的共用管路。每个环路的流动阻力等于独用管路阻力与共用管路阻力之和，所以

$$\Delta P_{aS_1b} = \Delta P_{aS_1ba} - \Delta P_{b\sim a} = \Delta P_1 - \Delta P_{b\sim a}$$

$$\Delta P_{aS_2b} = \Delta P_{aS_2ba} - \Delta P_{b\sim a} = \Delta P_2 - \Delta P_{b\sim a}$$

$$= \Delta P_1 + gh_2(\rho_h - \rho_g) - \Delta P_{b\sim a} = \Delta P_{aS_1b} + gh_2(\rho_h - \rho_g)$$

显然若 $h_2 \neq 0$ 和 $\rho_h \neq \rho_g$，则并联管路的阻力不相等，这是由于两者所受重力作用不等引起的。

由此可得如下结论：当各并联管路中，重力作用不相等时，各并联管路的作用压力不相等，使得并联管路的阻力不相等。在此，流量分配与阻抗的平方根成反比的结论不成立。即：

$$L_1 : L_2 \neq \frac{1}{\sqrt{S_1}} : \frac{1}{\sqrt{S_2}}$$

独用管路的阻力是与独用管路的作用压力相平衡的。只有当各并联独用管路的作用压力相等时，它们的阻力才相等（平衡）。独用管路的作用压力 ΔP_{Di} 为：

$$\Delta P_{Di} = \Delta P_i - \Delta P_{Gi} \tag{3-2-5}$$

式中　ΔP_i——第 i 个并联循环环路的作用压力，Pa；

　　　ΔP_{Gi}——第 i 个并联循环环路与最不利循环环路的共用管路的阻力，Pa。

（2）重力循环液体管网串联环路的水力特性

热水供暖单管系统的特点是热水顺序流经多组散热器，逐个冷却后返回热源。

在图 3-2-3 所示的上供下回单管式系统中，散热器 S_2 和 S_1 串联。由图 3-2-3 分析可见，引起重力循环作用动力的高差是 (h_1+h_2)，冷却后水的密度分别为 ρ_2 和 ρ_h，对式（3-2-1）左端积分，得其循环作用动力为：

$$\Delta P_h = gh_1(\rho_1-\rho_g)+gh_2(\rho_2-\rho_g) \quad \text{(Pa)} \quad (3\text{-}2\text{-}6)$$

式（3-2-3）也改写为：

$$\Delta P_h = g(h_1+h_2)(\rho_2-\rho_g)+gh_1(\rho_1-\rho_2)$$
$$= gH_2(\rho_2-\rho_g)+gH_1(\rho_1-\rho_2)$$

同理，若循环环路中有 N 组串联的冷却中心（散热器）时，循环作用动力可用下面一个通式表示：

图 3-2-3 单管系统

$$\Delta P_h = \sum_{i=1}^{N} gh_i(\rho_i-\rho_g) = \sum_{i=1}^{N} gH_i(\rho_i-\rho_{i+1}) \qquad (3\text{-}2\text{-}7)$$

式中　N——在循环环路中，冷却中心的总数；

　　　i——表示 N 个冷却中心的顺序数，按逆流方向排序，即沿流动方向的最后一组散热器为 $i=1$；

　　　g——重力加速度，9.81m/s^2；

　　　ρ_g——采暖系统供水的密度，kg/m^3；

　　　h_i——从计算的冷却中心 i 到冷却中心 $(i-1)$ 之间的垂直距离，m；当计算的冷却中心 $i=1$（沿水流方向最后一组散热器）时，h_i 表示与锅炉中心的垂直距离，m；

　　　ρ_i——流出所计算的冷却中心的水的密度，kg/m^3；

　　　H_i——从计算的冷却中心到锅炉中心之间的垂直距离，m；

　　　ρ_{i+1}——进入所计算的冷却中心 i 的水的密度，kg/m^3（当 $i=N$ 时，$\rho_{i+1}=\rho_g$）。

从上面作用动力的计算公式可见，若干个冷却中心串联形成的回路，其作用动力与水温变化、加热中心与冷却中心的高差以及冷却中心的个数等因素有关。同一环路上，各串联冷却中心不论位置高低，循环作用动力相同，即使最底层的散热器低于锅炉中心（h_1 为负值），也可能使水循环流动。

为了计算串联环路重力循环作用动力，需要求出各个冷却中心之间管路中水的密度 ρ_i。为此，就首先要确定各散热器之间管路的水温 t_i。

设供、回水温度分别为 t_g、t_h。建筑物为 8 层（$N=8$），每层散热器的散热量分别为 Q_1、$Q_2 \cdots Q_8$，即立管的热负荷为：

$$\Sigma Q = Q_1+Q_2+\cdots+Q_8 \quad \text{(W)} \qquad (3\text{-}2\text{-}8)$$

通过立管的质量流量 G_L，按其所担负的全部热负荷计算，可用下式确定：

$$G_L = \frac{A\Sigma Q}{C(t_g-t_h)} = \frac{3.6\,\Sigma Q}{4.187(t_g-t_h)} = 0.86\,\frac{\Sigma Q}{(t_g-t_h)} \quad \text{(kg/h)} \qquad (3\text{-}2\text{-}9)$$

式中　ΣQ——立管的总热负荷，W；

　　　t_g、t_h——立管的供、回水温度，℃；

　　　C——水的比热，$C=4.187\text{kJ/}(\text{kg}\cdot\text{℃})$；

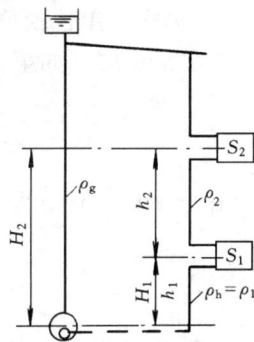

A——单位换算系数（1W＝1J/s＝3600/1000kJ/h＝3.6kJ/h）。

流出某一层（如第二层）散热器的水温 t_2，根据上述热平衡式有：

$$G_L = 0.86 \frac{(Q_2 + Q_3 + \cdots + Q_8)}{(t_g - t_2)} \quad (\text{kg/h}) \qquad (3\text{-}2\text{-}10)$$

由式（3-2-9）与式（3-2-8），可求出流出第二层散热器的水温 t_2 为：

$$t_2 = t_g - \frac{(Q_2 + Q_3 + \cdots + Q_8)}{\sum Q}(t_g - t_h) \quad (\text{℃}) \qquad (3\text{-}2\text{-}11)$$

串联 N 个散热器的环路，流出第 i 个散热器的水温 t_i，可按下式计算：

$$t_i = t_g - \frac{\sum\limits_{i}^{N} Q_i}{\sum Q}(t_g - t_h) \qquad (3\text{-}2\text{-}12)$$

式中　t_i——流出第 i 组散热器的水温，℃；

$\sum\limits_{i}^{N} Q_i$——在第 i 组（包括第 i 组）散热器上游的全部散热器的散热量，W；

其他符号同前。

当管路中各管段的水温 t_i 确定后，相应可确定其 ρ_i 值。利用式（3-2-6），即可求出重力循环串联环路的作用压力。

在并联环路中，各层散热器的进出水温度是相同的，但循环作用动力相差很大，越在下层，作用动力越小；而在串联环路中，各层散热器循环作用动力是同一个，但进出口水温不相同，越在下层，进水温度越低。

在串联环路运行期间，由于立管的供水温度或流量不符合设计要求，也会出现垂直失调现象。但在串联环路中，影响垂直失调的原因，不是由于各层作用动力不同，而是由于各层散热器的传热系数 K 随各层散热器平均计算温度差的变化程度不同以及散热器面积匹配不准确而引起的。

上述分析，并没有考虑水在管路中沿途冷却的因素。水的温度和密度沿循环环路不断变化，它不仅影响各层散热器的进、出口水温，同时也影响到循环作用动力。由于重力循环作用压力不大，在确定实际循环作用动力大小时，必须将水在管路中冷却所产生的作用动力也考虑在内。在对式（3-2-1）左端积分时，必须明确密度 ρ 的沿程变化关系式 $\rho = \rho(l)$。

在工程中，有各种简化处理方法。首先按式（3-2-3）和式（3-2-6）的方法，确定只考虑水在散热器内冷却时所产生的作用动力；然后再根据不同情况，增加一个考虑水在循环管路中冷却的附加作用压力。它的大小与系统供水管路布置状况、楼层高度、所计算的冷却中心与加热中心之间的水平距离等因素有关。其数值可从采暖设计手册查取。

总的重力循环作用动力 ΔP_{zh} 可用下式表示：

$$\Delta P_{zh} = \Delta P_h + \Delta P_f \quad (\text{Pa}) \qquad (3\text{-}2\text{-}13)$$

式中　ΔP_h——重力循环系统中，水在冷却中心内冷却所产生的作用压力，Pa；

ΔP_f——水在循环管路中冷却的附加作用压力，Pa。

【例 3-1】 如图 3-2-4 所示，设 $h_1=3.2$m，$h_2=h_3=3.0$m，散热器：$Q_1=700$W，$Q_2=600$W，$Q_3=800$W。供水温度 $t_g=95℃$，回水温度 $t_h=70℃$。

求：（1）双管系统的重力循环作用动力。

（2）单管系统各层之间立管的水温。

（3）单管系统的重力循环作用动力。

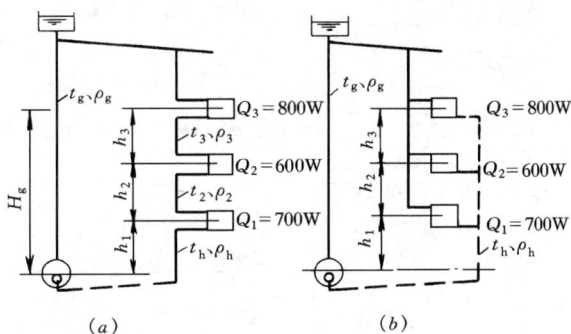

图 3-2-4 例题 3-1 附图

计算作用动力时，不考虑水在管路中冷却因素。

【解】 （1）求双管系统的重力循环作用动力

由图 3-2-4（b）可知，双管系统属于并联环路，各层散热器所在环路的作用动力不同，需分别计算。

系统的供、回水温度，$t_g=95℃$，$t_h=70℃$。对应的水的密度。$\rho_g=961.92$kg/m³，$\rho_h=977.81$kg/m³。

根据式（3-2-3）和式（3-2-4）的计算方法，通过各层散热器循环环路的作用动力，分别为：

第一层：$\Delta P_1=gh_1(\rho_h-\rho_g)=9.81×3.2×(977.81-961.92)=498.8$Pa

第二层：$\Delta P_2=g(h_1+h_2)(\rho_h-\rho_g)=9.81×(3.2+3.0)×(977.81-961.92)=966.5$Pa

第三层：$\Delta P_3=g(h_1+h_2+h_3)(\rho_h-\rho_g)$
$$=9.81×(3.2+3.0+3.0)×(977.81-961.92)=1434.1\text{Pa}$$

第三层与底层循环环路的作用压力差值为：
$$\Delta P=\Delta P_3-\Delta P_1=1434.1-498.8=935.3\text{Pa}$$

由此可见，楼层数越多，底层与最顶层循环环路的作用动力差越大。

（2）求单管系统各层立管的水温

根据式（3-2-11）

$$t_i=t_g-\frac{\sum_i^N Q_i}{\sum Q}(t_g-t_h) \quad （℃）$$

由此可求出第三层散热器流出管路上的水温。

$$t_3=t_g-\frac{Q_3}{\sum Q}(t_g-t_h)=95-\frac{800}{2100}(95-70)=85.5℃$$

相应水的密度，$\rho_3=968.32$kg/m³

流出第二层散热器管路上的水温 t_2 为：

$$t_2=t_g-\frac{Q_3+Q_2}{\sum Q}(t_g-t_h)=95-\frac{(800+600)}{2100}(95-70)=78.3℃$$

相应水的密度：$\rho_2=972.88$kg/m³

（3）求单管系统的作用压力

由图 3-2-4（a）可知，单管系统属于串联环路，只有一个共同的作用动力。
根据式（3-2-6）

$$\Delta P_{\mathrm{h}} = \sum_{i=1}^{N} gh_i(\rho_i - \rho_{\mathrm{g}}) = \sum_{i=1}^{N} gH_i(\rho_i - \rho_{i+1}) \quad (\mathrm{Pa})$$

则

$$\Delta P_{\mathrm{h}} = \sum_{i=1}^{N} gh_i(\rho_i - \rho_{\mathrm{g}}) = g[h_1(\rho_1 - \rho_{\mathrm{g}}) + h_2(\rho_2 - \rho_{\mathrm{g}}) + h_3(\rho_3 - \rho_{\mathrm{g}})]$$

$$= 9.81 \times [3.2 \times (977.81 - 961.92) + 3.0 \times (972.88 - 961.92)$$

$$+ 3.0 \times (968.32 - 961.92)]$$

$$= 1009.7 \mathrm{Pa}$$

或

$$\Delta P_{\mathrm{h}} = \sum_{i=1}^{N} gH_i(\rho_i - \rho_{i+1})$$

$$= g[H_i(\rho_{\mathrm{h}} - \rho_2) + H_2(\rho_2 - \rho_3) + H_3(\rho_3 - \rho_{\mathrm{g}})]$$

$$= 9.81 \times [3.2 \times (977.81 - 972.88) + 6.2 \times (972.88 - 968.32)$$

$$+ 9.2 \times (968.32 - 961.92)]$$

$$= 1009.7 \mathrm{Pa}$$

学习了本例后请思考，若图 3-2-4 中锅炉改为冷水机组，供水温度为 7℃，回水温度为 12℃，散热器改为换热器，水在换热器中吸收的热量分别为 Q_1、Q_2、Q_3，在这种情况下，系统能否进行重力循环？

3.2.1.3 机械循环液体管网的水力特性

机械循环液体管网与重力循环液体管网的主要区别是设置了循环水泵，靠水泵动力克服循环流动阻力，维持循环。由前述可知，重力循环的作用动力大小和方向取决于整个管网内的沿程温度分布。重力循环管网是一种动力分布式管网。机械循环的动力，是从水泵所在位置输入的，动力方向由水泵出口方向决定，大小则由水泵性能和管网特性共同决定，这点在第 6 章中将作深入分析。由于水泵能提供很大的作用动力，机械循环管网的服务范围可以很大，常常用于多幢建筑和区域的供热、供冷。

机械循环流动的能量方程与重力循环能量方程（3-2-12）的区别在于循环作用动力增加了水泵提供的动力。

$$P + \Delta P_{\mathrm{h}} + \Delta P_{\mathrm{f}} = \Delta P_l$$

式中 P——水泵动力。

即由水泵动力和重力的共同作用克服循环阻力，维持循环流动。要注意重力作用的方向与水泵压力方向的关系，当两者方向相反时，重力作用实际上成了循环阻力。通常机械循环液体输配管网中，重力作用相对水泵动力很小，对整个管网，往往可以忽略不计，能量方程可简化为：

$$P = \Delta P_l$$

由于水泵动力属于集中的表面力，若其并联管路中没有设置分布式水泵，重力作用对并联管路流量分配的影响不能忽略不计，重力作用压力的轻微差别，仍可能对并联立管的流量分配产生明显影响，仍需仔细分析。需要强调，在未设机械动力装置的并联管路中，并联立管的流量平衡应计算重力作用。在并联管路中，若混有气体，会破坏支路间的阻力平衡，改变流量分配，甚至阻塞某些支路。再次强调，管网布置要尽量避免上凸，并在所有上凸处设置排气装置。

3.2.2 开式液体管网的水力特性

开式液体管网水力特性与闭式液体管网的主要区别在于，开式管网有进出口与大气相通。因此开式液体管网的动力设备如（水泵）除了克服管网流动阻力（包括进、出口设备配件阻力）外，还需克服进出口高差形成的静水压力。其能量方程为：

$$H = h_l + g\rho(H_2 - H_1) \tag{3-2-14}$$

式中　H——水泵扬程，kPa；

　　　h_l——管网流动阻力，kPa；

　　　ρ——管内液体密度，kg/m³

　　　H_2——管网出口（水面）标高，m；

　　　H_1——管网进口（水面）标高，m。

3.3 多相流管网的水力特性

3.3.1 液气两相流管网水力特征

建筑排水系统、空调凝结水系统等都属液气两相流开式管网，尤以建筑排水系统的两相流复杂，故以建筑排水系统为例分析讨论液气两相流水力特性。

3.3.1.1 建筑内部排水流动特点及水封

（1）流动特点

按非满管流设计的排水管道内，属急变的非稳态流。污水中含有固体杂物，是水、气、固三种介质的复杂运动，其中，固体物较少，可以简化为水气两相流。但实际工程中，固体物阻塞排水管道的故障经常发生，仍需高度重视。建筑内部排水与室外排水相比，其主要特点是：

1）水量、气压时变幅度大。建筑内部排水管网接纳的排水量在时间上很不均匀，随机性、突发性强。排水历时短，高峰流量时可能充满整个管道断面，而大部分时间管道内可能没有水。管内水面和气压不稳定，水气容易掺和。

2）流速随空间变化剧烈。建筑内部横管与立管交替连接，当水流由横管进入立管时，流速急骤增大，水气混合；当水流由立管进入横管时，流速急骤减小，水气分离。

（2）水封

建筑内部排水管内气压波动，会使有毒有害气体进入房间，影响室内环境卫生，直接危害人体健康。

水封是利用一定高度的静水压力来抵抗排水管内气压变化，防止管内气体进入室内的措施。水封设在卫生器具、空调机集水盘以及地面等的排水口下，通常用存水弯来实施。水封高度 h 与管内气压变化、水蒸发率、水量损失、水中杂质的含量及相对密度有关，不能太大也不能太小。若水封高度太大，污水中固体杂质容易沉积在存水弯底部，堵塞管道；水封高度太小，管内气体容易克服水封的静水压力进入室内。水封高度一般为50～

100mm。因静态和动态原因造成存水弯内水封高度减少，不足以抵抗管道内允许的压力变化值时（±25mmH₂O），管道内气体进入室内的现象叫水封破坏。在一个排水系统中，只要有一个水封被破坏，整个排水系统的平衡就被打破。水封的破坏与水封的强度有关。水封强度是指存水弯内水封抵抗管道系统内压力变化的能力，其值与存水弯内水量有关。水封水量损失越多，水封强度越小，抵抗管内压力波动的能力越弱。水封水量损失主要有以下三个原因。

1) 自虹吸损失。卫生设备瞬时大量排水下，存水弯自身充满而形成虹吸，排水结束后，存水弯内水封实际高度低于应有的高度 h。

2) 诱导虹吸损失。某卫生器具不排水，管道系统内其他卫生器具大量排水，系统压力变化，使存水弯内的水上下波动形成虹吸，引起水量损失。

3) 静态损失。这是因卫生器具较长时间不使用造成的水量损失。在水封流入端，水封水面会因自然蒸发而降低，造成水量损失。在流出端，因存水弯内壁不光滑或粘有油脂，会在管壁上积存较长的纤维和毛发，产生毛细作用，造成水量损失。损失量大小与室内温度、湿度及卫生器具使用情况有关。空调器在春秋和冬季无凝结水排放，时间很长，水封的静态损失特别严重，很容易造成空调送风的污染。所以空调凝结水应单独排放，不能接入卫生间排水道。厨房、卫生间等地面的水封，常因蒸发而损失水量，又没有补水，水封往往长时间处于破坏状态，成为主要的室内空气污染源。

3. 3. 1. 2　横管内水流状态

建筑内部排水系统所接纳的排水点少，排水时间短（几秒到 30s 左右），具有断续的非均匀流特点。水流在立管内下落过程中会挟带大量空气一起向下运动，进入横管后变成横向流动，其能量、流动状态、管内压力及排水能力均发生变化。

（1）能量

竖直下落的污水具有较大的动能，进入横管后，由于流动方向改变，流速减小，转化为具有一定水深的横向流动，其能量转换关系式为：

$$K \frac{v_0^2}{2g} = h_e + \frac{v^2}{2g} \qquad (3\text{-}3\text{-}1)$$

式中　v_0——竖直下落末端水流速度，m/s；

　　　h_e——横管断面水深，m；

　　　v——h_e 水深时水流速度，m/s；

　　　K——与立管和横管间连接形式有关的能量损失系数。

公式中横管断面水深和流速的大小，与排放点的高度、单位时间内排放流量、管径、卫生器具类型有关。

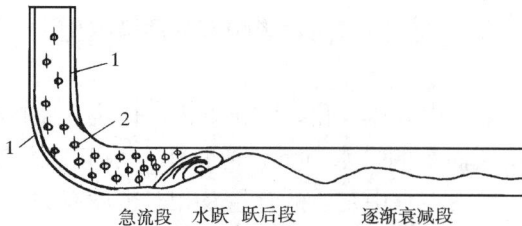

图 3-3-1　横管内水流状态示意图

1—水膜状高速水流；2—气体

（2）水流状态

污水由竖直下落进入横管后，横管中的水流状态可分为急流段、水跃及跃后段、逐渐衰减段，见图 3-3-1。急流段水流速度大，水较浅，冲刷能力强。急流段末端由于管壁阻力使流速减小，水深增加形成水跃。在水流继续向前运动中，由于管壁阻

急流段　水跃　跃后段　　　逐渐衰减段

力，能量逐渐减小，水深逐渐减小，趋于均匀流。

（3）管内压力

竖直下落的大量污水进入横管形成水跃，管内水位骤然上升，以至于充满整个管道断面，使水流中挟带的气体不能自由流动，短时间内横管中压力突然增加。

1）横支管内压力变化。图 3-3-2 为连接 3 个卫生器具的横支管。当排水立管大量排水的同时，中间的卫生器具 B 突然放水，在与卫生器具连接处的排水横支管内，水流呈八字形，在其前后形成水跃。AB 和 BC 段内气体不能自由流动形成正压，使 A 和 C 两个存水弯进水端水面上升。随着 B 卫生器具排水逐渐减少，在横支管坡度作用下，水流向 D 点作单向运动。AB 和 BC 段因得不到空气补充形成负压，A 和 C 存水弯内形成诱导虹吸，损失部分水量，使 A 和 C 存水弯内水封高度降低。但是，由于卫生器具距横支管的高差较小（小于 1.5m）污水在 B 点的动能小，形成的水跃低。所以，排水横支管自身排水造成的压力波动不大。

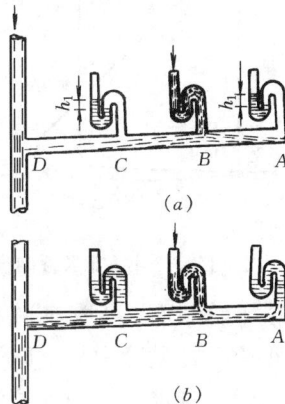

图 3-3-2　横支管内压力变化
(a)排水起始时；(b)排水结束时

2）横干管内压力变化。横干管在立管和室外排水检查井之间，接纳的卫生器具多，存在着多个卫生器具同时排水的可能，所以排水量大。另外，卫生器具距横干管的高差大，下落污水在立管与横干管连接处动能大，在横干管起端产生的冲激流强烈，水跃高度大，水流有可能充满管道断面。当上部水流不断下落时，立管底部与横干管之间的空气不能自由流动，空气压力骤然上升，使下部几层横支管内形成正压，有时会将存水弯内的污水喷溅至卫生器具内。为防止这种现象发生，建筑底部横支管与立管底部的最小垂直距离应符合表 3-3-1 的要求。另外，当单个卫生器具直接连接在横干管上时，连接点距立管的距离不小于 3.0m。若不能满足上述要求时，底部横支管或单个卫生器具应单独设置横干管排至室外。

最低横支管与立管连接处至立管管底的最小距离　　　　表 3-3-1

立管连接卫生器具层数（层）	≤4	5~6	7~12	13~19	≥20
垂直距离（m）	0.45	0.75	1.20	3.00	6.00

注：如果立管底部放大 1 级管径，或横干管比与之连接的立管大 1 级管径时，可将表中距离缩小一档。

3.3.1.3　立管中水流状态

排水立管上接各层排水横支管，下接横干管或排出管，立管内水流呈竖直下落流动状态，水流能量转换和管内压力变化剧烈。

（1）排水立管水流特点

由于卫生器具排水特点和对建筑内部排水安全可靠性能的要求，污水在立管内的流动有以下几个特点：

1）断续的非均匀流。污水由横支管流入立管初期，立管中流量递增，在排水末期，流量递减。当没有卫生器具排水时，立管中流量为零，被空气充满。

2）水气两相流。水流在下落过程中挟带管内气体一起流动，气水间界限不十分明显，水中有气，气中有水滴，是水气两相流。

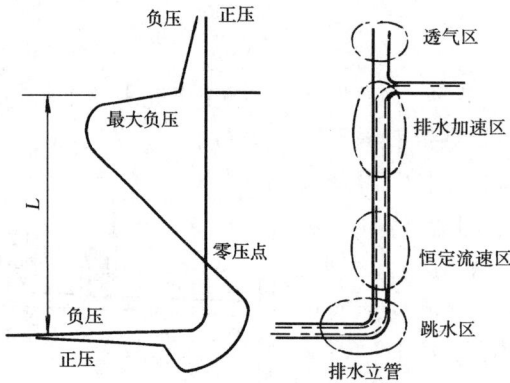

图 3-3-3　排水管内压力分布示意图

3）管内压力变化。横支管排放的污水进入立管竖直下落的过程中会挟带一部分气体一起向下流动。若不能及时补充带走的气体，在立管上部形成负压。最大负压发生在排水横支管下面。图 3-3-3 为普通伸顶单立管排水系统压力分布示意图。最大负压值的大小，与排水横支管的高度、排水量大小和通气量大小有关。排水横支管距立管底部越高，排水量越大，通气量越小，形成的负压越大。挟气水流进入横干管后，因流速减小，形成水跃，水流充满横干管断面，因流速减小从水中分离出的气体不能及时排走，在立管底部和横干管内形成正压。在立管中从上向下，压力由负到正、由小到大逐渐增加，零压点靠近立管底部。

（2）排水立管中水流流动状态

在部分充满水的排水立管中，当管径一定时，排水量是影响水流运动状态的主要因素。实验研究发现，随着流量的不断增加，立管中水流状态主要经过 3 个阶段。

1）附壁螺旋流。当排水量较小时，进入立管的水沿管壁向下做螺旋流动。因螺旋运动产生离心力，使水流密实，气液界面清晰，水流挟气作用不明显，立管中心气流正常，管内气压稳定。

随着排水量的增加，当水量足够覆盖整个管壁时，水流改作附着于管壁向下流动。因没有离心力作用，只有水与管壁间的界面力，这时气液两相界面不明显，水流向下有挟气作用。但因排水量较小，管中心气流仍旧正常，气压较稳定。这种状态历时很短，很快会过渡到下一个阶段。

2）水膜流。当流量进一步增加，由于空气阻力和管壁摩擦力的共同作用，水流沿管壁作下落运动，形成有一定厚度的带有横向隔膜的附壁环状水膜流。附壁环状水膜流与其上部的横向隔膜连在一起向下运动，但两者的运动方式不同。环状水膜形成后比较稳定，向下作加速运动。水膜厚度近似与下降速度成正比。随着水流下降、流速的增加，水膜所受管壁摩擦力也随之增加。当水膜所受向上的管壁摩擦力与重力达到平衡时，水膜的下降速度和水膜厚度不再发生变化，这时的流速叫终限流速（v_t）。从排水横支管水流入口至终限流速形成处的高度叫终限长度（l_t）。

横向隔膜不稳定，在向下运动过程中，管内气压波动（试验水封不被破坏的控制压力变化是 ±245Pa）。由于水膜流时排水量不是很大，形成的横向隔膜厚度较薄，随着隔膜向下运动，隔膜下部管内压力增加（但小于 245Pa），管内气体将横向隔膜冲破，管内气压又恢复正常。在继续下降的过程中，又形成新的横向隔膜。横向隔膜的形成与破坏交替进行，直至立管底部。在水膜流阶段，立管内气压有波动，但其变化不会破坏水封。

3）水塞流。随着排水量继续增加，横向隔膜的形成与破坏越来越频繁，水膜厚度不断增加，隔膜下部压力不能冲破水膜，最后形成较稳定的水塞。水塞向下运动，管内气体压力波动剧烈，超过 245Pa，水封破坏，整个排水系统不能正常使用。

　　这 3 个阶段流动状态的形成与管径和排水量有关，也就是与水流充满立管断面的大小有关。一般用水流断面积 W_t 与管道断面积 W_j 的比值 α 来表示。实验表明，在设有专用通气立管的排水系统中，当 α 小于 1/4 时为附壁螺旋流；α 介于 1/4～1/3 之间时为水膜流；α 大于 1/3 时呈现水塞流。在同时考虑排水系统安全可靠和经济合理的情况下，排水立管内的水流状态应为水膜流。

　　（3）水膜流运动的力学分析

　　为确定水膜流阶段排水立管在允许的压力波动范围内最大允许排水能力，应对立管中水膜流运动进行力学分析。

　　在水膜流时，水沿管壁呈环状水膜竖直向下运动，环中心是空气流，管中不存在水的静压。水膜和中心气流间没有明显的界线，水膜中混有空气，含气量从管壁向中心逐渐增加，气核中也含有下落的水滴。这样立管中下落流体运动分为两类特性不同的两相流，一种是水膜区以水为主的水气两相流，一种是气核区以气为主的气水两相流。为便于研究，水膜区中的气可以忽略，气核区中的水也可忽略。水膜运动和气流运动可以用能量方程和动量方程来描述。结合阻力计算公式可推得终限流速计算式：

$$v_t = 1.75 \left(\frac{1}{K_p}\right)^{\frac{1}{10}} \cdot \left(\frac{Q}{d_j}\right)^{\frac{2}{5}} \tag{3-3-2}$$

式中　Q——下落水流量，L/s；

　　　d_j——立管内径，cm；

　　　K_p——管壁当量粗糙高度，mm。

　　当量粗糙高度是指和实际管道沿程阻力系数 λ 值相等的同直径人工粗糙管的粗糙高度。

　　终限长度 l_t 计算式：

$$l_t = 0.44 \left(\frac{1}{K_p}\right)^{\frac{1}{5}} \left(\frac{Q}{d_j}\right)^{\frac{4}{5}} \tag{3-3-3}$$

3.3.1.4　排水管在水膜流时的通水能力

　　公式（3-3-2）和式（3-3-3）表达了在水膜流状态下，终限流速和终限长度与排水量、管径及粗糙高度之间的关系。在实际应用中，终限流速和终限长度不便测定，应将其消去。找出立管通水能力与管径、立管充满率 α 及粗糙高度间的关系，以便于在设计中应用。

　　在水膜流状态，当达到终限流速时，水膜下降流速和厚度保持不变，立管内通水能力也不变。表达式为：

$$Q = \frac{1}{10} W_t \cdot v_t \tag{3-3-4}$$

式中　W_t——终限流速时过水断面积，cm²。

$$W_t = \pi e_t (d_j - e_t) \tag{3-3-5}$$

$$e_t = \frac{1}{2}(1 - \sqrt{1-\alpha})d_j \tag{3-3-6}$$

将式（3-3-5）和式（3-3-6）代入式（3-3-4）整理得：

$$Q = 0.0365 \left(\frac{1}{K_p}\right)^{\frac{1}{6}} \cdot \alpha^{\frac{5}{3}} \cdot d_j^{\frac{8}{3}} \tag{3-3-7}$$

将式（3-3-7）分别代入式（3-3-2）和式（3-3-3）整理得：

$$v_t = 0.466 \left(\frac{1}{K_p}\right)^{\frac{1}{6}} \cdot \alpha^{\frac{2}{3}} \cdot d_j^{\frac{2}{3}} \tag{3-3-8}$$

$$l_t = 0.031 \left(\frac{1}{K_p}\right)^{\frac{1}{3}} \cdot \alpha^{\frac{4}{3}} \cdot d_j^{\frac{4}{3}} \tag{3-3-9}$$

在有专用通气管排水系统中，水膜流时 $\alpha = \frac{1}{4} \sim \frac{1}{3}$，代入式（3-3-6），求出不同管径时水膜厚度，见表 3-3-2。由表可以看出，水膜厚度 e_t 与管内径 d_j 之比为 $1 : 14.9 \sim 1 : 10.9$。

水膜流状态时水膜厚度（mm）　　　　　　　　　　　　　　表 3-3-2

管内径（mm）	立管充满率 $\alpha = w_t / w_j$		
	1/4	7/24	1/3
50	3.3	4.0	4.6
75	5.0	5.9	6.9
100	6.7	7.9	9.2
125	8.4	9.9	11.5
150	10.0	11.9	13.8
e_t / d_j	1/14.9	1/12.6	1/10.9

部分排水管当量粗糙高度 K_p 值见表 3-3-3。

当量粗糙高度 K_P　　　　　　　　　　　　　　表 3-3-3

管材种类	粗糙高度（mm）	管材种类	粗糙高度（mm）
聚氯乙烯管	0.002~0.015	旧铸铁管	1.0~3.0
新铸铁管	0.15~0.50	轻度锈蚀钢管	0.25

3.3.1.5　影响立管内压力波动的因素及防止措施

确保立管内通水能力和防止水封破坏是建筑内部排水系统中两个最重要的问题，这两个问题都与立管内压力有关。在保证水封不被破坏的前提下，为了增大排水立管的通水能力，需分析立管内压力变化规律，找出影响立管内压力变化的因素，进而采取相应的解决办法和措施。

（1）影响排水立管内部压力的因素

水舌是水流在冲激流状态下，由横支管进入立管下落，在横支管与立管连接部短时间内形成的水力学现象。它沿进水流动方向充塞立管断面，同时，水舌两侧有两个气孔作为空气流动通路。这两个气孔的断面远比水舌上方立管内的气流断面积小，在水流拖拽下，向下流动的空气通过水舌时，造成空气能量的局部损失。水舌阻力系数与排水量大小，横支管与立管连接处的几何形状有关。

通气管内空气向下流动，补充挟气水流造成的真空。立管内最大负压值的大小与排水立管内壁粗糙高度和管径成反比；与排水流量、终限流速以及空气总阻力系数成正比。空气总阻力系数中，水舌阻力系数所占比例最大，其他各项很小。但是当排水立管不伸顶通气时，排水时造成的负压很大，水封极易破坏，因此对不通气系统的最大通水能力作了限制。

（2）稳定立管压力，增大通水能力的措施

当管径一定时，在影响立管压力波动的因素中，可以调整改变的主要因素是终限流速和水舌阻力系数。

1）减小终限流速。在排水立管内采取一些增阻消能措施，减小水流下降速度，一方面可以减小立管内的负压，防止水封破坏，另一方面可以增加水膜厚度，增大通水能力，常见的措施有：

A. 增加管材内壁粗糙高度 K_p，使水膜与管壁间的界面力增加，减小水流下降速度。

B. 立管上隔一定距离设乙字弯（5～6层）消能，有实验表明可以减小流速50%左右。

C. 利用横支管与立管连接处的特殊构造，发生溅水现象，使下落水流与空气混合，形成密度小的水沫状水气混合物，减小下降速度。

D. 由横支管排出的水流沿切线方向进入立管，在重力与离心力共同作用下，水流旋流而下，其垂直下落速度大幅度降低。有实验表明，进入立管的水流与水平方向成60°角时垂直流速将减小15%，空气阻力减小30%；成45°角时，垂直流速减少30%，空气阻力减小50%。

E. 对立管内壁做特殊处理，增加水与管内壁间的附着力。

2）减小水舌阻力系数。可以通过改变水舌形状，或向负压区补充的空气不经过水舌两种途径来实现。

A. 设置通气立管，常用的有专用通气立管，主通气立管和副通气立管三种，见图3-3-4。其中，专用通气立管在通气系统中属中级标准。设置通气立管后，向负压区补充

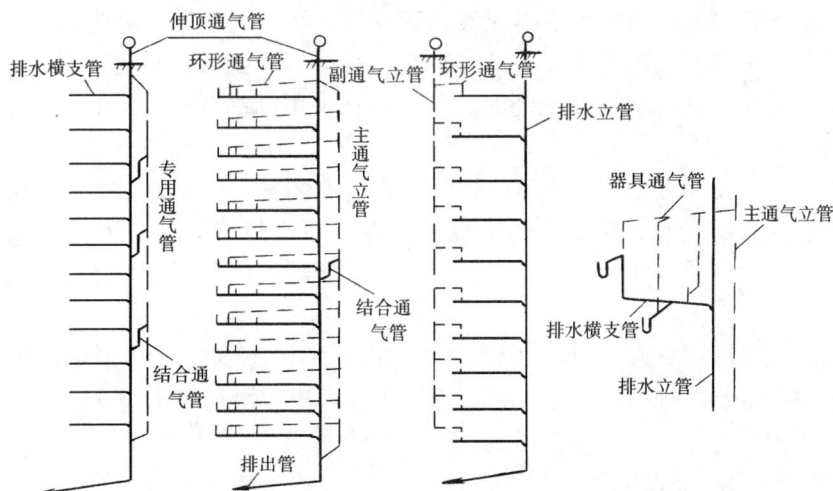

图 3-3-4　几种典型的通气方式

71

的空气不经过水舌，水舌阻力系数趋近于 0，立管内负压减小。

B. 在横支管上设单路进气阀，单路进气阀是用优质塑料和橡胶经过精密加工制成的灵敏度较高、经久耐用的只进气不出气的通气阀。当某一支管排水时，立管内形成负压，其他支管上的进气阀打开补气，不经过水舌，水舌阻力系数趋近于 0。

C. 在排水横管与立管连接处的立管内设置挡板，使横支管排出的冲激流被挡板阻挡，不会射到立管对面形成水舌，使水舌阻力系数减小。

D. 将排水立管内壁制作成有螺旋线导流突起，立管内的水流在螺旋线导流下，旋转下落，立管中心形成一个通畅的空气柱，避免形成水舌。

E. 排水立管轴线与横支管轴线错开半个管径连接，使水流沿切线方向流入立管。形成的水膜密实而稳定，气液界面清晰，管中心形成一个畅通的空气柱，加大了气流断面，减小了水舌阻力系数。

F. 对于一般建筑，应采用形成水舌面积小，两侧气孔面积大的斜三通或异径三通。

3.3.2　汽液两相流管网的水力特性

这里结合汽液两相流管网水力特性与保障正常流动的技术措施进行讲述。

在流动过程中，汽、液两相可能发生相互转变，这是与汽液两相流的根本区别。蒸汽、高温的凝结水在管路内流动时，状态参数变化比较大，会伴随相态变化。例如蒸汽由于管壁散热会因冷却降温沿途凝结，成为汽液两相的湿饱和蒸汽；湿饱和蒸汽可成为节流后压力下的饱和蒸汽或过热蒸汽。从散热设备流出的饱和凝水，通过疏水器后，在凝结水管路中压力下降，沸点改变，凝水部分重新汽化，形成"二次蒸汽"，以两相流的状态在管路内流动。蒸汽和凝水状态参数变化较大，是蒸汽管网比冷热水等单相流管网水力特性复杂的主要原因。

在蒸汽供暖管网中，如图 2-5-1、图 2-5-2 所示，沿途凝水可能被高速的蒸汽流裹带，形成随蒸汽流动的高速水滴；落在管底的沿途凝水也可能被高速蒸汽流重新掀起，形成"水塞"，并随蒸汽一起高速流动。在阀门、拐弯等处，流动方向改变时，惯量远大于蒸汽的水滴或水塞，难以改变方向，在高速下与管件或管子撞击，产生"水击"，发出噪声，使管道振动或产生局部高压，严重时能破坏管件接口的严密性和管路支架。

为了减轻水击现象，水平敷设的供汽管路，必须具有足够的坡度，并尽可能保持汽、水同向流动。蒸汽干管汽水同向流动时，坡度 i 宜采用 0.003，不得小于 0.002。进入散热器支管的坡度 $i = 0.01 \sim 0.02$。

供汽干管向上拐弯处（图 2-5-2），必须设置疏水装置。通常宜装置耐水击的疏水器，定期排出沿途流来的凝水；当供汽压力低时，也可用水封装置。在下供式系统（图 2-5-1b）的蒸汽立管中，汽、水呈逆向流动，蒸汽立管要采用比较低的流速，以减轻水击现象。

上供式系统（图 2-5-1a）中，供水干管中汽、水同向流动，干管沿途产生的凝水，可通过干管末端凝水装置排除。为了保持蒸汽的干度，避免沿途凝水进入供汽立管，供汽立管宜从供水干管的上方或上方侧接出。

在单管下供下回系统的立管中，蒸汽向上流动，凝水向下流动。为了使凝结水顺利流回立管，散热器支管与立管的连接点必须低于散热器出口水平面，散热器支管上的阀门应采用转心阀或球形阀。采用单根立管，节省管道，但立管中汽、水逆向流动，故立、支管的管径都需大一些。同时，在每个散热器上，必须装置自动排气阀。因为当停止供汽时，散热器内形成负压，自动排气阀迅速补入空气，凝水得以排除干净，下次启动时，不会再产生水击。由于低压蒸汽的密度比空气小，自动排气阀应装在散热器1/3的高度处，而不应装在顶部。在系统开始运行时，借蒸汽的压力，将管道系统及散热器内的空气驱走。空气沿干式凝水管路流至疏水器，通过疏水器内的排气阀或空气旁通阀，最后由凝水箱顶的空气管排出系统外；空气也可以通过疏水器前设置启动排气管直接排出系统外。

凝水通过疏水器后，由于压力降低，部分重新汽化，生成二次蒸汽。同时，疏水器也有部分漏汽现象。因此，疏水器后的管道流动状态属液汽两相流。非满液式凝水管内，管道断面上半部为空气，下半部为流动凝水。在保证沿凝水流动方向的坡度不得小于0.005的同时，要使空气能顺利排除。疏水器后的余压输送凝水的方式，通常称为余压回水。余压回水设备简单，但不同余压下的液汽两相流合流时会相互干扰，影响低压凝水的排除，严重时甚至能破坏管件及设备。为使两股压力不同的凝水顺利合流，可将压力高的凝水管做成喷嘴或多孔管等形式，顺流插入压力低的凝水管中（参见：李岱森等，《简明供热设计手册》，图11-6）。此外，由于汽水混合物的比容很大，因而输送相同的质量流量凝水时，它所需的管径要比输送纯凝水（如采用机械回水方式）的大很多。

3.3.3 气固两相流管网的水力特性

在气力输送系统和消防的干粉灭火系统等管网中，固体物料和气体介质在管道内形成两相流动。

3.3.3.1 物料的沉降速度和悬浮速度

在气固两相流管网中，物料颗粒要在悬浮状态下进行输送，因此，悬浮速度作为物料的流体学特性参数，是气固两相流管网设计计算时的一个主要原始依据。

处于气体中的固体颗粒，在重力作用下，竖直向下加速运动。同时受到气体竖直向上的阻力。随着颗粒与气体相对速度的增加，竖直向上的阻力增大，最终与重力平衡（包括浮力）。根据流体力学理论，可求得此时颗粒与气体的相对运动速度 v_f。

$$v_f = \sqrt{\frac{4d_1(\rho_1 - \rho)g}{3\rho C_R}} \quad (\text{m/s}) \tag{3-3-10}$$

式中　d_1——物料颗粒的斯托克斯直径，m；即是在一种流体中，与颗粒密度相同并且具有相同沉降速度的球体直径；

　　　ρ_1——物料颗粒的密度，kg/m^3；

　　　ρ——空气的密度，kg/m^3；

　　　g——重力加速度，m/s^2；

　　　C_R——阻力系数。

对于粉状物料，通常 $Re \leqslant 1$，$C_R = 24/Re$

$$v_f = \sqrt{\frac{4d_1(\rho_1 - \rho)g}{3\rho C_R}} = \sqrt{\frac{4d_1(\rho_1 - \rho)g}{3\rho} \cdot \frac{Re}{24}}$$

$$= \sqrt{\frac{4d_1(\rho_1 - \rho)g}{3\rho} \cdot \frac{v_f d_1 \rho}{24\mu}} = \frac{d_1^2(\rho_1 - \rho)g}{18\mu} \quad (\text{m/s}) \tag{3-3-11}$$

式中　μ——空气的动力黏度，$Pa \cdot s$。

对于粒状物料，通常 $Re=0.5\times10^5\sim7\times10^5$，$C_R\approx0.5$

$$v_f=\sqrt{\frac{4d_1(\rho_1-\rho)g}{3\rho C_R}}=\sqrt{\frac{4d_1(\rho_1-\rho)g}{3\times0.5\rho}}$$
$$=5.12\sqrt{\frac{d_1(\rho_1-\rho)}{\rho}}\quad(m/s)\tag{3-3-12}$$

另外，当 $Re=1\sim10^3$ 时，$C_R=13/Re^{\frac{1}{2}}$；$Re=10^3\sim0.5\times10^5$ 时，$C_R\approx0.44$。

若气体处于静止状态，则 v_f 是颗粒的沉降速度；若颗粒处于悬浮状态，则 v_f 是使颗粒处于悬浮状态的竖直向上的气流速度，称为颗粒的悬浮速度。

实际上影响悬浮速度的因素很复杂，上式只是近似计算公式，要得到准确的结果，可以通过实测求得。

3.3.3.2　气固两相流中物料的运动状态

从理论上说，在垂直管内，只要向上的气流速度大于物料颗粒的悬浮速度，物料颗粒就随气流一起向上运动。实际上，由于紊流中存在横向的速度分量，以及颗粒形态不规则等因素的影响，物料颗粒不是直线上升，而是做不规则的曲线上升运动。由于物料颗粒之间及物料与管壁之间存在摩擦、碰撞和粘着，以及管道断面上气流速度分布不均匀和存在层流边界层，因此要使物料颗粒悬浮，实际所需的气流速度要比理论计算的悬浮速度大得多。

在水平管道内，物料颗粒的重力方向与气流方向垂直，空气的推力对颗粒的悬浮不起直接作用。物料颗粒所以仍能悬浮输送，是因为受到以下几个作用力：

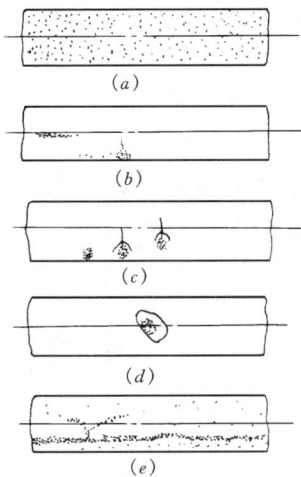

图 3-3-5　水平管道中使物料颗粒悬浮的力

（1）紊流气流垂直方向分速度产生的力（见图 3-3-5a）。

（2）因管底颗粒上下的气流速度不同，形成静压差而产生的力（见图 3-3-5b）。

（3）颗粒做旋转运动时，在其上部周围的环流与管内气流方向相同，叠加后速度增大。在其下部周围的环流与管内气流方向相反，叠加后速度减小。由于这个速度差，在颗粒的上下之间引起静压差而生的升力（见图 3-3-5c）。

（4）因颗粒形状不规则所引起的空气作用力的垂直分力（见图 3-3-5d）。

（5）颗粒之间和颗粒与管壁之间发生碰撞时，受到的反作用力的垂直分力（见图 3-3-5e）。

在上述各种力的作用下，物料在气流中悬浮，同时在气流的推动下向前作不规则运动。粉状物料的悬浮，紊流起了主要作用；粒状物料的悬浮，升力和碰撞反力的垂直分力起了主要作用。总之，只有当气流速度足够大时，才能使颗粒悬浮并沿管道运动，在水平管内使物料悬浮输送所需的气流速度要比垂直管大。

输料管内气固两相流的运动状态，是随气流速度和料气比的不同而改变的。一般情况下，气流速度越大，物料颗粒在输料管内的分布越均匀。当气流速度逐渐降低，物料与气

74

体质量比值（料气比）逐渐增大时，水平管内的气固两相流将分别呈以下几种状态：

(1) 悬浮流。气流速度（输送风速）足够大时，物料在管内基本上均匀分布，呈悬浮状态输送（见图3-3-6a）。

(2) 底密流。物料在管内分布不均匀，管底较密。物料颗粒一面旋转、碰撞，一面随气流前进（见图3-3-6b）。

(3) 疏密流。物料沿轴线方向分布不均匀，疏密相间，部分颗粒在管底滑动（见图3-3-6c）。

(4) 停滞流。多数颗粒丧失悬浮能力，沉积在管底的颗粒形成局部聚集，时聚时散，呈现不稳定的输送状态（见图3-3-6d）。

(5) 部分流。气流速度过小，物料在管道下部堆积，表层的颗粒作不规则的移动，堆积层作砂丘形运动（见图3-3-6e）。

(6) 柱塞流。堆积的物料充塞管道，靠气体静压推动输送（见图3-3-6f）。

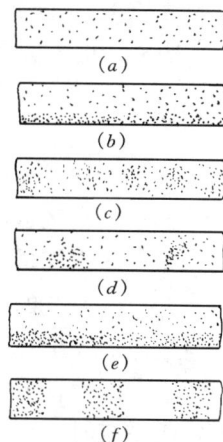

图 3-3-6　料气流的运动状态

料气比较低（$\mu < 10$）时，管内的两相流（如低压压送和吸送系统）基本上是悬浮流，物料颗粒均匀地与整个管壁接触，它们之间的摩擦类似于流体与管壁的摩擦。因此，这种气固流的摩擦阻力计算与一般流体是类同的。

3.3.3.3　气固两相流的阻力特征

气固两相流中，既有物料颗粒的运动，又存在颗粒与气流间的速度差，其阻力要比单相气流的阻力大。它们两者的阻力与流速的关系也是不同的。

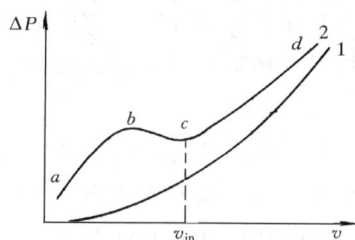

图 3-3-7　气固两相流阻力与流速的关系

单相气流的阻力与流速的关系如图3-3-7中曲线1所示。根据实验资料，气固两相流的阻力与流速的关系如图3-3-7中曲线2所示。

对于气固两相流，在流速较小的阶段（ab 段）其阻力随流速增大而增大。因为这时的颗粒是在气流拖带下沿管底滑动或滚动，随着气流速度增大，颗粒与管壁摩擦以及气流本身引起的能量损失也增大。

随着流速逐渐增大（bc 段），颗粒由沿管底运动逐步过渡到悬浮运动。由于颗粒和管壁的摩擦减少，这部分能量损失减少，而且其减少的程度超过单相气流能量损失增大的程度，所以两相流总阻力在此阶段随流速增大而减小。

流速再增大（cd 段），颗粒完全处于悬浮状态，基本上均匀分布于整个管道，此时两相流的阻力随流速增大而增大，与单相气流的流动相似。

曲线2上的 c 点是临界状态点，此时颗粒群刚处于完全悬浮状态，阻力最小。临界状态的流速称为临界流速。

气固两相流的阻力还受物料特性的影响。例如，物料密度大、黏性大时，其摩擦作用和悬浮速度大，因而阻力大；颗粒分布不均匀时，颗粒之间速度差异大，互相碰撞机会多，因而阻力也大。

3.3.3.4　气固两相流管网的主要参数

(1) 料气比

料气比 μ_1 亦称混合比，是单位时间内通过管道的物料量与空气量的比值，所以也称料气流浓度，以下式表示：

$$\mu_1 = \frac{G_1}{G} = \frac{G_1}{L \cdot \rho} \quad \text{kg(物料)/kg(空气)} \tag{3-3-13}$$

式中　G_1——物料量，kg/s 或 kg/h；

　　　G——空气量，kg/s 或 kg/h；

　　　L——空气量，m^3/s 或 m^3/h；

　　　ρ——空气的密度，kg/m^3。

料气比的大小关系到系统工作的经济性、可靠性和输料量的大小。料气比大，所需输送风量小，因而管道、设备小，动力消耗少，在相同的输送风量下输料量大。所以，设计气力输送系统时，在保证正常运行的前提下应力求达到较高的料气比。但是，提高料气比要受到管道堵塞和气源压力等条件的限制。

根据经验，一般低压吸送式系统 $\mu_1=1\sim4$，低压压送式系统 $\mu_1=1\sim10$，循环式系统 $\mu_1=1$ 左右，高真空吸送式系统 $\mu_1=20\sim70$。物料流动性好，管道平直，喉管阻力小，可以采用较高的料气比。

（2）输送风速

气固两相流管中的气流速度称为输送风速。输送风速的确定要适当。风速太高，不但能量损失大，管道磨损严重，而且物料容易破碎；风速太低，系统工作不稳定，甚至造成堵塞、增加阻力。从理论上说，只要竖向风速大于物料颗粒的悬浮速度，物料即可悬浮输送。实际上，由于物料颗粒群之间以及物料与管壁之间的摩擦、碰撞和粘着等原因，要有比悬浮速度大得多的输送风速，才能使物料颗粒完全悬浮输送。在临界风速下输送理论上是最经济的，可是工作很不稳定。实际生产过程中，考虑到料气比和物料性质等各种条件的变化，为了保证正常输送，选用的输送风速必须大于临界风速。

输送风速可以按悬浮速度的某一倍数来定，一般取 $2.4\sim4.0$ 倍，对大密度黏结性物料取 $5\sim10$ 倍。输送风速也可按临界风速来定，例如砂子等粒状物料，其输送风速为临界风速的 $1.2\sim2.0$ 倍。输送风速通常根据经验数据确定，表 3-3-4 中的数据可供参考。当输送的物料粒径、密度、含湿量、黏性较大，或者系统的规模大、管路复杂时，应采用较大的输送风速。

物料的悬浮速度及输送速度　　　　　　　　　　　表 3-3-4

物 料 名 称	平均粒径（mm）	密 度（kg/m^3）	堆积密度（kg/m^3）	悬浮速度（m/s）	输送风速（m/s）
稻谷	3.58	1020	550	7.5	16~25
小麦	4~4.5	1270~1490	650~810	9.8~11.0	18~30
大麦	3.5~4.2	1230~1300	600~700	9.0~10.5	15~25
大豆		1180~1220	560~760	10	18~30
花生	21×12	1020	620~640	12~14	16
茶叶		800~1200			13~15
煤粉		1400~1600			15~22

物料名称	平均粒径 (mm)	密度 (kg/m³)	堆积密度 (kg/m³)	悬浮速度 (m/s)	输送风速 (m/s)
煤屑					20～30
煤灰	0.01～0.03	2000～2500			20～25
砂		2600	1410	6.8	25～35
水泥		3200	1100	0.223	10～25
潮模旧砂（含水量3%～5%）		2500～2800			22～28
干模旧砂、干新砂					17～25
陶土、黏土		2300～2700			16～23
锯末、刨花		750			12～19
钢丸	1～3	7800			30～40
灭火干粉					20～30

（3）物料速度和速比

物料速度是指管道中颗粒群的最大速度。管道内的颗粒在气流的推动下开始运动，随着时间的增长而速度上升。当颗粒群速度增大到一定程度，作用于颗粒群上的气流推力与各种阻力达到平衡时，则颗粒群就以一种最大的速度进行等速运动。这个最大的速度就是物料速度 v_1。

在两相流中，气流必须用一部分能量使物料颗粒悬浮，然后再推动颗粒运动，因此，物料速度 v_1 小于输送风速 v。物料速度与输送风速之比称为速比，它是两相流阻力计算中的一个参数。速比的理论计算比较繁琐，可近似按下列实验公式计算：

$$\frac{v_1}{v} = 0.9 - \frac{7.5}{v} \tag{3-3-14}$$

式中，物料速度 v_1 和输送风速 v 的单位均为 m/s。

3.4 枝状管网的水力共性

前面各节，分析讨论了各种流体输配管网的水力特性。这些水力特性理论是工程实际的需要，而且是在工程实践中发现、发展，通过凝练上升而形成的。本节将努力根据其共同的实质，提炼各种流体枝状管网水力特性的共性和水力计算的通用方法。至于环状管网，将在第8章中分析。

3.4.1 开式管网的虚拟闭合

枝状管网有开式和闭式两大类，为了提炼共性，需要将它们在几何结构特征上统一起来。

这里通过引入虚拟管路的概念，将开式管网变为虚拟的闭式管网，使其与闭式管网共有的水力特性凸现出来。

虚拟管路是连接开式管网出口和进口的虚设管路，该管路中的流体为开式管网出口和进口高度之间的环境流体,从管网出口流向进口,其水力和热力参数都与环境流体相同,虚拟管路的管径趋于无限大,流动阻力为零。

虚拟管路通过"突然扩大"与开式管网的出口相连接,通过"突然缩小"与进口相连接,使虚拟管路与开式管网的真实管路一起,组成了一个虚拟的闭式管网。"突然扩大"与"突然缩小"的局部损失,也就是出口、进口的局部损失,仍然在出口和进口所在的真实管路上。我们称此为开式管网的虚拟闭合。

根据虚拟管路和虚拟闭合的概念,开式管网的虚拟闭合没有改变开式管网的水力特性。只是可以按闭合管网进行水力特性分析。

例如,对于图 4-1-1 所示的一个开式管网,可以用 3 条虚拟管路将管段 7 的出口分别与管段 1、2、4 的进口连接起来,使这个开式管网变成一个虚拟的闭合管网,同时保持原有的水力特性。

多级管网若是间接连接,各级管网之间水力无关,可以单独进行水力分析,若是直接连接,各级管网之间水力相关,需要进行水力解耦才能单独进行水力分析。

多级直连管网中的某一级管网,可在其与上、下级管网的分界处虚拟断开,形成虚拟进出口,虚拟进出口处的水力和热力参数与原分界处相同,用虚拟管路将进口与出口逐一连接,形成独立的闭式管网。

3.4.2　环路、共用管路和独用管路

开式管网虚拟闭合后,所有枝状管网都可以按闭式管网进行水力特征分析。

枝状管网的基本水力特征是其流向的唯一性。

以管网的任一点为起点,沿着管路(含虚拟管路),顺着流向(虚拟管路中的流向是从开式管网的真实出口到真实进口)前进,最终必定回到起点。沿途所经过的所有管路(含虚拟管路,以下同)构成了枝状管网的一个流动环路。

枝状管网可以只有一个流动环路,也可能有若干个流动环路。

如图 4-1-1 中的管网有 3 个流动环路,Ⅰ:1-3-5-6-7-1′、Ⅱ:2-3-5-6-7-2′ 和 Ⅲ:4-5-6-7-4′。其中 1′、2′ 和 4′ 分别为管段 7 出口到管段 1、2、4 入口的虚拟管路(图 4-1-1 中没有画出)。

管段与环路之间的隶属关系有两种情况:其一,共用;其二,独用。

若某管路出现在两个及以上的环路中,该管路称为这些环路的共用管路,若管路只出现在某环路中,该管路称为这一环路的独用管路。

如图 4-1-1 中,管段 1、2、4 和 1′、2′、4′ 分别是环路Ⅰ、Ⅱ、Ⅲ的独用管路;管段 3 为环路Ⅰ、Ⅱ的共用管路;管段 5、6、7 为环路Ⅰ、Ⅱ、Ⅲ的共用管路。

3.4.3　环路动力来源

流体力学表明,管网中的流动动力有压力、惯性力和重力三种。在管网工程中,压力称为静压,惯性力称为动压,二者可以互相转换,二者之和称为全压。重力则在不同的工程中有不同的名称,如位压、势压、热压等。为了便于统一分析各种工程管网的水力特征,这里仍称为重力。环路动力 P 可表示为

$$P = P_q + P_G \tag{3-4-1}$$

式中 P_q——作用在环路上的全压，Pa；

      P_G——重力作用产生的环路动力，Pa。

环路中的全压通常有以下几种来源。

（1）由风机、水泵等动力机械提供。提供的全压大小取决于风机、水泵性能与管网水力特性的耦合状态。

（2）由上级管网提供，其全压大小取决于上级管网的水力工况。

（3）由压力容器提供，其全压大小取决于压力容器内的压力特性。

（4）由环境流体的动压提供，只能提供在管网的真实开口上，大小取决于环境流体动压的大小和开口的流体动力特性。

虽然全压有这些不同的来源，但它们的共同特点是提供在环路的一个断面上，作用于整个环路，若全压的作用断面在共用管路上，所有共用该管路的环路都受到同样的全压动力。

重力是以重力场的形式来提供动力的，大小取决于环路的空间走向和环路中的流体密度分布，可用下式计算：

$$P_{Gi} = \oint_i \rho \vec{g} \cdot \vec{dl} = \oint_i \rho g \cos\alpha \, dl \qquad (3-4-2)$$

式中 P_{Gi}——重力作用形成的 i 环路的流动动力；

    $\oint_i$——表示沿闭合的 i 环路进行积分；

    ρ——i 环路的管内（含虚拟管路）流体密度，kg/m^3；

    $\vec{g}$——重力加速度矢量，方向竖直向下，m/s^2；

    $\vec{dl}$——环路微段矢量，方向为流速方向；

    α——$\vec{g}$ 和 $\vec{dl}$ 两矢量的夹角。

当整个闭合环路（含虚拟管路）的流体密度不变时

$$P_{Gi} = \oint_i \rho \vec{g} \cdot \vec{dl} = 0$$

这表明开式管网输送与环境流体密度一样的流体，或闭式管网内流体密度不变，重力对环路流动不产生作用。

在闭合环路的水平管路上，$\alpha = 90°$ 或 $\alpha = 270°$，$\cos\alpha = 0$，$P_{Gi} = \oint_i \rho \vec{g} \cdot \vec{dl} = 0$。这表明在水平流动的管路上，重力作用为零。

在环路向上流动的管段内，$90° < \alpha \leqslant 180°$，$0 > \cos\alpha \geqslant -1$，$\int_{\uparrow} \rho g \cos\alpha \, dl < 0$。

在环路向下流动的管段内，$0° < \alpha < 90°$，$0 < \cos\alpha \leqslant 1$，$\int_{\downarrow} \rho g \cos\alpha \, dl > 0$。

令 $\rho_{\uparrow}$ 表示向上流动的管段内的流体密度，$\rho_{\downarrow}$ 表示向下流动的管段内的流体密度。当 $\rho_{\downarrow} > \rho_{\uparrow}$ 时，$\left| \int_{\downarrow} \rho g \cos\alpha \, dl \right| > \left| \int_{\uparrow} \rho g \cos\alpha \, dl \right|$，$\oint_i \rho \vec{g} \cdot \vec{dl} > 0$，重力推动环路流动；反之，若

$\rho_\downarrow < \rho_\uparrow$，$\oint_i \rho \vec{g} \cdot d\vec{l} < 0$，重力阻碍环路流动。

若不同环路中的流体密度分布不同，即各环路的独用管段内的流体密度分布不同，则其重力形成的环路动力一般也不相同。

3.4.4　环路需用压力与资用动力

根据流体力学能量方程，稳态流动条件下，任一环路 i 的流动动力与流动阻力是相等的。

$$P_{qi} + P_{Gi} = \Delta P_i \tag{3-4-3}$$

式中　ΔP_i——环路 i 的流动阻力，Pa。

在环路所需的全压待定的情况下，可根据要求的流量、合理的管内流速，确定环路的管道尺寸，计算出环路流动阻力 ΔP_i。同时，可以根据环路内流体密度与环路空间走向计算出重力作用形成的环路流动动力 P_{Gi}。因此，环路所需风机、水泵、调压器等压力源提供的全压为：

$$P_{qi} = \Delta P_i - P_{Gi} \tag{3-4-4}$$

称这里的 P_{qi} 为环路 i 的需用压力。

一旦 P_{qi} 确定以后，称 $P_{qi} + P_{Gi}$ 为环路 i 的资用动力 P_{zhi}。

在 $P_{Gi} \neq 0$ 的情况下，不应只根据管路的长短和局部阻力部件的多少选定最不利环路，而应综合考虑流动阻力和重力作用，选管路长、部件多，重力推动作用小（甚至是阻碍流动）的环路为最不利环路。

各环路都需用的压力应在管网的总管上，即所有环路的共用管段上提供。这样，每个环路都获得了相同的全压作为动力，由于 $P_{qi} = P_q$，则任一环路 i 的资用动力为 $P_{zhi} = P_q + P_{Gi}$。

由于各环路管路的空间走向不同，管路内的流体密度分布不同，各环路的重力作用形成的动力 P_{Gi} 也不同。在全压 P_q 相同的情况下，各环路的资用动力 P_{zhi} 是不同的。这是许多流体输配管网设计和调控失败的基本原因，值得重视。

3.4.5　环路资用动力的分配

环路的每一管段都需要动力克服阻力，实现要求的流动。管网水力计算中，需要将环路资用动力分配给每一管段。资用动力的分配方案，决定了管网各管段的尺寸和深层次的水力特性，对管网的技术经济性有重要影响，也影响到管网水力调节的难度。资用动力分配方案，是管网工程的优化难题。目前工程上通常按长度（或当量长度）平均分配资用动力（压损平均法）。

除最不利环路外，其他任一环路资用动力的分配都要受最不利环路资用动力分配的约束。

任一环路与最不利环路共用管段的资用动力，是由最不利环路的资用动力分配确定的。任一环路只在其独用管路上有分配资用动力的自由，一般按以下步骤进行：

（1）根据最不利环路的资用动力分配，确定共用管路的资用动力，它等于共用管路的流动阻力 ΔP_{i1}。

（2）计算独用管路的资用动力 P_{i2}。

$$P_{i2} = P_{zhi} - \Delta P_{i1} \tag{3-4-5}$$

式中 ΔP_{i1}——最不利环路与任一环路 i 的共用管路的流动阻力。

（3）按确定的方案将 P_{i2} 分配给独用管路的每一管段。

3.4.6 独用管路压损平衡与并联管路阻力平衡

（1）独用管路压损平衡

独用管路的流动阻力与其获得的资用动力是相等的，这是流体力学基本规律的表现。在设计中通过对管路几何参数（主要是管道断面尺寸）的调整，改变管内流速，使独用管路在要求的流量下，流动阻力等于资用动力，从而保证管网运行时，独用管路的流量达到要求值。

这就是独用管路压损平衡（简称"压损平衡"）的含义。

显然任一环路 i 的独用管路的阻力 ΔP_{i2}：

$$\Delta P_{i2} = P_{zhi} - \Delta P_{i1} = P_q + P_{Gi} - \Delta P_{i1} \tag{3-4-6}$$

（2）并联管路阻力平衡

并联管路阻力平衡（简称"阻力平衡"）的依据是：各并联管路的动力相等时，其流动阻力也是相等的。在设计中，通过调整管路尺寸，使各并联管路在各自要求的流量下计算阻力相等。这样可保证管网运行中，各并联管路的流量分配满足要求。这是目前工程中普遍采用的并联管路水力计算方法。

需要注意的是，流体力学的"并联管路阻力相等"的结论，是以下述条件为前提的，即动力相等的并联管路。

各环路的独用管路是并联管路，当各环路中重力作用不相同时，这些并联管路的动力不相等。因而，它们的流动阻力也不相等。此种情况下，若按"阻力平衡"设计各并联管路，必然失误。

"阻力平衡"只适用于各环路重力作用相等的情况，而"压损平衡"是普遍适用的。

3.5 枝状管网水力计算的理论基础与基本步骤

水力计算是流体输配管网设计的基本手段，是管网设计质量的基本保证。其主要目的和意义如下：

（1）根据要求的流量分配，确定管网的各段管径（或断面尺寸）和阻力；

（2）求得管网特性曲线，为匹配管网动力设备和管网调试运行准备好条件；

（3）确定动力设备（风机、水泵等）的型号和动力消耗（设计计算）；或者根据已定的动力设备，确定保证流量分配的管道尺寸（校核计算）。

水力计算的基本理论依据是流体力学一元流动连续性方程和能量方程及串、并联管路流动规律。流动动力等于管网总阻力，若干管段串联后的阻力等于各管段阻力之和。管段阻力是构成管网阻力的基本单元。流体力学已经揭示，管段中的流体流动阻力有两种，一种是摩擦阻力，也称为沿程阻力，另一种是局部阻力。

3.5.1　摩擦阻力计算

摩擦阻力 $P_{\mathrm{m}l}$ 的普适计算公式如下：

$$P_{\mathrm{m}l} = \int_l \frac{\lambda}{4R_{\mathrm{s}}} \cdot \frac{\varrho v^2}{2} \cdot \mathrm{d}l$$

当管道材料不变，断面尺寸不变，流体密度、温度和流量也不随流程变化时，对于不可压缩流体，可用下式计算摩擦阻力：

$$P_{\mathrm{m}l} = \frac{\lambda}{4R_{\mathrm{s}}} \cdot \frac{\varrho v^2}{2} \cdot l = R_{\mathrm{m}} l \qquad (3\text{-}5\text{-}1)$$

式中　λ——摩擦阻力系数；

l——管段长度，m；

R_{s}——管道水力半径，m；

R_{m}——管道单位长度摩擦阻力，又简称为比摩阻，Pa/m。

$$R_{\mathrm{s}} = \frac{f}{X}$$

式中　f——管道过流断面面积，m^2；

X——湿周，m。

当管网压力变化使气体密度 ρ 的变化不能忽略时，可压缩流体不能直接积分得到式 (3-5-1)。需要引入气体状态方程和连续性方程组成联合方程组：

$$\begin{cases} -\dfrac{\mathrm{d}P}{\mathrm{d}l} = \dfrac{\lambda}{4R_{\mathrm{s}}} \cdot \dfrac{\varrho v^2}{2} \\ P = Z\rho RT \\ \rho v f = 常数 \end{cases}$$

在等断面管道、等温流动条件下，求解此联合方程组得：

$$P_1^2 - P_2^2 = 1.62\lambda \cdot \frac{L_0^2}{(4R_{\mathrm{s}})^5} \cdot \rho_0 \cdot P_0 \cdot \frac{T}{T_0} \cdot \frac{Z}{Z_0} \cdot l \qquad (3\text{-}5\text{-}1')$$

式中　P_1、P_2——分别为管道 1、2 断面的绝对压力，Pa；

L_0——管道流量，Nm^3/s；

ρ_0、P_0、T_0 和 Z_0——分别为气体在标准状态下的密度、压力、绝对温度和压缩因子；

T、Z——分别为气体实际的绝对温度和压缩因子；

l——断面 1、2 之间的管道长度，m。

对于接近于 0℃ 的常温、压力不太大的（表压 $\ngtr 0.8\mathrm{MPa}$）圆形管道，可近似取 $\dfrac{T}{T_0} = 1$，$\dfrac{Z}{Z_0} = 1$。式 (3-5-1') 简化为：

$$P_1^2 - P_2^2 = 1.62\lambda \cdot \frac{L_0^2}{d^5} \cdot \rho_0 \cdot P_0 \cdot l \qquad (3\text{-}5\text{-}1'')$$

低压（表压 $\leqslant 0.005\mathrm{MPa}$）管道，$P_1 + P_2 = 2P_0$。

$$P_1^2 - P_2^2 = (P_1 - P_2)(P_1 + P_2) = \Delta P_{1\sim 2} 2P_0$$

式 (3-5-1') 可进一步简化得：

$$\Delta P_{1\sim 2} = 0.81\lambda \cdot \frac{L_0^2}{d^5} \cdot \rho_0 \frac{T}{T_0} l \qquad (3\text{-}5\text{-}1''')$$

以上表明，必须注意正确选择适合管流特征的摩擦阻力计算公式。

确定计算公式后，需计算摩擦阻力系数 λ。从流体力学可知 λ 是管流雷诺数 Re 和管道相对粗糙度的函数。

$$\lambda = f\left(Re, \frac{K}{d}\right) \qquad (3\text{-}5\text{-}2)$$

式中　K——管道材料的绝对粗糙度，m；

d——管道直径或当量直径，m。

大量实验获得不同流态下式（3-5-2）的具体数学关系。

在层流区（$Re<2000$）内，摩阻系数 λ 值仅与雷诺数有关，可用下式计算：

$$\lambda = \frac{64}{Re} \qquad (3\text{-}5\text{-}2a)$$

当 $2000<Re<4000$ 时称为临界区或临界过渡区。

$$\lambda = 0.0025\sqrt[3]{Re} \qquad (3\text{-}5\text{-}2b)$$

紊流区包括水力光滑区、过渡区（又称紊流过渡区）和阻力平方区，对于工业管道，这个区内 λ 值可以统一用柯氏公式计算：

$$\frac{1}{\sqrt{\lambda}} = -2\lg\left(\frac{K}{3.71d} + \frac{2.51}{Re\sqrt{\lambda}}\right) \qquad (3\text{-}5\text{-}2c)$$

工程实际中，还常采用适合于一定管材、一定阻力区的专用公式。

1. 阿里特苏里公式

$$\lambda = 0.11\left(\frac{K}{d} + \frac{68}{Re}\right)^{0.25} \qquad (3\text{-}5\text{-}2d)$$

此式适用于紊流区钢管及其他光滑管道。钢管一般取 $K=0.0001\sim0.0002$m。

2. 谢维列夫公式

（1）对于新钢管

水力光滑区：

$$\lambda = K_1 K_2 \frac{0.25}{Re^{0.226}} \qquad (3\text{-}5\text{-}2e)$$

过渡区 $\left(\dfrac{v}{\nu}<2.4\times10^5\right)$：

$$\lambda = K_1 K_2 \frac{0.23}{d^{0.226}}\left(1.9\times10^{-6} + \frac{\nu}{v}\right)^{0.226} \qquad (3\text{-}5\text{-}2f)$$

阻力平方区 $\left(\dfrac{v}{\nu}\geqslant2.4\times10^5\right)$：

$$\lambda = K_1 K_2 \frac{0.0121}{d^{0.226}} \qquad (3\text{-}5\text{-}2g)$$

（2）对于新铸铁管

水力光滑区 $\left(\dfrac{v}{\nu}<0.176\times10^6\right)$：

$$\lambda = K_1 \frac{0.77}{Re^{0.284}} \qquad (3\text{-}5\text{-}2h)$$

过渡区 $\left(\dfrac{v}{\nu}<2.7\times10^6\right)$：

$$\lambda = K_1 \frac{0.75}{d^{0.284}}\left(0.55\times10^{-6}+\frac{\nu}{\upsilon}\right)^{0.284} \tag{3-5-2i}$$

阻力平方区$\left(\dfrac{\upsilon}{\nu}\geqslant2.7\times10^6\right)$：

$$\lambda = K_1 \frac{0.0134}{d^{0.284}} \tag{3-5-2j}$$

上述诸式中　K_1——考虑实验室和实际安装管道的条件不同的系数，取 $K_1=1.15$；

K_2——考虑由于焊接接头而使阻力增加的系数，取 $K_2=1.18$。

谢维列夫建议的适用于铸铁管紊流三个区的综合公式形式为：

$$\lambda = \left(\frac{A^{\frac{1}{m}}}{d}+\frac{B^{\frac{1}{m}}}{Re}\right)^m$$

根据新铸铁管的实际资料，上式可写成：

$$\lambda = \left(\frac{0.0125^{\frac{1}{0.284}}}{d}+\frac{0.75^{\frac{1}{0.284}}}{Re}\right)^{0.284} = \left(\frac{2.089\times10^{-7}}{d}+\frac{0.3633}{Re}\right)^{0.284} \tag{3-5-2k}$$

公式（3-5-2k）的计算值与谢维列夫实验值相比较，其误差在±5.5%以内，可以满足工程计算的精度要求。

实际工程中，各种流体输配管网的流动状态有明显差别，雷诺数范围大不相同，必须采用不同的公式计算 λ 值。这就造成在同一基本原理下，不能用统一的计算公式或图表计算各种流体输配管网的摩擦阻力。任何公式和图表都受使用条件的限制，计算中必须特别注意各公式和计算图表的使用条件和修正方法。

3.5.2　局部阻力计算

局部阻力按下式计算：

$$\Delta P = \xi \cdot \frac{\rho\upsilon^2}{2} \tag{3-5-3}$$

式中　ξ——局部阻力系数。

局部阻力系数一般用实验方法确定。实验时先测出管道中管件、部件或设备等前后的全压差（即局部阻力 ΔP），除以与特征速度 υ 相应的动压$\frac{\rho\upsilon^2}{2}$，求得局部阻力系数 ξ 值。

实际工程中，管件、部件或设备处的流动，通常都处于自模区，局部阻力系数 ξ 只取决于管件部件或设备流动通道的几何参数，一般不考虑相对粗糙度和雷诺数的影响。但即使是相同名称的管件、部件，不同的流体输配管网，其几何参数的差异也会对局部阻力系数 ξ 的值造成影响，因此也很难用统一的图表计算各种管网的局部阻力。

3.5.3　枝状管网水力计算基本步骤

各种枝状管网都可以按以下步骤进行水力计算。

（1）绘制管网轴测图，对各管段进行编号，标明其空间位置（如起点和终点的空间坐标）和长度，确定设计流量。

（2）若是开式管网，进行虚拟闭合。

（3）逐一计算各环路中重力作用形成的作用动力。

（4）根据各环路中的重力作用大小和管路长度及复杂程度，确定最不利环路，通常是重力作用小，管路长而复杂的环路。

（5）若压力已定，已定压力与最不利环路的重力作用之和即是最不利环路的资用动力，按合理的分配方案，将资用动力分配给最不利环路的每一管段，根据每一管段的设计流量和分配到的资用动力，确定该管段的断面尺寸。

若压力未定，按照设计流量和合理的管内流速确定每一个管段的断面尺寸，计算流动阻力，得到最不利环路的总阻力，扣除重力作用动力后，得到所需的压力。

（6）计算其他环路独用管路的资用动力。

（7）按合理的方案，将资用动力分配给独用管路的每一管段。

（8）按所分资用动力和设计流量，根据"压损平衡"，确定各独用管段的断面尺寸。

不同流体的枝状管网水力计算的主要区别在于比摩阻的计算公式及其计算图表不同，切不可乱用。

3.6 枝状管网的水力计算方法

3.6.1 枝状管网常用水力计算方法

枝状管网水力计算的常用方法有假定流速法、压损平均法和静压复得法等。

假定流速法的特点是，先按技术经济要求选定管内流速，再结合所需输送的流量，确定管道断面尺寸，进而计算管道阻力，得出需要的动力。假定流速法适用于动力未知的情况。

以下是假定流速法的基本步骤：

（1）绘制管网轴测图，对各管段进行编号，标出长度和流量，确定最不利环路。

（2）合理确定最不利环路各管段的管内流体流速。

（3）根据各管段的流量和确定的流速，确定最不利环路各管段的断面尺寸。

（4）计算最不利环路各管段的阻力。

（5）平衡并联管路（确定并联管路的管径，使各并联管路的计算阻力与各自的资用动力相等。可用压损平均法计算），这是保证流量按要求分配的关键。若并联管路计算阻力与各自的资用动力不相等，在实际运行时，管网会自动调整各并联管路流量，使并联管路的实际流动阻力与各自的资用动力相等。这时各并联管路的流量不是要求的流量。

（6）计算管网的总阻力，求取管网特性曲线。

（7）根据管网特性曲线，所要求输送的总流量以及所输送流体的种类、性质等诸因素，综合考虑为管网匹配动力设备（风机、水泵等），确定动力设备所需的参数。

压损平均法的特点是，将已定的总资用动力，按干管长度平均分配给每一管段，以此确定管段阻力，再根据每一管段的流量确定管道断面尺寸。当管道系统所用的动力设备型号已定，或对分支管路进行压损平衡计算，此法较为方便。环状管网水力计算常用此法。当然，也可按其他技术经济性更好的方法将已定作用压力分配给各管段，即压力分配法。以下是压损平均法的基本步骤：

（1）绘制管网轴测图，对各管段进行编号，标出长度和流量，确定最不利环路。

（2）根据确定的最不利环路的资用动力，计算最不利环路单位管长的压力损失。

（3）根据最不利环路单位管长压力损失和各管段流量，确定其各管段管径。

（4）确定各并联支路的资用动力，计算单位管长的压力损失。

（5）根据各并联支路单位管长压力损失和各管段流量，确定其各管段管径。

静压复得法的特点是，通过改变管道断面尺寸，降低流速，克服管段阻力，维持所要求的管内静压。通风管道常用此方法保证要求的风口风速。

以下是静压复得法的基本步骤：

（1）确定管道上各孔口的出流速度。

（2）计算各孔口处的管内静压 P_j 和流量。

（3）顺着管内流向，确定第一孔口处管内流速，计算此处管内全压 P_{q1} 和管道断面尺寸。

（4）计算第一孔口到第二孔口的阻力 $\Delta P_{1\sim2}$。

（5）计算第二孔口处的动压 $P_{d2}＝P_{q1}－\Delta P_{1\sim2}－P_j$。

（6）计算第二孔口处的管内流速，确定该处的管道断面尺寸。

（7）以此类推，直到确定最后一个孔口处的管道断面尺寸。

不论采用何种方法，水力计算前必须完成管网系统和设备的布置，确定管道材料及各个接受流量的管网末端的位置和所需分配的流量。然后根据工程管网的实际条件选择相应的方法进行计算。

管网阻力计算和特性曲线的求取，是水力计算的主体，对不同流体输配管网水力计算虽有区别，但都是水力计算的重点所在，因而是水力计算的学习重点。水力计算的另一重点是管网动力设备的匹配，将在第 6 章专门分析讨论。

水力计算中，各种计算公式和基础数据的选取应遵循相关标准规范的规定，没有规定的，则可从相关设计手册和资料中查取。

3.6.2　气体枝状管网的水力计算

以通风空调工程的空气输配管网为例，学习开式枝状气体输配管网水力计算的具体方法。设计计算要确定管径和动力大小，适用假定流速法。第 3.6.1 节中列出了水力计算的 7 个步骤，这里只介绍到第 6 步求取管网特性曲线为止，第 7 步匹配动力设备（风机）将在第 6 章学习。

计算之前，需先完成空气输配管网的布置，包括设备和各送排风点位置的确定；各送排风点要求的风量；系统划分；管道布置、各管段的输送风量也得一一确定。

完成上述前期准备工作后，方可按假定流速法的基本步骤进行水力计算。

3.6.2.1　确定最不利环路的管内流速和管道断面尺寸

（1）绘制风管系统轴测图

绘制风管系统轴测图，并划分好管段，对各管段进行编号，标注长度和风量。

通常按流量和断面变化划分管段，一条管段内流量和管段断面不变，即流量和断面二者之一或二者同时发生变化之处是管段的起点或终点。管段长度按管段的中心线长度计算，不扣除管件（如三通、弯头）本身的长度。

（2）确定管内流速

管内的流速对通风、空调系统的经济性有较大的影响，对系统的技术条件也有影响。流速高，风管断面小，占用的空间小，材料耗用少，建造费用小；但是系统的阻力大，动力消耗增大，运行费用增加，且增加噪声。若气流中含有粉尘等，会增加设备和管道的磨损。反之，流速低，阻力小，动力消耗少；但是风管断面大，材料和建造费用大，风管占用的空间也增大。流速过低会使粉尘沉积而堵塞管道。因此，必须通过全面的技术经济比较选定合理的流速。根据经验总结，风管内的空气流速可按表3-6-1、表3-6-2确定。若输送的是含尘气流，流速不应低于表3-6-3所列的值。

一般通风系统中常用空气流速（m/s）　　　　　　　　　　　　表 3-6-1

建筑类别	动力类别及风管材料	干　管	支　管	室内进风口	室内回风口	新鲜空气入口
工业建筑	机械通风薄钢板	6～14	2～8	1.5～3.5	2.5～3.5	5.5～6.5
	机械通风混凝土、砖等	4～12	2～6	1.5～3.0	2.0～3.0	5～6
民用建筑及工业辅助	自然通风	0.5～1.0	0.5～0.7			0.2～1.0
	机械通风	5～8	2～5			2～4

空调系统低速风管内的空气流速（m/s）　　　　　　　　　　表 3-6-2

部　　位	频率为1000Hz时室内允许声压级（dB）		
	<40	40～60	>60
新风入口	3.5～4.0	4.0～4.5	5.0～6.0
总管和总干管	6.0～8.0	6.0～8.0	7.0～12.0
无送、回风口的支管	3.0～4.0	5.0～7.0	6.0～8.0
有送、回风口的支管	2.0～3.0	3.0～5.0	3.0～6.0

（3）确定各管段的断面尺寸

根据各风管的风量和选择的流速初步确定风管断面尺寸，并适当调整使其符合通风管道统一规格，以利于工业化加工制作。风管断面尺寸调整好后，按调整好的断面尺寸计算管内实际流速。

输送含尘气流的风管最小风速（m/s）　　　　　　　　　　表 3-6-3

粉 尘 类 别	粉 尘 名 称	垂直风管	水平风管
纤 维 粉 尘	干锯末、小刨屑、纺织尘	10	12
	木屑、刨花	12	14
	干燥粗刨花、大块干木屑	14	16
	潮湿粗刨花、大块湿木屑	18	20
	棉　絮	8	10
	麻	11	13
	石棉粉尘	12	18

续表

粉 尘 类 别	粉 尘 名 称	垂直风管	水平风管
矿 物 粉 尘	耐火材料粉尘	14	17
	黏　土	13	16
	石灰石	14	16
	水　泥	12	18
	湿土（含水 2% 以下）	15	18
	重矿物粉尘	14	16
	轻矿物粉尘	12	14
	灰土、砂尘	16	18
	干细型砂	17	20
	金刚砂、刚玉粉	15	19
金 属 粉 尘	钢铁粉尘	13	15
	钢铁屑	19	23
	铅　尘	20	25
其 他 粉 尘	轻质干粉尘（木工磨床粉尘、细草灰）	8	10
	煤　尘	11	13
	焦炭粉尘	14	18
	谷物粉尘	10	12

3.6.2.2　风管摩擦阻力计算

按管内实际流速计算阻力。阻力计算应从最不利环路（即最长、局部阻力件最多的环路）开始。

通风空调管道中，气流大多属于紊流光滑区到粗糙区之间的过渡区。只有流速很高，表面粗糙的砖混凝土风道内流动状态才属于粗糙区。可用式（3-6-1）计算摩擦阻力系数 λ，再用式（3-6-2）计算比摩阻 R_{m}。

$$\frac{1}{\sqrt{\lambda}} = -2\lg\left(\frac{K}{3.7D} + \frac{2.51}{Re\sqrt{\lambda}}\right) \qquad (3\text{-}6\text{-}1)$$

$$R_{\mathrm{m}} = \frac{\lambda}{D}\frac{\rho v^2}{2} \qquad (3\text{-}6\text{-}2)$$

式中　K——风管内壁粗糙度，mm；

　　　D——风管直径，mm。

可根据公式（3-6-1）和式（3-6-2）制成计算表或线算图。图 3-6-1 所示的线算图，可供计算管道阻力时使用。只要已知流量、管径、流速、阻力四个参数中的任意两个，即可利用该图求得其余的两个参数。该图是按过渡区的 λ 值，在压力 $P_0 = 101.3\mathrm{kPa}$、温度 $t_0 = 20℃$、空气密度 $\rho_0 = 1.204\mathrm{kg/m^3}$、运动黏度 $v_0 = 15.06 \times 10^{-6}\mathrm{m^2/s}$、管壁粗糙度 $K = 0.15\mathrm{mm}$、圆形风管、气流与管壁间无热交换等条件下得出的。当实际条件与上述条件不相符时，应进行修正。

（1）密度和黏度的修正

$$R_m = R_{m0}(\rho/\rho_0)^{0.91}(\nu/\nu_0)^{0.1} \quad (Pa/m) \tag{3-6-3}$$

式中 R_m——实际的比摩阻，Pa/m；

R_{m0}——图上查出的比摩阻，Pa/m；

ρ——实际的空气密度，kg/m³；

ν——实际的空气运动黏度，m²/s。

（2）空气温度、大气压力和热交换的修正

$$R_m = K_t K_B K_H R_{m0} \quad (Pa/m) \tag{3-6-4}$$

式中 K_t——温度修正系数；

K_B——大气压力修正系数；

K_H——热交换修正系数。

$$K_t = \left(\frac{273+20}{273+t}\right)^{0.825} \tag{3-6-5}$$

式中 t——实际的空气温度，℃。

$$K_B = (B/101.3)^{0.9} \tag{3-6-6}$$

式中 B——实际的大气压力，kPa。

$$K_H = \left(\frac{2}{\sqrt{\dfrac{T_b}{T}}+1}\right)^2 \tag{3-6-7}$$

式中 T——气流绝对温度，K；

T_b——管壁绝对温度，K。

（3）管壁粗糙度的修正

在通风空调工程中，常采用不同材料制作风管，各种材料的粗糙度 K 见表3-6-4。

当风管管壁的粗糙度 $K \neq 0.15mm$ 时，可先由图3-6-1查出 R_{m0}，再近似按下式修正。

$$R_m = K_t R_{m0} \tag{3-6-8}$$

$$K_r = (Kv)^{0.25} \tag{3-6-9}$$

式中 K_r——管壁粗糙度修正系数；

K——管壁粗糙度，mm；

v——管内空气流速，m/s。

各种材料的粗糙度 K 表3-6-4

风管材料	粗糙度（mm）
薄钢板或镀锌薄钢板	0.15～0.18
塑料板	0.01～0.05
矿渣石膏板	1.0
矿渣混凝土板	1.5
胶合板	1.0
砖砌体	3～6
混凝土	1～3
木板	0.2～1.0

矩形风管摩擦阻力计算，需先把矩形风管断面尺寸折算成相当的圆形风管直径，即折算成当量直径。再由此求得矩形风管的单位长度摩擦阻力。

所谓"当量直径"，就是与矩形风管有相同单位长度摩擦阻力的圆形风管直径，它有流速当量直径和流量当量直径两种。

（1）流速当量直径

假设某一圆形风管中的空气流速与矩形风管中的空气流速相等，并且两者的单位长度摩擦阻力也相等，则该圆风管的直径就称为此矩形风管的流速当量直径，以 D_v 表示。根据这一定义，断面为 $a×b$ 的矩形风管的流速当量直径 D_v 为：

$$D_v = \frac{2ab}{a+b} \tag{3-6-10}$$

根据这一意义，如果矩形风管内的流速与管径为 D_v 的圆形风管内的流速相同，两者的单位长度摩擦阻力也相等。因此，根据矩形风管的流速当量直径 D_v 和实际流速 v，由图 3-6-1 查得的 R_m 即为矩形风管的单位长度摩擦阻力。

【例 3-2】　有一表面光滑的砖砌风道（$K=3mm$），横断面尺寸为 $500mm×400mm$，流量 $L=1m^3/s$（$3600m^3/h$），求单位长度摩擦阻力。

【解】　矩形风道内空气流速：

$$v = \frac{1}{0.5×0.4} = 5m/s$$

矩形风道的流速当量直径：

$$D_v = \frac{2ab}{a+b} = \frac{2×500×400}{500+400} = 444mm$$

根据 $v=5m/s$、$D_v=444mm$ 由图 3-6-1 查得 $R_{m0}=0.62Pa/m$

粗糙度修正系数　　　　$K_r = (Kv)^{0.25} = (3×5)^{0.25} = 1.96$

$$R_m = 1.96×0.62 = 1.22Pa/m$$

（2）流量当量直径

设某一圆形风管中的空气流量与矩形风管的空气流量相等，并且单位长度摩擦阻力也相等，则该圆形风管的直径就称为矩形风管的流量当量直径，以 D_L 表示。根据推导，流量当量直径可近似按下式计算：

$$D_L = 1.3 \frac{(ab)^{0.625}}{(a+b)^{0.25}} \tag{3-6-11}$$

以流量当量直径 D_L 和矩形风管的流量 L，查图 3-6-1 所得的单位长度摩擦阻力 R_m，即为矩形风管的单位长度摩擦阻力。

利用当量直径求矩形风管的阻力，必须注意其对应关系：采用流速当量直径时，必须用矩形风管中的流速去查出阻力；采用流量当量直径时，必须用矩形风管中的流量去查出阻力。用两种方法求得的矩形风管单位长度摩擦阻力应该是相等的。

【例 3-3】　同例 3-2，用流量当量直径求矩形风管的单位长度摩擦阻力。

【解】　矩形风道的流量当量直径

$$D_L = \frac{(ab)^{0.625}}{(a+b)^{0.25}} = 1.3×\frac{(0.4×0.5)^{0.625}}{(0.4+0.5)^{0.25}} = 0.487m$$

根据 $L=1m^3/s$、$D_L=487mm$ 由图 3-6-1 查得 $R_{m0}=0.61Pa/m$

$$R_m = 1.96×0.61 = 1.2Pa/m$$

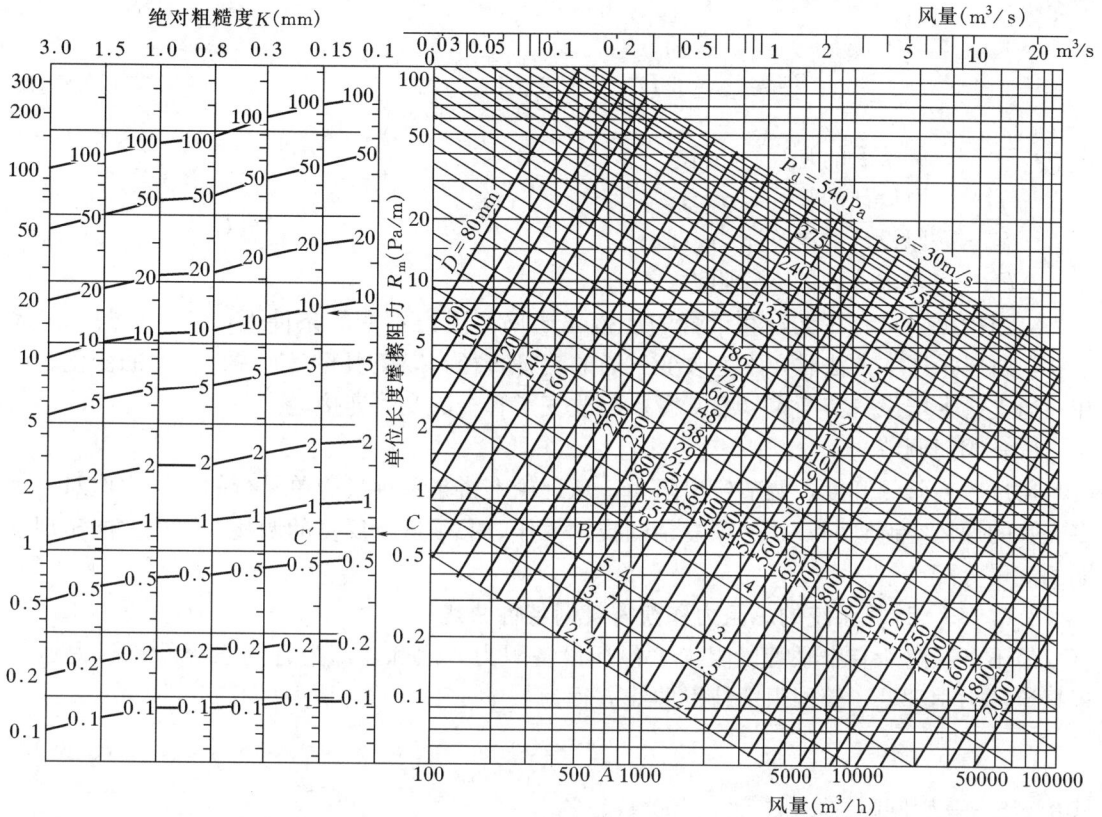

图 3-6-1　通风管道单位长度摩擦阻力线算图

3.6.2.3　风管局部阻力计算

首先是确定局部阻力系数 ξ 和它对应的特征速度 v，然后代入式（3-5-3）计算局部阻力。

各种局部阻力系数 ξ 通常查图表确定，相关设计手册给出了常用局部阻力系数值。各种设备的局部阻力或局部阻力系数，由设备生产厂商提供。

各管段摩擦阻力和局部阻力之和即为该管段的阻力。各管段阻力计算完成后，应进行并联管路的阻力平衡，以保证实际流量分配满足要求。

3.6.2.4　并联管路的阻力平衡

当各并联管路的资用动力相等时，各并联管路的流动阻力必然相等。为了保证各管路达到预期的风量，在水力计算中，应使并联支管在预期风量时的计算阻力相等，工程上称为并联管路阻力平衡。对一般的通风系统，由于管材规格和管内流速的限制，不能实现理想平衡，工程上允许两并联管路的计算阻力存在一定的偏差，《民用建筑供暖通风与空气调节设计规范》规定不宜超过 15％，《工业建筑供暖通风与空气调节设计规范》规定含尘风管应不超过 10％，大致相当于可使实际运行时的风量偏差不大于 5％。若超过上述规定，可采用下述方法进行调整。

（1）调整支管管径

这种方法是通过改变支管管径来调整支管的阻力，达到阻力平衡。调整后的管径按下式计算：

$$D' = D\left(\frac{\Delta P_i}{\Delta P_i'}\right)^{0.225} \tag{3-6-12}$$

式中　D'——调整后的管径，mm；

D——原设计的管径，mm；

ΔP_i——原设计的支管阻力，Pa；

$\Delta P_i'$——要求达到的支管阻力，Pa。

应当指出，只有在支管和干管的连接三通局部阻力不变的条件下，式（3-6-12）才成立，所以采用本方法时，不宜改变三通的支管直径，以免引起三通局部阻力的变化。可在三通支管上增设一节渐扩（缩）管，与改变了管径的支管连接。

（2）阀门调节

通过改变阀门开度，调节管道阻力，从理论上讲是一种最简单易行的方法。但对一个多支管的通风空调管网，是一项复杂的技术工作，必须进行反复的调整、测试才能实现预期的流量分配。

3.6.2.5　计算系统的总阻力和获得管网特性曲线

最不利环路所有串联管段阻力（包括设备阻力）之和，即为管网系统的总阻力 ΔP。根据流体力学理论，管网阻力特性曲线方程为：

$$\Delta P = SL^2 \tag{3-6-13}$$

式中　S——管网阻抗，kg/m^7；

L——管网总流量，m^3/s。

管网阻抗与管网几何尺寸及管网中的摩擦阻力系数、局部阻力系数、流体密度有关。当这些因素不变时，管网阻抗 S 为常数。根据计算的管网总阻力 ΔP 和要求的总风量 L，即可用式（3-6-14）计算管网阻抗，获得管网特性曲线。

$$S = \frac{\Delta P}{L^2} \tag{3-6-14}$$

式中　L——计算流量，m^3/s；

ΔP——计算流量下的管网总阻力，Pa。

不计算管段阻力和管网总阻力，而先计算各管段阻抗，再按如下串并联管路的阻抗关系计算管网阻抗，也可获得管网特性曲线。

管段 i：

$$S_i = \frac{8\left(\lambda \dfrac{l}{d_i} + \Sigma \xi_i\right)\rho_i}{\pi^2 d_i^4} \tag{3-6-15}$$

串联管路：

$$S = \Sigma S_i \tag{3-6-16}$$

并联管路：

$$S^{-\frac{1}{2}} = \Sigma S_i^{-\frac{1}{2}} \tag{3-6-17}$$

上述公式表明，管网中任一管段的有关参数变化，都会引起整个管网特性曲线的变化，从而改变管网总流量和管段的流量分配，这决定了管网调整的复杂性。可以从理论上进一步证明，管网设计时不做好阻力平衡，完全依靠阀门调节流量的做法难以奏效，尤其是并联管路较多的管网。

获得管网特性曲线后即可结合动力设备（风机）的性能曲线为管网匹配动力设备，具体匹配方法在第 6 章介绍。

3.6.3 闭式液体管网的水力计算

液体管网和气体管网在水力计算的主要目的、基本原理和方法上是相同的。只是因为液体的物性参数与气体有显著差别，液体管网的工作参数也与气体管网有一定区别，所以二者水力计算使用的计算公式和技术数据有所不同。

3.6.3.1 液体管网水力计算的基本公式

（1）水力计算的基本公式

1）沿程阻力。实际工程中，液体管网流量 G 常用单位为 kg/h。单位长度管道摩擦阻力计算式变换为以下方便的形式：

$$R_m = 6.25 \times 10^{-8} \frac{\lambda}{\rho} \cdot \frac{G^2}{d^5} \quad (Pa/m) \tag{3-6-18}$$

式中 λ——管道摩擦阻力系数；
  ρ——液体密度，kg/m³；
  G——管内流量，kg/h；
  d——管道内径，m。

与气体管网一样，计算摩擦阻力系数 λ 的公式与流态有关。室内热水采暖管网、空调冷冻水管网和给水管网流动几乎都处于紊流过渡区，室外管网大多处于阻力平方区。因此，大多用式（3-6-19）和式（3-6-20）计算摩擦阻力系数：

$$\frac{1}{\sqrt{\lambda}} = -2.0\lg\left(\frac{K}{3.71d} + \frac{2.51}{Re\sqrt{\lambda}}\right) \tag{3-6-19}$$

$$\lambda = 0.11\left(\frac{K}{d} + \frac{68}{Re}\right)^{0.25} \tag{3-6-20}$$

室内闭式冷热水管网（热水采暖和空调冷冻水等）用的钢管 $K=0.2$mm，开式及室外管网 $K=0.5$mm。

设计手册中常根据以上公式制成管道摩擦阻力计算图表，以减少计算工作量。图 3-6-2 是根据莫迪公式，按 $k=0.3$mm、水温 20℃ 条件制作的，可用于冷水管网的阻力计算。$Re=10^4 \sim 10^7$ 范围内，与式（3-6-18）的偏差不超过 5%。

莫迪公式：

$$\lambda = 0.0055\left[1 + \left(20000\frac{K}{d} + \frac{10^6}{Re}\right)^{1/3}\right] \tag{3-6-21}$$

2）局部阻力。局部阻力使用通用的计算公式：

$$\Delta P_j = \xi\frac{\rho v^2}{2} \quad (Pa)$$

计算局部阻力的关键是确定局部阻力系数 ξ。表 3-6-5 给出了一些阀门管配件的局部

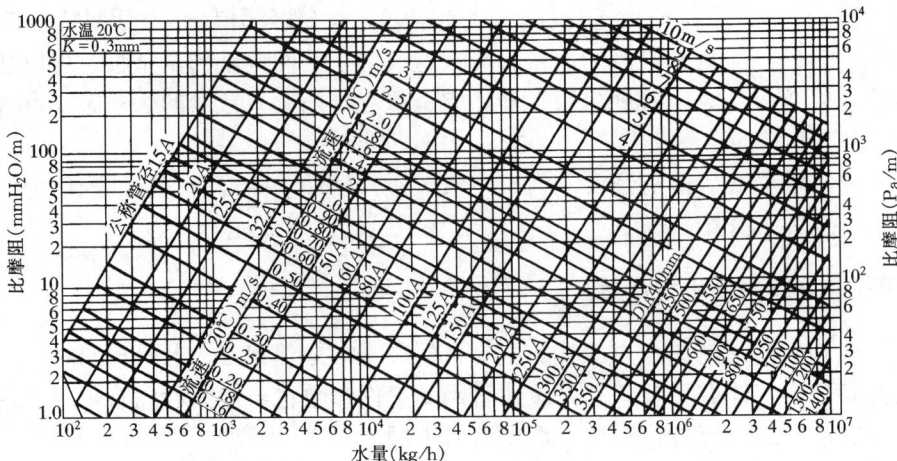

图 3-6-2　水管路计算图

阻力系数。表 3-6-6 给出了空调水系统中一些设备的阻力。更多的局部阻力系数可以从暖通空调、给排水设计手册中查取。

局部阻力系数　　表 3-6-5		
名　　称	形　　式	ξ
球形（截止）阀	全开 DN40 以下	15.0
	DN50 以上	7.0
角　阀	全开 DN40 以下	8.5
	DN50 以上	3.9
闸　阀	全开 DN40 以下	0.27
	DN50 以上	0.18
止回阀		2.0
90°弯头	短　的	0.26
	长　的	0.20
三　通		3.0
		1.8
		1.5
		0.68
突然扩大	$d/D=1/2$	0.55
突然缩小	$d/D=1/2$	0.36

设 备 压 力 损 失　　表 3-6-6		
设 备 名 称	阻力（kPa）	备　　注
离心式冷冻机		
蒸发器	30～80	按不同产品而定
冷凝器	50～80	按不同产品而定
吸收式冷冻机		
蒸发器	40～100	按不同产品而定
冷凝器	50～140	按不同产品而定
冷却塔	20～80	不同喷雾压力
冷热水盘管	20～50	水 流 速 度 在 0.8 ～ 1.5m/s 左右
热交换器	20～50	
风机盘管机组	10～20	风机盘管容量愈大，阻力愈大，最大 30kPa 左右
自动控制阀	30～50	

（2）压力损失平衡与不平衡率

　　能量方程表明，只有在设计流量条件下，管路的计算压力损失等于管路的作用压力，管网运行时的实际流量才与设计流量相等。因此在水力计算中，需要通过调整管径、设置调节阀等技术手段，使管路在设计流量下的计算压力损失与其作用压力相等。工程上习惯将此称为"压损平衡"或"平衡压力损失"。

　　并联环路的压力损失包括共用管路的压力损失和独用管路的压力损失。由于共用管路的压力损失涉及若干并联管路，在进行某一并联环路（最不利环路除外）的压力损失平衡时，一般是通过调整独用管路的压力损失，使整个环路的计算压力损失与环路资用压力相平衡。为了表示计算压力损失与资用压力相平衡的程度，定义压力损失不平衡率 x 如下：

$$x = \frac{\Delta P' - \Delta P_l}{\Delta P'} \times 100\% \qquad (3\text{-}6\text{-}22)$$

式中　$\Delta P'$——管路资用压力，Pa；

　　　ΔP_l——管路计算压力损失，Pa。

不同的流体输配管网对不平衡率有不同的限制。

并联环路压力损失平衡的常用方法如下：

1）确定该环路总的资用压力 $\Delta P'$；

2）确定共用管路的压力损失 ΔP_G；

3）计算独用管路的资用压力 $\Delta P'_D$：

$$\Delta P'_D = \Delta P' - \Delta P_G$$

4）根据 $\Delta P'_D$ 确定独用管路的管径、调节装置等，尽可能在经济合理的条件下，使独用管路在设计流量下的计算压力损失 ΔP_D 与 $\Delta P'_D$ 相等；

5）计算压力损失不平衡率，检查是否满足要求。

只有当各并联环路的资用压力相等时，"压力损失平衡"才能简化为各并联管路之间的"阻力平衡"。

3.6.3.2 液体管网水力计算的主要任务

液体管网水力计算的主要任务通常有以下几种：

1）按已知系统各管段的流量和系统的循环作用压力（压头），确定各管段的管径；

2）按已知系统各管段的流量和各管段的管径，确定系统所必需的循环作用压力（压头）；

3）按已知系统各管段的流量，确定各管段的管径和系统所需的循环作用压力；

4）按已知系统各管段的管径和该管段的允许压降，确定通过该管段的流量。

以热水采暖系统为例，水力计算从系统的最不利环路开始，即从允许的比摩阻 R_m 最小的一个环路开始计算。由 n 个串联管段组成的最不利环路，它的总压力损失为 n 个串联管段压力损失的总和，即

$$\Delta P_l = \sum_{i=1}^{n} (R_m l + \Delta P_j)_i \quad (\text{Pa}) \qquad (3\text{-}6\text{-}23)$$

热水采暖系统的循环作用压力的大小取决于：机械（泵）提供的作用压力和重力作用（水在散热器内冷却所产生的作用压力和水在循环环路中因管段散热产生的附加作用压力）。空调水系统供回水温差小，可不计重力作用。

完成第一种任务的水力计算时，由于作用压力已定，宜采用压损平均法。可以预先求出最不利循环环路或分支环路的平均比摩阻 R_{pj}，即

$$R_{pj} = \frac{\alpha \Delta P_l}{\sum l} \quad (\text{Pa/m}) \qquad (3\text{-}6\text{-}24)$$

式中　ΔP_l——最不利循环环路或分支环路的循环作用压力，Pa；

　　　$\sum l$——最不利循环环路或分支环路的管路总长度，m；

　　　α——沿程损失占总压力损失的百分数。

根据算出的 R_{pj} 及环路中各管段的流量，利用水力计算图表，可选出最接近的管径，并求出最不利循环环路或分支环路中各管段的实际压力损失和整个环路的总压力损失值。

第二种任务的水力计算，根据最不利循环环路管段的流量和已知管段的管径，利用水力计算图表，确定该循环环路各管段的压力损失以及系统必需的循环作用动力，并校核循环水泵是否满足要求。

第三种任务的水力计算，已知各管段的流量，确定管径和水泵型号的情况。这种情况显然宜采用假定流速法。此时选定 v 和 R_m 的值，常采用经济值，称经济流速或经济比摩阻。

如前面第 2 章分析，选用多大的流速 v 值（或 R_m 值）来选定管径，是一个重要的技术经济问题。如选用较大的 v 值（R_m 值），则管径可缩小，但系统的压力损失增大，水泵的电能消耗增加。同时，为使各循环环路易于与各自的循环作用动力平衡，最不利循环环路的平均比摩阻 R_{pj} 不宜选得过大。在采暖系统设计实践中，R_{pj} 值一般取 60～120Pa/m 为宜。

第四种任务的水力计算是根据管段的管径 d 和该管段允许压降 ΔP，来确定通过该管段（通过系统的某一位置）的流量。热水采暖系统采用的"不等温降"水力计算方法，就是按此方法进行计算的，即对已有的热水采暖系统，管段作用压头已知，校核各管段通过的水流量的能力。

当系统的最不利循环环路的水力计算完成后，即可进行其他分支循环环路的压力损失计算，使压力损失与循环作用动力平衡。热水采暖系统其他分支循环环路独用管段（不包括共用管段）的计算压力损失与其资用动力的相对差额，不应大于±15%。

在实际设计过程中，为了平衡各并联环路独用管段的压力损失，往往需要提高循环环路独用管段（分支管段）的比摩阻和流速。但流速过大会使管道产生噪声。采暖系统最大允许的水流速不大于下列数值：

民用建筑　　　　　　　　1.2m/s；
生产厂房的辅助建筑物　　2m/s；
生产厂房　　　　　　　　3m/s。

整个热水采暖系统总的计算压力损失宜增加 10% 的附加值，以此确定系统必需的循环作用压力。

3.6.3.3　机械循环室内水系统管路的水力计算方法

进行水力计算时，机械循环室内热水采暖系统都根据入口处的资用循环压力，按最不利循环环路的平均比摩阻 R_{pj} 来选用该环路各管段的管径。当入口处资用压力较高时，管道流速和系统实际总压力损失可相应提高。但在实际工程设计中，最不利循环环路的各管段水流速过高，各并联环路的压力损失难以平衡，所以常用控制 R_{pj} 值的方法，按 $R_{pj}=$ 60～120Pa/m 选取管径。剩余的资用循环动力，由入口处的调压装置节流。

在机械循环系统中，循环动力主要由水泵提供，同时有管道内水冷却产生的重力循环作用动力，由于占机械循环总循环动力的比例很小，可忽略不计。对机械循环双管系统，水在各层散热器冷却所形成的重力循环作用动力不相等，在进行各立管散热器并联环路的水力计算时，应计算在内，不可忽略。对机械循环单管系统，如建筑物各部分层数相同时，每根立管所产生的重力循环作用近似相等，可忽略不计；如建筑物各部分层数不同时，高度和各层热负荷分配比不同的立管之间所产生的重力循环作用压力不相等，在计算各立管之间并联环路的压力损失不平衡率时，应将其重力循环作用动力的差额计算在内。

重力循环作用压力可按设计工况下最大值的 2/3 计算（约相应于采暖季平均水温下的作用压力值）。

同程式系统的特点是通过各个并联环路的总长度都相等。在采暖半径较大（一般超过 50m 以上）的室内热水采暖系统中，应用同程式系统较普遍。其水力计算方法和步骤如下：

1) 计算通过最远立管的环路。确定供水干管各个管段、最远立管和回水总干管的管径及其压力损失。计算方法见 4.3 节重力循环热水采暖管网水力计算案例。

2) 用同样方法，计算通过最近立管的环路，从而确定出最近立管、回水干管各管段的管径及其压力损失。

3) 求最远立管和最近立管的压力损失不平衡率，应使其在±5%以内。

4) 计算出系统的总压力损失及其他各立管的资用压力值。

5) 确定其他立管的管径。根据各立管的资用压力和立管各管段的流量，选用合适的立管管径。方法与（1）、（2）相同。

6) 求各立管的不平衡率。根据立管的资用压力和立管的计算压力损失，求各立管的不平衡率。不平衡率应在±10%以内。

7) 计算系统总阻力，获得管网特性曲线，为选择水泵作准备。

水泵的选用在第 7 章讲述。

同程式系统的管道金属耗量多于异程式系统，但它可以通过调整供、回水干管的各管段的压力损失来满足立管间不平衡率的要求。

空调冷冻水系统水力计算方法与上述方法基本相同。通常按推荐的流速或比摩阻值确定管径，计算最不利环路压力损失，然后进行并联环路阻力平衡，最后确定系统总阻力，获得系统特性曲线，结合水泵性能曲线选择水泵型号。由于空调冷冻水系统供回水温差小，末端换热盘管阻力大，在计算系统总循环压力时，可不计供回水密度差引起的作用压力；在并联环路阻力平衡时，一般也可忽略不计。

上述方法都是采用了末端换热设备（散热器）水的温降（供回水温差）相等的预先假定，由此也就预先确定了支管的流量。这样，各支管并联环路的计算压力损失就可能存在计算压降的不平衡。这种计算方法通常称为等温降的水力计算方法。在较大的室内热水采暖系统中，如采用等温降方法进行异程式系统的水力计算，立管间计算压降不平衡率往往难以满足要求。

不等温降的水力计算，就是在单管系统中各立管的温降各不相等的前提下进行的水力计算方法。它以并联环路压力平衡的基本原理进行水力计算。在热水采暖系统的并联环路上，当其中一个并联支路压力损失 ΔP 确定后，对另一个并联支路（例如对某根立管），预先给定其管径 d（不是预先给定流量），从而确定通过该立管的流量以及该立管的实际温度降。这种计算方法对各立管间的流量分配，完全遵守并联环路压力平衡的流体力学规律，能使设计工况与实际工况基本一致。

进行室内热水采暖系统不等温降的水力计算时，一般从循环环路的最远立管开始。

（1）给定最远立管的温降。一般按设计温降增加 2~5℃。由此求出最远立管的计算流量 G_j。根据该立管的流量，选用 R_m（或 v）值，确定最远立管管径和环路末端供、回水干管的管径及相应的压力损失值。

（2）确定环路最末端的第二根立管的管径。该立管与上述计算管段为并联管路。根据已知节点的压力损失 ΔP，给定该立管管径，从而确定通过环路最末端的第二根立管的计算流量及其计算温度降。

（3）按照上述方法，由远至近，依次确定出该环路上供、回水干管各管段的管径及其相应的压力损失以及各立管的管径、计算流量和计算温度降。

（4）系统中有多个分支循环环路时，按上述方法计算各个分支循环环路。计算得出的各循环环路在压力平衡状况下的流量总和，一般都不会等于设计要求的总流量，最后需要根据并联环路流量分配和压降变化的规律，对初步计算出的各循环环路的流量、温降和压降进行调整。整个水力计算才告结束。最后确定各立管散热器所需的面积。

使用不等温降法的前提条件是散热器的传热面积可调整。

3.6.4　开式液体管网的水力计算

开式液体管网水力计算的基本原理和方法与闭式管网没有本质区别。这里以建筑给水管网为例介绍开式液体管网水力计算的具体方法。

和其他流体输配管网一样，建筑给水管网水力计算是在完成管线布置，绘出管道轴测图后进行的。计算目的是：根据要求的流量，确定给水管网各管段的管径和管网所需压力，复核室外给水管网水压是否满足要求，若需设置升压、贮水设备，则选定相应设备，并确定安装高度。

3.6.4.1　确定设计流量与管径

在计算建筑给水管网设计流量时，和室内燃气管网一样，要考虑末端用水器具的同时用水系数（即同时给水百分数），分两种情况采用不同的计算公式。

（1）用水时间集中、用水设备使用集中、同时给水百分数高的建筑，如工业企业生活间、公共浴室、洗衣房、食堂餐厅、实验室、影剧院、体育场等，用下式：

$$q_g = \sum q_i n_i b_i \tag{3-6-25}$$

式中　q_g——计算管段给水设计秒流量，L/s；

　　　q_i——i 类型的 1 个用水器具的给水额定流量，L/s；

　　　n_i——i 类型用水器具数；

　　　b_i——i 类型用水器具的同时给水百分数。q_i、b_i 可从建筑给水排水设计手册查取。

用式（3-6-25）计算用水器具少、同时给水百分数小的给水管段时，结果可能小于管段上最大 1 个用水器具的给水额定流量。这时，应采用最大 1 个用水器具的给水额定流量作为设计秒流量。

（2）用水时间长、用水设备使用不集中、同时给水百分数随用水器具数量增加而减少的建筑，如住宅、宾馆、医院、学校、办公楼等，用水器具种类多，且各种用水器具的额定流量又不尽相同，为简化计算，将安装在污水盆上管径为 15mm 的配水龙头的额定流量 0.2L/s 作为一个当量，其他用水器具的额定流量与它的比值，即为该用水器具的当量值。用下式计算管段的给水设计秒流量 q_g：

$$q_g = 0.2\alpha\sqrt{N_g} + kN_g \tag{3-6-26}$$

式中　N_g——计算管段的所有用水器具的给水当量总数;

　　　α、k——按建筑用途而定的系数,α、k 及各种用水器具的当量数可从建筑给水排水设计手册查取。

当管段的流量确定后,可确定管径。和其他管网一样,管内流速是确定管径的关键参数。流速的大小将直接影响到管道系统技术、经济的合理性。流速过大易产生水锤,引起噪声,损坏管道或附件,并将增加管道的水头损失,提高建筑内给水管道所需的压力;流速过小,又将造成管材的浪费和过多占用建筑空间以及施工困难等。综合以上因素,设计时给水管道流速应控制在正常范围内:生活或生产给水管道,不宜大于 2.0m/s,当有防噪声要求,且管径小于或等于 25mm 时,生活给水管道内的水流速度,可采用 0.8~1.0m/s;消火栓系统,消防给水管道,不宜大于 2.5m/s;自动喷水灭火系统给水管道,不宜大于 5.0m/s,但其配水支管在个别情况下,可控制在 10m/s 以内。按流量和流速确定管径规格后,需按确定的管径核算实际流速。

3.6.4.2　给水管网和水表水头(压力)损失的计算

(1)给水管网水头损失的计算

室内给水管网的水头损失包括沿程和局部水头损失两部分。管段的沿程水头损失:

$$h_y = R_m l \qquad (3\text{-}6\text{-}27)$$

式中　h_y——管段的沿程水头损失,kPa;

　　　R_m——单位长度的沿程水头损失,kPa/m;

　　　l——管段长度,m。

钢管和铸铁管的单位长度水头损失,应按下式计算:

当 $v<1.2$m/s 时

$$R_m = 0.00912 \frac{v^2}{d_j^{1.3}} \left(1 + \frac{0.867}{v}\right)^{0.3} \qquad (3\text{-}6\text{-}28)$$

当 $v>1.2$m/s 时

$$R_m = 0.0107 \frac{v^2}{d_j^{1.3}} \qquad (3\text{-}6\text{-}29)$$

式中　d_j——管道内径,m。

塑料管的单位长度水头损失,应按下式计算:

$$R = 0.000915 \frac{Q^{1.774}}{d_j^{4.774}} \qquad (3\text{-}6\text{-}30)$$

式中　Q——管内流量,m³/s。

设计计算时,可直接使用由上列公式编制的水力计算表,由管段的设计秒流量 q_g,控制流速 v 在正常范围内,查得管径和单位长度的水头损失 R。给水水力计算表有"给水钢管水力计算表"、"给水铸铁管水力计算表"以及"给水塑料管水力计算表"等。

管段的局部水头损失

$$h_j = \sum \xi \frac{\rho v^2}{2} \qquad (3\text{-}6\text{-}31)$$

式中　h_j——管段局部水头损失之和，Pa；

　　　$\sum\xi$——管道局部阻力系数之和；

　　　υ——沿水流方向局部零件下游的流速，m/s；

　　　ρ——水的密度，m^3/kg。

由于给水管网中局部零件如弯头、三通等甚多，随着构造不同其 ξ 值也不尽相同，详细计算较为繁琐，在实际工程中给水管网的局部水头损失，一般不作详细计算，可按下列管网沿程水头损失的百分数采用：

生活给水管网为 25%～30%；

生产给水管网，生活、消防共用给水管网，生活、生产、消防共用给水管网为 20%；

消火栓系统消防给水管网为 10%；

自动喷水灭火系统消防给水管网为 20%；

生产、消防共用给水管网为 15%。

（2）水表的水头损失

水表水头损失的计算是在选定水表的型号后进行的。水表的选择包括确定水表类型及口径。水表类型应根据各类水表的特性和安装水表管段通过水流的水质、水量、水压、水温等情况选定，而水表口径在用水较均匀时，应以安装水表管段的设计秒流量不大于水表的公称流量来确定，因为公称流量是水表允许在相当长的时间内通过的流量。当用水不均匀，且连续高峰负荷每昼夜不超过 2～3h 时，可按设计秒流量不大于水表的最大流量确定水表口径，因为最大流量是水表允许在短时间内通过的流量。在生活、消防共用系统中，因消防流量仅在发生火灾时才通过管道，故选表时管段设计流量不包括消防流量，但在选定水表口径后，应加消防流量进行复核，满足生活、消防设计秒流量之和不超过水表的最大流量值。

水表的水头损失可按下式计算：

$$H_3=\frac{q_g^2}{K_b} \tag{3-6-32}$$

式中　H_3——水表的水头损失，kPa；

　　　q_g——计算管段的给水流量，m^3/h；

　　　K_b——水表的特性系数，一般由生产厂家提供，也可按下式计算，旋翼式水表 K_b $=\frac{q_{max}^2}{100}$，螺翼式水表 $K_b=\frac{q_{max}^2}{10}$，q_{max} 为各类水表的最大流量，m^3/h。

水表的水头损失值，均应满足表 3-6-7 的规定，否则应放大水表的口径。

3.6.4.3　确定给水系统所需压力

确定给水计算管路水头损失和水表水头损失后，即可计算建筑内部给水系统所需压力。计算公式如下：

$$H=H_1+H_2+H_3+H_4 \tag{3-6-33}$$

水表水头损失允许值（kPa）　　表 3-6-7

表　型	正常用水时	消防时
旋翼式	<24.5	<49.0
螺翼式	<12.8	<29.4

式中　H——建筑给水管网所需水压，kPa；

　　　H_1——引入管起点至配水最不利点位置高度所要求的静水压，kPa；

　　　H_2——引入管起点至配水最不利点给水管路的沿程与局部水头损失之和，kPa；

H_3——水流通过水表时的水头损失，kPa；

H_4——配水最不利点给水配件（用水器具）所需的流出水头，可从给水排水设计手册中查取。

求出给水管网所需水压 H 后，校核初定给水方式。若初定为外网直接给水方式，当外网水压 $H_0 \geqslant H$ 时，原方案可行；H 略大于 H_0 时，可适当放大部分管段的管径，减小管道水头损失，重算 H，以满足 $H_0 \geqslant H$ 条件为止；若 H 大于 H_0 很多，则应修正原方案，在给水系统中增设升压设备。对采用设水箱上引下给式布置的给水系统，则应按下式校核水箱安装高度，若水箱高度不满足要求，可采取提高水箱高度、放大管径或改用其他供水方式。

$$h \geqslant H_2 + H_4 \qquad (3\text{-}6\text{-}34)$$

式中 h——水箱最低水位至最不利配水点的位置高度所形成的静水压，kPa。

当需设置升压设备，尤其是水泵时，为了选择水泵及运行调节，需要获得给水管网的特性曲线。

$$H = h_0 + S q_g^2 \qquad (3\text{-}6\text{-}35)$$

式中 $h_0 = H_1 + H_4$，kPa；

$S = \dfrac{H_2 + H_3}{q_{go}^2}$，kPa/(m³/h)²；

q_{go}——给水管网水力计算总流量，m³/h；

q_g——给水管网实际总流量，m³/h。

3.6.4.4 计算例题

【例3-4】某5层10户住宅，每户卫生间内有低水箱坐式大便器1套，洗脸盆、浴盆各1个。厨房内有洗涤盆1个，该建筑有局部热水供应。图3-6-3为该住宅给水系统轴测图，管材为镀锌钢管。引入管与室外给水管网连接点到配水最不利点的高差为17.1m。室外给水管网所能提供的最小压力 $H_0 = 270$kPa。试进行给水系统的水力计算。

【解】由轴测图3-6-3确定配水最不利点为低水箱坐便器，故计算管路为0、1、2…9。节点编号见图3-6-3。该工程为住宅建筑，由建筑给水排水设计手册查得 $\alpha = 1.10$，$K = 0.005$。选用公式（3-6-26）计算各管段设计秒流量。

$$q_g = 0.2 \cdot \alpha \sqrt{N_g} + k N_g \quad 即 \quad q_g = 0.22 \cdot \sqrt{N_g} + 0.005 N_g$$

由各管段的设计秒流量 q_g，控制流速在允许范围内，查建筑给水排水设计手册或用式（3-6-28）可得管径 D 和单位长度沿程水头损失 R_m，由公式（3-6-27）$h_y = R_m L$ 计算管路的沿程水头损失 $\sum h_y$。各项计算结果均列入表3-6-8中。

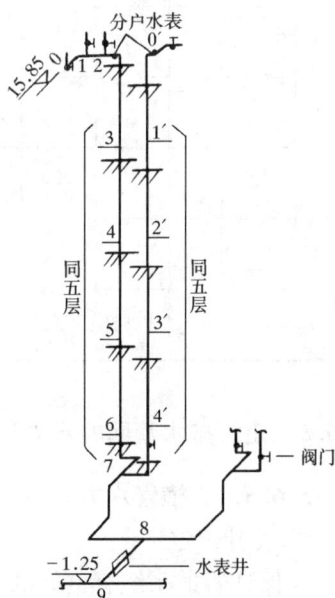

图3-6-3 例3-4 给水系统轴测图

给水管网水力计算表　　　　　　　表 3-6-8

计算管段编号	卫生器具名称 $\frac{n}{N}$=$\frac{数量}{当量}$				当量总数 N_g	设计秒流量 q_g(L/s)	管径 DN(mm)	流速 v(m/s)	每米管长沿程水头损失 R(kPa)	管段长度 L(m)	管段沿程水头损失 $h_y=RL$(kPa)	管段沿程水头损失累计 Σh_y(kPa)
	低水箱	浴盆	洗脸盆	厨房洗涤盆								
0~1	$\frac{1}{0.5}$				0.5	0.16	15	0.91	2.17	0.9	1.95	1.95
1~2	$\frac{1}{0.5}$	$\frac{1}{1}$			1.5	0.28	20	0.87	1.35	0.9	1.22	3.17
2~3	$\frac{1}{0.5}$	$\frac{1}{1}$	$\frac{1}{0.8}$		2.3	0.35	20	1.09	2.04	4.0	8.16	11.33
3~4	$\frac{2}{0.5}$	$\frac{2}{1}$	$\frac{2}{0.8}$		4.6	0.50	25	1.02	1.38	3.0	4.14	15.47
4~5	$\frac{3}{0.5}$	$\frac{3}{1}$	$\frac{3}{0.8}$		6.9	0.61	25	1.24	1.99	3.0	5.97	21.44
5~6	$\frac{4}{0.5}$	$\frac{4}{1}$	$\frac{4}{0.8}$		9.2	0.71	32	0.88	0.76	3.0	2.28	23.72
6~7	$\frac{5}{0.5}$	$\frac{5}{1}$	$\frac{5}{0.8}$		11.5	0.80	32	1.00	0.97	1.7	1.64	25.36
7~8	$\frac{5}{0.5}$	$\frac{5}{1}$	$\frac{5}{0.8}$	$\frac{5}{0.7}$	15	0.93	40	0.74	0.41	6	2.46	27.82
8~9	$\frac{10}{0.5}$	$\frac{10}{1}$	$\frac{10}{0.8}$	$\frac{10}{0.7}$	30	1.36	40	1.08	0.84	4	3.36	31.18
0'~1'				$\frac{1}{0.7}$	0.7	0.19	15	1.06				
1'~2'				$\frac{2}{0.7}$	1.4	0.27	20	0.85				
2'~3'				$\frac{3}{0.7}$	2.1	0.33	20	1.05				
3'~4'				$\frac{4}{0.7}$	2.8	0.38	25	0.77				
4'~7				$\frac{5}{0.7}$	3.5	0.43	25	0.88				

3.6.5　建筑排水管网的水力计算

3.6.5.1　横管水力计算

1. 设计规定

为保证管道系统有良好的水力条件，稳定管内气压，防止水封破坏，保证良好的室内环境卫生，在横干管和横支管的设计计算中，须满足下列规定：

（1）充满度

建筑内部排水横管按非满流设计，以便使污废水释放出的有毒有害气体能自由排出；调节排水管道系统内的压力；接纳意外的高峰流量。排水管的最大设计充满度见表 3-6-9。

排水管道的最大计算充满度 表 3-6-9

排水管道名称	排水管道管径（mm）	最大计算充满度（以管径计）
生活污水排水管	150 以下	0.5
生活污水排水管	150～200	0.6
工业废水排水管	50～75	0.6
工业废水排水管	100～150	0.7
生产废水排水管	200 及 200 以上	1.0
生产污水排水管	200 及 200 以上	0.8

注：排水沟最大计算充满度为计算断面深度的 0.8。

（2）自净流速

污水中含有固体杂质，如果流速过小，固体物会在管内沉淀，减小过水断面积，造成排水不畅或堵塞管道，为此规定了一个最小流速，即自净流速。自净流速的大小与污废水的成分、管径、设计充满度有关。建筑内部排水横管自净流速见表 3-6-10。

各种排水管道的自净流速值 表 3-6-10

污废水类别	生活污水在下列管径时（mm）			明渠（沟）	雨水道及合流制排水管
	$d<150$	$d=150$	$d=200$		
自净流速（m/s）	0.6	0.65	0.70	0.40	0.75

（3）管道坡度

管道设计坡度与污废水性质、管径和管材有关。污废水中含有的污染物越多，管道坡度应越大。建筑内部生活排水管道的坡度有通用坡度和最小坡度两种。通用坡度为正常条件下应予保证的坡度；最小坡度为必须保证的坡度，一般情况下应采用通用坡度。对于工业废水管道，根据水质规定了最小坡度。当生产污水中含有铁屑等比重大的杂质时，管道的最小坡度应按自净流速确定。铸铁排水管道坡度见表 3-6-11 和表 3-6-12，塑料排水管道坡度见表 3-6-13。

生活污水管道坡度 表 3-6-11

管径（mm）	通用坡度	最小坡度	管径（mm）	通用坡度	最小坡度
50	0.035	0.025	125	0.015	0.010
75	0.025	0.015	150	0.010	0.007
100	0.020	0.012	200	0.008	0.005

工业废水管道的最小坡度 表 3-6-12

管径（mm）	生产废水	生产污水	管径（mm）	生产废水	生产污水
50	0.020	0.030	150	0.005	0.006
75	0.015	0.020	200	0.004	0.004
100	0.008	0.012	250	0.0035	0.0035
125	0.006	0.010	300	0.003	0.003

注：生产污水中含有铁屑或其他污物时，则管道的最小坡度应按自净流速计算确定。

塑料排水管坡度　　　　　　　　　　　　　　表 3-6-13

管径（mm）	通用坡度	最小坡度	管径（mm）	通用坡度	最小坡度
50	0.026	0.012	110	0.026	0.004
75	0.026	0.007	160	0.026	0.002

（4）最小管径

厨房排水中含有大量油脂和泥沙，为防止堵塞，实际选用管径应比计算管径大一号，且支管管径不小于 75mm，干管管径不小于 100mm。医院污物洗涤间内洗涤盆和污水盆内往往有一些棉花球、纱布、玻璃瓶、塑料瓶和竹签等杂物落入，为防止管道堵塞，管径不小于 75mm。

大便器设有十字栏栅，同时排水量大且猛，所以，凡连接大便器的支管，即使仅有 1 个大便器，其最小管径均为 100mm。小便斗和小便槽冲洗不及时，尿垢聚积，堵塞管道，因此，小便槽和连接 3 个及 3 个以上小便器的排水支管管径不小于 75mm。

2. 横管水力计算方法

对于横干管和连接多个卫生用水器具的横支管，应逐段计算各管段的排水设计秒流量，通过水力计算来确定各管段的管径和坡度。建筑内部横向管道按明渠均匀流公式计算

$$q_u = Wv \tag{3-6-36}$$

$$v = \frac{1}{n} R^{\frac{2}{3}} I^{\frac{1}{2}} \tag{3-6-37}$$

式中　　q_u——排水设计秒流量，m^3/s；

　　　　W——水流断面积，m^2；

　　　　v——流速，m/s；

　　　　R——水力半径，m；

　　　　I——水力坡度，即管道坡度，塑料排水因三通和弯头夹角为 $88.5°$ 所以 I 取 0.026；

　　　　n——管道粗糙系数，塑料管取 0.009，陶土管和铸铁管取 0.013，钢管取 0.012，混凝土和钢筋混凝土管取 0.013～0.014。

为便于设计计算，根据式（3-6-36）和式（3-6-37）及各项规定，编制了建筑内部铸铁排水管水力计算表和塑料排水管水力计算表，供设计时使用。

3.6.5.2　立管水力计算

排水立管按通气方式分为普通伸顶通气、专用通气立管通气、特制配件伸顶通气和无通气四种情况。不通气方式是因为建筑构造或其他原因，排水立管上端不能伸顶通气，为防止管内气压波动激烈而破坏水封，其通水能力大大降低。四种情况的排水立管最大允许通水能力见表 3-6-14，设计时先计算立管的设计秒流量，然后查表 3-6-14 确定管径。

排水立管最大允许排水流量（L/s）　　　　　　　表 3-6-14

通　气　情　况	立管工作高度（m）	管　径（mm）				
		50	75	100	125	150
普通伸顶通气	—	1.0	2.5	4.5	7.0	10.0
设有专用通气立管通气	—	—	5.0	9.0	14.0	25.0

续表

通 气 情 况	立管工作高度 (m)	管 径(mm)				
		50	75	100	125	150
特制配件伸顶通气	—	—	—	6.0	9.0	13.0
无 通 气	≤2	1.00	1.70	3.80		
	3	0.64	1.35	2.40		
	4	0.50	0.92	1.76		
	5	0.40	0.70	1.36		
	6	0.40	0.50	1.00		
	7	0.40	0.50	0.76		
	≥8	0.40	0.50	0.64		

表 3-6-14 中立管工作高度是指横支管与立管连接处至排出管中心的距离,当实际工作高度在表中列出的两个高度值之间时,最大允许排水流量可用插值法确定。在确定立管管径时排水立管管径不得小于横支管管径,多层住宅厨房间排水立管管径不应小于 75mm。

3.6.5.3 通气管道计算

单立管排水系统的伸顶通气管管径可与污水管相同,但在最冷月平均气温低于-13℃的地区,为防止通气管口结霜,减小通气管断面,应在室内平顶或吊顶以下 0.3m 处将管径放大一级。

双立管排水系统通气管的管径应根据排水能力、管道长度来确定,一般不宜小于污水管管径的 $\frac{1}{2}$,最小管径可按表 3-6-15 确定。当通气立管长度大于 50m 时,空气在管内流动时压力损失增加,为保证排水立管内气压稳定,通气立管管径应与排水立管相同。

通气管最小管径(mm)　　　　　　　　　　　　　表 3-6-15

通气管名称	污 水 管 管 径						
	32	40	50	75	100	125	150
器具通气管	32	32	32		50	50	
环形通气管			32	40	50	50	
通气立管			40	50	75	100	100

三立管排水系统和多立管排水系统中,2 根或 2 根以上排水立管与 1 根通气立管连接,应按最大一根排水立管管径查表3-6-15确定共用通气立管管径。但同时应保证共用通气立管管径不小于其余任何一根排水立管管径。结合通气管管径不宜小于通气立管管径,见图3-3-4。

有些建筑不允许伸顶通气管分别伸出屋顶,可用 1 根横向管道将各伸顶通气管汇合在

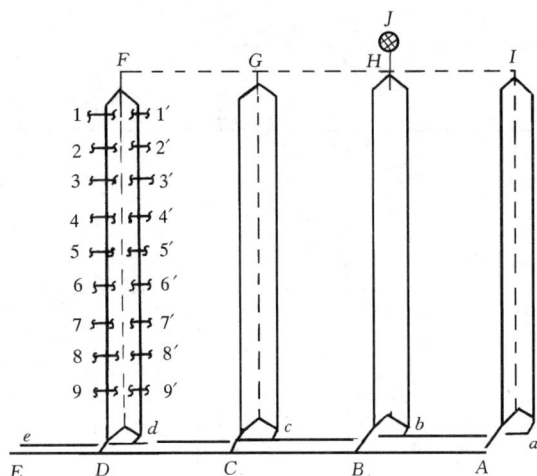

图 3-6-4　例 3-5 计算示意图

一起，集中在一处出屋顶，该横向通气管称为汇合通气管。汇合通气管不需要逐段改变管径，可按下式计算：

$$DN \geqslant \sqrt{d_{max}^2 + 0.25 \sum d_i^2} \quad (3\text{-}6\text{-}38)$$

式中　DN——通气横干管和总伸顶通气管管径，mm；

　　　d_{max}——最大 1 根通气立管管径，mm；

　　　d_i——其余通气立管管径，mm。

【例 3-5】　某 9 层饭店排水系统采用污废水分流制，管材为排水铸铁管。计算示意图见图 3-6-4，每根立管每层设洗脸盆、虹吸式坐便器和浴盆各 2 个，试配管。

【解】　（1）计算公式及参数

排水设计秒流量：

$$q_u = 0.12\alpha\sqrt{N_P} + q_{max} \quad (\text{L/s})$$

式中　N_P——计算管段卫生器具排水当量总数；

　　　q_{max}——计算管段上排水量最大一个卫生器具的排水量，L/s；

　　　α——系数，集体宿舍取 1.5，住宅、饭店取 2.0~2.5。

本题 α 取 2.5。立管 1~D 为生活污水立管，$q_{max}=2.0$L/s；立管 $1'$~d 为生活废水立管，$q_{max}=1.01$L/s，其他三组相同。

（2）计算各管段设计秒流量，查表 3-6-14 确定各种通气情况下的管径，分别见表 3-6-16 和表 3-6-17。

生活污水立管水力计算表　　　　　　　　表 3-6-16

管段编号	坐便器数量 $N_P=6.0$	当量总数 N_P	设计秒流量 q_u（L/s）	管径 DN（mm）			备　　注
				普通伸顶通气	有专用通气立管	特制配件单立管	
1~2	2	12	3.04				
2~3	4	24	3.47				
3~4	6	36	3.80	100			
4~5	8	48	4.08				
5~6	10	60	4.32		100	100	
6~7	12	72	4.55				
7~8	14	84	4.75	125			
8~9	16	96	4.94				
9~D	18	108	5.12				

生活废水立管水力计算表 表 3-6-17

| 管段编号 | 卫生器具数量 | | 当量总数 N_P | 设计秒流量 q_u (L/s) | 管径 DN（mm） | | | 备 注 |
	浴盆 $N_P=3.0$	洗脸盆 $N_P=0.75$			普通伸顶通气	有专用通气立管	特制配件单立管	
$1'\sim2'$	2	2	7.5	1.82	75	75	100	
$2'\sim3'$	4	4	15.5	2.16				
$3'\sim4'$	6	6	22.5	2.42				
$4'\sim5'$	8	8	30.0	2.64	100			
$5'\sim6'$	10	10	37.5	2.84				
$6'\sim7'$	12	12	45.0	3.01				
$7'\sim8'$	14	14	52.5	3.17				
$8'\sim9'$	16	16	60.0	3.32				
$9'\sim d$	18	18	67.5	3.46				

（3）排水横干管及排出管计算

计算各管段设计秒流量，选用标准坡度，计算结果见表 3-6-18。

横干管及排出管水力计算表 表 3-6-18

| 管段编号 | 卫生器具数量 | | | 当量总数 N_P | 设计秒流量 q_u (L/s) | 管径 DN (mm) | 坡度 i | 备 注 |
	坐便器 $N_P=6$	浴盆 $N_P=3$	洗脸盆 $N_P=0.75$					
$A\sim B$	18			108	5.12	125	0.015	
$B\sim C$	36	—	—	216	6.41	150	0.010	
$C\sim D$	54	—	—	324	7.40	150	0.010	
$D\sim E$	72	—	—	432	8.24	150	0.010	
$a\sim b$	—	18	18	67.5	3.46	100	0.020	
$b\sim c$	—	36	36	135	4.49	125	0.015	
$c\sim d$	—	54	54	202.5	5.27	125	0.015	
$d\sim e$	—	72	72	270	5.93	125	0.015	

（4）专用通气立管计算

专用通气立管与生活污水和生活废水两根立管连接，生活污水立管管径为 100mm，查表 3-6-15，通气立管管径为 75mm，与生活废水立管管径相同，符合要求，所以通气立管管径取 75mm。

（5）汇合通气管及总伸顶通气管计算

HI 段通气横支管与通气立管相同，取 75mm，FH 段管径不变，按下式计算：

$$DN \geqslant \sqrt{75^2 + 0.25 \times 75^2} = 83.85\text{mm}$$

取 FH 段通气管径为 100mm。

总伸顶通气管管径为

$$DN \geqslant \sqrt{75^2 + 0.25 \times 3 \times 75^2} = 99.2\text{mm}$$

取总伸顶通气管管径为 125mm。

（6）结合通气管

结合通气管每隔 2 层连接排水立管和通气立管，结合通气立管管径为 75mm。

3.6.6 空调凝结水管路系统的设计

各种空调设备（例如风机盘管机组、柜式空调器、新风机组、组合式空调箱等）在运行过程中产生的凝结水，必须及时排走。凝结水管路内的流动往往也属于液气两相流。较之建筑排水管网，凝结水管网内的流动稳定性要好得多，气压波动很小。但随着充满率 α 值的增大，立管中的水流状态也会由附壁螺旋流发展为水膜流、水塞流。为了使低层空调设备顺畅地排放凝结水，应避免立管出现水塞流。管路系统设计应注意以下各要点：

（1）风机盘管凝结水盘的泄水支管坡度，不宜小于 0.01。其他水平支干管，沿水流方向，应保持不小于 0.002 的坡度，且不允许有积水部位。如受条件限制，无坡度敷设时，管内流速不得小于 0.25m/s。

（2）当凝结水盘位于机组内的负压区段时，凝水盘的出水口处必须设置水封，水封的高度应比凝水盘处的负压（相当于水柱高度）大 50% 左右。水封的出口应与大气相通。

（3）凝结水管道宜采用聚氯乙烯塑料管或镀锌钢管，不宜采用焊接钢管。

采用聚氯乙烯塑料管时，一般可以不加防二次结露的保温层；采用镀锌钢管时，应设置保温层。

（4）凝结水立管的顶部，应设计通向大气的透气管。

（5）设计和布置凝结水管路时，必须认真考虑定期冲洗的可能性。

（6）凝结水管的立管管径，应根据通过凝结水的流量，按水膜流计算确定。也可参照表 3-6-14 确定。

一般空调环境，每 1kW 的冷负荷每小时产生约 0.4～0.8kg 的冷凝水，此范围内的凝结水管径可以根据机组的冷负荷 Q（kW）按《民用建筑供暖通风与空气调节设计规范》条文说明中表 10 估算。

3.6.7 室内低压蒸汽供暖系统管路的水力计算方法

在低压蒸汽供暖系统中，靠锅炉出口蒸汽本身的压力为资用压力。

蒸汽沿管道内的单位长度摩擦阻力（比摩阻），同样可利用达西·维斯巴赫公式进行计算。即

$$R_{\mathrm{m}} = \frac{\lambda}{d} \cdot \frac{\rho v^2}{2} \quad (\mathrm{Pa/m}) \qquad (3\text{-}6\text{-}39)$$

在利用上式为基础进行水力计算时，虽然蒸汽的流量因沿途凝结而不断减少，蒸汽的密度也因蒸汽压力沿管路降低而变小，但这些变化一般并不大，在计算低压蒸汽管路时可以忽略，即认为每个管段内的流量和整个系统的密度 ρ 是不变的。在低压蒸汽供暖管路中，蒸汽的流动状态多处于紊流过渡区，其摩擦系数 λ 值可按式（3-6-19）和式（3-6-20）计算。室内低压蒸汽供暖系统管壁的粗糙度 $K=0.2$mm。

低压蒸汽供暖管路的局部阻力的确定方法与热水管路相同，各构件的局部阻力系数 ξ 值也相同。

在进行低压蒸汽供暖系统管路的水力计算时，同样先从最不利的管路开始。进行最不利管路的水力计算时，通常采用压损平均法。

在已知锅炉或室内入口处蒸汽压力的条件下，平均比摩阻 R_m

$$R_m = \frac{\alpha(P_g - P_0)}{\sum l} \quad (\text{Pa/m}) \tag{3-6-40}$$

式中　α——沿程阻力占总阻力的百分数，取 $\alpha = 60\%$；

　　　P_g——锅炉出口或室内用户入口的蒸汽表压力，Pa；

　　　P_0——散热器入口处的蒸汽剩余压力，一般情况下，取 $P_0 = 2000\text{Pa}$；

　　　$\sum l$——最不利管路管段的总长度，m。

当锅炉出口或室内用户入口处蒸汽压力高时，得出的平均比摩阻 R_m 值会较大，建议控制比压降值按不超过 100Pa/m 设计。

最不利管路各管段的水力计算完成后，即可进行其他立管的水力计算。可仍按压损平均法来选择其他立管的管径，但管内流速不得超过下列最大允许流速：

当汽、水同向流动时　30m/s；

当汽、水逆向流动时　20m/s。

规定最大允许流速主要是为了避免水击和噪声，便于排除蒸汽管路中的凝水。因此，对汽水逆向流动时，蒸汽在管道中的流速限制得低一些，在实际工程设计中，常采用比上述数值更低一些的流速，使运行更可靠些。

低压蒸汽供暖系统，在排气管前的管路为干凝水管路，属非满管流状态。目前，确定干凝水管路管径的理论计算方法，是以靠坡度无压流动的水力学计算公式为依据，并根据实践经验，制订出不同管径下所能担负的输热能力（亦即其在 0.005 坡度下的通过凝水量）。

排气管后面的凝水管路，可以全部充满凝水，称为湿凝水管，其流动状态为满管流。在相同热负荷条件下，湿式凝水管选用的管径比干式的小。

可用供热设计手册中的管径选择表确定低压蒸汽供暖系统干凝水管路和湿凝水管路的管径。

3.6.8　室内高压蒸汽供暖系统管路的水力计算方法

室内高压蒸汽供暖管路的水力计算原理与低压蒸汽完全相同。

在计算管路的摩擦压力损失时，由于室内系统作用半径不大，仍可将整个系统的蒸汽密度作为常数代入达西·维斯巴赫公式进行计算。沿途凝水使蒸汽流量减小的因素也可忽略不计。管内蒸汽流动状态属紊流过渡区及阻力平方区。管壁的绝对粗糙度 K 值，在设计中仍采用 0.2mm。为了计算方便，一些供暖通风设计手册都有不同蒸汽压力下的蒸汽管径计算表。在进行室内高压蒸汽管路的局部压力损失计算时，习惯将局部阻力换算为当量长度进行计算。

室内蒸汽供暖管路的水力计算任务同样是选择管径和计算其压力损失，通常采用压损平均法或假定流速法进行计算。计算从最不利环路开始。

（1）压损平均法

当蒸汽系统的起始压力已知时，最不利管路的压力损失为该管路到最远用热设备处各管段的压力损失的总和。为使疏水器能正常工作和留有必要的剩余压力使凝水排入凝水管网，最远用热设备处还应有较高的蒸汽压力。因此在工程设计中，最不利管路的总压力损失不宜超过起始压力的 1/4。平均比摩阻可按下式确定：

$$R_{\mathrm{m}} = \frac{0.25\alpha P}{\sum l} \quad (\mathrm{Pa/m}) \tag{3-6-41}$$

式中　α——摩擦压力损失占总压力损失的百分数，高压蒸汽系统一般为 0.8；

P——蒸汽供暖系统的起始表压力，Pa；

$\sum l$——最不利管路的总长度，m。

（2）假定流速法

室内高压蒸汽供暖系统的起始压力一般较高，蒸汽管路可以采用较高的流速，仍能保证在用热设备处有足够的剩余压力。高压蒸汽供暖系统的最大允许流速不应大于下列数值：

汽、水同向流动时　　80m/s；

汽、水逆向流动时　　60m/s。

在工程设计中，常取常用的流速来确定管径并计算其压力损失。为了使系统节点压力不要相差很大，保证系统正常运行，最不利管路的推荐流速值要比最大允许流速低得多。

通常推荐采用 $v = 15 \sim 40 \mathrm{m/s}$（小管径取低值）。

在确定其他支路的立管管径时，可采用较高的流速，但不得超过规定的最大允许流速。

（3）限制平均比摩阻法

由于蒸汽干管压降过大，末端散热器有充水不热的可能，因而国外有些资料推荐，高压蒸汽供暖干管的总压降不应超过凝水干管总压降的 $1.2 \sim 1.5$ 倍。选用管径较粗，但工作正常可靠。

室外高压蒸汽供暖系统的疏水器，大多连接在凝水支干管的末端。从用热设备到疏水器入口的管段，同样属于干式凝水管，为非满管流。此类凝水管的管径，可按设计手册中的"干式和湿式自流凝结水管管径选择表"的数值选用。只要保证此凝水支干管路的向下坡度 $i \geqslant 0.005$ 和足够的凝水管管径，即使远近立管散热器的蒸汽压力不平衡，但由于干凝水管上部截面有空气与蒸汽的连通作用和系统本身流量的一定自调节性能，不会严重影响凝水的重力流动。也有建议采用同程式凝水管路的布置方法（如热水供暖系统同程式布置那样）来处理远近立管散热器的蒸汽压力不平衡问题，但这种方法不一定优于上述保证充分坡度的方法。

3.6.9　室外蒸汽管网的水力计算

在计算蒸汽管道的沿程压力损失时，流量 G_{t}、管径 d 与比摩阻 R_{m} 三者的关系式，与热水管路水力计算的基本公式完全相同，即

$$R_{\mathrm{m}} = 6.88 \times 10^{-3} K^{0.25} \frac{G_{\mathrm{t}}^2}{\rho_{\mathrm{sh}} d^{5.25}} \quad (\mathrm{Pa/m}) \tag{3-6-42}$$

$$d = 0.387 \times \frac{K^{0.0476} G_{\mathrm{t}}^{0.381}}{(\rho_{\mathrm{sh}} R_{\mathrm{m}})^{0.19}} \quad (\mathrm{m}) \tag{3-6-43}$$

$$G_{\mathrm{t}} = 12.06 \times \frac{(\rho_{\mathrm{sh}} R_{\mathrm{m}})^{0.5} \cdot d^{2.625}}{K^{0.125}} \quad (\mathrm{t/h}) \tag{3-6-44}$$

式中　R_{m}——每米管长的沿程压力损失（比摩阻），Pa/m；

G_t——管段的蒸汽质量流量，t/h；

d——管道的内径，m；

K——蒸汽管道的当量绝对粗糙度，m，取 $K=0.2\text{mm}=2\times10^{-4}\text{m}$；

ρ_{sh}——管段中蒸汽的密度，kg/m³。

在设计中为了简化蒸汽管道水力计算过程，通常也是利用计算图或表格进行计算。由于室外蒸汽网路长，蒸汽在管道流动过程中的密度变化大，用水力计算表时，必须对密度进行修正。

如计算管段的蒸汽密度 ρ_{sh} 与计算采用的水力计算表中的密度 ρ_{bi} 不相同，则应按下式对表中查出的流速和比摩阻进行修正。

$$v_{sh} = \left(\frac{\rho_{bi}}{\rho_{sh}}\right) \cdot v_{bi} \quad (\text{m/s}) \tag{3-6-45}$$

$$R_{sh} = \left(\frac{\rho_{bi}}{\rho_{sh}}\right) \cdot R_{bi} \quad (\text{Pa/m}) \tag{3-6-46}$$

式中 v_{bi}、R_{bi}——表中查出的流速、比摩阻；

v_{sh}、R_{sh}——计算管段的流速、比摩阻。

当蒸汽管道的当量绝对粗糙度 K_{sh} 与计算采用的蒸汽水力计算表的 $K_{bi}=0.2\text{mm}$ 不符时，同样应进行修正。

$$R_{sh} = \left(\frac{K_{sh}}{K_{bi}}\right)^{0.25} \cdot R_{bi} \tag{3-6-47}$$

蒸汽管道的局部阻力系数，通常用当量长度表示，即

$$l_d = \sum \xi \frac{d}{\lambda} = 9.1 \frac{d^{1.25}}{K^{0.25}} \sum \xi \quad (\text{m}) \tag{3-6-48}$$

室外蒸汽管道的局部阻力当量长度 l_d 值，可查热水网路局部阻力当量长度表。但因 K 值不同，需按下式进行修正。

$$l_{sh,d} = \left(\frac{K_{bi}}{K_{sh}}\right)^{0.25} \cdot l_{bi,d} \quad (\text{m}) \tag{3-6-49}$$

当采用当量长度法进行水力计算时，蒸汽网路中计算管段的总压降为

$$\Delta P = R_{sh}(l+l_d) = R_{sh}l_{zh} \quad (\text{Pa}) \tag{3-6-50}$$

式中 l_{zh}——管段的折算长度，m。

水力计算具体方法与步骤与室外热水管网基本相同。

3.6.10 凝结水管网的水力计算方法

以一个包括各种流动状况的凝结水回收系统为例，如图 3-6-5 所示，分析各种凝水管道的水力计算方法。

（1）管段 AB

由用热设备出口至疏水器入口的管段。凝水流动状态属非满管流。疏水器的布置应低于用热设备，凝水向下沿 $i \geqslant 0.005$ 的坡度流向疏水器。

根据凝水管段所担负的热负荷，确定这种干凝水管的管径。

（2）管段 BC

从疏水器出口到二次蒸发箱（或高位水箱）或凝水箱入口的管段。凝水在该管道流

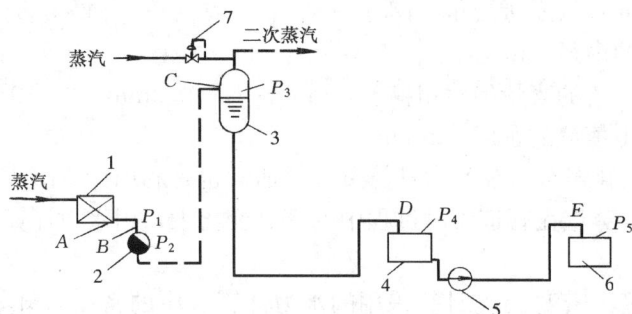

图 3-6-5　包括各种流动状况的凝结水回收系统示意图

1—用汽设备；2—疏水器；3—二次蒸发箱；4—凝水箱；

5—凝水泵；6—总凝水箱；7—压力调节器

动，由于通过疏水器时不可避免形成的二次蒸汽和疏水器漏汽，该管段凝水流动属汽液两相流的流动状况。

蒸汽与凝水在管内形成的两相流动有乳状混合、汽水分层或水膜等多种形态，主要取决于凝水和蒸汽的流动速度和流量的比例以及工作条件等因素。当流速高和凝水突然降压全面汽化时，会出现乳状混合物状态。目前，在凝结水回收系统的水力计算中，认为这种余压回水方式的流态属于乳状混合物的两相流，按蒸汽和凝水呈乳状混合物充满管道截面流动计算，其乳状混合物的密度可用下式求得：

$$\rho_r = \frac{1}{v_r} = \frac{1}{x(v_q - v_s) + v_s} \tag{3-6-51}$$

式中　ρ_r——汽水乳状混合物的密度，kg/m^3；

v_r——汽水乳状混合物的比容，m^3/kg；

v_s——凝水比容，可近似取 $v_s = 0.001 m^3/kg$；

v_q——在凝水管段末端或凝水箱（或二次蒸发箱）压力下的饱和蒸汽比容，m^3/kg；

x——1kg 汽水混合物中所含蒸汽的质量百分数：

$$x = x_1 + x_2 \quad (kg/kg)$$

x_1——疏水器的漏汽率（百分数）；根据疏水器类型、产品质量、工作条件和管理水平而异，一般采用 0.01～0.03；

x_2——凝水通过疏水器阀孔及凝水管道后，由于压力下降而产生的二次蒸汽量（百分数）；根据热平衡原理，x_2 可按下式计算：

$$x_2 = (q_1 - q_3)/r_3 \tag{3-6-52}$$

q_1——疏水器前 P_1 压力下饱和凝水的焓，kJ/kg；

q_3——在凝水管段末端，或凝水箱（或二次蒸发箱）P_3 压力下的饱和凝水的焓，kJ/kg；

r_3——在凝水管段末端，或凝水箱（或二次蒸发箱）P_3 压力下蒸汽的汽化潜热，kJ/kg。

以上计算是假定二次汽化集中在管道末端。实际上，二次汽是在疏水器处和沿管道压力不断下降而逐渐产生的，管壁散热又会减少一些二次汽的生成量。以管道末端汽水混合

物密度 ρ_r 作为余压凝水系统计算管道的凝水密度，亦即以最小的密度值作为管段的计算依据，水力计算选出的管径有一定的富裕度。

按式（3-6-52），在不同的 P_1 和 P_3 下，可计算出不同的 x_2 值。在不同的凝水管末端压力 P_3 和 r_3 下，按式（3-6-51）计算得出汽水乳状混合物的密度 ρ_r 值。

在进行余压凝水系统管道水力计算时，由于凝水管道的汽水混合物密度 ρ_r，不可能刚好与采用的水力计算表中所规定的介质密度 ρ_{bi} 和管壁的绝对粗糙度 K_{bi} 相同，因此，查表得出的比摩阻 R_{bi} 和流速 v_{bi} 应予以修正。

凝水管道的管壁当量绝对粗糙度，对闭式凝水系统，取 $K=0.5mm$；对开式凝水系统，采用 $K=1.0mm$。

对室内蒸汽供热系统的余压凝水管段（如通向二次蒸发箱的管段 BC，见图 3-6-5），常可采用余压凝水管道水力计算表进行计算或作必要修正。

对余压凝水管网（如从用户系统的疏水器到热源或凝水分站的凝结水箱的管道），常可采用室外热水管道的水力计算表，或按理论计算公式进行计算。但要注意当基本计算条件不同时，要进行修正。

管网的局部阻力损失，对余压凝水管道，由于比摩阻计算的精确性就不很高，通常多采用局部阻力所占的份额估算。对室内余压凝水管道可按局部阻力约占总阻力的 20% 计算。对室外凝水管网，可查对应的局部阻力与沿程阻力比值估算表。

余压凝水管的资用压力 ΔP，应按下式计算

$$\Delta P = (P_2 - P_3) - h\rho_n g \quad (Pa) \tag{3-6-53}$$

式中　P_2——凝水管道始端表压力，或疏水器出口表压力，Pa；

　　　P_3——凝水管末端表压力，即凝水箱或二次蒸发箱内的表压力，Pa；

　　　h——疏水器后凝水提升高度，m；其高度不宜大于 5m；

　　　ρ_n——凝水管的凝水密度，从安全角度出发，考虑重新开始运行时管路充满凝结水，取 $\rho_n = 1000kg/m^3$。

为了安全运行，凝水管末端的表压力 P_3，应取凝水箱或二次蒸发箱内可能出现的最高值。对开式凝结水回收系统，表压力 $P_3 = 0$。

（3）管段 CD

从二次蒸发箱（或高位水箱）出口到凝水箱的管段。管中流动的凝水是 P_3 压力的饱和凝水。如管中压降过大，凝水仍有可能汽化。

管段 CD 中，凝水靠二次蒸发箱与凝水箱中的压力差及其水面标高差的总势能而作满管流动。

设计时，应考虑最不利工况。该管段的资用压力，对二次蒸发箱的表压力 P_3 按高位开口水箱考虑，即其表压力 $P_3 = 0$，而凝水箱的压力 P_3，应采用箱内可能出现的最高值。其资用压头按下式计算

$$\Delta P = \rho_n g h - P_4 \quad (Pa) \tag{3-6-54}$$

式中　h——二次蒸发箱（或高位水箱）中水面与凝水箱回形管顶的标高差，m；

　　　P_4——凝结水箱中的表压力，Pa；对开式凝水箱，表压力 $P_4 = 0$，对闭式水箱，为安全水封限制的表压力；

ΔP——最大凝水量通过管段 CD 的压力损失，Pa；

ρ_n——管段 CD 中的凝水密度，对不再汽化的过冷凝水，取 $\rho_n = 1000kg/m^3$。

在对闭式满管流凝结水回收系统进行水力计算选择管径时，可按室外热水网路水力计算表进行计算。当采用管壁的当量绝对粗糙度 K 值不同时，应注意修正。

（4）管段 DE

利用凝水泵输送凝水的管段。管中流过纯凝水，为满管流动状态。

当有多个用户或凝水分站的凝水泵并联向管网输送凝水时，凝水管网的水力计算和水泵选择的步骤和方法如下：

1）以进入用户或凝水分站的凝水箱的最大回水量作为计算流量，并根据常用的流速范围（1.0～2.0m/s），确定各管段的管径。摩擦阻力计算可利用热水网路水力计算表，但注意对开式凝结水回收系统，应对管壁绝对粗糙度 K 值予以修正。局部阻力通常折算为当量长度计算。

2）求出各个凝水泵所需的扬程 H_B，按下式计算：

$$H_B = 10^{-4} \Delta P + h \quad (\text{mH}_2\text{O}) \tag{3-6-55}$$

式中　H_B——凝水泵的扬程，mH_2O；

ΔP——自凝水泵至总凝水箱之间凝水管路的压力损失，Pa；

h——总凝水箱回形管顶与凝水泵分站凝水箱最低水面的标高差，m；当凝水泵分站比总凝水箱的回形管高时，h 为负值。

在工程设计中，凝结水泵的选用扬程，按上式计算后，还应留有 30～50kPa 的富裕压力。

如选择凝水泵型号后，水泵扬程大于需要值，则要调节去除多余压力，以免影响其他并联水泵的正常工作。

上述凝水管网的水力计算方法，都很不完善，仍有不少问题有待进一步研讨。

3.6.11　气固两相流管网水力计算

在计算两相流的阻力时，把两相流和单相流的运动形式看作是相同的，物料流被认为是一种特殊的流体，可以利用单相流体的阻力公式进行计算。因此，两相流的阻力可以看作是单相流体的阻力与物料颗粒引起的附加阻力之和。下面介绍根据这个原则确定的计算方法。

（1）喉管或吸嘴的阻力

喉管或吸嘴是气固两相流管网的入口，空气和物料由此进入管网。喉管或吸嘴的阻力由下式计算：

$$\Delta P_1 = (C + \mu_1) \frac{v^2 \rho}{2} \quad (\text{Pa}) \tag{3-6-56}$$

式中　μ_1——料气比，kg/kg；

v——输送风速，m/s；

ρ——空气的密度，kg/m^3；

C——与喉管或吸嘴构造有关的系数，通过试验求得，可采用下列数据：

水平型喉管　$C=1.1\sim1.2$；

L形喉管　$C=1.2\sim1.5$；

各种吸嘴　$C=3.0\sim5.0$。

（2）物料的加速阻力

空气和物料由喉管或吸嘴进入管网后，从初速为零分别加速到最大速度 v 和 v_1。则 G_1（kg/s）的物料和 G（kg/s）的空气所获得的动能为：

$$\frac{1}{2}G_1v_1^2 + \frac{1}{2}Gv^2 = \frac{1}{2}\mu_1 Gv^2\left(\frac{v_1}{v}\right)^2 + \frac{1}{2}Gv^2$$

$$= \left[1 + \mu_1\left(\frac{v_1}{v}\right)^2\right]\frac{1}{2}Gv^2 = \left[1 + \mu_1\left(\frac{v_1}{v}\right)^2\right]\frac{1}{2}L\rho v^2$$

这些能量是由 L（m³）的空气供给的，因此加速阻力：

$$\Delta P_2 = \left[1 + \mu_1\left(\frac{v_1}{v}\right)^2\right]\frac{v^2\rho}{2}\quad\text{（Pa）}$$

令 $\left(\dfrac{v_1}{v}\right)^2 = \beta$ 则：

$$\Delta P_2 = (1 + \mu_1\beta)\frac{v^2\rho}{2}\quad\text{（Pa）}\tag{3-6-57}$$

（3）物料的悬浮阻力

为了使管内的物料处于悬浮状态所消耗的能量称为悬浮阻力。悬浮阻力只在水平管和倾斜管中计算。

如果系统的输料量为 G_1（kg/s），物料的运动速度为 v_1（m/s），在长度为 l（m）的管内所有物料的质量为 $\dfrac{G_1}{v_1}\cdot l$。为了克服物料的重力，使其在管内悬浮所消耗的能量为 $\dfrac{G_1}{v_1}glv_f$。这些能量是由体积为 L（m³/s）的空气供给的，因此水平管内的悬浮阻力

$$\Delta P'_3 = \frac{G_1glv_f}{v_1 L} = \frac{G_1glv_f}{v_1 G/\rho} = \mu_1\rho gl\frac{v_f}{v_1}\quad\text{（Pa）}\tag{3-6-58}$$

对于与水平面呈夹角 α 的倾斜管，悬浮阻力

$$\Delta P''_3 = \mu_1\rho gl\frac{v_f}{v_1}\cos\alpha\quad\text{（Pa）}\tag{3-6-59}$$

（4）物料的提升阻力

在垂直管和倾斜管内，把物料提升一定高度所消耗的能量称为提升阻力。如果物料的提升高度为 h（m），对物料所作的功为 $G_1\cdot g\cdot h$，因此提升阻力

$$\Delta P_4 = \frac{G_1gh}{L} = \frac{G_1gh}{G/\rho} = \mu_1\rho gh\quad\text{（Pa）}\tag{3-6-60}$$

若物料从高处落下，则 ΔP_4 为负值。

（5）管道的摩擦阻力

管道的摩擦阻力包括气流的阻力和物料颗粒引起的附加阻力两部分。

气流的阻力

$$\Delta P_m = \lambda\frac{l}{D}\cdot\frac{v^2\rho}{2}\quad\text{（Pa）}$$

物料颗粒引起的附加阻力

$$\Delta P_{\mathrm{m1}} = \lambda_1 \frac{l}{D} \cdot \frac{v_1^2 \rho_1'}{2} \quad (\mathrm{Pa})$$

式中　λ_1——颗粒群的摩擦阻力系数；

　　　D——管道直径，m；

　　　l——管道长度，m；

　　　ρ_1'——悬浮状颗粒群的堆积密度，$\mathrm{kg/m^3}$。

$$\rho_1' = \frac{G_1}{f \cdot v_1}$$

式中　f——管道的断面积，$\mathrm{m^2}$。

$$\rho_1' = \frac{G_1}{f v_1} = \frac{\mu_1 G}{f v_1} = \frac{\mu_1 L \cdot v \cdot \rho}{f v_1} = \frac{\mu_1 \cdot v \cdot f \cdot \rho}{f v_1} = \mu_1 \rho \left(\frac{v}{v_1} \right)$$

管道摩擦阻力：

$$\begin{aligned}
\Delta P_5 &= \Delta P_{\mathrm{m}} + \Delta P_{\mathrm{m1}} \\
&= \lambda \frac{l}{D} \cdot \frac{v^2}{2} \rho + \lambda \frac{l}{D} \cdot \frac{v_1^2}{2} \mu_1 \rho \left(\frac{v}{v_1} \right) \\
&= \left[1 + \frac{\lambda_1}{\lambda} \left(\frac{v_1}{v} \right) \mu_1 \right] \lambda \frac{l}{D} \cdot \frac{v^2}{2} \rho
\end{aligned}$$

令　$\dfrac{\lambda_1}{\lambda} \left(\dfrac{v_1}{v} \right) = K_1$　则

$$\Delta P_5 = (1 + K_1 \mu_1) R_{\mathrm{m}} l \quad (\mathrm{Pa}) \tag{3-6-61}$$

式中　K_1——与物料性质有关的系数，可参考表 3-6-19 的经验数据。

（6）弯管阻力

$$\Delta P_6 = (1 + K_0 \mu_1) \xi \frac{\rho v^2}{2} \quad (\mathrm{Pa}) \tag{3-6-62}$$

式中　ξ——弯管的局部阻力系数，可查有关资料；

　　　K_0——与弯管布置形式有关的系数，见表 3-6-20。

摩擦阻力附加系数 K_1 值　　　　表 3-6-19

物料种类	输送风速 (m/s)	料气比 μ_1	K_1
细粒状物料	25～35	3～5	0.5～1.0
粒状物料 (低压吸送)	16～25	3～8	0.5～0.7
(高真空吸送)	20～30	15～25	0.3～0.5
粉状物料	16～32	1～4	0.5～1.5
纤维状物料	15～18	0.1～0.6	1.0～2.0

弯管局部阻力附加系数 K_0 值　表 3-6-20

弯管布置形式	K_0
垂直（向下）弯向水平（90°）	1.0
垂直（向上）弯向水平（90°）	1.6
水平弯向水平（90°）	1.5
水平弯向垂直（向上 90°）	2.2

（7）分离器阻力

$$\Delta P_7 = (1 + K \mu_1) \xi \frac{v^2 \rho}{2} \quad (\mathrm{Pa}) \tag{3-6-63}$$

式中　v——分离器入口风速，m/s；

　　　　ξ——分离器的局部阻力系数，因分离器的形
　　　　　　式而异，可查阅有关资料；

　　　　K——局部阻力附加系数，与分离器入口风速
　　　　　　有关，如图 3-6-6 所示。

（8）其他部件的阻力

其他部件如变径管等的阻力可按式（3-6-63）计
算。式中 ξ 为各部件的局部阻力系数，K 值用计算
风速由图 3-6-6 查得。

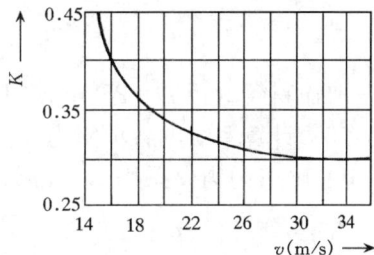

图 3-6-6　局部阻力附加系数 K 值

【例 3-6】　某厂铸造车间决定采用低压吸送式气力送砂，其系统如图 3-6-7 所示。要
求输料量（新砂）$G_1 = 11000\text{kg/h}$（3.05kg/s）。已知物料密度 $\rho_1 = 2650\ \text{kg/m}^3$，输料管
倾角 70°，车间内空气温度 20℃。试确定该系统的管径、设备规格和阻力。

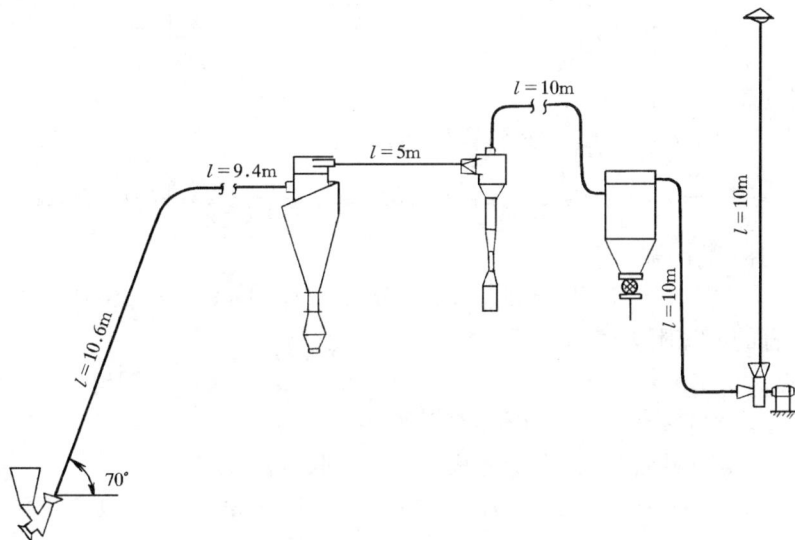

图 3-6-7　低压吸送式气力送砂系统图

【解】　（1）确定料气比和输送风速

根据同类工厂的实践经验，选用料气比 $\mu_1 = 2$。

对于新砂，参考表 3-3-4，选用输送风速 $v = 25\text{m/s}$。

（2）计算输送风量和输料管直径

输送风量

$$G = \frac{G_1}{\mu_1} = \frac{11000}{2} = 5500\text{kg/h}(1.528\text{kg/s})$$

$$L = \frac{G}{\rho} = \frac{5500}{1.2} = 4583\text{m}^3/\text{h}(1.27\text{m}^3/\text{s})$$

20℃时空气密度 $\rho = 1.2\text{kg/m}^3$。

输料管直径

$$D=\sqrt{\frac{4L}{\pi v}}=\sqrt{\frac{4\times1.27}{3.14\times25}}=0.255\mathrm{m}$$

取输料管直径 $D=250\mathrm{mm}$，风速改变很小，仍以 $25\mathrm{m/s}$ 计算。

（3）计算系统的各项阻力

1）喉管阻力。采用 L 形喉管，取系数 $C=1.2$

$$\Delta P_1=(C+\mu_1)\frac{v^2\rho}{2}=(1.2+2)\times\frac{25^2\times1.2}{2}=1200\mathrm{Pa}$$

2）空气和物料的加速阻力。

物料和气流的速度比为

$$\frac{v_1}{v}=0.9-\frac{7.5}{v}=0.9-\frac{7.5}{25}=0.6$$

$$\beta=\left(\frac{v_1}{v}\right)^2=(0.6)^2=0.36$$

$$\Delta P_2=(1+\beta\mu_1)\frac{v^2\rho}{2}=(1+0.36\times2)\times\frac{25^2\times1.2}{2}=645\mathrm{Pa}$$

3）物料的悬浮阻力。

已知水平管长度 $l_1=9.4\mathrm{m}$，倾斜管长度 $l_2=10.6\mathrm{m}$，由表 3-3-4 查得 $v_\mathrm{f}=6.8\mathrm{m/s}$

$$\Delta P_3=\mu_1\rho g\frac{v_\mathrm{f}}{v_1}(l_1+l_2\cos\alpha)=2\times1.2\times9.81\times\frac{6.8}{25\times0.6}(9.4+10.6\times\cos70°)=138\mathrm{Pa}$$

4）物料的提升阻力。

$$\Delta P_4=\mu_1\rho gh=2\times1.2\times9.81\times10.6\sin70°=235\mathrm{Pa}$$

5）输料管的摩擦阻力。

已知输送风量 $L=4580\mathrm{m^3/h}$（$1.27\mathrm{m^3/s}$），$D=250\mathrm{mm}$，由管道水力计算图表查得 $R_\mathrm{m}=32\mathrm{Pa/m}$。输料管长度 $l=10.6+9.4=20\mathrm{m}$。

输料管摩擦阻力附加系数 K_1 参考表 3-6-19，取 $K_1=0.6$。

$$\Delta P_5=(1+K_1\mu_1)R_\mathrm{m}l=(1+0.6\times2)\times32\times20=1408\mathrm{Pa}$$

6）弯管阻力。

取弯管 $R/D=6$，由局部阻力系数表查得弯管阻力系数 $\xi=0.07$。

当弯管向上弯向水平时，弯管局部阻力附加系数 K_0 参考表 3-6-20，取 $K_0=1.6$。

$$\Delta P_6=(1+K_0\mu_1)\xi\frac{v^2\rho}{2}=(1+1.6\times2)\times0.07\times\frac{25^2\times1.2}{2}=110\mathrm{Pa}$$

7）分离器阻力。

根据处理风量 $4580\mathrm{m^3/h}$（$1.27\mathrm{m^3/s}$），选用 $\phi1400$ 旋风分离器。

旋风分离器入口风速根据其入口直径 $D=300\mathrm{mm}$ 计算：

$$v=\frac{L}{\frac{\pi}{4}D^2}=\frac{1.27}{\frac{\pi}{4}(0.3)^2}=18\mathrm{m/s}$$

取旋风分离器局部阻力系数 $\xi=3.0$，局部阻力附加系数由图 3-6-6 查得 $K=0.37$。

$$\Delta P_7=(1+K\mu_1)\xi\frac{v^2\rho}{2}=(1+0.37\times2)\times3\times\frac{18^2\times1.2}{2}$$
$$=1015\mathrm{Pa}$$

在气力输送系统中，料气流经分离后，其中大部分物料已分离下来，分离器以后的管道和设备，其阻力计算方法与通风除尘系统相同。这部分计算过程本例从略，计算结果如下：

8）旋风分离器后至旋风除尘器的阻力

管内风速取 16m/s，管径取 $D=320mm$，选用 CLP/B 型旋风除尘器。除尘器及管道阻力

$$\Delta P_8 = 945Pa$$

9）旋风除尘器后至布袋除尘器阻力

$$\Delta P_9 = 1052Pa$$

10）布袋除尘器后至排风管出口的阻力

$$\Delta P_{10} = 177Pa$$

11）系统总阻力

$$\Delta P = \Delta P_1 + \Delta P_2 + \Delta P_3 + \cdots + \Delta P_{10}$$
$$= 1200 + 645 + 138 + 235 + 1408 + 110 + 1015 + 945 + 1052 + 177$$
$$= 6925Pa$$

（4）选择风机

风量、风压附加安全系数分别取 1.15 和 1.2，则：

所需风机风量：$L' = 1.15L = 1.15 \times 4580 = 5267m^3/h$（$1.46m^3/s$）

所需风机风压：$\Delta P' = 1.2\Delta P = 1.2 \times 6925 = 8310Pa$（$847mmH_2O$）

按上述风量、风压查阅有关风机样本即可选择风机型号。

3.6.12 气固两相流管网的管道布置

通过上例计算可以看出，气固两相流管网的动力消耗较大。为了降低动力消耗和提高输料能力，减轻磨损，防止阻塞，在管道布置中应注意如下几点：

（1）布置生产工艺时，要为气力输送创造条件，尽量缩小输送距离和提升高度。

（2）管路尽量简单，避免支路岔道。

（3）减少弯管数量，采用较大的曲率半径。

（4）避免管道由水平弯向垂直，如图 3-6-8 中 A、B 两点间的管道最好布置成倾斜管（图中方案"1"所示），以降低阻力，减少局部磨损，防止物料沉积。其次为方案"2"、"3"，方案"4"、"5"应尽量避免。

（5）喉管后的直管长度不小于（15～20）D，使物料顺利加速。

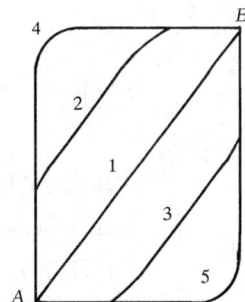

图 3-6-8 A、B 两点间
管道布置方案

气固两相流的有关理论和计算方法还处于发展阶段，因此，管道阻力大多仍采用实验或经验公式计算。气固两相流管网的阻力计算、部件性能的改进以及提高运行的可靠性等问题，都需要进一步研究。

思 考 题 与 习 题

3-1 民用建筑工程中的空调送风管网，在计算时可否忽略位压的作用？为什么？（提

示：估计位压作用的大小，与阻力损失进行比较。）

3-2　习题图 3-1 是某地下工程中设备的放置情况，热表示设备为发热物体，冷表示设备为常温物体。为什么热设备的热量和地下室内污浊气体不能较好地散出地下室？如何改进以利于地下室的散热和污浊气体的消除？

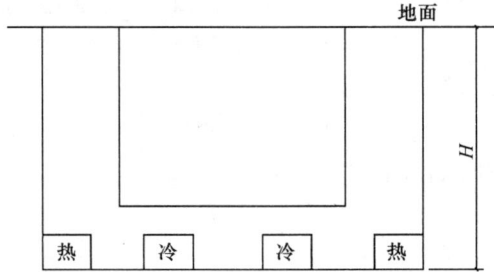

习题图 3-1

3-3　习题图 3-2 中居室内为什么冬季白天感觉较舒适而夜间感觉不舒适？

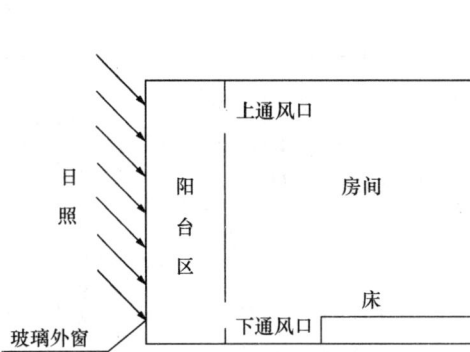

习题图 3-2

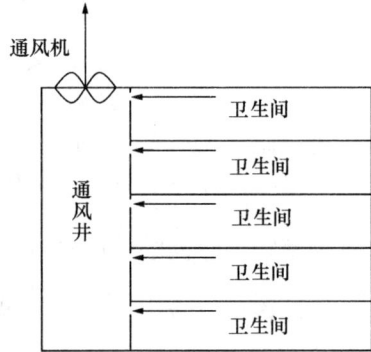

习题图 3-3

3-4　习题图 3-3 是某建筑卫生间通风示意图。试分析冬夏季机械动力和位压作用之间的关系。

3-5　什么是水封？它有什么作用？举出实际管网中应用水封的例子。

3-6　简述建筑排水管网中液气两相流的水力特性。

3-7　提高排水立管通水能力的关键在哪里？有哪些技术措施？

3-8　解释"终限流速"和"终限长度"的含义。

3-9　空调凝结水管内流动与建筑排水管内流动的共性和差别是什么？

3-10　汽液两相流管网的基本水力特性是什么？

3-11　简述保证蒸汽供热管网正常运行的基本技术措施。

3-12　物料的"沉降速度"、"悬浮速度"、"输送风速"这三个概念有何区别与联系？

3-13　简述气固两相流的阻力特征和阻力计算的基本方法。

3-14　气固两相流管网的水平管道内，物料依靠什么力悬浮？竖直管道内呢？

3-15　气力输送管道中，水平管道与竖直管道哪个需要的输送风速大？为什么？

3-16　什么是料气比？料气比的大小对哪些方面有影响？怎样确定料气比？

3-17 流体输配管网水力计算的目的是什么？

3-18 水力计算过程中，为什么要使并联管路阻力平衡？怎样进行？"所有管网的并联管路阻力都应相等"这种说法对吗？

3-19 流体输配管网水力计算大都利用各种图表进行，这些计算图表为什么不能统一？

3-20 比较假定流速法、压损平均法和静压复得法的特点和适用情况。

3-21 开式液体管网与闭式液体管网相比，水力特性和水力计算有哪些相同之处和不同之处？

3-22 分析管内流速取值对管网设计的影响。

3-23 分析式（3-5-1）和式（3-6-60）这两个管道摩阻计算公式的区别和联系，它们各用于计算什么样的管网？

3-24 什么是虚拟管路？如何进行开式管网的虚拟闭合？

3-25 枝状管网的环路动力如何计算？环路中的全压有哪些来源？如何确定枝状管网需由动力机械（水泵、风机等）提供的全压？

3-26 什么是最不利环路？确定最不利环路应考虑那些因素？

3-27 如何确定环路的资用动力？最不利环路资用动力的计算方法与其他环路有何差异？

3-28 如何计算独用管路的资用压力？独用管路的压损平衡和并联管路的阻力平衡有何区别？

3-29 简述枝状管网水力计算通用方法。

3-30 计算习题图 3-4 中各散热器所在环路的作用压力。$t_g = 95℃$，$t_{g1} = 85℃$，$t_{g2} = 80℃$，$t_n = 70℃$。第一层散热器中心距离热源中心高度为 3m。

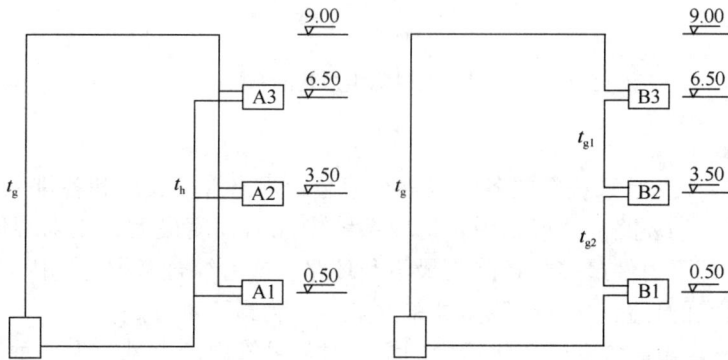

习题图 3-4

第4章 枝状管网水力计算案例与分析

4.1 通风管网水力计算案例

4.1.1 通风除尘管网案例

【案例 4-1】图 4-1-1 所示为通风除尘管网。风管用钢板制作，输送含有轻矿物粉尘的空气，气体温度为常温。除尘器清灰前阻力 $\Delta P_c = 1200\text{Pa}$。通过对该管网的水力计算，确定各管段尺寸，获得管网总阻抗。

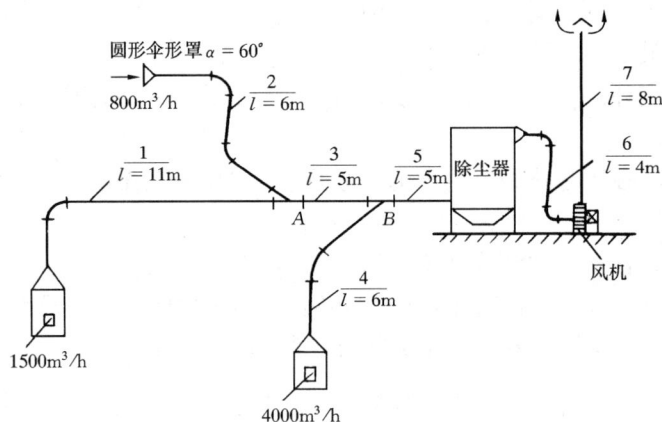

图 4-1-1　通风除尘系统的系统图

【设计计算】

（1）对图 4-1-1 所示系统图的各管段进行编号，标出管段长度和各排风点的排风量。

（2）选定最不利环路。一般来说，选取系统中几何长度最大、或末端流量需求最大、或管路中包含局部阻力件最多的环路为最不利环路，或者综合考虑上述因素。本管网系统选择几何长度最大的环路"1-3-5-除尘器-6-风机-7"为最不利环路。

根据表 3-6-3，输送含有轻矿物粉尘的空气时，风管内最小风速为，垂直风管 12m/s、水平风管 14m/s。

考虑到除尘器及风管漏风，取 5% 的漏风系数，管段 6 及 7 的计算风量为 $6300 \times 1.05 = 6615\text{m}^3/\text{h}$。

（3）根据各管段的风量及选定的流速，确定最不利环路上各管段的断面尺寸和单位长度摩擦阻力。

管段 1

有水平风管，初定流速为 14m/s。根据 $L_1 = 1500\text{m}^3/\text{h}(0.42\text{m}^3/\text{s})$、$v_1 = 14\text{m}/\text{s}$ 所选管径按通风管道统一规格调整为：

$D_1 = 200\text{mm}$，实际流速 $v_1 = 13.4\text{m/s}$，$R_{\text{m1}} = 12.5\text{Pa/m}$

同理可查得管段3、5、6、7的管径及比摩阻，具体结果见表4-1-1。

（4）确定最不利环路并联支路2、4的管道断面尺寸及单位长度摩擦力，见表4-1-1。

（5）从《实用供热空调设计手册》等资料查取各管件的局部阻力系数。末端设备的阻力系数一般由生产厂家的技术样本提供。

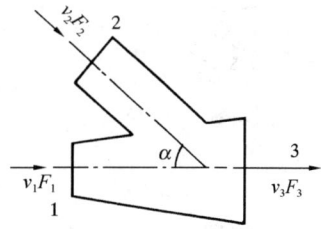

图4-1-2 合流三通

1）管段1

设备密闭罩 $\xi = 1.0$（对应接管动压）

90°弯头（$R/D=1.5$）一个　$\xi = 0.17$

直流三通（1→3）（见图4-1-2）

根据 $F_1 + F_2 \approx F_3$　$\alpha = 30°$

$$\frac{F_2}{F_3} = \left(\frac{140}{240}\right)^2 = 0.340$$

$$\frac{L_2}{L_3} = \frac{800}{2300} = 0.348,\ 查得\ \xi_{13} = 0.20$$

$$\sum \xi = 1.0 + 0.17 + 0.20 = 1.37$$

2）管段2

圆伞形罩　　　　　　　　$\alpha = 60$　$\xi_{13} = 0.09$

90°弯头（$R/D=1.5$）1个　$\xi = 0.17$

60°弯头（$R/D=1.5$）　1个　$\xi = 0.14$

合流三通（2→3）（见图4-1-2）　$\xi_{23} = 0.20$

$$\sum \xi = 0.09 + 0.17 + 0.14 + 0.20 = 0.60$$

管道水力计算表　　　　　　　　　　　　　　　　表4-1-1

管段编号	流量 (m³/h) (m³/s)	长度 l (m)	管径 D (mm)	流速 v (m/s)	动压 P_{d} (Pa)	局部阻力系数 $\sum\xi$	局部阻力 P_1 (Pa)	单位长度摩擦阻力 R_{m} (Pa/m)	摩擦阻力 $R_{\text{m}}L$ (Pa)	管段阻力 $R_{\text{m}}L+P_1$ (Pa)	备注
1	1500 (0.42)	11	200	13.4	107.7	1.37	147.5	12.5	137.5	285	
3	2300 (0.64)	5	240	14.1	119.3	−0.05	−6	12	60	54	
5	6300 (1.75)	5	380	15.4	142.3	0.60	85.4	5.5	27.5	112.9	
6	6615 (1.84)	4	420	13.3	106.1	0.47	49.9	4.5	18	67.9	
7	6615 (1.84)	8	420	13.3	106.1	0.60	63.7	4.5	36	99.7	
2	800 (0.22)	6	140	14.3	122.7	0.60	73.6	18	108	181.6	阻力不平衡
4	4000 (1.11)	6	300	15.7	148	1.41	208.7	14	84	292.7	
2	800 (0.22)		130	16.5	163.3					249.7	
	除尘器									1200	

3）管段3

直流三通（3→5）（见图4-1-3）

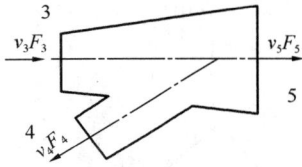

图 4-1-3　合流三通

$$F_3 + F_4 = F_5 \quad \alpha = 30°$$

$$\frac{F_4}{F_5} = \left(\frac{300}{380}\right)^2 = 0.62$$

$$\frac{L_4}{L_5} = \frac{4000}{6300} = 0.634$$

$$\xi_{35} = -0.05$$

$$\sum \xi = -0.05$$

$$P_{j1} = P_{j2}$$

4）管段 4

设备密闭罩　　　　　　　　$\xi = 1.0$

90°弯头（$R/D=1.5$）　　　1 个　　$\xi = 0.17$

合流三通（4→5）（见图 4-1-3）　$\xi_{45} = 0.24$

$$\sum \xi = 1.0 + 0.17 + 0.24 = 1.41$$

5）管段 5

除尘器进口变径管（渐扩管）

除尘器进口尺寸 300mm×800mm，变径管长度 $L = 500mm$，$\tan\alpha = \dfrac{1}{2}\dfrac{(800-380)}{500}$

$= 0.42$

$$\alpha = 22.7°, \ \xi = 0.60, \ \sum \xi = 0.60$$

6）管段 6

除尘器出口变径管（渐缩管）

除尘器出口尺寸 300mm×800mm 变径管长度

$$L = 400mm \quad \tan\alpha = \frac{1}{2}\frac{800-420}{400} = 0.475$$

$$\alpha = 25.4°, \ \xi = 0.10$$

$$90° \ 弯头\left(\frac{R}{D} = 1.5\right) 2 个, \ \xi = 2 \times 0.17 = 0.34$$

风机进口渐扩管

按要求的总风量和估计的管网总阻力先近似选出一台风机，风机进口直径 $D_0 = 500mm$，变径管长度 $L = 300mm$

$$\frac{F_0}{F_6} = \left(\frac{500}{420}\right)^2 = 1.41$$

$$\tan\alpha = \frac{1}{2}\frac{500-420}{300} = 0.13, \ \alpha = 7.6°$$

$$\xi = 0.03$$

$$\sum \xi = 0.1 + 0.34 + 0.03 = 0.47$$

7）管段 7

风机出口渐扩管

风机出口尺寸　　　410mm×315mm　　　$D_7 = 420mm$

$$\frac{F_7}{F_{出}} = \frac{0.138}{0.129} = 1.07 \qquad \xi \approx 0$$

带扩散管的伞形风帽（$h/D_0 = 0.5$）

$$\xi = 0.60, \Sigma\xi = 0.60$$

（6）计算各管段的沿程摩擦阻力和局部阻力。计算结果见表 4-1-1。

（7）对并联管路进行平衡计算

1）汇合点 A

$$\Delta P_1 = 285\text{Pa}, \Delta P_1 = 181.6\text{Pa}, \Delta P_2 = 181.6\text{Pa}$$

$$\frac{\Delta P_1 - \Delta P_2}{\Delta P_1} = \frac{285 - 181.6}{285} = 36.3\% > 10\%$$

为使管段 1、2 达到平衡，改变管段 2 的管径，增大其阻力。根据公式（3-6-12）

$$D_2' = D_2\left(\frac{\Delta P_2}{\Delta P_2'}\right)^{0.225} = 140\left(\frac{181.6}{285}\right)^{0.225} = 126.5\text{mm}$$

根据通风管道统一规格，取 $D_2'' = 130\text{mm}$。其对应的阻力：

$$\Delta P_2'' = 181.6\left(\frac{140}{130}\right)^{\frac{1}{0.225}} = 254.4\text{Pa}$$

$$\frac{\Delta P_1 - \Delta P_2''}{\Delta P_1} = \frac{285 - 254.4}{285} = 12.1\% > 10\%$$

此时仍处于不平衡状态。如继续减小管径，取 $D_2 = 120\text{mm}$，其对应的阻力为 362.9Pa，更加不平衡。因此决定取 $D_2 = 130\text{mm}$，在运行时再辅以阀门调节，消除不平衡。

2）汇合点 B

$$\Delta P_1 + \Delta P_3 = 285 + 54 = 339\text{Pa}$$
$$\Delta P_4 = 292.7\text{Pa}$$

$$\frac{(\Delta P_1 + \Delta P_3) - \Delta P_4}{\Delta P_1 + \Delta P_3} = \frac{339 - 292.7}{339} = 13.7\% > 10\%$$

为使阻力平衡，由式（3-6-12），将管段 4 的管径变成

$$D_4' = 300\left(\frac{292.7}{339}\right)^{0.225} = 290\text{mm}$$

通风管道统一规格中没有 290mm 的管径，但管段 4 本身不长，为平衡阻力可按 $D_4 = 290\text{mm}$ 制作。

$$\Delta P_4' = 292.7\left(\frac{300}{290}\right)^{\frac{1}{0.225}} = 340\text{Pa}$$

此时与管路 1、3 显然处于平衡。

（8）计算系统的总阻力，获得管网总阻抗

$$\Delta P = 285 + 54 + 112.9 + 67.9 + 99.7 + 1200 = 1819.5\text{Pa}$$

$$S = \frac{\Delta P}{L_0^2} = \frac{1819.5}{1.84^2} = 537.4\text{kg/m}^7$$

4.1.2 分析一

水力计算实际上是流体输配管网的管道设计与水力特性分析过程。它的计算结果不只是最后得出的总阻力数据，还包括整个过程中依次确定的所有各段管道的尺寸，调整各并

联支路的水力平衡，求取管网特性曲线。它是管网的动力与调节装置匹配、制作安装与调试运行等工作的基础，对管网的技术经济性能有重要影响。作为一个工程设计过程，它不像数学、流体力学计算那样只有唯一正确的解。对水力计算的评价底线是其各管段尺寸、各并联支路水力平衡和管网特性曲线所构成等结果对于所属工程的合理性；更高的评价是水力计算结果在技术经济社会环境诸方面的综合优越性。

鉴于学习者大多数尚无必要的工程实践，案例工作没有包含对图 4-1-1 所示系统图的各管段进行编号和标注。学习者需要通过实践教学环节，学会合理确定各末端和风机及相关设备的位置，合理布置管线将它们连成系统，绘制类似图 4-1-1 的系统图，统一按顺（逆）流方向进行管段编号并标注出管段长度及各末端的风量。

（1）关于"选定最不利环路"

从本案例图分析，所有各管道的流向都是确定的，适用假定流速法。

该方法的基本步骤是先"确定最不利环路"。选择图 4-1-1 中的"1-3-5-除尘器-6-风机-7"为最不利环路。这一选择是唯一的吗？或是正确的吗？是最佳的吗？可以有其他选择吗？案例的选择不是唯一的，可以有多种，但存在正确与否，合理与否的差别。如果选择"1-3-4"为最不利环路，就是错误的。错误在于沿环路，流动方向发生了变化。而选择"2-3-5-除尘器-6-风机-7"或"4-5-除尘器-6-风机-7"都是正确的。与案例的选择相比，三者何者最佳？这涉及水力计算的目的：确定合理的管道尺寸，获得良好的水力平衡与管网特性曲线，以及使选配的风机在高性能区工作。从上述计算过程可以体会到，对于动力未定的管网，最不利环路的管道尺寸选择具有的自由度比其他支路大。这是由于其他并联支路在确定断面尺寸时，因管路平衡的要求，要受到最不利环路相关管段计算结果的约束，如本例中的管段 2 和 4，在确定管道尺寸时，要分别受到 1 和 1、3 管段计算阻力的约束。反之，如选择"4-5-除尘器-6-风机-7"为最不利环路，则 1，2，3 管段尺寸的确定将会受到更多的约束。

本案例由于除尘器的阻力占系统总阻力的 2/3，最不利环路的不同选择对管网特性曲线的影响不明显，对风机的工作区影响也不明显。在管道阻力是系统阻力的主要组成时，最不利环路的不同选择就可能明显影响到管网特性曲线和风机型号的选择。如果案例是不需除尘功能的一般排风系统，且管路 4 末端不是密闭罩，而是伞形罩。从图 4-1-1 中取掉除尘器和管道 6。最不利环路选"1-3-5-风机-7"或"4-5-风机-7"，就会产生不同的风机型号。在选定"1-3-5-风机-7"为最不利环路的条件下，系统总阻力 $\Delta P = 285 + 54 + 112.9 + 99.7 = 551.6\text{Pa}$，管网特性曲线 $\Delta P = 162.9L^2$，管段 4 由于闭密罩改为伞形罩，局部阻力系数 $\sum \xi = 0.5$，管段阻力降为 $\Delta P' = 84 + 148 \times 0.5 = 158\text{Pa}$，汇合点 B 处阻力不平衡，需缩小管段 4 尺寸，提高风速，或加阀门调节实现平衡。在选定"4-5-风机-7"为最不利环路的条件下，系统总阻力 $\Delta P = 158 + 112.9 + 99.7 = 370.6\text{Pa}$，管网特性曲线 $\Delta P = 109.5L^2$，同时管段 1、3 的尺寸需相应增大，降低流速，从而降低"1-3"段阻力与管段 4 阻力在汇合点 B 平衡。前一最不利环路选择形成的管网需要的风机动力大，运行能耗较后一选择从理论上讲，增加约 50%，但后一选择会增加管材消耗，也可能与安装空间发生冲突，并受最小流速的限制。

（2）关于局部阻力

除弯头、变径、突缩、突扩、分流等局部阻力的形成机理和影响因素比较清楚，实验数据的工程可靠性较好外，管网中那些形状尺寸特异的管件或装置，其阻力的形成机理和影响因素复杂，难以查找到现成数据。对于那些流量敏感性强的特殊管件、特殊风罩应通过实验确定局部阻力系数。

（3）为什么水力计算中，按除尘器清灰前阻力 $\Delta P_0 = 1200\text{Pa}$ 计算

除尘器的功能是去除气流中的粉尘，在运行工程中，随着除下的粉尘在除尘器中的积存，除尘器对气流的阻力是逐渐增大的，当阻力增大到设定值时，除尘器必须清灰才能保持正常运行。清灰后除尘器的阻力下降，经过一段运行时间后，阻力又会上升到设定值，又再次进行清灰。如此循环过程，除尘器的阻力是变化的，清灰前的阻力最大，本案例是1200Pa。取该最大值进行水力计算，所选的风机就能保障在清灰前系统风量不低于设定值（6300 m^3/h）。

各种装设了流体过滤器的系统都有上述特点，都应使用过滤器清灰前的阻力进行水力计算，以保障流体输配的要求。而在运行中，当过滤器的阻力增加到设定的清洗阻力时，就必须清洗，以保障系统运行时输配的流量不小于设计值，流速不低于最小流速。

4.1.3　均匀送风管道设计案例

通风和空调系统的风管有时需要把等量的空气，沿风管侧壁的成排孔口或短管均匀送出。这种均匀送风方式可使送风房间得到均匀的空气分布，而且风管的制作简单、材料节约，因此，均匀送风管道在机场、火车站、运动场馆、会堂、车间、冷库等大空间和气幕装置中有广泛应用。下面介绍一种设计方法。

（1）均匀送风管道的静压复得法设计原理

空气在风管内流动时，其静压垂直作用于管壁。如果在风管的侧壁开孔，由于孔口内外存在静压差，空气会从孔口流出。空气从孔口流出时，它的实际流速和出流方向不只取决于静压产生的流速和方向，还受管内流速的影响，如图4-1-4所示。在管内流速的影响下，孔口出流方向要发生偏斜，实际流速为合成速度，可用下列各式计算有关数值。静压差产生的流速 v_j 为：

$$v_j = \sqrt{\frac{2P_j}{\rho}} \quad (\text{m/s}) \tag{4-1-1}$$

空气在风管内的流速为：

$$v_d = \sqrt{\frac{2P_d}{\rho}} \quad (\text{m/s}) \tag{4-1-2}$$

式中　P_j——风管内空气的静压，Pa；
　　P_d——风管内空气的动压，Pa。
孔口出流方向：
孔口出流与风管轴线间的夹角 α（出流角）为

$$\tan\alpha = \frac{v_j}{v_d} = \sqrt{P_j/P_d} \tag{4-1-3}$$

孔口实际流速：

$$v = \frac{v_j}{\sin\alpha} \tag{4-1-4}$$

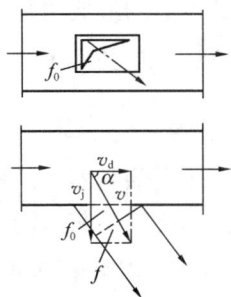

图 4-1-4　侧孔出流
状态图

孔口流出风量：

$$L_0 = 3600\mu \cdot f \cdot v = 3600\mu \cdot f_0 \cdot v_{\rm j} \qquad (4\text{-}1\text{-}5)$$

式中　μ——孔口的流量系数；

　　　f——孔口在气流垂直方向上的投影面积，$\mathrm{m^2}$，由图 4-1-4
可知：

$$f = f_0 \sin\alpha = f_0\frac{v_{\rm j}}{v}$$

　　　f_0——孔口面积，$\mathrm{m^2}$。

式（4-1-5）可改写为：

$$L_0 = 3600\mu \cdot f_0 \cdot \sqrt{2P_{\rm j}/\rho} \qquad (4\text{-}1\text{-}6)$$

空气在孔口面积 f_0 上的平均流速 v_0，按定义和式（4-1-6）得：

$$v_0 = \frac{L_0}{3600 \times f_0} = \mu \cdot v_{\rm j} \qquad \text{(m/s)} \qquad (4\text{-}1\text{-}7)$$

（2）实现均匀送风的基本条件

从公式（4-1-6）可以看出，对侧孔面积 f_0 保持不变的均匀送风管，要使各侧孔的送风量保持相等，必须保证各侧孔的静压 $P_{\rm j}$ 和流量系数 μ 相等；要使出口气流尽量保持垂直，即要求出流角 α 接近 $90°$，这势必要求管道断面接近无限大，显然在工程上是不合理的，通常要求 $\alpha \geqslant 60°$，或在出口加导流装置调正气流。下面分析如何实现上述要求。

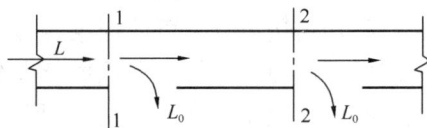

图 4-1-5　各侧孔静压相等的条件

1）保持各侧孔静压相等。在图 4-1-5 所示管道上断面 1、2 的能量方程式：

$$P_{\rm j1} + P_{\rm d1} = P_{\rm j2} + P_{\rm d2} + \Delta P_{1\sim 2} \qquad (4\text{-}1\text{-}8)$$

若

$$P_{\rm d1} - P_{\rm d2} = \Delta P_{1\sim 2}$$

则

$$P_{\rm j1} = P_{\rm j2}$$

这表明，两侧孔间静压保持相等的条件是两侧孔间的动压降等于两侧孔间的阻力。

2）保持各侧孔流量系数相等。流量系数 μ 与孔口形状、出流角 α 及孔口流出风量与孔口前风量之比（即 $L_0/L = \overline{L}_0$，$\overline{L}_0$ 称为孔口的相对流量）有关。

如图 4-1-6 所示，在 $\alpha \geqslant 60°$、$\overline{L}_0 = 0.1 \sim 0.5$ 范围内，对于锐边的孔口可近似认为 $\mu \approx 0.6 \approx$ 常数。

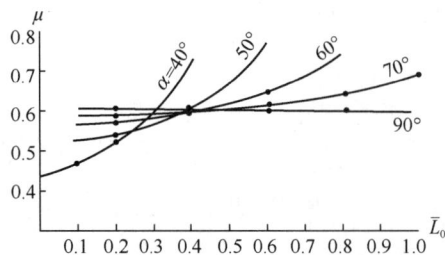

图 4-1-6　锐边孔口的 μ 值

3）增大出流角 α。要保持 $\alpha \geqslant 60°$，必须使

$$P_{\rm j}/P_{\rm d} \geqslant 3.0 \, (v_{\rm j}/v_{\rm d} \geqslant 1.73)$$

为了使空气出流方向垂直管道侧壁，而又不增大管道断面，可在孔口处装置垂直于侧壁的挡板，或把孔口改成短管，调整出流角度 α 接近 $90°$。

（3）侧孔送风时的通路（直通部分）局部阻

力系数和侧孔局部阻力系数（或流量系数）。

通常把侧孔送风的均匀送风管看作是支管长度为零的三通，当空气从侧孔送出时，产生两部分局部阻力，即直通部分的局部阻力和侧孔出流时的局部阻力。

直通部分的局部阻力系数可由表 4-1-2 查出，表中 ξ 值对应侧孔前的管内动压。

空气流过侧孔直通部分的局部阻力系数 表 4-1-2

L_0/L	0	0.1	0.2	0.3	0.4	0.5	0.6	0.7	0.8	0.9	~1
ξ	0.15	0.05	0.02	0.01	0.03	0.07	0.12	0.17	0.23	0.29	0.35

从侧孔或条缝口出流时，孔口的流量系数可近似取 $\mu=0.6\sim0.65$。

（4）均匀送风管道的计算方法

先确定侧孔个数、侧孔间距及每个侧孔的送风量，然后计算出侧孔面积、送风管道直径（或断面尺寸）及管道的阻力。

下面通过案例说明均匀送风管道的设计计算步骤和方法。

【案例 4-2】如图 4-1-7 所示总风量为 8000m³/h 的圆形均匀送风管道，采用 8 个等面积的侧孔送风，孔间距为 1.5m。试确定其孔口面积、各断面直径及总阻力。

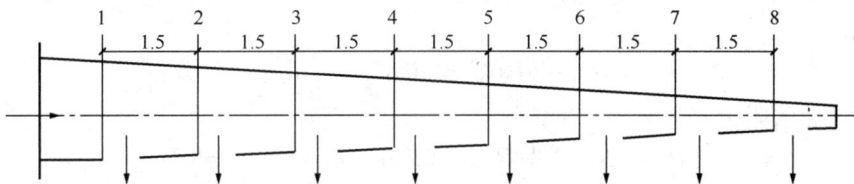

图 4-1-7 均匀送风管道

【设计计算】

（1）根据室内气流组织对送风速度的要求，拟定侧孔的平均出流速度 $v_0=4.5\text{m/s}$，计算侧孔的面积、静压流速和应有的静压。

计算侧孔面积

$$f_0=\frac{L_0}{3600\times v_0}=\frac{8000}{8\times3600\times4.5}=0.062\text{m}^2$$

计算侧孔静压流速

$$v_j=\frac{v_0}{\mu}=\frac{4.5}{0.6}=7.5\text{m/s}$$

计算侧孔应有的静压

$$P_j=\frac{v_j^2\rho}{2}=\frac{7.5^2\times1.2}{2}=33.8\text{Pa}$$

（2）按 $v_j/v_d\geqslant1.73$ 的原则设定 v_{d1}，求出第一侧孔前管道断面 1 处直径 D_1（或断面尺寸）。

设断面 1 处管内空气流速 $v_{d1}=4.0\text{m/s}$，则 $\frac{v_{j1}}{v_{d1}}=\frac{7.5}{4}=1.88>1.73$，出流角 $\alpha=62°$。

断面 1 动压

$$P_{d1}=\frac{4^2\times1.2}{2}=9.6\text{Pa}$$

129

断面 1 直径

$$D_1 = \sqrt{\frac{8000}{3600 \times 4 \times 3.14/4}} = 0.84\text{m}$$

断面 1 全压

$$P_{q1} = 33.8 + 9.6 = 43.4\text{Pa}$$

（3）计算管段 1~2 的阻力 $(R_m l + P_{c1})_{1\sim2}$，再求出断面 2 处的全压。

$$P_{q2} = P_{q1} - (R_m l + P_{c1})_{1\sim2} = P_{d1} + P_j - (R_m l + P_{c1})_{1\sim2}$$

管段 1~2 的摩擦阻力：

已知风量 $L = 7000\text{m}^3/\text{h}$，管径应取断面 1、2 的平均直径，但 D_2 未知，近似以 $D_1 = 840\text{mm}$ 作为平均直径。查图 3-6-1 得 $R_{m1} = 0.17\text{Pa/m}$。

摩擦阻力

$$\Delta P_{m1} = R_{m1} \cdot l_1 = 0.17 \times 1.5 = 0.26\text{Pa}$$

管段 1~2 的局部阻力：

空气流过侧孔直通部分的局部阻力系数由表 4-1-2 查得：

当 $\dfrac{L_0}{L} = \dfrac{1000}{8000} = 0.125$ 时，用插入法得 $\xi = 0.042$。

局部阻力

$$P_{c1} = 0.042 \times 9.6 = 0.40\text{Pa}$$

管段 1~2 的阻力

$$\Delta P_1 = R_{m1} l_1 + P_{c1} = 0.26 + 0.40 = 0.66\text{Pa}$$

断面 2 全压

$$P_{q2} = P_{q1} - (R_{m1} l_1 + P_{c1}) = 43.4 - 0.66 = 42.74\text{Pa}$$

（4）根据 P_{q2} 得到 P_{d2}，从而算出断面 2 处的直径。

管道中各断面的静压相等（均为 P_j），故断面 2 的动压为

$$P_{d2} = P_{q2} - P_j = 42.74 - 33.8 = 8.94\text{Pa}$$

断面 2 流速

$$v_{d2} = \sqrt{\frac{2 \times 8.94}{1.2}} = 3.86\text{m/s}$$

断面 2 直径

$$D_2 = \sqrt{\frac{7000}{3600 \times 3.86 \times 3.14/4}} = 0.80\text{m}$$

（5）计算管段 2~3 的阻力 $(Rl + P_{c2})_{2\sim3}$ 后，可求出断面 3 直径 D_3。

管段 2~3 的摩擦阻力：

以风量 $L = 6000\text{m}^3/\text{h}$、$D_2 = 800\text{mm}$ 查图 3-6-1 得 $R_{m2} = 0.154\text{Pa/m}$。

摩擦阻力

$$\Delta P_{m2} = R_{m2} l_2 = 0.154 \times 1.5 = 0.23\text{Pa}$$

管段 2~3 的局部阻力：

当 $\dfrac{L_0}{L} = \dfrac{1000}{7000} = 0.143$，由表 4-1-2 查得 $\xi = 0.037$。

局部阻力

$$P_{c2} = 0.037 \times 8.94 = 0.33\text{Pa}$$

管段 2~3 的阻力

$$\Delta P_2 = R_{m2}l_2 + P_{c2} = 0.23 + 0.33 = 0.56\text{Pa}$$

断面 3 全压

$$P_{q3} = P_{q2} - (R_{m2}l_2 + P_{c2}) = 42.74 - 0.56 = 42.18\text{Pa}$$

断面 3 动压

$$P_{d3} = P_{d3} - P_j = 42.18 - 33.8 = 8.38\text{Pa}$$

断面 3 流速

$$v_{d3} = \sqrt{\frac{2 \times 8.38}{1.2}} = 3.74\text{m/s}$$

断面 3 直径

$$D_3 = \sqrt{\frac{6000}{3600 \times 3.74 \times 3.14/4}} = 0.75\text{m}$$

依次类推，继续计算各管段阻力 $(R_m l + P_c)_{3\sim4} \cdots (R_m l + P_c)_{(n-1)\sim n}$ 可求得其余各断面直径 $D_j \cdots D_{n-1}$，D_n。

最后把各断面连接起来，一条变断面的均匀送风管道尺寸设计完成。

断面 1 应具有的全压 43.4Pa（4.4mmH$_2$O），即为此均匀送风管道的总阻力。

4.1.4 分析二

均匀送风管道的设计方法很多。

对于断面不变的矩形送（排）风管，采用条缝形风口送（排）风时，风口上的速度分布如图 4-1-8 所示。在送风管上，从始端到末端管内流量不断减小，动压相应下降，静压增大，使条缝口出口流速不断增大；在排风管上，则是相反，因管内静压不断下降，管内外压差增大，条缝口入口流速不断增大。

分析公式（4-1-6）可以看出，要实现均匀送风，可采取以下措施：

1. 送风管断面积 F 和孔口面积 f_0 不时，管内静压会不断增大，可根据静压变化，在孔口上设置不同的阻体，使不同的孔口具有不同的阻力（即改变流量系数），

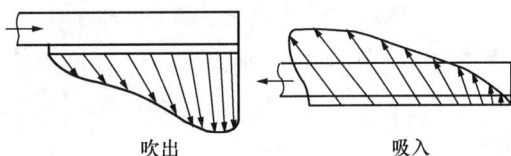

吹出　　　　吸入

图 4-1-8　从条缝口吹出和吸入的速度分布

见图 4-1-9（a）、（b）。但是，改变流量系数是容易的，按要求准确改变流量系数却是困难的。

2. 孔口面积 f_0 和 μ 值不变时，可采用锥形风管改变送风管断面积，使管内静压基本保持不变，见图 4-1-9（c）。

3. 送风管断面积 F 及孔口 μ 值不变时，可根据管内静压变化，改变孔口面积 f_0，见图 4-1-9（d）、（e）。

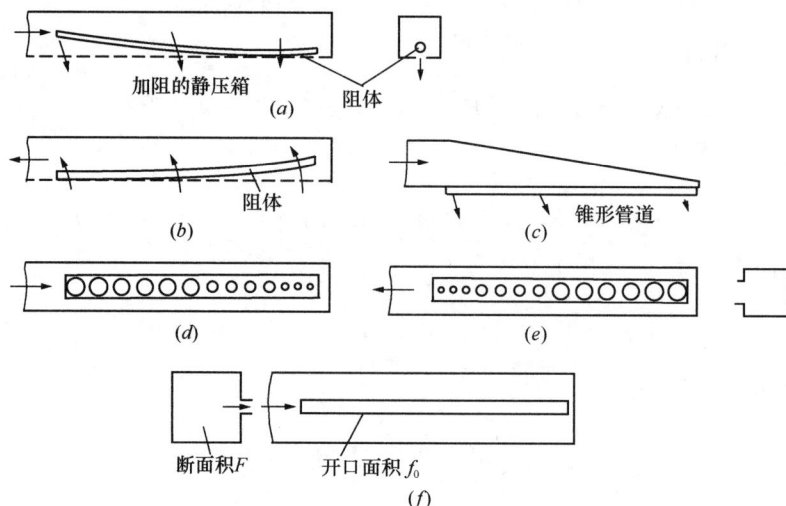

图 4-1-9　实现均匀送（排）风的方式

4. 增大送风管断面积 F，减小孔口面积 f_0。对于图 4-1-9（f）所示的条缝形风口，试验表明，当 $f_0/F < 0.4$ 时，始端和末端出口流速的相对误差在 10％以内，可近似认为是均匀分布。

必须指出，在计算均匀送风管道时，为了简化计算，把每一管段起始断面的动压作为该管段的平均动压，并假定侧孔流量系数 μ 和摩擦阻力系数 λ 为常数，会造成偏差。

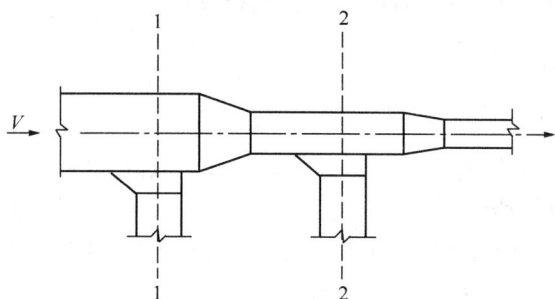

图 4-1-10　具有分支的送风管道

"静压复得法"不仅适用于均匀送风管道的设计计算，对于具有分支的送风管网系统也是普遍适用的。如图 4-1-10 所示，从主送风管分出若干支管向末端送风，是送风系统常有的形式。通过调整风管的断面积，使断面 1、2 的动压满足 $\Delta P_{1\sim2} = \dfrac{\rho v_1^2}{2} - \dfrac{\rho v_2^2}{2}$，则可使断面 1、2 的静压保持 $P_{j1} = P_{j2}$。对于从断面 1、2 分支出去的风管，则以其与主管道连接位置的压力（即断面 1、2 的全压）作为资用压力，选配管道尺寸和计算流动阻力，并对每个支管段的计算阻力与其资用动力进行平衡校核。

4.2　中低压燃气管网水力计算案例

4.2.1　室内燃气管网水力计算案例

【案例 4-3】五层住宅楼一单元的室内燃气管网的水力计算。

每家用户装双眼灶一台，额定用气量为 1.4Nm³/h；使用人工煤气，燃气密度为 0.46kg/Nm³，运动黏度为 24.76×10⁻⁶m²/s。

【设计计算】

计算按下述程序进行：

（1）确定计算流量和管段长度。画出管道系统图，在系统图上对计算管段进行编号，凡管径变化或流量变化处均应编号。

第 j 管道计算流量用下式计算：

$$L_j = k\sum L_i N_i \qquad (4\text{-}2\text{-}1)$$

式中　L_j —— j 管道计算流量，Nm^3/h；

　　　k —— j 管道上所连接燃具的同时工作系数，应根据工程的具体情况，通过调查研究综合分析确定；

　　　L_i —— j 管道上第 i 种燃具的额定流量，Nm^3/h，产品参数由生产厂家提供；

　　　N_i —— j 管道负担的 i 种燃具数目。

计算结果列于表 4-2-1。

确定各管段的长度 l_j，标在图 4-2-1 上。

（2）根据计算流量和推荐流速，初步确定管径，并标在系统图上。（推荐流速，人工煤气为 6～10m/s，天然气为 6m/s。用户支管最小管径为 DN15）。

（3）确定管段计算长度。算出各管段的局部阻力系数，求出其当量长度，即可得管段的计算长度。

以管段 1～2 为例进行以下计算。

局部阻力系数 ξ 查表 4-2-2。

直角弯头 5 个，$\xi=2.2$。

旋塞 1 个，$\xi=4$。

$\sum\xi = 2.2\times5 + 4\times1 = 15$

计算雷诺数 Re

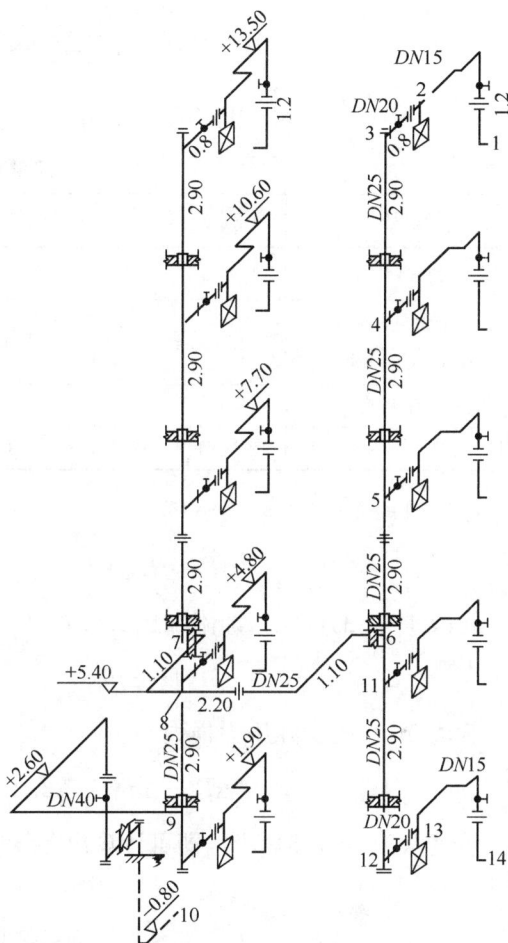

图 4-2-1　室内燃气管道系统图

$$Re = \frac{d \cdot V}{\nu} = \frac{15.75\times10^{-3}\times\dfrac{1.4}{3600}}{24.76\times10^{-6}\times\dfrac{\pi\times15.75^2\times10^{-6}}{4}} = \frac{6.125\times10^{-6}}{4.823\times10^{-9}} = 1270$$

计算摩擦阻力系数 λ：

$$\lambda = 64/Re = 0.0504$$

$\sum\xi$ 当量长度 l_2

$$l_2 = \sum\xi \cdot \frac{d}{\lambda} = 15\times\frac{15.75\times10^{-3}}{0.0504} = 4.7\text{m}$$

133

管段 1~2 的计算长度 $l_{1\sim2} = 2.5 + 4.7 = 7.2\text{m}$。

（4）计算管段实际的压力损失。计算单位管长摩擦阻力用式（3-5-1′″）

$$R_m = 1.13 \times 10^{10} \cdot \frac{L}{d^4} \nu \rho \cdot \frac{T}{T_0}$$

$$= 1.13 \times 10^{10} \cdot \frac{1.4}{15.75^4} \cdot 24.76 \times 10^{-6} \times 0.46 \times \frac{273 + 15}{273}$$

$$= 3.09\text{Pa/m}$$

流量计算表　　　　　　　　　　　　　　　　　　表 4-2-1

管段号	1~2	2~3	3~4	4~5	5~6	6~7	7~8	8~9	9~10	14~13	13~12	12~11	11~6
燃具数 N	1	1	1	2	3	5	8	9	10	1	1	1	2
额定流量 $\sum L_i N_i$（Nm³/h）	1.4	1.4	1.4	2.8	4.2	7.0	11.2	12.6	1.4	1.4	1.4	1.4	2.8
同时工作系数 K	1	1	1	1.0	0.85	0.68	0.58	0.55	0.54	1	1	1	1
计算流量 L_j（Nm³/h）	1.4	1.4	1.4	2.8	3.57	4.76	6.5	6.93	7.56	1.4	1.4	1.4	2.8

（5）管段 1~2 的阻力 ΔP：

$$\Delta P = R_m \cdot l_{1\sim2} = 3.09 \times 7.2 = 22.2\text{Pa}$$

管段 1~2 的位压，即附加压头按式（3-1-1）计算：

$$\Delta h_H = g(\rho_a - \rho)(H_1 - H_2) = 9.8(1.2 - 0.46)(-1.2) = -8.7\text{Pa}$$

管段 1~2 的实际压力损失

$$\Delta P - \Delta h_H = 22.2 - (-8.7) = 30.9\text{Pa}$$

重复（3）~（5）步，即可计算出各管管径和实际压力损失。其计算结果列于表 4-2-3 中。

局部阻力系数 ξ 值　　　　　　　　　　　　　　表 4-2-2

局部阻力名称	ξ	局部阻力名称	不同直径（mm）的 ξ 值					
			15	20	25	32	40	≥50
管径相差一级的骤缩变径管	0.35①	90°直角弯头	2.2	2.1	2	1.8	1.6	1.1
		旋塞	4	2	2	2	2	2
三通直流	1.0②	截止阀	11	7	6	6	6	5
三通分流	1.5②	闸板阀	$d=50\sim100$		$d=175\sim200$		$d\geqslant300$	
四通直流	2.0②							
四通分流	3.0②		0.5		0.25		0.15	
煨制的 90°弯头	0.3							

注：① ξ 对于管径较小的管段。

　　② ξ 对于燃气流量较小的管段。

室内燃气管道水力计算表   表 4-2-3

管段号	额定流量 (Nm³/h)	同时工作系数	计算流量 (Nm³/h)	管段长度 l_1 (m)	管径 d (mm)	局部阻力系数 $\sum\xi$	l_2 (m)	当量长度 l_2 (m)	计算长度 l (m)	单位长度压力损失 R_m (Pa/m)	ΔP (Pa)	管段始端标高差 ΔH (m)	附加压头 Δh_H (Pa)	管段实际压力损失 (Pa)	管段局部阻力系数计算及其他说明
1~2	1.4	1	1.4	2.5	15	15	0.31	4.7	7.2	3.09	22.2	-1.2	-8.7	30.9	90°直角弯头 $\xi=5\times2.2$，旋塞 $\xi=4$ $R_m=6.72\times0.46=3.05$
2~3	1.4	1	1.4	0.8	20	6.2	0.31	1.9	2.7	0.92	2.5			2.5	90°直角弯头 $\xi=2\times2.1$，旋塞 $\xi=2$ $R_m=2.0\times0.46=0.92$ 余类推
3~4	1.4	1	1.4	2.9	25	1.0	0.31	0.31	3.21	0.34	1.1	+2.9	+21.0	-19.9	三通直流 $\xi=1.0$
4~5	2.8	1	2.8	2.9	25	1.0	0.62	0.62	3.52	0.72	2.5	+2.9	+21.0	-18.5	三通直流 $\xi=1.0$
5~6	4.2	0.85	3.57	2.3	25	1.5	0.79	1.2	3.5	0.92	3.2	+2.3	+16.7	-13.5	三通分流 $\xi=1.5$
6~7	7.0	0.68	4.76	4.4	25	9.5	0.76	7.2	11.6	1.75	20.3			20.3	三通分流 $\xi=1.5$ 90°直角弯头 $\xi=4\times2.0$
7~8	11.2	0.58	6.50	0.6	25	1.5	0.69	1.0	1.6	3.65	5.84	+0.6	+4.4	1.44	三通分流 $\xi=1.5$
8~9	12.6	0.55	6.93	2.1	25	1.5	0.68	1.0	3.1	4.57	14.2	+2.1	+15.2	-1.0	三通分流 $\xi=1.5$
9~10	14.0	0.54	7.56	11.0	32	11	0.99	10.9	21.9	1.15	25.2	+3.4	+24.7	+0.5	90°直角弯头 $\xi=2\times2.1$，旋塞 $\xi=2$
管道 1~2~3~4~5~6~7~8~9~10 总压力降 $\Delta P=-12.7$Pa															
14~13	1.4	1	1.4	2.5	15	15	0.31	4.7	7.2	3.09	22.2	-1.2	-8.7	30.9	同 1~2 管段
13~12	1.4	1	1.4	0.8	20	6.2	0.31	1.9	2.7	0.92	2.5			2.5	同 2~3 管段
12~11	1.4	1	1.4	2.9	25	1.0	0.31	0.31	3.21	0.34	1.1	-2.9	-21.0	22.1	同 3~4 管段
11~6	2.8	1	2.8	0.6	25	1.5	0.62	0.93	1.53	0.72	1.1	-0.6	-4.4	5.5	
管道 14~13~12~11~6~7~8~9~10 总压力降 $\Delta P=82.2$Pa															

注：表中计算未包括燃气表的阻力（一般为 90~120Pa），具体设计中应予以考虑。

（6）检查压降是否超过允许阻力。

求出室内燃气管道的总压降后，与允许的管道阻力比较，若超过允许值，可改变个别管段管径，再次计算。低压管道允许阻力见表4-2-4。

低压燃气管道允许阻力（Pa）　　　　　　　　　　　　　　　　　表 4-2-4

燃气种类	从建筑物引入管到管道末端阻力	
	单层建筑	多层建筑
人工煤气、矿井气、液化石油气混空气	150	250
天然气、油田伴生气	250	350

4.2.2　分析一

（1）关于管道允许阻力

室内燃气管网属于低压燃气管网。它的动力来源于上级管网，大小是有限的。若设计流量下，管道的阻力加上末端燃气器具所需的工作压力超过上级管网压力，则不能获得要求的流量，燃气器具也不能正常工作。因此，实际工程中，综合考虑各种因素，给出了低压燃气管道的允许阻力。这相当于在资用动力一定的条件下设计输配管网，宜采用"压损平均法"进行水力计算。为了便于分配压差，将局部阻力折算为当量长度，与管段长度相加得到计算长度。本可将总资用动力分配给最不利环路，获得单位管长压力损失的限值后进一步计算，但室内燃气管网属于开式管网，燃气密度明显小于空气，在竖向流动时会产生较强的附加压头，向上流动时为正，向下流时为负，这使压损平均法变得复杂，难以处理。本案例按工程实践总结的推荐流速，结合计算流量初步确定管径，计算出包括附加压头的室内燃气管道的总压降后，与管道允许阻力比较，若小于允许阻力，可行；若超过允许阻力，则需调整管径。

（2）关于最不利环路确定

当管网输配的流体密度与管网外空气差异明显时，重力作用会在管网中形成分布式附加动力。当输配的流体密度小于空气时，向上输送附加压头为正，向下为负；反之，则向上输送为负，向下为正。这就是工程实际中，常出现高楼层水量不足，低楼层气量不足的根本原因。本案例图4-2-1中，环路"1~2~3~4~5~6~7~8~9~10"，比环路"14~13~12~11~6~7~8~9~10"要长很多，局部阻力也多。但表4-2-3的计算结果表明，前者的总压降 $\Delta P = -12.7\text{Pa}$；后者的总压降 $\Delta P_0 = 82.2\text{Pa}$。管路长而复杂的环路总压降反而小，是附加压头的作用。因此，当输送流体与空气（环境流体）存在明显密度差时，开式枝状管网的最不利环路不能简单按管道的长短、复杂程度确定，应仔细分析附加压头的大小和正负。若闭式枝状管网内输配的流体密度存在分布式变化，也有类似规律。

（3）本案例各并联支路为何不进行水力平衡？

1）在4.1节的通风管网计算案例中，各并联支路是同时持续运行的，必须同时保障各并联支路要求的风量，因此应进行水力平衡计算与分析。本案例各并联支路使用时间是间断的，使用时刻参差不齐。末端装置燃气燃烧器带有燃气调节阀，在较宽的压力范围内都能顺利地调出燃烧需要的燃气压力和燃气量。

2）由于附加压头的存在，各楼层之间的并联支路是很难平衡的。建筑内燃气管网的水力计算重在保证各末端燃烧器要求的工作压力，不关注各末端并联支路的水力平衡。

4.2.3 分析二

室内燃气管网和庭院燃气管网的支管线都属低压燃气管道，但庭院燃气管网干线可能是中压管道。

中、低压燃气管网的动力来源于上一级管网的压力，通过调压器确定。工程技术上对各种中、低压燃气管网总阻力都有限定，从水力计算角度讲属于已定作用压力的情况，适用压损平均法。对于小型管网，工程上仍习惯用假定流速法。

用燃气管道摩擦阻力计算表计算更快捷。各种燃气工程设计手册中都有这类计算表。

（1）低压燃气管道摩擦阻力计算公式及计算表

根据我国《城镇燃气设计规范》GB 50028 第5.2.4条规定，低压燃气管道单位长度的摩擦阻力宜按下式计算：

$$R_m = 6.26 \times 10^7 \cdot \lambda \frac{L^2}{d^5} \rho \frac{T}{T_0} \tag{4-2-2}$$

式中　R_m——燃气管道单位长度摩擦阻力，Pa/m；

　　　λ——燃气管道的摩擦阻力系数；

　　　L——燃气管道的计算流量，Nm³/h；

　　　d——管道内径，mm；

　　　ρ——燃气的密度，kg/Nm³；

　　　T——设计中所采用的燃气温度，K；

　　　T_0——273.16，K。

根据燃气在管道中不同的运动状态，摩擦阻力系数λ按下列各式计算

层流状态：$Re \leqslant 2100$

$$\lambda = \frac{64}{Re} \tag{4-2-3}$$

临界状态：$Re = 2100 \sim 3500$

$$\lambda = 0.03 + \frac{Re - 2100}{65Re - 10^5} \tag{4-2-4}$$

湍流状态 $Re > 3500$ 时，与管材有关，

1）钢管

$$\lambda = 0.11 \left(\frac{K}{d} + \frac{68}{Re} \right)^{0.25} \tag{4-2-5}$$

2）铸铁管

$$\lambda = 0.102236 \left(\frac{1}{d} + 5158 \frac{dv}{L} \right)^{0.284} \tag{4-2-6}$$

式中　Re——雷诺数

　　　v——0℃和101.325kPa时燃气的运动黏度，m²/s；

　　　K——管壁内表面的当量绝对粗糙度；对钢管取0.2mm。

为了简化计算，将计算公式（4-2-2）～式（4-2-6）用计算机编制成低压燃气管道单位长度摩擦阻力计算表，其编制条件为：

1）人工煤气

燃气密度：$\rho=1.0\text{kg/Nm}^3$；

运动黏度：$v=24.76\times10^{-6}\text{m}^2/\text{s}$；

设计温度：$T=273+15=288\text{K}$。

2）天然气

燃气密度：$\rho=0.73\text{kg/Nm}^3$；

运动黏度：$v=14.3\times10^{-6}\text{m}^2/\text{s}$；

设计温度：$T=273+15=288\text{K}$。

对于不同种类的人工煤气，表中查取的单位长度摩擦阻力 R_{m0} 须用公式（4-2-7）进行校正。

$$R_m = R_{m0} \times \rho \tag{4-2-7}$$

式中　R_m——工作低压人工煤气的单位长度摩擦阻力，Pa/m；

　　　R_{m0}——计算表中 $\rho=1\text{kg/m}^3$ 时给出的低压人工煤气的单位长度的摩擦阻力，Pa/m；

　　　ρ——工作低压人工煤气重力密度，kg/Nm^3。

（2）中压燃气管道摩擦阻力计算公式及计算表

根据我国《城镇燃气设计规范》GB 50028 第5.2.5条规定，中压燃气管道的单位长度摩擦阻力，应按下式计算

$$\frac{P_1^2-P_2^2}{l}=1.27\times10^{10}\lambda\frac{L^2}{d^5}\rho\frac{T}{T_0}Z \tag{4-2-8}$$

式中　P_1——燃气管道起点的绝对压力，kPa；

　　　P_2——燃气管道终点的绝对压力，kPa；

　　　l——燃气管道的计算长度，km；

　　　Z——压缩因子，当表压力小于1.2MPa时，Z 取1。

根据燃气管道不同材质，其摩擦阻力系数 λ 可按下列各式计算：

钢管

$$\lambda=0.11\left(\frac{K}{d}+\frac{68}{Re}\right)^{0.25} \tag{4-2-9}$$

铸铁管

$$\lambda=0.102236\left(\frac{1}{d}+5158\frac{dv}{L}\right)^{0.284} \tag{4-2-10}$$

按式（4-2-8）～式（4-2-10）用计算机制成中压燃气管道单位长度摩擦阻力计算表，其制表条件与低压燃气管道相同。使用时，根据流量和管径从表中查出 $R_{P0}^2=\left(\frac{P_1^2-P_2^2}{l}\right)_0$ 值，若是人工煤气，用下式修正：

$$R_P^2=\frac{P_1^2-P_2^2}{l}=\left(\frac{P_1^2-P_2^2}{l}\right)_0\cdot\rho \tag{4-2-11}$$

燃气管道的终点压力 P_2 为：

$$P_2=\sqrt{P_1^2-R_P^2\cdot l}\quad(\text{kPa}) \tag{4-2-12}$$

4.3　重力循环热水供暖管网水力计算案例

4.3.1　案例计算

【案例 4-4】本案例要求通过水力计算，确定图 4-3-1 所示供暖管路的管径，以保证向各散热器输配所需的流量，实现各房间供暖要求。该管路属于异程式重力循环双管热水供暖系统的一个支路。图中小圆圈内的数字表示管段号。圆圈旁的数字：上行表示管段热负荷（W），下行表示管段长度（m）。散热器内的数字表示其热负荷（W）。罗马字表示立管编号。系统热源——锅炉的中心距底层散热器中心的距离为 3m，建筑层高为 3m。每组散热器的供水支管上有一截止阀。热媒参数：供水温度 $t_g' = 95℃$，回水温度 $t_h' = 70℃$。

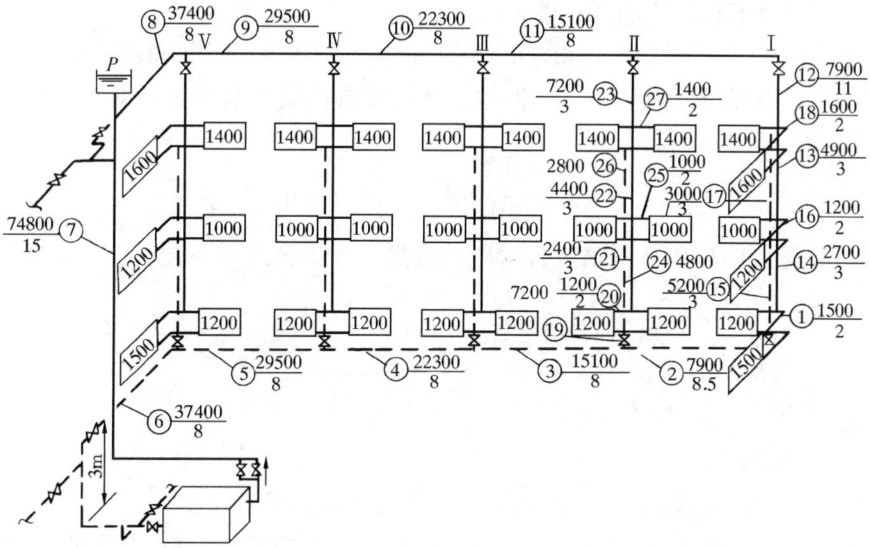

图 4-3-1　热水采暖的管路计算图

【设计计算】

（1）选择最不利环路。重力循环异程式双管系统的最不利循环环路是通过最远立管底层散热器的循环环路。由图 4-3-1 可见，最不利环路是通过立管 I 的最底层散热器 I_1（1500W）的环路。这个环路从散热器 I_1 顺序地经过管段①、②、③、④、⑤、⑥，通过锅炉，再经管段⑦、⑧、⑨、⑩、⑪、⑫、⑬、⑭，回到散热器 I_1，形成环路。

（2）计算通过最不利环路散热器 I_1 的作用压力 $\Delta P'_{I_1}$。

如前所述，重力循环双管系统通过散热器环路的循环作用压力的计算公式为

$$\Delta P_{zh} = \Delta P_h + \Delta P_f = gH(\rho_h - \rho_g) + \Delta P_f \quad (Pa) \qquad (4-3-1)$$

式中　ΔP_h——重力循环系统中，水在散热器内冷却所产生的作用压力，Pa；

　　　ΔP_f——水在循环环路中冷却的附加作用压力，Pa；

　　　g——重力加速度，$g = 9.81 m/s^2$；

　　　H——所计算的散热器中心与锅炉中心的高差，m；

ρ_g、ρ_h——供、回水密度，kg/m³。

根据式（4-3-1）

$$\Delta P'_{I_1} = gH(\rho_h - \rho_g) + \Delta P_f \quad (Pa)$$

根据图示已知条件：立管 I 距锅炉的水平距离在 30～50m 范围内，下层散热器中心距锅炉中心的垂直高度小于 15m。查设计手册（参见参考文献 [7] P88 表 4-3），得 ΔP_f = 350Pa。根据供回水温度，查得 ρ_h = 977.81kg/m³，ρ_g = 961.92kg/m³。将已知数字代入上式，得：

$$\Delta P'_{I_1} = 9.81 \times 3(977.81 - 961.92) + 350 = 818Pa$$

（3）确定最不利环路各管段的管径 d。

1）求平均比摩阻。根据式（3-6-24）

$$R_{pj} = \alpha \Delta P'_{I_1} / \sum l_{I_1}$$

式中 $\sum l_{I_1}$——最不利环路的总长度，m；

$\sum l_{I_1}$ = 2+8.5+8+8+8+8+15+8+8+8+8+11+3+3 = 106.5m

α——沿程损失占总压力损失的估计百分数；重力循环热水供暖系统 α = 50%。

将各数值代入上式，得

$$R_{pj} = \frac{0.5 \times 818}{106.5} = 3.84Pa/m$$

2）根据各管段的热负荷，求出各管段的流量，计算公式如下：

$$G = \frac{3600Q}{4.187 \times 10^3 (t'_g - t'_h)} = \frac{0.86Q}{t'_g - t'_h} \quad (kg/h) \tag{4-3-2}$$

式中 Q——管段的热负荷，W；

t'_g——系统的设计供水温度，℃；

t'_h——系统的设计回水温度，℃。

3）根据 G、R_{pj}，用热水采暖管道水力计算表（参见参考文献 [7] P115 表 5-2），选择最接近 R_{pj} 的管径。将查出的 d、R、v 和 G 值列入水力计算表 4-3-1 的第 5、6、7 栏和第 3 栏中。

例如，对管段②，Q = 7900W，当 Δt = 25℃ 时，G = 0.86 × 7900/（95 - 70）= 272kg/h。

查热水供暖管道水力计算表，选择接近 R_{pj} 的管径。如取 $DN32$，用补插法计算，可求出 v = 0.08m/s，R = 3.39Pa/m。将这些数值分别列入水力计算表 4-3-1 中。

（4）确定摩擦阻力 $\Delta P_y = R_m l$。将每一管段 R_m 与 l 相乘，列入水力计算表 4-3-1 的第 8 栏中。

（5）确定局部阻力 ΔP_j。

1）确定局部阻力系数 ξ，根据系统图中管路的实际情况，列出各管段局部阻力管件名称。查表 3-6-5，将其阻力系数 ξ 值记于表 4-3-2 中，最后将各管段总局部阻力系数 $\sum \xi$ 列入表 4-3-1 的第 9 栏中。

应注意：在统计局部阻力时，对于三通和四通管件的局部阻力系数，应列在流量较小的管段上（即支管上）。

2）根据管段流速 v，可得动压头 ΔP_d 值，列入表 4-3-1 的第 10 栏中。根据 $\Delta P_j = \sum \xi$·

ΔP_{d}，将求出的 ΔP_{j} 值列入表 4-3-1 的第 11 栏中。

（6）求各管段的压力损失 $\Delta P = \Delta P_{\mathrm{y}} + \Delta P_{\mathrm{j}}$。将表 4-3-1 中第 8 栏与第 11 栏相加，列入表 4-3-1 第 12 栏中。

（7）求环路总压力损失，即 $\Delta P = \Sigma(\Delta P_{\mathrm{y}} + \Delta P_{\mathrm{j}})_{1-14} = 712\mathrm{Pa}$。

（8）计算富裕压力值。

考虑由于施工的具体情况，可能增加一些在设计计算中未计入的压力损失。因此，要求系统应有 10% 以上的富裕度。

$$\Delta\% = \frac{\Delta P'_{\mathrm{I}_1} - \Sigma(\Delta P_{\mathrm{y}} + \Delta P_{\mathrm{j}})_{1\sim14}}{\Delta P'_{\mathrm{I}_1}} \times 100\%$$

式中　　　　　　$\Delta\%$——系统作用压力的富裕率；

$\Delta P'_{\mathrm{I}_1}$——通过最不利环路的作用压力，Pa；

$\Sigma(\Delta P_{\mathrm{y}} + \Delta P_{\mathrm{j}})_{1\sim14}$——通过最不利环路的压力损失，Pa。

$$\Delta\% = \frac{818-712}{818} \times 100\% = 13\% > 10\%$$

富裕度满足要求。到此，I_1 环路完成计算，I_2 开始计算。

（9）确定通过立管 I 第二层散热器环路中各管段管径。

1）计算通过立管 I 第二层散热器环路的作用压力 $\Delta P'_{\mathrm{I}_2}$。

$\Delta P'_{\mathrm{I}_2} = gH_2(\rho_{\mathrm{h}} - \rho_{\mathrm{g}}) + \Delta P_{\mathrm{f}} = 9.81 \times 6(977.81 - 961.92) + 350 = 1285\mathrm{Pa}$

2）确定通过立管 I 第二层散热器环路中各管段的管径。

A. 求资用压力，定平均比摩阻 R_{pj}

由图 4-3-1 可知，管段②～⑬是环路 I_1 和 I_2 的共同管段；管段⑮、⑯是环路 I_2 的独用管段。I_2 的环路作用压力扣除在共用管段上的压力损失后，即为独用管段上的资用压力。共用管段上的压力损失值可由 I_1 环路的计算结果确定。所以通过第二层管段⑮、⑯的资用压力为：

$$\Delta P'_{15,16} = \Delta P'_{\mathrm{I}_2} - \sum_{i=2}^{13}(\Delta P_{\mathrm{y}} + \Delta P_{\mathrm{j}})_i = \Delta P'_{\mathrm{I}_2} - \left[\Delta P'_{\mathrm{I}_1} - \Sigma(\Delta P_{\mathrm{y}} + \Delta P_{\mathrm{j}})_{1.14}\right]$$
$$= 1285 - 818 + 32 = 499\mathrm{Pa}$$

管段⑮、⑯的总长度为 5m，平均比摩阻力

$$R_{\mathrm{pj}} = 0.5\Delta P_{15,16} / \Sigma l = 0.5 \times 499/5 = 49.9\mathrm{Pa/m}$$

B. 根据同样的方法，按⑮和⑯管段的流量 G 及平均比摩阻 R_{pj}，确定管段的管径 d，将相应的 R_{m}、v 值列入表 4-3-1。

3）求管段⑮、⑯的计算压力损失与资用压力的不平衡率。

$$x_{\mathrm{I}_2} = \frac{\Delta P'_{15,16} - \Sigma(\Delta P_{\mathrm{y}} + \Delta P_{\mathrm{j}})_{15,16}}{\Delta P'_{15,16}} \times 100\% = \frac{499-524}{499} \times 100\% = -5\%$$

此相对差额在允许 $\pm15\%$ 范围内。

（10）确定通过立管 I 第三层散热器环路上各管段的管径，计算方法与前相同。计算结果如下：

1）通过立管 I 第三层散热器环路的作用压力

$\Delta P'_{\mathrm{I}_3} = gH_3(\rho_{\mathrm{h}} - \rho_{\mathrm{g}}) + \Delta P_{\mathrm{f}} = 9.81 \times 9(977.81 - 961.92) + 350 = 1753\mathrm{Pa}$

2) 管段⑮、⑰、⑱与管段⑬、⑭、①为并联管路。通过管段⑮、⑰、⑱的资用压力

$$\Delta P'_{15,17,18} = \Delta P'_{I_3} - \Delta P'_{I_1} + \Sigma(\Delta P_y + \Delta P_j)_{1,13,14} = 1753 - 818 + 41 = 976 \text{Pa}$$

3) 管段⑮、⑰、⑱的实际压力损失为 $459 + 159.1 + 119.7 = 738 \text{Pa}$。

4) 不平衡率 $x_{I_3} = (976 - 738)/976 = 24.4\% > 15\%$

因⑰、⑱管段已选用最小管径，剩余压力只能用第三层散热器支管上的阀门消除。

(11) 确定通过立管Ⅱ各层环路管段的管径。

作为异程式双管系统的最不利循环环路是通过最远立管Ⅰ底层散热器的环路。对与它并联的其他立管的管径计算，同样应根据节点压力平衡原理与该环路进行压力平衡计算确定。

1) 确定通过立管Ⅱ底层散热器环路的作用压力 $\Delta P'_{II_1}$。

$$\Delta P'_{II_1} = gH_1(\rho_h - \rho_g) + \Delta P_f = 9.81 \times 3(977.81 - 961.22) + 350 = 818 \text{Pa}$$

2) 确定通过立管Ⅱ底层散热器环路各管段管径 d。

管段⑲~㉓与管段①、②、⑫、⑬、⑭为并联环路，对立管Ⅱ与立管Ⅰ可列出下式，从而求出管段⑲~㉓的资用压力。

$$\Delta P'_{19\sim23} = \Sigma(\Delta P_y + \Delta P_x)_{1,2,12\sim14} - (\Delta P'_{I_1} - \Delta P'_{II_1}) = 132 - (818 - 818) = 132 \text{Pa}$$

3) 管段⑲~㉓的水力计算同前，结果列入表4-3-1中，其总压力损失：

$$\Sigma(\Delta P_y + \Delta P_j)_{19\sim23} = 132 \text{Pa}。$$

4) 与立管Ⅰ并联环路相比的不平衡率刚好为零。

通过立管Ⅱ的第二、三层各环路的管径确定方法与立管Ⅰ中的第二、三层环路计算相同，不再赘述。其计算结果列入表4-3-1中。其他立管的水力计算方法和步骤完全相同。

重力循环双管热水供暖系统管路水力计算表 表4-3-1

管段号	Q (W)	G (kg/h)	l (m)	d (mm)	v (m/s)	R_m (Pa/m)	$\Delta P_y = RL$ (Pa)	$\Sigma \xi$	ΔP_d (Pa)	$\Delta P_j = \Delta P_d \Sigma \xi$ (Pa)	$\Delta P = \Delta P_y + \Delta P_j$ (Pa)	备注
1	2	3	4	5	6	7	8	9	10	11	12	13
立管Ⅰ 第一层散热器I₁环路 作用压力 $\Delta P'_{I_1}{}' = 818\text{Pa}$												
1	1500	52	2	20	0.04	1.38	2.8	25	0.79	19.8	22.6	
2	7900	272	8.5	32	0.08	3.39	28.8	4	3.15	12.6	41.4	
3	15100	519	8	40	0.11	5.58	44.6	1	5.95	5.95	50.6	
4	22300	767	8	50	0.1	3.18	25.4	1	4.92	4.92	30.3	
5	29500	1015	8	50	0.13	5.34	42.7	1	8.31	8.31	51.0	
6	37400	1287	8	70	0.1	2.39	19.1	2.5	4.92	12.3	31.4	
7	74800	2573	15	70	0.2	8.69	130.4	6	19.66	118.0	248.4	
8	37400	1287	8	70	0.1	2.39	19.1	3.5	4.92	17.2	36.3	
9	29500	1015	8	50	0.13	5.34	42.7	1	8.31	8.31	51.0	
10	22300	767	8	50	0.1	3.18	25.4	1	4.92	4.92	30.3	
11	15100	519	8	40	0.11	5.58	44.6	1	5.95	5.95	50.6	
12	7900	272	11	32	0.08	3.39	37.3	4	3.15	12.6	49.9	
13	4900	169	3	32	0.05	1.45	4.4	4	1.23	4.9	9.3	
14	2700	93	3	25	0.04	1.95	5.85	4	0.79	3.2	9.1	
			$\Sigma l = 106.5\text{m}$				$\Sigma(\Delta P_y + \Delta P_j)_{1\sim14} = 712\text{Pa}$					
系统作用压力富裕率 $\Delta\% = [\Delta P'_{I_1} - \Sigma(\Delta P_y + \Delta P_j)_{1\sim14}]/\Delta P'_{I_1} = (818 - 712)/818 = 13\% > 10\%$												

管段号	Q (W)	G (kg/h)	l (m)	d (mm)	v (m/s)	R_m (Pa/m)	$\Delta P_y = RL$ (Pa)	$\Sigma\xi$	ΔP_d (Pa)	$\Delta P_j = \Delta P_d\sum\xi$ (Pa)	$\Delta P = \Delta P_y + \Delta P_j$ (Pa)	备注
1	2	3	4	5	6	7	8	9	10	11	12	13

立管 I　第二层散热器 I_2 环路　作用压力 $\Delta P_{I_2} = 1285Pa$

管段号	Q	G	l	d	v	R_m	ΔP_y	$\Sigma\xi$	ΔP_d	ΔP_j	ΔP	备注
15	5200	179	3	15	0.26	97.6	292.8	5.0	33.23	166.2	459	
16	1200	41	2	15	0.06	5.15	10.3	31	1.77	54.9	65	

$$\Sigma(\Delta P_y + \Delta P_j)_{15,16} = 524Pa$$

不平衡百分率 $x_{I_2} = [\Delta P_{15,16} - \Sigma(\Delta P_y + \Delta P_j)_{15,16}]/\Delta P'_{15,16} = (499 - 524)/499 = -5\%$

立管 I　第三层散热器 I_3 环路　作用压力 $\Delta P'_{I_3} = 1753Pa$

17	3000	103	3	15	0.15	34.6	103.8	5	11.06	55.3	159.1	
18	1600	55	2	15	0.08	10.98	22.0	31	3.15	97.7	119.7	

$$\Sigma(\Delta P_y + \Delta P_j)_{17,18} = 279Pa$$

不平衡百分率 $x_{I_3} = [\Delta P'_{15,17,18} - \Sigma(\Delta P_y + \Delta P_j)_{15,16,18}]/\Delta P'_{15,17,18} = (976 - 738)/976 = 24.4\% > 15\%$

立管 II　通过第一层散热器环路　作用压力 $\Delta P'_{19\sim23} = 132Pa$

19	7200	248	0.5	32	0.07	2.87	1.4	3	2.41	7.2	8.6	
20	1200	41	2	15	0.06	5.15	10.3	27	1.77	47.8	58.1	
21	2400	83	3	20	0.07	5.22	15.7	4	2.41	9.6	25.3	
22	4400	152	3	25	0.07	4.76	14.3	4	2.41	9.6	23.9	
23	7200	248	3	32	0.07	2.87	8.6	3	2.41	7.2	15.8	

$$\Sigma(\Delta P_y + \Delta P_j)_{19\sim23} = 132Pa$$

不平衡百分率 $x_{II_3} = [\Delta P'_{19\sim23} - \Sigma(\Delta P_y + \Delta P_j)_{19\sim23}]/\Delta P'_{19\sim23} = (132 - 132)/132 = 0\%$

立管 II　通过第二层散热器环路　作用压力 $\Delta P'_{II_2} = 1285Pa$

24	4800	165	3	15	0.24	83.8	251.4	5	28.32	141.6	393	
25	1000	34	2	15	0.05	2.99	6.0	27	1.23	33.2	39.2	

$$\Sigma(\Delta P_y + \Delta P_j)_{24,25} = 432Pa$$

不平衡百分率

$$x_{II_2} = \frac{[\Delta P'_{II_2} - \Delta P'_{II_1} + \Sigma(\Delta P_y + \Delta P_j)_{20,22}] - \Sigma(\Delta P_y + \Delta P_j)_{24,25}}{\Delta P'_{II_2} - \Delta P'_{II_1} + \Sigma(\Delta P_y + \Delta P_j)_{20,22}}$$

$$= \frac{(1285 - 818 + 83) - 432}{550} \times 100\% = 21.5\% > 15\%$$

立管 II　通过第三层散热器环路　作用压力 $\Delta P'_{II_3} = 1753Pa$

26	2800	96	3	15	0.14	30.4	91.2	5	9.64	48.2	139.4	
27	1400	48	2	15	0.07	8.6	17.2	27	2.41	65.1	82.3	

$$\Sigma(\Delta P_y + \Delta P_j)_{26,27} = 222Pa$$

不平衡百分率

$$x_{II_3} = \frac{[\Delta P'_{II_3} - \Delta P'_{II_1} + \Sigma(\Delta P_y + \Delta P_j)_{20,21}] - \Sigma(\Delta P_y + \Delta P_j)_{24,26,27}}{\Delta P'_{II_3} - \Delta P'_{II_1} + \Sigma(\Delta P_y + \Delta P_j)_{20,21}}$$

$$= \frac{(1753 - 818 + 107) - 615}{1042} \times 100\% = 41\% > 15\%$$

本案例的局部阻力系数计算表　　　　表 4-3-2

管段号	局部阻力	个数	$\sum \xi$
1	散热器	1	2.0
	$\phi20$、90°弯头	2	2×2.0
	截止阀	1	10
	乙字弯	2	2×1.5
	分流三通	1	3.0
	合流四通	1	3.0
			$\sum \xi=25.0$
2	$\phi32$ 弯头	1	1.5
	直流四通	1	1.0
	闸阀	1	0.5
	乙字弯	1	1.0
			$\sum \xi=4$
3 4 5	直流三通	1	1.0
			$\sum \xi=1.0$
6	$\phi70$、90°煨弯	2	2×0.5
	直流三通	1	1.0
	闸阀	1	0.5
			$\sum \xi=2.5$
7	$\phi70$、90°煨弯	5	5×0.5=2.5
	闸阀	2	2×0.5=1.0
	锅炉	1	2.5
			$\sum \xi=6$
8	$\phi70$、90°煨弯	3	3×0.5
	闸阀	1	0.5
	旁流三通	1	1.5
			$\sum \xi=3.5$
9 10 11	直流三通	1	1.0
			$\sum \xi=1.0$
12	$\phi32$ 弯头	1	1.5
	直流三通	1	1.0
	闸阀	1	0.5
	乙字弯	1	1.0
			$\sum \xi=4.0$
13 14	直流四通	1	2.0
	$\phi32$ 或 $\phi25$ 括弯	1	2.0
			$\sum \xi=4.0$

续表

管段号	局部阻力	个数	$\sum\xi$
15	直流四通	1	2.0
	$\phi15$ 括弯	1	3.0
			$\sum\xi=5.0$
16	$\phi15$、90°弯头	2	2×2.0
	$\phi15$ 乙字弯	2	2×1.5
	分合流四通	2	2×3.0
	截止阀	1	16
	散热器	1	2.0
			$\sum\xi=31.0$
17	直流四通	1	2.0
	ϕ 括弯	1	3.0
			$\sum\xi=5.0$
18	$\phi15$ 弯头	2	2×2.0
	$\phi15$ 乙字弯	2	2×1.5
	分流四通	1	3.0
	合流三通	1	3.0
	截止阀	1	16.0
	散热器	1	2.0
			$\sum\xi=31.0$
19	旁流三通	1	1.5
	$\phi32$ 闸阀	1	0.5
	$\phi32$ 乙字弯	1	1.0
			$\sum\xi=3.0$
20	$\phi15$ 乙字弯	2	2×1.5
	截止阀	1	16.0
	散热器	1	2.0
	分流三通	1	3.0
	合流四通	1	3.0
			$\sum\xi=27.0$
21 22	直流四通	1	2.0
	$\phi20$ 或 $\phi25$ 括弯	1	2.0
			$\sum\xi=4.0$
23	旁流三通	1	1.5
	$\phi32$ 乙字弯	1	1.0
	闸阀	1	0.5
			$\sum\xi=3.0$

管段号	局部阻力	个数	$\sum \xi$
24	$\phi15$ 括弯	1	3.0
	直流四通	1	2.0
			$\sum \xi = 5.0$
25	$\phi15$ 乙字弯	2	2×1.5
	截止阀	1	16.0
	散热器	1	2.0
	分流四通	2	2×3.0
			$\sum \xi = 27.0$
26	$\phi15$ 括弯	1	3.0
	直流四通	1	2.0
			$\sum \xi = 5.0$
27	$\phi15$ 乙字弯	2	2×1.5
	$\phi15$ 截止阀	1	16.0
	散热器	1	2.0
	合流三通	1	3.0
	分流三通	1	3.0
			$\sum \xi = 27.0$

4.3.2　分析

1. 最不利环路的确定

本案例为重力循环热水采暖管网，有两个特点需要注意。其一，管网输配热水的动力是自身内部流体密度的变化形成的环路循环动力。各并联环路的循环动力差异很大。其二，属于闭式管网，管内与环境流体（空气）之间的密度差对管内流动没有影响。所以，选择最不利环路时，可先选出循环动力最小的若干环路，再从其中挑选循环路径最长、最复杂者作为最不利环路。

2. 计算最不利环路总压力损失和富裕度

重力作用在这里已成为循环动力，不再是附加动力。环路资用动力已定，采用压损平均法，求最不利环路的平均比摩阻。进而根据各管段流量，选择比摩阻最接近平均比摩阻的管径。求得总压力损失 $\Delta P = 712\text{Pa}$，富裕度 $\Delta\% = 13\% > 10\%$ 满足要求。

如果富裕度不满足要求怎么办？调整管网设计，加大管径，减少局部管件，降低总压力损失；增大散热器中心与锅炉中心高差，增加供、回水温差，从而增大供回水密度差，提高循环动力。若在工程合理性可能性范围之内的调整都不能满足富裕度要求，则表明该系统采用重力循环是不可行的。工程实践丰富的工程师，往往一开始就能判断重力循环的可行性。应注意：通过不同立管和楼层的循环环路的附加作用压力 ΔP_f 值是不相同的，可按《供热工程设计手册》等参考书所给计算表选定。

3. 并联环路的水力平衡

在持续同时运行的条件下，即使各末端（散热器）有流量调节装置，并联环路的水力平衡始终是实现流量输配要求的关键。

水力平衡主要是各环路独用管段的压力损失与其资用压力之间的平衡。非最不利环路的独用管段，通常出现压力损失小于资用压力的情况。相应措施是缩小管径、加调节阀。但缩小管径是有限的，调节阀的调节性能未必理想。实际工程中，重力循环热水采暖管网运行出现水力失调很常见。通过本案例双管系统水力计算结果，可以看出，第三层的管段虽然取用了最小管径（$DN15$），但它的不平衡率仍大于15%。这说明对于高于三层以上的建筑物，如采用上供下回式的双管系统，若无良好的调节装置（如安装散热器温控阀等），竖向失调可能性大。需开展研究，开发新型的重力循环热水采暖管网结构，发挥重力循环节能、安静的优势。

4.4 室外热水供热管网水力计算案例

4.4.1 主要任务与相关知识

室外热水供热管网水力计算的主要任务与室内管网相同，有以下三种情况：

（1）按已知的热媒流量，确定管道的直径，计算压力损失。

（2）按已知热媒流量和管道直径，计算管道的压力损失。

（3）按已知管道直径和允许压力损失，计算或校核管道中的流量。

热水供热管网的水流量通常以吨/时（t/h）表示。每米管长的沿程损失（比摩阻）R_m、管径 d 和水流量 G 的关系式可改写为

$$R_m = 6.25 \times 10^{-2} \frac{\lambda}{\rho} \frac{G_t^2}{d^5} \quad (Pa/m) \tag{4-4-1}$$

式中　R_m——每米管长的沿程损失（比摩阻），Pa/m；

　　　G_t——管段的水流量，t/h；

　　　d——管段的内径，m；

　　　λ——管道的摩擦阻力系数；

　　　ρ——水的密度，kg/m³。

热水管网的水流速常大于 0.5m/s，它的流动状况大多处于阻力平方区。阻力平方区的摩擦力系数 λ 值可用下式确定。

$$\lambda = \left(1.14 + 2\lg\frac{d}{K}\right)^{-2}$$

对于管径等于或大于 40mm 的管道，也可用下式计算。即

$$\lambda = 0.11\left(\frac{K}{d}\right)^{0.25}$$

式中　K——管壁的当量绝对粗糙度，m；对热水网路，取 $K = 0.5 \times 10^{-3}$m。

将上式的摩擦阻力系数 λ 值代入式（4-4-1）中，可得出更清楚地表达 R_m、G_t 和 d 三者相互关系的公式。

$$R_m = 6.88 \times 10^{-3} K^{0.25} \frac{G_t^2}{\rho d^{5.25}} \quad (Pa/m) \tag{4-4-2}$$

$$d = 0.387 \frac{K^{0.0476} G_t^{0.381}}{(\rho R_m)^{0.19}} \quad (m) \tag{4-4-3}$$

$$G_{t} = 12.06 \frac{(\rho R_{m})^{0.5} d^{2.625}}{K^{0.125}} \quad (t/h) \tag{4-4-4}$$

热水管网局部损失

$$P_{c} = \xi \frac{\rho v^{2}}{2} \quad (Pa)$$

在热水管网计算中，还经常采用当量长度法，亦即将管段的局部损失折合成相当的沿程损失。当量长度 l_{d} 通常可用下式求出

$$l_{d} = \Sigma \xi \frac{d}{\lambda}; \lambda = 0.11\left(\frac{K}{d}\right)^{0.25}$$

$$l_{d} = 9.1 \frac{d^{1.25}}{K^{0.25}} \cdot \Sigma \xi \quad (m) \tag{4-4-5}$$

式中　$\Sigma \xi$——管段的总局部阻力系数；

　　　d——管道的内径，m；

　　　K——管道的当量绝对粗糙度，m。

管段的总阻力

$$\Delta P = R_{m}(l + l_{d}) \tag{4-4-6}$$

根据管网主干线各管段的计算流量和初步选用的平均比摩阻 R 值，确定主干线各管段的标准管径和相应的实际比摩阻。

根据选用的标准管径和管段中局部阻力的形式，确定各管段局部阻力的当量长度 l_{d} 的总和，以及管段的折算长度 l_{zh}。

根据管段折算长度 l_{zh}，计算主干线各管段的总压降。

4.4.2　计算案例

【案例 4-5】某工厂厂区热水供热管网，其管路平面布置图（各管段的长度、阀门及方形补偿器的布置）见图 4-4-1。管路的计算供水温度 $t'_{1} = 130℃$，计算回水温度 $t'_{2} = 70℃$。用户 E、F、D 的设计热负荷 Q'_{n} 分别为：3.267GJ/h、2.513GJ/h 和 5.025GJ/h。热用户内部的阻力为 $\Delta P = 5 \times 10^{4} Pa$。试进行该热水管网的水力计算。

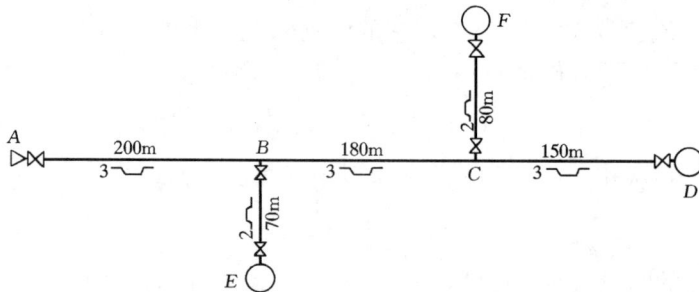

图 4-4-1　某工厂厂区热水供热管网平面布置图

【设计计算】（1）确定各用户的设计流量 G'_{n}

对热用户 E，

$$G'_{n} = A \frac{Q'_{n}}{t'_{1} - t'_{2}} = 238.8 \times \frac{3.267}{130 - 70} = 13t/h$$

式中 A 是单位换算系数。

其他用户和各管段的设计流量的计算方法同上。各管段的设计流量列入表 4-4-1 中第 2 栏，并将已知各管段的长度列入表 4-4-1 中第 3 栏。

（2）热水管网主干线计算

因各用户内部的阻力损失相等，所以从热源到最远用户 D 的管线是主干线。

首先确定干线的平均比摩阻和各管段的管径。

管段 AB：计算流量 $G'_n = 13 + 10 + 20 = 43t/h$

根据管段 AB 的计算流量和 R_m 值的范围，由式（4-4-2）和式（4-4-3）可确定管段 AB 的管径和相应的比摩阻 R_m 值。

$$d = 150mm；R_m = 42.8Pa/m$$

管段 AB 中局部阻力的当量长度 l_d，可由热水管网局部阻力当量长度表查出，

闸阀 $1 \times 2.24 = 2.24m$；方形补偿器 $3 \times 15.4 = 46.2m$；

局部阻力当量长度之和 $l_d = 2.24 + 46.2 = 48.44m$

管段 AB 的折算长度 $l_{zh} = 200 + 48.44 = 248.44m$

管段 AB 的压力损失

$$\Delta P = R_m l_{zh} = 42.8 \times 248.44 = 10633Pa$$

用同样的方法，可计算干线的其余管段 BC、CD，确定其管径和压力损失。计算结果列于表 4-4-1。

管段 BC 和 CD 的局部阻力当量长度 l_d 值如下：

管段 BC	$DN = 125mm$	管段 CD	$DN = 100mm$
直流三通	$1 \times 4.4 = 4.4m$	直流三通	$1 \times 3.3 = 3.3m$
异径接头	$1 \times 0.44 = 0.44m$	异径接头	$1 \times 0.33 = 0.33m$
方形补偿器	$3 \times 12.5 = 37.5m$	方形补偿器	$3 \times 9.8 = 29.4m$
总当量长度	$l_d = 42.34m$	闸阀	$1 \times 1.65 = 1.65m$
		总当量长度	$l_d = 34.68m$

水力计算表 表 4-4-1

管段编号	计算流量 G' (t/h)	管段长度 l (m)	局部阻力当量长度之和 l_d (m)	折算长度 l_{zh} (m)	公称直径 d (mm)	流速 v (m/s)	比摩阻 R (Pa/m)	管段的压力损失 ΔP (Pa)
1	2	3	4	5	6	7	8	9
主干线								
AB	43	200	48.44	248.44	150	0.72	42.8	10633
BC	30	180	42.34	222.34	125	0.73	54.6	12140
CD	20	150	34.68	184.68	100	0.74	79.2	14627
支线								
BE	13	70	18.6	88.6	70	1.13	302.0	26757
CF	10	80	18.6	98.6	70	0.86	142.2	17699

（3）支线计算

管段 BE 的资用压差为

$$\Delta P'_{BE} = \Delta P_{BC} + \Delta P_{CD} = 12140 + 14627 = 26767 \text{Pa}$$

设局部损失与沿程损失的估算比值 $\alpha_j = 0.6$，则比摩阻大致可控制为

$$R' = \Delta P'_{BE} / l_{BE} (1 + \alpha_j) = 26767 / 70(1 + 0.6) = 239 \text{Pa/m}$$

根据 R'_m 和 $G'_{BE} = 13 \text{t/h}$，由式（4-4-3）和式（4-4-2）得出

$$d_{BE} = 70 \text{mm}; \quad R_m = 302 \text{Pa/m}; \quad v = 1.13 \text{m/s}$$

管段 BE 中局部阻力的当量长度 l_d，查热水网路局部阻力当量长度表，得：

三通分流：$1 \times 3.0 = 3.0 \text{m}$；方形补偿器 $2 \times 6.8 = 13.6 \text{m}$；闸阀 $2 \times 1.0 = 2.0 \text{m}$，总当量长度 $l_d = 18.6 \text{m}$。

管段 BE 的折算长度 $l_{zh} = 70 + 18.6 = 88.6 \text{m}$。

管段 BE 的压力损失

$$\Delta P_{BE} = R_m l_{zh} = 302 \times 88.6 = 26757 \text{Pa}$$

用同样方法计算支管 CF，计算结果见表 4-4-1。

（4）计算系统总压力损失

$$\Sigma \Delta P = 2 \Delta P_{AD} + \Delta P_r + \Delta P_n = 2 \times (10633 + 12140 + 14627)$$
$$+ 10 \times 10^4 + 5 \times 10^4 = 224.8 \text{kPa}$$

4.4.3 分析

（1）室外热水供热管网水力计算的工程意义

管网水力计算成果是确定管网循环水泵流量和扬程的依据。

在水力计算基础上绘出水压图，可确定管网与用户的连接方式，选择管网和用户的自控措施，并进一步对管网工况，即对管网热媒的流量和压力状况进行分析，从而掌握管网中热媒流动的变化规律，制定运行调节制度和策略。

（2）室外热水供热管网水力计算方法分析

室内管网水力计算的基本原理，对室外热水供热管网是完全适用的。

在设计工作中，为了简化繁琐的计算，通常利用水力计算图表进行计算。在使用计算图表时，要注意制表条件，若实际条件不符，需修正查表所得的值。

管网中平均比摩阻最大的一条管线称为主干线（即最不利环路），平原地区，一般是从热源到最远用户的管线；山地，要注意用户标高的影响。水力计算从主干线开始。主干线的平均比摩阻对整个管网经济性起决定作用。这就需要确定一个经济的比摩阻，使得在规定的计算年限内总费用为最小。影响经济比摩阻的因素很多，理论上应根据工程具体条件计算确定。尽管有关资料给出，在一般的情况下，热水供热管网主干线的设计平均比摩阻可取 30～70Pa/m，但这仍然是一个很宽的不确定范围，还需要通过工程的具体情况分析确定。对于采用间接连接的管网网路，采用主干线的平均比摩阻值比上述规定的值高，有达到 100Pa/m 的。间接连接的热网主干线的合理平均比摩阻值，有待通过技术经济分析和运行经验进一步确定。

主干线水力计算完成后，应按支干线、支线的资用压力确定其管径，对管径 $DN \geqslant$ 400mm 的管道，控制其流速不得超过 3.5m/s；而对管径 $DN < 400$mm 的管道，控制其比摩阻不得超过 300Pa/m。

为消除剩余压头，通常在用户引入口或热力站处安装调压板、调压阀门或流量调节器。

对选用 $d/DN<0.2$ 的孔板，调压板的孔径可近似用式（4-4-7）计算

$$d = 10^4\sqrt{\frac{G_t^2}{H}} \quad (\text{mm})$$ (4-4-7)

式中 d——调压板的孔径，mm，为防止堵塞，孔径不小于 3mm；

G_t——管段的计算流量，t/h；

H——调压板需要消耗的剩余压头，mH_2O。

对 $d/DN>0.2$ 的调压板，宜根据有关节流装置的专门资料，利用计算公式或线算图来选择调压板的孔径。

调压板的孔径较小时，易于堵塞，而且调压板不能随意调节。手动式调节阀门，运行效果较好。手动调节阀门阀杆的启升程度，能调节要求消除的剩余压头值，并对流量进行控制。此外，装设自控型的流量调节器，可自动消除剩余压头，保证用户的流量。

4.5 蒸汽管网水力计算案例

4.5.1 低压蒸汽供暖的水力计算

【案例 4-6】图 4-5-1 为重力回水的低压蒸汽供暖管路系统的一个支路。锅炉房设在车间一侧。每个散热器的热负荷均为 4000W。每根立管及每个散热器的蒸汽支管上均装有截止阀。每个散热器凝水支管上安装一个恒温式疏水器。总蒸汽立管保温。图上小圆圈内的数字表示管段号。圆圈旁的数字：上行表示热负荷（W），下行表示管段长度（m）。罗马数字表示立管编号。要求确定各管段的管径及锅炉蒸汽压力。

【设计计算】

（1）确定锅炉压力

根据图 4-5-1，从锅炉出口到最远散热器的最不利支路的总长度 $\sum l=80m$。如按控制

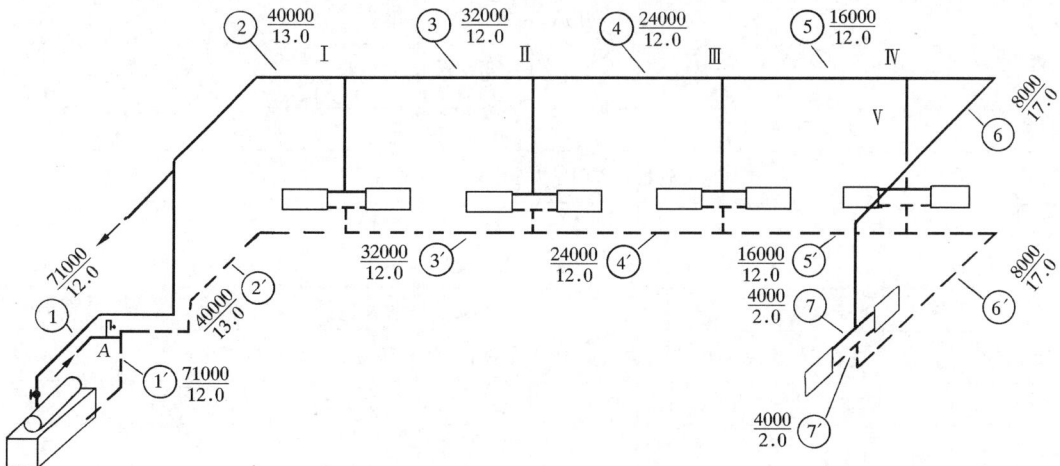

图 4-5-1 案例 4-6 的管路计算图

每米总压力损失（比压降）为 100Pa/m 设计，并考虑散热器前所需的蒸汽剩余压力为 2000Pa，则锅炉的运行表压力 P_b 应为：

$$P_b = 80 \times 100 + 2000 = 10\text{kPa}$$

在锅炉正常运行时，凝水总立管在比锅炉蒸发面高出约 1.0m 下面的管段必然全部充满凝水。考虑锅炉工作压力波动因素，增加 200~250mm 的安全高度。因此，重力回水的干凝水干管（即图 4-5-1 排气管 A 点前的凝水管路）的布置位置，至少比锅炉蒸发面高出 $h = 1.0 + 0.25 = 1.25\text{m}$。否则，系统中的空气无法从排气管排出。

（2）最不利管路的水力计算

低压蒸汽供暖系统摩擦压力损失约占总压力损失的 60%，因此，根据预计的平均比摩阻：$R_m = 100 \times 0.6 = 60\text{Pa/m}$ 左右和各管段的热负荷，选择各管段的管径及计算其压力损失。

计算时可用式（3-6-18）和式（3-6-19），也可利用设计手册中的水力计算表（见参考文献 [19] P224，表 7-1）。

计算结果列于表 4-5-1 和表 4-5-2 中。

低压蒸汽供暖系统管路水力计算表（案例 4-6）　　　　　表 4-5-1

管段	热量 Q (W)	长度 l (m)	管径 d (mm)	比摩阻 R (Pa/m)	流速 v (m/s)	摩擦压力损失 $\Delta P_y = Rl$ (Pa)	局部阻力系数 $\Sigma\xi$	动压头 P_d (Pa)	局部压力损失 $\Delta P_j = P_d \cdot \Sigma\xi$ (Pa)	总压力损失 $\Delta P = \Delta P_y + \Delta P_j$ (Pa)
1	2	3	4	5	6	7	8	9	10	11
1	71000	12	70	26.3	13.9	315.6	10.5	61.2	642.6	958.2
2	40000	13	50	29.3	13.1	380.9	2.0	54.3	108.6	489.5
3	32000	12	40	70.4	16.9	844.8	1.0	90.5	90.5	935.3
4	24000	12	32	86.0	16.9	1032	1.0	90.5	90.5	1122.5
5	16000	12	32	40.8	11.2	489.6	1.0	39.7	39.7	529.3
6	8000	17	25	47.6	9.8	809.2	12.0	30.4	364.8	1174.0
7	4000	2	20	37.1	7.8	74.2	4.5	19.3	86.9	161.1
									$\Sigma l = 80\text{m}$	$\Sigma \Delta P = 5370\text{Pa}$
立管Ⅳ 资用压力 $\Delta P_{6\sim7} = 1335\text{Pa}$										
立管	8000	4.5	25	47.6	9.8	214.2	11.5	30.4	349.6	563.8
支管	4000	2	20	37.1	7.8	74.2	4.5	19.3	86.9	161.1
										$\Sigma \Delta P = 725\text{Pa}$
立管Ⅲ 资用压力 $\Delta P_{5\sim7} = 1864\text{Pa}$										
立管	8000	4.5	25	47.6	9.8	214.2	11.5	30.4	349.6	563.8
支管	4000	2	15	194.4	14.8	388.8	4.5	69.4	312.3	701.1
										$\Sigma \Delta P = 1265\text{Pa}$
立管Ⅱ 资用压力 $\Delta P_{4\sim7} = 2987\text{Pa}$ 　立管Ⅰ 资用压力 $\Delta P_{3\sim7} = 3922\text{Pa}$										
立管	8000	4.5	20	137.9	15.5	620.6	13.0	76.1	989.3	1609.9
支管	4000	2	15	194.4	14.8	388.8	4.5	69.4	312.3	701.1
										$\Sigma \Delta P = 2311\text{Pa}$

（3）其他立管的水力计算

通过最不利管路的水力计算后，即可确定其他立管的资用压力。该立管的资用压力应等于从该立管与供汽干管节点起到最远散热器的管路总压力损失值。根据该立管的资用压力，可以选择该立管与支管的管径。其水力计算结果列于表4-5-1和表4-5-2内。

低压蒸汽供暖系统的局部阻力系数汇总表（案例4-6） 表4-5-2

局部阻力名称	管段号								
						其他立管		其他支管	
	1	2	3, 4, 5	6	7	$d=$ 25mm	$d=$ 20mm	$d=$ 20mm	$d=$ 15mm
截止阀	7.0			9.0		9.0	10.0		
锅炉出口	2.0								
90°煨弯	3×0.5 =1.5	2×0.5 =1.0		2×1.0 =2.0		1.0	1.5		
乙字弯					1.5			1.5	1.5
直流三通		1.0	1.0	1.0					
分流三通					3.0			3.0	3.0
旁流三通						1.5	1.5		
Σξ总局部阻力系数	10.5	2.0	1.0	12.0	4.5	11.5	13.0	4.5	4.5

（4）低压蒸汽供暖系统凝水管路管径选择

如图4-5-1所示，排气管A处前的凝水管路为干凝水管路。计算方法简单，根据各管段所担负的热量，可查"凝结水管管径选择表"（见参考文献［19］P227，表7-4）选择管径。对管段1′，它属于湿凝水管路，因管路不长，仍可按干式选择管径，将管径稍选粗一些。计算结果见表4-5-3。

低压蒸汽供暖系统凝水管径（案例4-6） 表4-5-3

管段编号	7′	6′	5′	4′	3′	2′	1′	其他立管的凝水立管段
热负荷（W）	4000	8000	16000	24000	32000	40000	71000	8000
管径 d（mm）	15	20	20	25	25	32	32	20

4.5.2 凝结水管网的水力计算

【案例4-7】下面，以几个不同的凝结水回收方式的凝水管网为例，进一步阐明其水力计算的步骤和方法。

图4-5-2所示为一闭式满管流凝水回收系统示意图。用热设备的凝水计算流量 $G_1=2.0\text{t/h}$，疏水器前凝水表压力 $P_1=2.0\text{bar}$，疏水器后表压力 $P_2=1.0\text{bar}$。二次蒸发箱的蒸汽最高表压力 $P_3=0.2\text{bar}$。

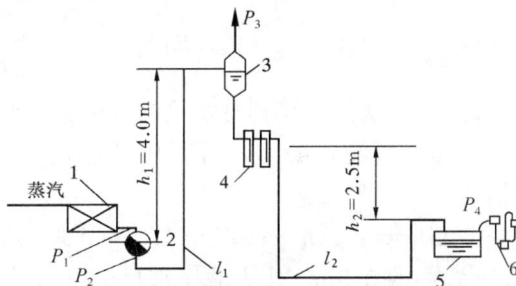

图4-5-2 案例图

1—用汽设备；2—疏水器；3—二次蒸发箱；
4—多级水封；5—闭式凝水箱；6—安全水封

管段的计算长度 $l_1 = 120m$。疏水器后凝水的提升高度 $h_1 = 4.0m$。二次蒸发箱下面减压水封出口与凝水箱的回形管标高差 $h_2 = 2.5m$。外网的管段长度 $l_2 = 200m$。闭式凝水箱的蒸汽垫层压力 $P_4 = 5kPa$。试选择各管段的管径。

【设计计算】（1）从疏水器到二次蒸发箱的凝水管段的水力计算。

1）计算余压凝水管段的资用压力及允许平均比摩阻 R_{pj} 值。

根据式（3-6-53），该管段的资用压力 ΔP_1 为

$$\Delta P_1 = (P_2 - P_3) - h_1 \rho_n g = (1.0 - 0.2) \times 10^5 - 4 \times 10^3 \times 9.81 = 40760 Pa$$

该管段的允许平均比摩阻 R_{pj} 值为

$$R_{pj} = \frac{\Delta P_1 (1 - \alpha)}{l_1} = \frac{40760(1 - 0.2)}{120} = 271.7 Pa/m$$

式中 α——局部阻力与总阻力损失的比例，查设计手册，取 $\alpha = 0.2$。

2）求余压凝水管中汽水混合物的密度 ρ_r 值

查设计手册，或用式（3-6-52）计算得出由于压降产生的含汽量 $x_2 = 0.054$。设疏水器漏汽量为 $x_1 = 0.03$，则在该余压凝水管的二次含汽量为

$$x = x_1 + x_2 = 0.03 + 0.054 = 0.084 kg/kg$$

根据式（3-6-51），可求得汽水混合物的密度 ρ_r

$$\rho_r = \frac{1}{x(v_q - v_s) + v_s} = \frac{1}{0.084(1.4289 - 0.001) + 0.001} = 8.27 kg/m^3$$

3）确定凝水管的管径

首先将平均比摩阻 R_{pj} 值换算为与凝结水管水力计算表（$\rho_{bi} = 10 kg/m^3$）等效的允许比摩阻 $R_{bi,pj}$ 值。

$$R_{bi,pj} = \left(\frac{\rho_r}{\rho_{bi}}\right) R_{pj} = \left(\frac{8.27}{10.0}\right) \times 271.7 = 224.7 Pa/m$$

根据凝水计算流量 $G_1 = 2.0 t/h$，查凝结水管水力计算表（见参考文献［7］P320，表 11-9），选用管径为 $89 \times 3.5mm$，相应的 R 及 v 值为

$$R_{bi} = 217.5 Pa/m; \quad v_{bi} = 10.52 m/s$$

4）确定实际的比摩阻 R_{sh} 和流速 v_{sh} 值

$$R_{sh} = \left(\frac{\rho_{bi}}{\rho_r}\right) R_{bi} = \left(\frac{10}{8.27}\right) \times 217.5 = 263 Pa/m < 271.7 Pa/m$$

$$v_{sh} = \left(\frac{\rho_{bi}}{\rho_r}\right) v_{bi} = \left(\frac{10}{8.27}\right) \times 10.52 = 12.7 m/s$$

（2）从二次蒸发箱到凝水箱的外网凝水管段的水力计算。

1）该管段流过凝水，可利用的作用压头 ΔP_2 和允许的平均比摩阻 R_{pj} 值，按下式计算：

$$\Delta P_2 = \rho_n g(h_2 - 0.5) - P_4 = 1000 \times 9.81(2.5 - 0.5) - 5000 = 14620 Pa$$

上式中的 0.5m，代表减压水封出口与设计动水压线的标高差。此段高度的凝水管为非满管流，留一富裕值，可防止产生虹吸作用，避免最后一级水封失效。

$$R_{pj} = \frac{\Delta P_2}{l_2(1 + \alpha_j)} = \frac{14620}{200(1 + 0.6)} = 45.7 Pa/m$$

式中　α_j——室外凝水管网局部压力损失与沿程压力损失的比值，查设计手册（见参考文献 [27] P272，表 9-7），取 $\alpha_j=0.6$。

2）确定该管段的管径

按流过最大过冷却凝水量考虑，$G_2=2.0\text{t/h}$。利用热力网路水力计算表，按 $R_{pj}=45.7\text{Pa/m}$ 选择管径。选用管子的公称直径为 $DN=50\text{mm}$。相应的比摩阻及流速为

$$R_m=31.9\text{Pa/m}<45.7\text{Pa/m};v=0.3\text{m/s}$$

4.5.3　室外余压凝水管网的水力计算

【案例 4-8】 某工厂的余压凝水回收系统如图 4-5-3 所示。用户 a 的凝水计算流量 $G_a=7.0\text{t/h}$，疏水器前的凝水表压力 $P_{a,1}=2.5\text{bar}$。用户 b 的凝水计算流量 $G_b=3\text{t/h}$，疏水器前的凝水表压力 $P_{b,1}=3.0\text{bar}$。各管段长度标在图上。凝水借疏水器后的压力集中输送回热源的开式凝结水箱。总凝水箱 I 回形管与疏水器标高差为 1.5m。试选择各管段的管径。

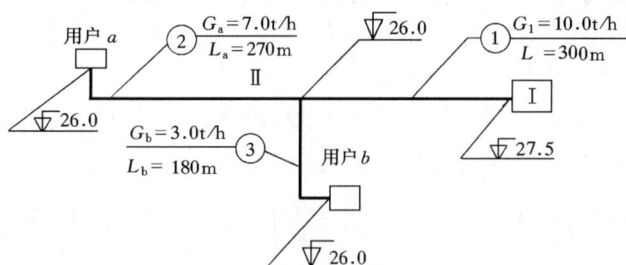

图 4-5-3　案例

I—总凝水箱；II—凝水管节点

【设计计算】（1）首先确定主干线和允许的平均比摩阻。

通过对比可知，从用户 a 到总凝水箱的管线的平均比摩阻最小，此主干线的允许平均比摩阻 R_m，可按下式计算。

$$R_m=\frac{10^5(P_{a,2}-P_I)-(H_I-H_a)\rho_n g}{\sum l(1+\alpha_j)}$$

$$=\frac{10^5(25\times0.5-0)-(27.5-26.0)\times1000\times9.81}{(300+270)(1+0.6)}$$

$$=120.9\text{Pa/m}$$

式中　$P_{a,2}$——用户疏水器后凝水表压力，采用 $P_{a,2}=0.5\times P_{a,1}=0.5\times2.5=1.25\text{bar}$；

　　　P_I——开式凝水箱的表压力，$P_I=0\text{bar}$；

H_I、H_a——总凝水箱回形管和用户 a 疏水器出口处的位置标高，m。

（2）管段①的水力计算

1）确定管段①的凝水含汽量，

$$x_{1,2}=\frac{G_a x_a+G_b x_b}{G_a+G_b}\quad(\text{kg/kg})$$

从用户 a 疏水器前的表压力 2.5bar（绝对压力 3.5bar）降到开式水箱的压力（绝对压力 1.0bar）时，查设计手册得 $x_a=0.074\text{kg/kg}$；同理，得 $x_b=0.083\text{kg/kg}$。

$$x_{1,2}=\frac{7.0\times0.074+3.0\times0.083}{7+3}=0.077\text{kg/kg}$$

加上疏水器的漏汽率 $x_1 = 0.03\text{kg/kg}$，由此可得管段①的凝水含汽量

$$x_{1,1} = 0.077 + 0.03 = 0.107\text{kg/kg}$$

2）求该管段汽水混合物的密度 ρ_r。根据式（3-6-51），在凝水箱表压力 $P_r = 0$ 条件下，汽水混合物的计算密度 ρ_r 为

$$\rho_r = \frac{1}{x_{1,1}(v_g - v_s) + v_s} = \frac{1}{0.107(1.6946 - 0.001) + 0.001} = 5.49\text{kg/m}^3$$

3）按已知管段流量 $G_1 = 10\text{t/h}$，管壁粗糙度 $K = 1.0\text{mm}$，密度 $\rho_r = 5.49\text{kg/m}^3$ 条件下，根据计算公式（3-6-43），可求出相应 $R_m = 120.9\text{Pa/m}$ 时的管子计算内径 $d_{l.n}$ 值为

$$d_{l.n} = 0.387 \frac{K^{0.0476} \cdot G_t^{0.381}}{(\rho R_m)^{0.19}}$$

$$= 0.387 \frac{(0.001)^{0.0476} \times (10)^{0.381}}{(5.49 \times 120.9)^{0.19}} = 0.196\text{m}$$

4）确定选择的实际管径、比摩阻和流速。由于管径规格与计算的 $d_{l.n}$ 值，不可能刚好相等，因此，要选用接近 $d_{l.n}$ 计算值的管径。现选用 $(D_w \times \delta)_{sh} = 219 \times 6\text{mm}$，管子实际内径 $d_{sh.n} = 207\text{mm}$。

由于实际管径与计算值有偏差，需进行比摩阻修正。流过的质量流量 G_t 和汽水混合物密度 ρ_r 不变，仅管径 d_n 改变时，比摩阻可按下式修正。

$$R_{sh} = \left(\frac{d_{l.n}}{d_{sh.n}}\right)^{5.25} \cdot R_m = \left(\frac{0.196}{0.207}\right)^{5.25} \times 120.9 = 90.8\text{Pa/m}$$

该管段的实际 v_{sh}，可按下式计算

$$v_{sh} = \frac{1000G}{900\pi d_{sh.n}^2 \cdot \rho_r} = \frac{1000 \times 10}{900\pi (0.207)^2 \times 5.49} = 15\text{m/s}$$

5）确定管段①的压力损失及节点Ⅱ的压力。管段①的计算长度 $l = 300\text{m}$，$\alpha_j = 0.6$，则其折算长度 $l_{zh} = l(1 + \alpha_j) = 300(1 + 0.6) = 480\text{m}$。该管段的压力损失为

$$\Delta P_① = R_{sh}l_{zh} = 90.8 \times 480 = 0.436\text{bar}$$

节点Ⅱ（计算管段①的始端）的表压力为

$$P_Ⅱ = P_Ⅰ + \Delta P_① + 10^{-5}(H_Ⅰ - H_Ⅱ)\rho_n g$$

$$= 0 + 0.436 + 10^{-5}(27.5 - 26.0) \times 1000 \times 9.81 = 0.583\text{bar}$$

（3）管段②的水力计算

首先需要确定该管段的凝水含汽量 $x_{2,1}$ 和相应的 ρ_r 值（从简化计算和更偏于安全，也可考虑直接采用总凝水干管的 $x_①$ 值计算）。

管段②疏水器前绝对压力 $P_Ⅰ = 3.5\text{bar}$，节点Ⅱ处的绝对压力 $P_Ⅱ = 1.583\text{bar}$。根据式（3-6-52），得出

$$x_{2,1} = (q_{3.5} - q_{1.583})/r_{1.583} = (584.3 - 473.9)/2222.3 = 0.05\text{kg/kg}$$

设 $x_1 = 0.03$，则管段②的凝水含汽量 $x_②$ 为

$$x_② = 0.05 + 0.03 = 0.08\text{kg/kg}$$

相应的汽水混合物的密度 ρ_r 为

$$\rho_r = \frac{1}{0.08(1.1041 - 0.001) + 0.001} = 11.2\text{kg/m}^3$$

按上述步骤和方法，可得出理论管子内径 $d_{l.n} = 0.149\text{m}$。选用管径为 $(D_w \times \delta)_{sh} =$

159×4.5mm，实际管子内径 $d_{sh.n}$=150mm。

计算结果列于表 4-5-4 中。用户 a 疏水器的背压 $P_{a.2}$=1.25bar，稍大于表中计算得出的主干线始端的表压力 P_m=1.09bar。

（4）分支线③的水力计算

分支线的平均比摩阻按下式计算

$$R_m = \frac{10^5(P_{b.2}-P_{II})-(H_{II}-H_{b.2})\rho_n g}{\sum l(1+\alpha_j)}$$

$$= \cdot \frac{10^5(3.0\times0.5-0.583)}{180(1+0.6)} = 318.4\text{Pa/m}$$

按上述步骤和方法，可得出该管段的流水混合物的密度 ρ_r=10.1kg/m³，得出理论管子内径 $d_{l.n}$=0.092m。选用管径为 $(D_w\times\delta)_{sh}$=108×4mm，实际管子内径 $d_{sh.n}$=100mm。

计算结果见表 4-5-4。用户 b 疏水器的背压力 $P_{b.2}$=1.5bar，稍大于表中计算得出的管段始端表压力 P_m=1.175bar。

余压凝水管网的水力计算表（案例 4-8） 表 4-5-4

| 管段编号 No. | 凝水流量 G_t (t/h) | 疏水器前凝水表压力 P_1 (bar) | 管段末点和始点高差 (H_s-H_M) (m) | 管段末点表压力 P_s (bar) | 管段长度（m） | | | 管段的平均比摩阻 R_m (Pa/m) | 管段汽水混合物的密度 ρ_r (kg/m³) |
					实际长度 l (m)	α_j	折算长度 l_{zh} (m)		
1	2	3	4	5	6	7	8	9	10
主干线									
管段①	10		1.5	0	300	0.6	480	120.9	5.49
管段②	7	2.5	0	0.583	270	0.6	432	120.9	11.2
分支线									
管段③	3	3.0	0		180	0.6	288	318.4	10.1

管段编号 No.	理论管子内径 $d_{l.n}$ (m)	选用管径 $(D_w\times\delta)_{sh}$ (mm)	选用管子内径 $d_{l.sh}$ (mm)	实际比摩阻 R_m (Pa/m)	实际流速 v_{sh} (m/s)	实际压力损失 ΔP (bar)	管段始端表压力 P_m (bar)	管段累计压力损失 ΔP_Σ
11	12	13	14	15	16	17	18
主干线								
管段①	0.196	219×6	207	90.8	15	0.436	0.583	0.436
管段②	0.149	159×4.5	150	116.7	9.8	0.504	1.09	0.94
分支线								
管段③	0.092	108×4	100	205.5	10.5	0.592	1.175	1.028

4.5.4 分析

通过案例 4-6 的水力计算可见，低压蒸汽供暖系统并联环路压力损失的相对差额，即所谓节点压力不平衡率是较大的，特别是近处的立管，即使选用了较小的管径，蒸汽流速已采用得很高，仍不可能达到平衡的要求。设计者往往在近处立管或支管安装阀门节流解决。安装了阀门并不意味着就解决了不平衡问题，这只是将设计难题转移给了调试与运行，并增加了工程造价和运行费用（能源费和人工费）。系统调试和运行时，阀门的调整难度很大，且随需调节的阀门数量的增加而近似按几何级数增长。水力计算水平的高低，管网设计水平的高低，管网水力特性的优劣都与管网中所需安装的水力平衡调节阀门的数量成反比。

蒸汽供暖系统远近立管并联环路节点压力不平衡，由此而产生水平失调的现象与热水供暖系统相比有所不同。在热水供暖系统中，如不进行调节，则通过远近立管的流量比例是不会发生变化的。在蒸汽供暖系统中，当近处散热器流量增多后，疏水器的阻汽作用会使近处散热器内蒸汽压力升高，进入近处散热器的蒸汽量就自动减少；待近处疏水器正常排水后，进入近处散热器的蒸汽量又再增多。此外，散热器的散热能力也控制着蒸汽流量，只有当散热器将蒸汽的汽化潜热散出后，蒸汽才能凝结成水通过疏水器排走。这是蒸汽供暖系统特有的自调性和周期性，热水供暖系统没有这特性。在进行蒸汽供暖系统水力平衡时，应好好利用这些特性。关键是疏水器性能的可靠性和散热器的合理配置。后者虽不属于本教材内容，但若蒸汽供暖系统的各散热器有的偏大，有的偏小，其水力特性必然差，而且是难于通过水力计算平衡的。在热水供暖系统中，即使散热器大小不对，只要所给的水力参数是正确的，不会影响水力平衡。但不能保障供暖要求或浪费能源。

从案例 4-7 可知，具有多个疏水器并联工作的余压凝水管网，它的水力计算比较繁琐。如同蒸汽管网水力计算一样，需要逐段求出该管段汽水混合物的密度。在余压凝水管网水力计算中，为偏于设计安全起见，通常以管段末端的密度作为管段的汽水混合物的平均密度。进行主干线的水力计算时，通常从凝结水箱的总干管开始进行，直到最不利用户。

主干线各计算管段的二次汽量，可按下式计算：

$$x_2 = \frac{\sum G_i x_i}{\sum G_i} \qquad (4\text{-}5\text{-}1)$$

式中　x_2——计算管段由于凝水压降产生的二次蒸发汽量，kg/kg；

　　　x_i——计算管段所连接的用户，由于凝水压降产生的二次蒸发汽量，kg/kg；

　　　G_i——计算管段所连接的用户的凝水计算流量，t/h。

该计算管段的 x_2 值，加上疏水器的漏汽量 x_1 所得之和，即为该管段的凝水含汽量，然后，算出该管段的汽水混合物的密度。

从上面三个案例可知，蒸汽管网的凝水管路计算繁琐复杂。这是因为相关的两相流流体力学基础薄弱，工程实践的积淀和提炼不够。其经验、半经验公式和计算参数的取值都需要随着科技进步和工程实践的积累予以完善。

思 考 题 与 习 题

4-1　简述实现均匀送风的基本条件。怎样实现这些条件？

4-2　为何天然气管网水力计算不强调并联管路平衡？

4-3　机械循环室内供暖管网的水力特性和水力计算方法与重力循环管网有哪些一致的地方？有哪些不同之处？

4-4　室外热水供热管网的水力计算与室内热水供暖管网相比有哪些相同之处和不同之处？

4-5　简述室内蒸汽供热管网水力计算的基本方法和主要步骤。

4-6　简述凝结水管网水力计算的基本特点。

4-7 如习题图 4-1 所示管网，输送含谷物粉尘的空气，常温下运行，对该管网进行水力计算，并计算管网总阻抗。

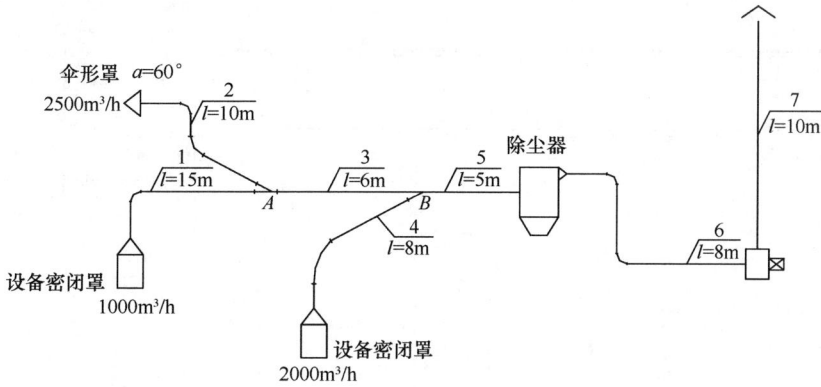

习题图 4-1

4-8 如习题图 4-2 所示建筑，每层都需供应天然气。试分析天然气管道的最不利环路及水力计算的关键问题。

4-9 完成习题图 4-3 所示室内天然气管网水力计算，每户额定用气量 $1.0Nm^3/h$，用气设备为双眼燃气灶。

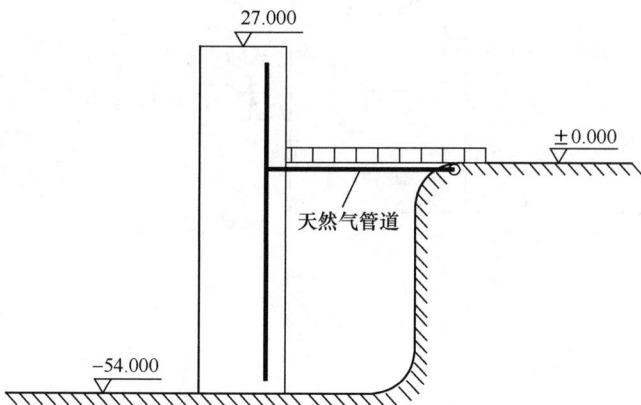

习题图 4-2

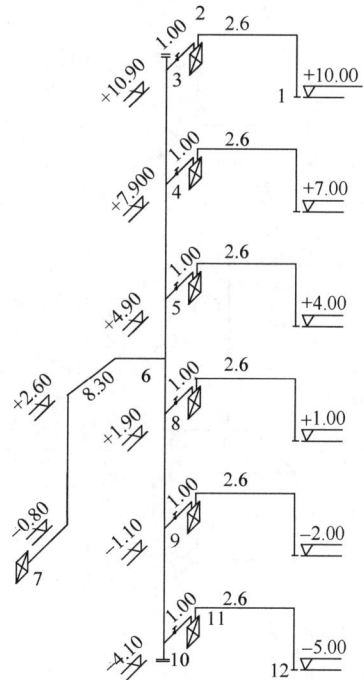

习题图 4-3

4-10 如习题图 4-4 所示，某大型水电站地下主厂房发电机层需在拱顶内设置两根相同的矩形送风管进行均匀送风，总送风量 $40×10^4 m^3/h$，送风温度 20℃。试设计这两根送风管。每根风管设送风口 15 个，风口风速 8m/s，风口间距 16.5m。

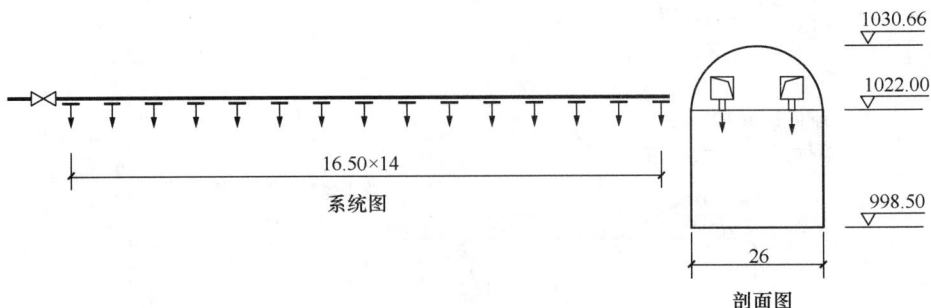

习题图 4-4

4-11　通过水力计算确定习题图 4-5 所示重力循环热水供暖管网的管径。图中Ⅲ、Ⅳ、Ⅴ各散热器的热负荷与Ⅱ立管相同。只算Ⅰ、Ⅱ立管，其余立管只讲计算方法，不作具体计算，散热器进出水支管管长 1.5m，进出水支管均有截止阀和乙字弯，每根立管和热源进出口设有闸阀。

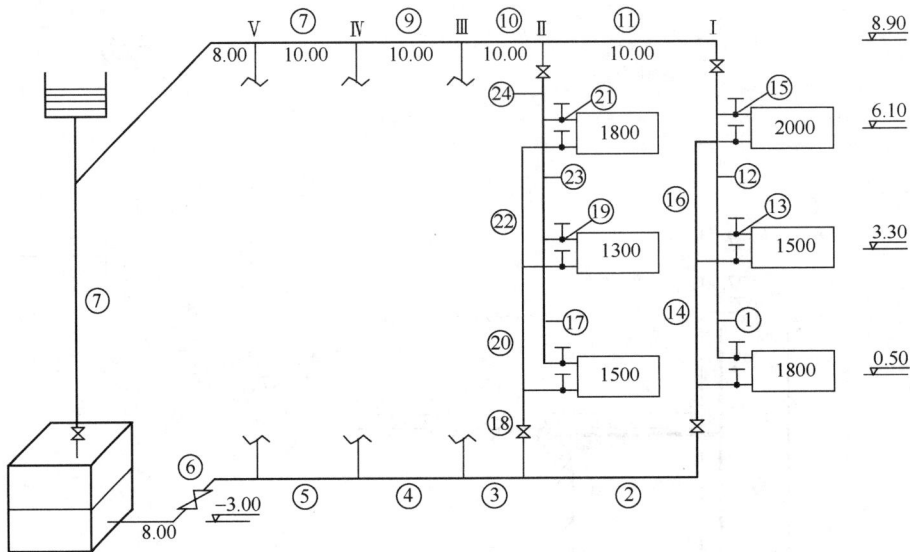

习题图 4-5

4-12　若教材 4.5.1 案例中，每个散热器的热负荷均为 3000W，试重新确定各管段的管径及锅炉蒸气压力。

4-13　如习题图 4-6 所示管网，输送含轻矿物粉尘的空气。按照枝状管网的通用水力计算方法对该管网进行水力计算，环境空气温度 20℃，大气压力 101325Pa。

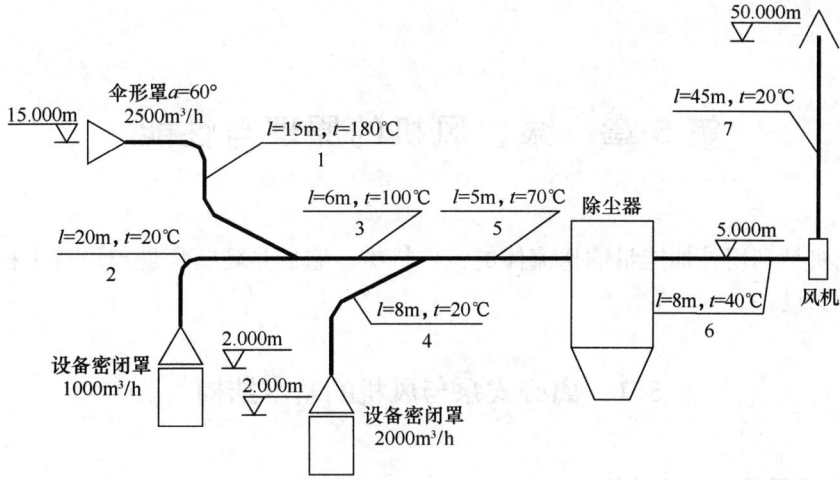

习题图 4-6

第5章 泵、风机的原理与性能

泵与风机是利用外加能量输送流体的流体机械。它们是建筑环境与设备工程专业使用最广泛的动力设备。

5.1 离心式泵与风机的基本结构

5.1.1 离心式风机的基本结构

离心式风机主要部件是叶轮和机壳，如图 5-1-1 所示。对大型离心式风机，一般还有进气箱、前导器和扩压器。现分述如下。

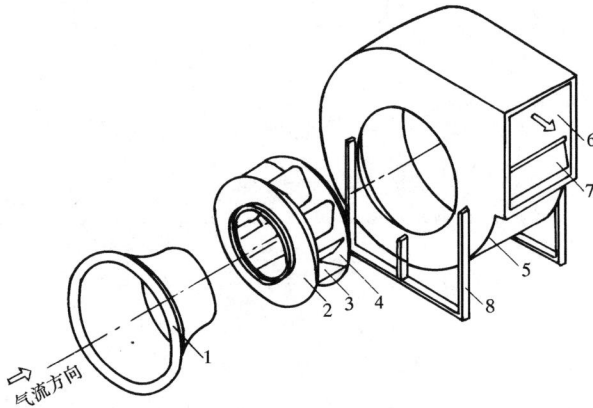

图 5-1-1 离心式风机主要结构分解示意图

1—吸入口；2—叶轮前盘；3—叶片；4—后盘；5—机壳；

6—出口；7—节流板，即风舌；8—支架

1. 叶轮

叶轮是离心式风机的心脏部分，它的尺寸和几何形状对风机的性能有着重大的影响。离心式风机的叶轮一般由前盘、后（中）盘、叶片和轴盘组成，其结构有焊接和铆接两种形式。

叶轮前盘的形式有平前盘、锥形前盘和弧形前盘等几种，如图 5-1-2 所示。平前盘制造简单，但一般对气流的流动情况有不良影响。我国生产的 8-18 型离心式风机就是采用这种平前盘。

锥形前盘和弧形前盘的叶轮，制造比较复杂，但其气动效率和叶轮强度都比平前盘优越。

双侧进气的离心式风机叶轮，是两侧各有一个相同的前盘，叶轮中间有一个通用的中

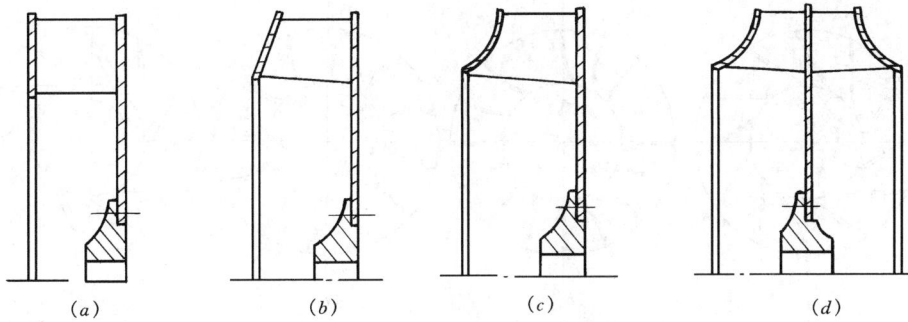

图 5-1-2　叶轮结构形式示意图

（*a*）平前盘叶轮；（*b*）锥形前盘叶轮；（*c*）弧形前盘叶轮；（*d*）双吸叶轮

盘，中盘铆在轴盘上。

叶轮上的主要零件是叶片。离心式风机的叶片，一般为 6～64 个。由于叶片出口安装角和叶片形状的不同，叶轮的结构形式也有不同。

（1）叶片出口角不同

离心式泵与风机的叶轮，根据叶片出口角的不同，可分为如图 5-1-3 所示的前向、径向和后向三种。叶片出口角 β_2 大于 90°的叫作前向叶片，等于 90°的叫作径向叶片，小于90°的叫作后向叶片。

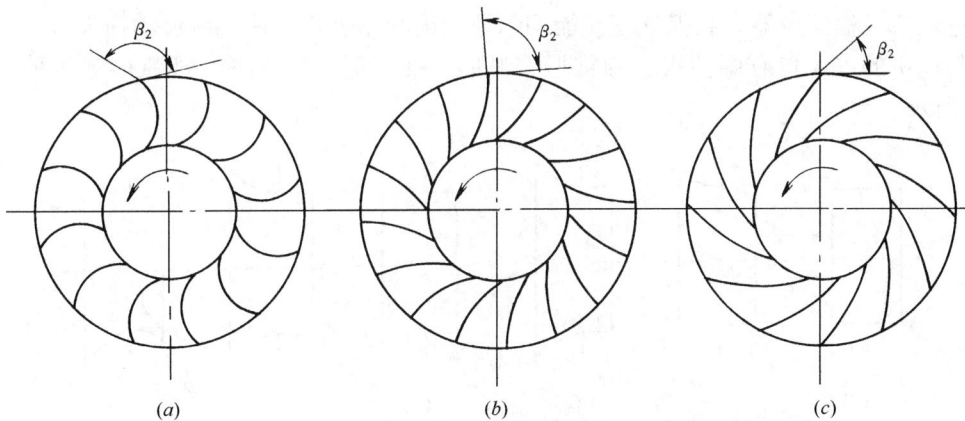

图 5-1-3　前向、径向和后向叶轮示意图

（*a*）前向；（*b*）径向；（*c*）后向

（2）叶片形状不同

离心式风机叶片形状有如图 5-1-4 所示的平板形、圆弧形和中空机翼形等几种。平板形叶片制造简单。中空机翼形叶片具有优良的空气动力特性，叶片强度高，风机的气动效率一般较高。如果将中空机翼形叶片的内部加上补强筋，可以提高叶片的强度和刚度，但工艺较复杂。中空机翼形叶片磨漏后，杂质易进入叶片内部，使叶轮失去平衡而产生振动。

目前，前向叶片一般多采用圆弧形叶片。在后向叶片中，对于大型离心式风机多采用机翼形叶片，而对于中、小型离心式风机，则以采用圆弧形和平板形叶片为宜。

163

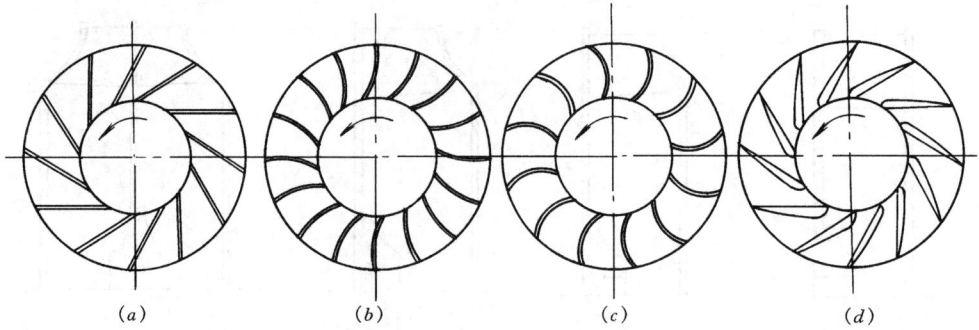

图 5-1-4　叶片形状

（a）平板叶片；（b）圆弧窄叶片；（c）圆弧叶片；（d）机翼形叶片

2. 机壳

离心式风机的机壳由蜗壳、进风口、扩散器和风舌等零部件组成。

（1）蜗壳

蜗壳是由蜗板和左右两块侧板焊接或咬口而成。蜗壳的作用是收集从叶轮出来的气体，并引导到蜗壳的出口，经过出风口把气体输送到管道中或排到大气中去。有的风机将流体的一部分动压通过蜗壳转变为静压。蜗壳的蜗板是一条对数螺旋线。为了制造方便，一般将蜗壳设计制成等宽矩形断面。

（2）进风口

进风口又称集风器，它保证气流能均匀地充满叶轮进口，使气流流动损失最小。离心式泵与风机的进风口有圆筒形、圆锥形、弧形、锥筒形、弧筒形、锥弧形等多种，如图5-1-5 所示。

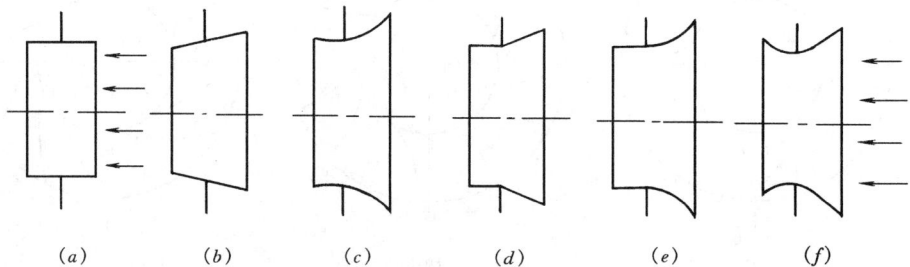

图 5-1-5　不同形式的进气口

（a）圆筒形；（b）圆锥形；（c）弧形；（d）锥筒形；（e）弧筒形；（f）锥弧形

3. 进气箱

进气箱一般只使用在大型的或双吸的离心式风机上。其主要作用是使轴承装于风机的机壳外边，便于安装与检修，对改善锅炉引风机的轴承工作条件更为有利。对进风口直接装有弯管的风机，在进风口前装上进气箱，能减少因气流不均匀进入叶轮产生的流动损失。断面逐渐有些收敛的进气箱的效果较好。

4. 前导器

一般在大型离心式风机或要求性能调节的风机的进风口或进风口的流道内装置前导器。改变前导器叶片的角度，能提高风机性能、扩大使用范围和提高经济性。前导器有轴向式和径向式两种。

5. 扩散器

扩散器装于风机机壳出口处，其作用是降低出口流体速度，使部分动压转变为静压。根据出口管路的需要，扩散器有圆形截面和方形截面两种。

离心式风机可以做成右旋转或左旋转两种形式。从原动机一端正视，叶轮旋转为顺时针方向的称为右旋转，用"右"表示；叶轮旋转为逆时针方向的称为左旋转，用"左"表示。但必须注意叶轮只能顺着蜗壳螺旋线的展开方向旋转。

5.1.2 离心式泵的基本结构

与离心式风机相似，离心式泵主要由叶轮、泵壳、泵座、密封环和轴封装置等构成。如图 5-1-6 所示。

1. 叶轮

离心泵的叶轮同样可分为单吸叶轮和双吸叶轮两种。考虑到材料的耐磨和耐腐蚀性能，离心泵的叶轮目前多采用铸铁、铸钢和青铜制成。叶轮按其盖板情况又可分为封闭式叶轮、敞开式叶轮和半开式叶轮三种形式，如图 5-1-7 所示。凡具有两个盖板的叶轮，称为封闭式叶轮，如图 5-1-7（a）所示。这种叶轮应用最广，前述的单吸式、双吸式叶轮均属于这种形式。只有叶片没有完整盖板的叶轮称为敞开式叶轮，如图 5-1-7（b）所示。只有后盖板、没有前盖板的叶轮，称为半开式叶轮，如图 5-1-7（c）所示。一般在抽吸含有悬浮物的污水泵中，为了避免堵塞，有时采用敞开式或半开式叶轮。这种叶轮的特点是叶片少，一般仅 2～5 片。而封闭式叶轮一般有 6～8 片，多的可至 12 片。

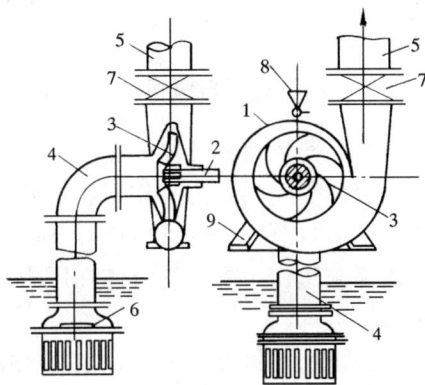

图 5-1-6　单级单吸式离心泵的构造
1—泵壳；2—泵轴；3—叶轮；4—吸水管；5—压水管；6—底阀；7—闸阀；8—灌水漏斗；9—泵座

2. 泵壳

离心泵的泵壳通常铸成蜗壳形，其过水部分要求有良好的水力条件。叶轮工作时，沿蜗壳的渐扩断面上，流量是逐渐增大的，为了减少水力损失，在水泵设计中应使沿蜗壳渐扩断面流动的水流速度是一常数。泵壳顶上设有充水和放气的螺孔，以便在水泵启动前用

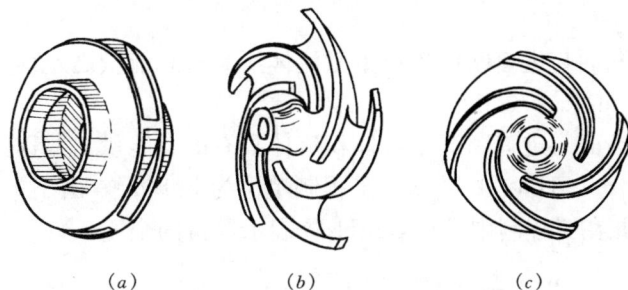

（a）　　　（b）　　　（c）
图 5-1-7　叶轮形式
（a）封闭式叶轮；（b）敞开式叶轮；（c）半开式叶轮

165

来充水和排走泵壳内的空气。

3. 泵座

泵座上有与底板和基础固定的法兰孔。

4. 轴封装置

与离心式风机不同，离心泵的泵轴穿出泵壳时，在轴与壳之间存在着间隙，如不采取措施，间隙处就会有泄漏。当间隙处的液体压力大于大气压力（如单吸式离心泵）时，泵壳内的高压水就会通过此间隙向外大量泄漏，当间隙处的液体压力为真空（如双吸式离心泵）时，则大气就会从间隙处漏入泵内，从而降低泵的吸水性能。为此，需在轴与泵之间的间隙处设置密封装置，称之为轴封。

5.2　离心式泵与风机的工作原理及性能参数

5.2.1　离心式泵与风机的工作原理

当泵与风机的叶轮随原动机的轴旋转时，处在叶轮叶片间的流体也随叶轮高速旋转，此时流体受到离心力的作用，经叶片间出口被甩出叶轮。这些被甩出的流体挤入机（泵）壳后，机（泵）壳内流体压强增高，最后被导向泵或风机的出口排出。与此同时，叶轮中心流体被甩出，外界的流体在压力的作用下，沿泵或风机的进口进入叶轮，如此源源不断地输送流体。

由上所述可知，离心式泵与风机的工作过程，实际上是一个能量的传递和转化过程。它把电动机高速旋转的机械能转化为被输送流体的动能和势能。在这个能量的传递和转化过程中，必然伴随着诸多的能量损失，这种损失越大，该泵或风机的性能就越差，工作效率越低。

5.2.2　离心式泵与风机的性能参数

1. 流量

单位时间内泵与风机所输送的流体量称为流量。常用体积流量并以字母 Q 表示，单位是 m^3/s 或 m^3/h。当采用质量流量时其单位为 t/h。

2. 泵的扬程与风机的全压

泵的扬程与风机的全压分别表示每单位重量或每单位体积的流体流经泵或风机时所获得的总能量。

流经泵的出口断面与进口断面单位重量流体所具有总能量之差称为泵的扬程。用字母 H 表示，其单位为 m 水柱（mH_2O）。

流经风机出口断面与进口断面单位体积流体具有的总能量之差称为风机的全压。用字母 P 表示，单位为 Pa。$1Pa=1N/m^2$。工程制单位为 kgf/m^2，由于 $1mmH_2O$ 的压强恰好等于 $1kgf/m^2$，因此在工程制中常用 mmH_2O 表示风机的全压。

3. 功率

（1）有效功率

有效功率表示在单位时间内流体从离心式泵或风机中所获得的总能量。用字母 N_e 表示，它等于重量流量和扬程的乘积：

$$N_e = \gamma QH = QP \quad (\text{W 或 kW})$$

（2）轴功率

实际上，流体通过泵与风机时要引起一系列损失，如流动损失、轮阻损失和内泄漏损失、机械传动损失等，势必多耗功。从而使得原动机传递到泵与风机轴上的输入功率必然增加，原动机传递到泵与风机轴上的输入功率为轴功率，用字母 N 表示。

4. 效率

泵与风机的有效功率与轴功率之比为总效率，常用字母 η 表示。

$$\eta = \frac{N_e}{N}$$

效率反映损失的大小和输入的轴功率被流体利用的程度，效率高，即损失小。从不同角度出发，我们还可以定义不同的效率。

5. 转速

转速指泵与风机的叶轮每分钟的转数，常用字母 n 表示，单位是 r/min。

5.3 欧 拉 方 程

5.3.1 绝对速度与相对速度

由理论力学可知，绝对速度是指运动物体相对于静止参照系的运动速度，相对速度则是指运动物体相对于运动参照系的速度，而运动参照系相对于静止参照系的速度被称为牵连速度。且有：

$$\vec{v} = \vec{w} + \vec{u}$$

式中　　$\vec{v}$——绝对速度；

$\vec{w}$——相对速度；

$\vec{u}$——牵连速度。

尽管静止参照系的"静止"只是一个相对的概念，但绝大多数情况下，一般可认为地球参照系是一个静止参照系。

当流体在离心式泵与风机的叶轮中运动时，我们可以在地球和运动的叶轮上分别建立两个参照系，此时，流体相对于静止大地的运动速度是绝对速度，而流体相对于叶轮的运动速度是相对速度，叶轮相对于静止大地的速度是牵连速度。

5.3.2 流体在叶轮中的运动与速度三角形

当叶轮旋转时，在叶片进口"1"处，流体一方面随叶轮旋转作圆周牵连运动，其圆周速度为 u_1；另一方面又沿叶片方向作相对流动，其相对速度为 w_1。最终，流体在进口处的绝对速度 v_1 应为 u_1 与 w_1 两者之矢量和。同理，在叶片出口"2"处，流体的圆周速度 u_2 与相对速度 w_2 之矢量和为绝对速度 v_2，见图 5-3-1。

为了便于分析，有时也将绝对速度 v 分解为与流量有关的径向分速 v_r 和与压力有关的切向分速 v_u。前者的方向与叶轮半径方向相同，后者与叶轮的圆周运动方向相同。

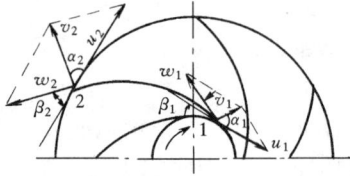

图 5-3-1　叶片进口和出口处的
流体速度图
1—进口；2—出口

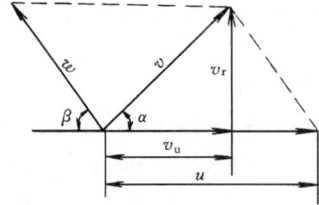

图 5-3-2　流体在叶轮中运动
的速度三角形
u—圆周速度；w—相对速度；v—绝对速度

将上述流体质点诸速度共同绘制在一张速度图上（图 5-3-2），就是流体质点的速度三角形图。

速度 v 和 u 之间的夹角叫做叶片的工作角 α。α_1 是叶片进口工作角，α_2 为叶片出口工作角，显然，工作角与径向分速及切向分速有关。

速度三角形除清楚地表达了流体在叶轮流道中的流动情况外，它又是研究泵与风机的一个重要手段。

应当说明，当叶轮流道几何形状（安装角 β 已定）及尺寸确定后，如已知叶轮转速 n 和流量 Q_T，即可求得叶轮内任何半径 r 上的某点的速度三角形。

这里，流体的圆周速度 u 为

$$u = \omega \cdot r = \frac{\pi dn}{60}$$

由于叶轮流量 Q_T 等于径向分速度 v_r，乘以垂直于 v_r 的过流断面积 F，即 $Q_T = v_r \cdot F$，由此可求出径向分速度 v_r。其中 F 是一个环周面积，可以近似认为它是以半径 r 处的叶轮宽度 b 作母线，绕轴心线旋转一周所成的曲面，故有

$$F = 2\pi rb\varepsilon$$

式中　ε——叶片排挤系数，它反映了叶片厚度对流道过流面积的遮挡程度。

既然 u 和 v_r 已求得，又已知 β 角，则此速度三角形就不难绘出了。

5.3.3　离心式泵与风机的基本方程——欧拉方程

流体在叶轮内的流动过程是十分复杂的。为了简便起见，可做一些假定，把它当作一元流动来讨论，也就是用流束理论进行分析。这些基本假定是：

（1）流动为恒定流

即流动不随时间变化。

（2）流体为不可压缩流体

因流体流经离心式泵与风机所获升压较小，则进、出口的流体密度可视为不变，当做不可压缩流体看待。

（3）叶轮的叶片数目为无限多，叶片厚度为无限薄

即流体被叶片分成微小流束，其形状与叶片的形状完全一致，且叶片入口与出口没有突然收缩和突然扩大现象，因此可认为沿圆周各点的速度相等，即流体是轴向对称的。

（4）流体在整个叶轮中的流动过程为一理想过程

即泵与风机工作时没有任何能量损失，则原动机加到泵与风机轴上的能量，等于被输送流体所获得的能量。

实际情况与上述条件有相当大的出入，但根据这些条件研究得出的结果，仍有十分重要的意义。对于那些与实际情况不符的地方，以后再逐步加以修正。

用"动量矩"定理可以方便地导出离心式泵与风机的基本方程——欧拉方程。力学中的动量矩定理告诉我们：质点系对某一转轴的动量矩对时间的变化率，等于作用于该质点系的所有外力对该轴的合力矩 M。

若用角标"T"表示理想流动过程，"∞"表示叶片为无限多，"1"表示叶轮进口参数，"2"表示叶轮出口参数。则 $Q_{T\infty}$ 表示流体在一个理想流动过程中流经叶片为无限多的叶轮时的体积流量，单位时间内流经叶轮进出口流体动量矩的变化则为

$$\rho Q_{T\infty}(r_2 \cdot v_{u2T\infty} - r_1 \cdot v_{u1T\infty})$$

它应等于作用于流体的合外力矩 M。同时，它又恰好等于外力施加于叶轮轴上的力矩。

故有

$$M = \rho Q_{T\infty}(r_2 \cdot v_{u2T\infty} - r_1 \cdot v_{u1T\infty})$$

由于外力矩 M 乘以叶轮角速度 ω 就是加在转轴上的外加功率 $N = M \cdot \omega$，而在单位时间内叶轮对流体所做的功 N，在理想条件下，又全部转化为流体的能量，即 $N = \rho g Q_{T\infty} \cdot H_{T\infty}$，$H_{T\infty}$ 为流体所获得的理论扬程。再将 $u = r \cdot \omega$ 关系代入上式，便得

$$N = M\omega = \rho Q_{T\infty}(u_{2T\infty} \cdot v_{u2T\infty} - u_{1T\infty} \cdot v_{u1T\infty})$$

经移项，就可以得到理想化条件下单位重量流体的能量增量与流体在叶轮中运动的关系，即欧拉方程

$$H_{T\infty} = \frac{1}{g}(u_{2T\infty} \cdot v_{u2T\infty} - u_{1T\infty} \cdot v_{u1T\infty}) \tag{5-3-1}$$

由推导过程可知欧拉方程有如下特点：

1）用动量矩定理推导基本能量方程时，并未分析流体在叶轮流道中途的运动过程，于是，流体所获得的理论扬程 $H_{T\infty}$，仅与流体在叶片进、出口处的速度三角形有关，而与流动过程无关。

2）流体所获得的理论扬程 $H_{T\infty}$ 与被输送流体的种类无关，也就是说无论被输送的流体是水或是空气，乃至其他密度不同的流体，只要叶片进、出口处的速度三角形相同，都可以得到相同的液柱或气柱高度（扬程）。

5.3.4 欧拉方程的修正

在推导欧拉方程时我们曾做了 4 点基本假设，其中的第一点只要原动机转速不变是基本上可以保证的，第二点对泵是完全成立的，对建筑环境与能源应用工程专业常用的风机也是近似成立的，而后两点却是需要做出修正的。

在叶轮叶片为无限多的假设条件下，叶道内同一截面上的相对速度是相等的，如图 5-3-4（a）所示，并且其方向与叶道一致，例如在叶轮出口处气体的相对速度方向是与该处叶片相切的，即沿叶片出口安装角 β_2 方向流出。实际上，离心式泵与风机的叶片数目是有限的，在有限多叶片数目的叶道中将产生轴向涡流且叶道中的速度分布也变得不均匀起来。

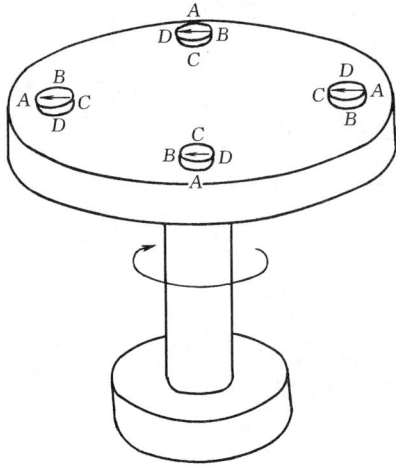

图 5-3-3　轴向涡流实验示意图

如图 5-3-3 所示，以一简单实验，认识轴向涡流的存在。在一碗水上浮起一片纸标，纸标的箭头先指向碗的 A 点（图的左侧为起始位置），然后将该碗水放在一个可以旋转的圆盘上。

当圆盘开始做顺时针方向旋转时，可以发现纸标的箭头并不随碗 A 点一起绕盘的圆心转动，而是基本上保持纸标原来的指向不变，仍然向着左侧。

这是由于碗中的水具有惯性的缘故。当碗绕圆盘圆心旋转时，碗中水只做平移运动，因此碗中水相对于碗来说，是在做与圆盘旋转方向相反的旋转运动，即纸标相对于碗做 ADCBA 的旋转运动，称这种旋转运动为轴向涡流。

同理，设想叶轮进、出口封闭，由于流体本身具有惯性，并且其黏性又很小，当叶轮旋转时流体跟着叶道作平移运动，依上述实验原理，流体相对叶轮来说，在叶道里就形成了一个与叶轮旋转方向相反的轴向涡流，如图 5-3-4（b）所示。因此，在有限叶片数时，流体经叶道除了相对流动之外，还存在轴向涡流。此涡流运动与原来的相对均匀流合成之后，在顺叶轮转动方向的流道前部，相对涡流助长了原有的相对流速；而在后部，则抑制原有的相对流速，如图 5-3-4（c）所示。结果，相对流速在同一半径的圆周上的分布变得不均匀起来，如图 5-3-4（d）所示，它一方面使叶片两面形成压力差，成为作用于轮轴上的阻力矩，需原动机克服此力矩而耗能；另一方面，在叶轮出口处，相对速度将朝旋转反方向偏离切线，由 $w_{2T\infty}$ 变为 w_{2T}。这种影响能在图 5-3-5 所示的速度三角形中看到，原来的切向分速度 $v_{u2T\infty}$ 将减小为 v_{u2T}。根据同样的分析，叶轮进口处的相对速度将朝叶轮转动方向偏移，从而使进口切向分速由原有的 $v_{u1T\infty}$ 增加到 v_{u1T}。由于以上影响，按式（5-3-1）计算的叶片无限多的扬程 $H_{T\infty}$ 要降低到叶片有限多的 H_T 值。

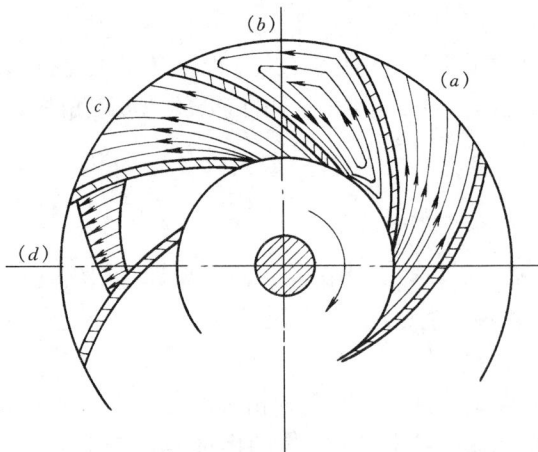

图 5-3-4　轴向涡流对流速分布的影响

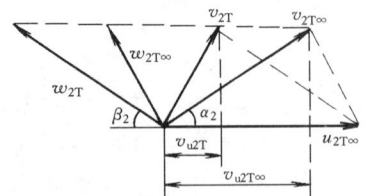

图 5-3-5　流体在叶轮出口处速度的偏移

前已证明无限多叶片数时泵与风机的理论扬程为：

$$H_{T\infty} = \frac{1}{g}(u_{2T\infty} \cdot v_{u2T\infty} - u_{1T\infty} \cdot v_{u1T\infty})$$

同理可得有限多叶片数时泵与风机的理论扬程为：

$$H_T = \frac{1}{g}(u_{2T} \cdot v_{u2T} - u_{1T} \cdot v_{u1T}) \qquad (5\text{-}3\text{-}2)$$

则有限多叶片数的理论扬程 H_T 与无限多叶片数的理论扬程 $H_{T\infty}$ 的比值为：

$$K = \frac{H_T}{H_{T\infty}} < 1$$

K 称为环流系数，或压力减小系数。它仅说明叶轮对流体做功时，有限多叶片比无限多叶片获得的扬程小，这并非黏性的缘故，而是由于存在轴向涡流的影响。关于环流系数 K 的大小，目前泵与风机中都采用经验或半经验公式计算。对离心式泵与风机来说，K 值一般在 $0.78 \sim 0.85$ 之间。

当进口切向分速 $v_{u1} = v_1 \cdot \cos\alpha_1 = 0$ 时，根据式（5-3-2）计算的理论扬程 H 将达到最大值。因此，在设计泵或风机时，总是使进口绝对速度 v_1 与圆周速度 u_1 间的工作角 $\alpha_1 = 90°$。这时流体按径向进入叶片的流道，理论扬程方程式就简化为：

$$H_T = \frac{1}{g}u_{2T}v_{u2T}$$

为简明起见，将流体运动诸量中用来表示理想条件的下角标"T"去掉，可得：

$$H_T = \frac{1}{g}u_2 v_{u2} \qquad (5\text{-}3\text{-}3)$$

对假设（4）的修正，我们将留待下节专门讨论。

5.3.5 欧拉方程的物理意义

下面将欧拉方程式（5-3-2）稍做变化。利用进、出口速度三角形，如图 5-3-1 所示，应用余弦定理，可得：

$$w_2^2 = u_2^2 + v_2^2 - 2u_2 v_2 \cos\alpha_2 = u_2^2 + v_2^2 - 2u_2 v_{u2}$$
$$w_1^2 = u_1^2 + v_1^2 - 2u_1 v_1 \cos\alpha_1 = u_1^2 + v_1^2 - 2u_1 v_{u1}$$

于是有：

$$u_2 v_{u2} = \frac{1}{2}(u_2^2 + v_2^2 - w_2^2)$$
$$u_1 v_{u1} = \frac{1}{2}(u_1^2 + v_1^2 - w_1^2)$$

代入式（5-3-2），得：

$$H_T = \frac{u_2^2 - u_1^2}{2g} + \frac{w_1^2 - w_2^2}{2g} + \frac{v_2^2 - v_1^2}{2g} \qquad (5\text{-}3\text{-}4)$$

式（5-3-4）是欧拉方程式的另一表达形式，它有极清晰的物理概念。

上式中的第一项 $(u_2^2 - u_1^2)/2g$ 是单位重量流体在叶轮旋转时所产生的离心力所做的功，使流体自进口（r_1 处）到出口（r_2 处）产生一个向外的压能（静压水头）增量 ΔH_{jR}。因流体的离心力为 $mr\omega^2$，而单位重量离心力为 $\frac{1}{g}r\omega^2$，故有：

$$\Delta H_{jR} = \int_{r_1}^{r_2} \frac{1}{g} \omega^2 r dr = \frac{1}{2g}(\omega^2 r_2^2 - \omega^2 r_1^2) = \frac{u_2^2 - u_1^2}{2g}$$

该式说明，因离心机中流体呈径向流动，且圆周速度 $u_2 > u_1$，故其离心力作用很强，但对轴流机来说，因流体是沿轴向流动，$u_2 = u_1$，所以不受离心力作用。

式中的第二项 $\frac{w_1^2 - w_2^2}{2g}$ 是由于叶片间流道展宽，以至相对速度有所降低而获得的压能（静压水头）增量，它代表着叶轮中动能转化为压能的份额。由于此相对速度变化不大，故其增量较小。

列叶轮进、出口两断面能量方程：

$$Z_1 + \frac{p_1}{\gamma} + \frac{v_1^2}{2g} + H_T = Z_2 + \frac{p_2}{\gamma} + \frac{v_2^2}{2g}$$

因叶轮进出口断面是同轴的圆筒面，其平均位能相等，故有：

$$H_T = \frac{p_2 - p_1}{\gamma} + \frac{v_2^2 - v_1^2}{2g} = H_{Tj} + H_{Td} \tag{5-3-5}$$

比较式（5-3-4）与式（5-3-5）有：

$$H_{Tj} = \frac{u_2^2 - u_1^2}{2g} + \frac{w_1^2 - w_2^2}{2g} = \frac{p_2 - p_1}{\gamma} \tag{5-3-6}$$

式中的第三项是单位重量流体的动能增量，也叫动压水头增量，即：

$$H_{Td} = \frac{v_2^2 - v_1^2}{2g} \tag{5-3-7}$$

通常在总扬程相同的条件下，该项动压头的增量不宜过大。虽然，人们利用导流器及蜗壳的扩压作用，可取得一部分静压水头，但其流动的水力损失也会增大。

5.4　泵与风机的损失与效率

在建立离心式泵与风机的基本方程——欧拉方程时我们曾假定：泵与风机工作时没有任何能量损失，即原动机加到泵与风机轴上的能量等于被输送流体所获得的能量。而在实际流动过程中，流体从进气口轴向吸入，然后以约 90°折转进入叶道，通过旋转叶轮获得能量，由蜗壳集中、导流，从出气口排出。显然流道比较复杂，在流动过程中势必产生各种损失。这就必然要对前述理论进行修正。目前，对这些损失的理论计算尚欠完善。但有必要分析这些损失的产生原因并对损失大小有个概略估计，以便设计中尽可能地减少损失，使泵与风机获得良好的效率。

离心式泵与风机的损失大致可分为流动损失、泄漏损失、轮阻损失和机械损失等。其中流动损失引起泵与风机扬程和全压的降低，泄漏损失引起泵与风机流量的减少，轮阻损失和机械损失则必然多耗功。

5.4.1　流动损失与流动效率

1. 流动损失

流动损失的根本原因在于流体具有黏滞性。泵与风机的通流部分从进口到出口，由许多不同形状的流道组成。首先，流体流经叶轮时由轴向转变为径向。但并不是流体遇着叶片入口边时才突然随叶轮做旋转运动，而是流体在叶片入口之前，由于叶轮与流体间的旋转效应存在，速度场早就发生变化，表现为叶轮叶片进口前流体的先期预旋现象。改变了叶片传给流体的理论功，并且使进口相对速度大小和方向改变，影响气流角和叶片进口安装角的一致性，使理论扬程下降。其次，因种种原因泵与风机往往并不能在设计工况下运转，即流量有所变化。当流量不等于设计流量时，进入叶轮叶片流体的相对速度的方向就不再同叶片进口安装角的切线相一致，从而对叶片发生冲击作用，形成撞击损失。另外，在整个流动过程中一方面存在着从叶轮进口、叶道、叶片扩压器到蜗壳及出口扩压器沿程摩擦损失，另一方面还因边界层分离，产生涡流损失（边界层分离、二次涡、尾迹等）。至于整个流动损失的计算，目前尚欠完善的方法，一般以流体力学计算损失公式的形式，按单项分别估计。其中 ξ 系数由经验数据或实验确定，故流动总损失为：

$$\Delta H_h = \sum \xi_i \frac{v_i^2}{2g} \quad \text{或} \quad \Delta p_h = \sum \xi_i \frac{\rho}{2} v_i^2 \tag{5-4-1}$$

2. 流动效率 η_h

已知泵与风机的实际扬程 H 或全压 P，实际扬程 H 或全压 P 与流动损失之和为有限叶片的理论扬程 H_T 或理论全压 P_T。

$$H_T = H + \Delta H_h \quad \text{或} \quad P_T = P + \Delta p_h \tag{5-4-2}$$

实际扬程或全压与其理论扬程或全压之比，叫作流动效率，即：

$$\eta_h = \frac{H}{H_T} = \frac{H_T - \Delta H_h}{H_T} \quad \text{或} \quad \eta_h = \frac{P}{P_T} = \frac{P_T - \Delta p_h}{P_T} \tag{5-4-3}$$

5.4.2 泄漏损失与泄漏效率

1. 泄漏损失

（1）泄漏损失的形成

离心式泵与风机静止元件和转动部件间必然存在一定的间隙，流体会从泵与风机转轴与蜗壳之间的间隙处泄漏，称为外泄漏。离心式泵与风机因外泄漏损失很小，一般可略去不计，故以下着重讨论内泄漏损失。当叶轮工作时，机内存在着高压区和低压区，蜗壳靠近前盘的流体，经过叶轮进口与进气口之间的间隙，流回到叶轮进口的低压区而引起的损失，称为内泄漏损失。此外，对离心泵来说为平衡轴向推力常设置平衡孔，同样引起内泄漏损失，见图 5-4-1。随着泄漏的出现既导致出口流量降低，又无益地耗功。

（2）间隙的大小

为了减小内泄漏，首先应将间隙做得尽可能地小。实验表明，径向间隙与叶轮直径的比值从 0.5% 减小到 0.05%，可使泵与风机

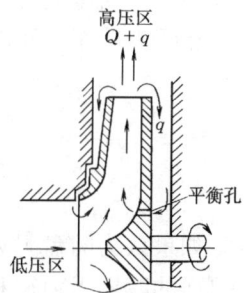

图 5-4-1 机内流体泄漏回流示意图

效率提高 $3\% \sim 4\%$。一般间隙约为 $\left(\frac{1}{200} \sim \frac{1}{100}\right) D_2$，当 D_2 大时取小值，反之取其大值。

（3）泄漏量 q 的估算

为了计算泄漏量 q，必须知道在间隙两边的压力差。一般设泵与风机蜗壳内的静压是

泵与风机全压的 $\frac{2}{3}$，即 $\Delta P_{st}=\frac{2}{3}\rho u_2^2 \overline{P}$。如果流过间隙的泄漏速度以 v 表示，设其全由静

压转换而来，即 $\Delta P_{st}=\frac{1}{2}\rho v^2$，于是可得：

$$\Delta P_{st} = \frac{1}{2}\rho v^2 = \frac{2}{3}\rho u_2^2 \overline{P}$$

故有
$$v = 2u_2\sqrt{\frac{\overline{P}}{3}}$$

则其泄漏量为：

$$q = \pi D_1 \delta \alpha 2u_2 \sqrt{\frac{\overline{P}}{3}} \quad (\text{m}^3/\text{s}) \tag{5-4-4}$$

式中　D_1——叶轮叶片进口直径，m；

　　　α——间隙边缘收缩系数，一般取 $\alpha=0.7$；

　　　$\overline{P}$——泵与风机的全压系数；

　　　δ——间隙大小，m；

　　　u_2——叶轮外径的圆周速度，m/s。

2. 泄漏效率 η_e

实际流量 Q 与吸入叶轮的理论流量 Q_T 之比称为泄漏效率，即

$$\eta_e = \frac{Q}{Q_T} = \frac{Q}{Q+q} \tag{5-4-5}$$

5.4.3　轮阻损失与轮阻效率

1. 轮阻损失

因为流体具有黏性，当叶轮旋转时引起了流体与叶轮前、后盘外侧面和轮缘与周围流体的摩擦损失，称为轮阻损失。现借助于封闭在机壳内的圆盘试验结果来计算轮阻损失耗功大小。当圆盘旋转时，盘与周围流体摩擦，求单位面积上摩擦力的大小及耗功。

在圆盘后面 r 处，取单位面积 ds，其摩擦力为 dF，摩擦阻力矩为 dM，于是

$$ds = 2\pi r dr$$

$$dF = c_f \frac{\rho}{2}u^2 ds$$

$$dM = rdF = \pi c_f \rho u^2 r^2 dr$$

如果认为圆盘附近的流体密度不变，即 $\rho=$ 常数，将上式对半径 r 积分，求出圆盘一个侧面的摩擦阻力矩和耗功率大小，即得：

$$M = \frac{1}{5}\pi c_f \rho \omega^2 r_2^5 \quad (\text{N} \cdot \text{m})$$

$$N_1 = \frac{M\omega}{1000} = \frac{\pi}{5}c_f \rho \omega^3 r_2^5 \times 10^{-3} \quad (\text{kW})$$

对于圆盘两个侧面，其耗功率为：

$$N_2 = 2N_1 = \frac{\pi}{10}c_f \rho u_2^3 D_2^2 \times 10^{-3} \quad (\text{kW})$$

同理可求得轮缘的摩擦阻力矩及其耗功率大小为：

$$N_3 = \frac{\pi}{2} c_f \rho u_2^3 D_2 e \times 10^{-3} \quad (\text{kW})$$

式中　e——叶轮外缘厚度。故圆盘摩擦损失功率总和为：

$$N_r = N_2 + N_3 = \frac{\pi}{10} c_f \left(1 + \frac{5e}{D_2}\right) \rho u_2^3 D_2^2 \times 10^{-3} \quad (\text{kW})$$

或
$$N_r = \beta \rho u_2^3 D_2^2 \times 10^{-3} \quad (\text{kW}) \qquad\qquad (5\text{-}4\text{-}6)$$

式中　c_f——摩擦系数；

　　　ρ——气体密度，kg/m^3；

　　D_2——圆盘外径，m；

　　u_2——圆盘外径处圆周速度，m/s；

　　　β——轮阻损失计算系数。它与雷诺数 Re、圆盘与壳体间相对侧壁间隙以及圆盘外侧的粗糙度等有关。根据斯陀道拉的意见，$\beta = 0.81 \sim 0.88$。

2. 轮阻效率 η_r

定义 $\eta_r = \dfrac{N_i - N_r}{N_i}$ 为离心式泵与风机的轮阻效率，其中 N_i 为泵与风机的内功率，且有

$$N_r = (1 - \eta_r) N_i \qquad\qquad (5\text{-}4\text{-}7)$$

5.4.4　机械损失

泵的机械损失 N_m 是指轴承、轴封等机械摩擦阻力及叶轮盖板外侧与液体摩擦阻力所消耗的功率。可见，泵的机械损失包括了轮阻损失。

风机的机械损失是指功率传递过程中传动部件（如齿轮、轴承、联轴器等）运转时的摩擦损失。其定义与泵有差别，不包括轮阻损失。

5.4.5　泵与风机的功率与效率

1. 所耗功率

（1）有效功率 N_e

离心式泵或风机使单位容积流量的流体通过泵或风机后增加的总能量是 P（全压），那么输送容积流量为 Q 的流体，在单位时间内从泵与风机中所获得的总能量，称为有效功率，即

$$N_e = \frac{PQ}{1000} \quad (\text{kW}) \qquad\qquad (5\text{-}4\text{-}8)$$

（2）内功率 N_i

风机的内功率是指计入流动损失、轮阻和热交换损失后，传给气体的有效功率。

$$N_i = (P + \Delta p_h)(Q + q) + N_r \quad (\text{kW}) \qquad\qquad (5\text{-}4\text{-}9)$$

（3）轴功率 N_s

供给风机轴或泵轴的机械功率，即泵或风机轴的输入功率。

2. 效率

（1）内效率 η_i

风机有效功率与内功率之比叫做风机的内效率，即

$$\eta_i = \frac{N_e}{N_i} = \frac{PQ}{(P+\Delta p_h)(Q+q)+N_r} = \frac{1}{\dfrac{(P+\Delta p_h)(Q+q)}{PQ} + \dfrac{N_r}{PQ}}$$

$$= \frac{1}{\dfrac{1}{\eta_h}\dfrac{1}{\eta_e} + \dfrac{(1-\eta_r)N_i}{PQ}} = \frac{1}{\dfrac{1}{\eta_h \eta_e} + \dfrac{1-\eta_r}{\eta_i}}$$

解此方程，且因 $\eta_i \neq 0$，则

$$\eta_i = \eta_h \cdot \eta_e \cdot \eta_r \qquad (5\text{-}4\text{-}10)$$

（2）机械效率 η_m

泵的机械效率是指泵轴功率和机械损失之差与轴功率之比。

$$\eta_m = \frac{N_s - N_m}{N_s} \qquad (5\text{-}4\text{-}11)$$

风机的机械效率是指风机的内功率和轴功率之比。

$$\eta_m = \frac{N_i}{N_s} \qquad (5\text{-}4\text{-}12)$$

（3）泵效率 η 和泵的机组效率 η_{gr}

泵效率 η 是指泵输出功率（有效功率）与轴功率之比。

$$\eta = \frac{N_e}{N_s} \qquad (5\text{-}4\text{-}13)$$

泵的机组效率 η_{gr} 是指泵的有效功率与原动机输入功率之比。原动机输入功率是指泵的原动机（通常是电动机）所接受的功率。

$$\eta_{gr} = \frac{N_e}{N_{gr}} \qquad (5\text{-}4\text{-}14)$$

（4）风机的装置效率 η_p

装置效率是风机的轴功率和装置轴功率之比。装置轴功率是指原动机（通常是电动机）的输出功率。

（5）静压效率 η_{st}

离心式泵与风机在最佳工况附近工作时，出口动压约占泵与风机全压的 $10\%\sim20\%$。若偏离最佳工况到大流量区工作，其占比例还要增大。若出口动压不加以利用，意味着损失更大，因此在衡量泵与风机性能时，引入静压效率的概念，表征其使用的经济性的程度。

$$\eta_{st} = \frac{P_{st}Q}{N_s} = \frac{P_{st}}{P}\eta \qquad (5\text{-}4\text{-}15)$$

式中　P_{st}——静压值。

3. 匹配电机功率 N_M

风机所选配的电动机额定功率计算式为：

$$N_M = \frac{PQ}{\eta_h \cdot \eta_e \cdot \eta_r \cdot \eta_m \cdot \eta_p} K \times 10^{-3} \quad (\text{kW}) \qquad (5\text{-}4\text{-}16)$$

式中　K——功率裕度，指风机在正常运行点运行，电动机的额定功率与风机装置轴功率之比，即电动机容量储备系数，其值可按表 5-4-1 选用。值得注意的是，功率储备过多，除其他不良影响外，对降低噪声也不利。

风机 K 值表 表 5-4-1

电动机功率 (kW)	K 值			
	离心式			轴流式
	一般用途	灰尘	高温	
<0.5	1.5	—	—	—
0.5~1.0	1.4	—	—	—
1.0~2.0	1.3	—	—	—
2.0~5.0	1.2	—	—	—
>5.0	1.15	1.2	1.3	1.05~1.1

泵所选配的电动机额定功率计算式为：

$$N_M = \frac{\rho g HQ}{\eta_{gr}} K \quad (kW) \tag{5-4-17}$$

5.5 性能曲线及叶型对性能的影响

5.5.1 泵与风机的理论性能曲线

由于泵与风机的扬程、流量以及所需的功率等性能参数显然是互相影响的，所以通常用以下三种形式来表达这些性能之间的关系：

（1）泵与风机所提供的流量和扬程之间的关系用 $H = f_1(Q)$ 来表示；

（2）泵与风机所提供的流量和所需外加轴功率之间的关系用 $N = f_2(Q)$ 来表示；

（3）泵与风机所提供的流量与设备本身效率之间的关系用 $\eta = f_3(Q)$ 来表示。

上述三种关系常以曲线形式绘在以流量 Q 为横坐标的图上，这些曲线叫做性能曲线。从欧拉方程出发，我们总可以在理想条件下得到 $H_T = f_1(Q_T)$ 及 $N_T = f_2(Q_T)$ 的关系。

前已证明有限多叶片数时泵与风机的理论扬程可用式（5-3-3）确定：

$$H_T = \frac{1}{g} u_2 v_{u2}$$

参照图 5-3-5，由叶片出口处速度三角形有：

$$v_{u2} = u_2 - v_{r2} \cot\beta_2 \tag{5-5-1}$$

将式（5-5-1）代入式（5-3-3）有：

$$H_T = \frac{u_2^2}{g} - \frac{u_2 v_{r2}}{g} \cot\beta_2 \tag{5-5-2}$$

若叶轮出口前盘与后盘之间的轮宽为 b_2，则叶轮在工作时所排出的理论流量应为：

$$Q_T = \varepsilon \pi D_2 b_2 v_{r2} \tag{5-5-3}$$

这里 ε 为叶片排挤系数，它反映了叶片厚度对流道过流面积的遮挡程度。

将式（5-5-3）变换后代入式（5-5-2）可得：

$$H_T = \frac{u_2^2}{g} - \frac{u_2}{g} \cdot \frac{Q_T}{\varepsilon \pi D_2 b_2} \cot\beta_2 \tag{5-5-4}$$

就一定大小的泵与风机来说，转速不变时，上式中 u_2、g、ε、D_2、b_2 均为定值，故上式可改写为：

$$H_T = A - B\cot\beta_2 \cdot Q_T \qquad (5\text{-}5\text{-}5)$$

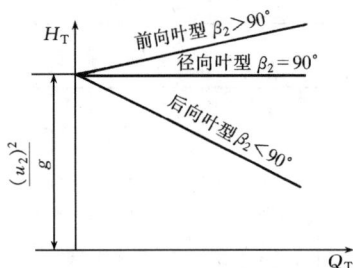

图 5-5-1　三种叶型的
H_T-Q_T 曲线

式中　$A = \dfrac{u_2^2}{g}$，$B = \dfrac{u_2}{g}\dfrac{1}{\varepsilon\pi D_2 b_2}$，均为常数；而 $\cot\beta_2$ 与叶型种类有关，也是常量。

此式说明在固定转速下，不论叶型如何，泵与风机理论上的流量与扬程关系是线性的。同时还可以看出，当 $Q_T = 0$ 时，$H_T = A = \dfrac{u_{2T}^2}{g}$。图 5-5-1 绘出了三种不同叶型的泵与风机理论上的流量——扬程曲线。显然由 $B\cot\beta_2$ 所代表的曲线斜率是不同的，因而三种叶型具有各自的曲线倾向。

下面讨论理论上的流量与外加功率的关系。

理想条件下，有效功率就是轴功率，即：

$$N_e = N_T = \gamma Q_T H_T$$

当输送某种流体时，γ＝常数。用式（5-5-5）代入此式可得：

$$N_T = \gamma Q_T(A - BQ_T\cot\beta_2) = CQ_T - D\cot\beta_2 Q_T^2 \qquad (5\text{-}5\text{-}6)$$

可见，对于不同的 β_2 值具有不同形状的曲线。这里 $C = A \cdot \gamma$，$D = B \cdot \gamma$，但当 $Q_T = 0$ 时，三种叶型的理论轴功率都等于零，三条曲线同交于原点，见图 5-5-2。

径向叶型的叶轮中，$\beta_2 = 90°$，$\cot\beta_2 = 0$，功率曲线为一条直线。

前向叶型的叶轮中，$\cot\beta_2 < 0$，式中括号内第二项为正，功率曲线是一条向上凹的二次曲线。

后向叶型的叶轮中，$\beta_2 < 90°$，$\cot\beta_2 > 0$，括号内第二项为负，功率曲线是一条向下凹的曲线。

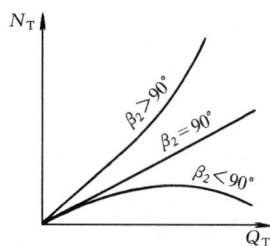

图 5-5-2　三种叶型的
N_T-Q_T 曲线

根据以上分析，定性地说明了不同叶型的曲线倾向。这对以后研究泵与风机的实际性能曲线是很有意义的。因为从图中的 N_T-Q_T 曲线可以看出，前向叶型的风机所需的轴功率随流量的增加而增长得很快。因此，这种风机在运行中增加流量时，原动机超载的可能性要比径向叶型风机的大得多，而后向叶型的风机几乎不会发生原动机超载的现象。

5.5.2　叶型对性能的影响

离心式泵与风机是通过叶轮对流体做功使其获得能量的，因此叶轮是一个重要部件。下面着重讨论几种典型叶片形式及其比较，从而获得选择叶片的基本原则。

通常所说的叶片形式，一般是按叶片出口安装角度大小来区分的。

1. 叶片的几种形式（见图 5-1-3）

前向叶片：叶片出口安装角 $\beta_2 > 90°$，它分为一般前向叶片和多翼式前向叶片。

后向叶片：叶片出口安装角 $\beta_2 < 90°$，它分为曲线形后向叶片和直线形后向叶片。

径向叶片：叶片出口安装角 $\beta_2 = 90°$，一般有径向出口叶片和径向直叶片。

2. 叶片出口安装角对压力的影响

首先分析 β_2 一种简单的情况，即如果进入叶轮叶片的流体径向流入（$\alpha_1=90°$），假设各种叶片形式均具有相同尺寸和转速等条件，试分析叶片出口安装角对压力的影响。

绘出叶轮叶片出口速度三角形，如图 5-5-3 所示。

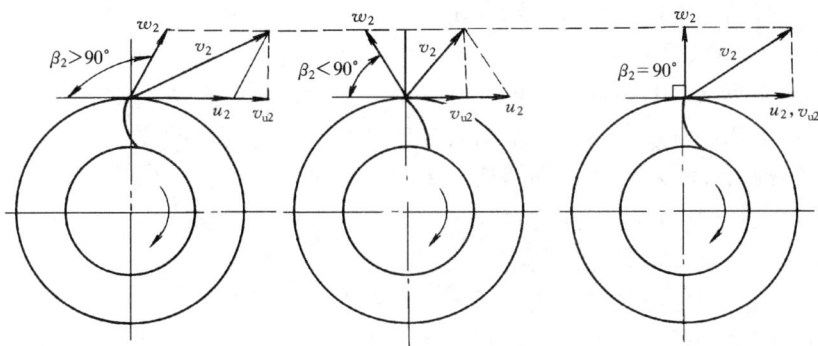

图 5-5-3 β_2 不同时叶轮出口速度比较

对于前向叶片，$\beta_2>90°$，$v_{u2}>u_2$；对于后向叶片，$\beta_2<90°$，$v_{u2}<u_2$；对于径向叶片，$\beta_2=90°$，$v_{u2}=u_2$。由式（5-3-3）

$$H_T=\frac{1}{g}u_2 v_{u2}$$

可见其扬程与 v_{u2} 成正比。显然在其他条件相同时，前向叶片叶轮给出的能量高，后向叶片叶轮最低，而径向叶片叶轮居中。

但是，从泵与风机效率的高低来说，情况恰恰相反。

这是由于通常在离心式泵或风机的设计中，除使流体径向进入流道外，常令叶道进口截面积等于出口截面积。以 A 代表这些截面积时，根据连续性原理可得出：

$$v_1 A=v_{r1}A=v_{r2}A$$

则

$$v_1=v_{r1}=v_{r2}$$

将此式代入式（5-3-7），并按速度三角形（图 5-3-5）可得到动压头 H_{Td} 与出口切向分速度 v_{u2} 之间的关系：

$$H_{Td}=\frac{v_2^2-v_1^2}{2g}=\frac{v_2^2-v_{r2}^2}{2g}=\frac{v_{u2}^2}{2g} \tag{5-5-7}$$

由此可见，理论扬程 H_T 中的动压头 H_{Td} 是与出口速度的切向分速度 v_{u2} 的平方成正比的。观察图 5-5-4，在同一叶轮直径和叶轮转速固定的条件下，具有 $\beta_2<90°$ 的后向叶型叶轮（$\triangle ABC$）的出口切向分速度 v_{u2} 较小，因而全部理论扬程中的动压头成分较少；具有 $\beta_2>90°$ 的前向叶型叶轮（$\triangle ABC'$）的出口切向分速度 v'_{u2} 较大，所以动压头成分较多而静压头成分有所减少。

如前所述，动压头成分大，意味着流体在扩压器中的流速大，从而动静压转换损失必然较大。实践证明，了解这种情况是很有意义的。因为在其他条件相同时，尽管前向叶型的泵或风机的总的扬程较大，但它们的损失也大，效率较低。因此，离心式泵全部采用后向叶轮。在大型风机中，为了

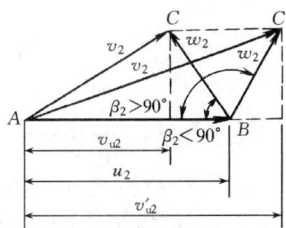

图 5-5-4 不同叶型的
出口切向分速

增加效率和降低噪声水平，也几乎都采用后向叶型。而对中小型风机，效率不是主要考虑因素，也有采用前向叶型的，这是因为叶轮是前向叶型的风机，在相同的压头下，轮径和外形可以做得较小。根据这个原理，在微型风机中，大都采用前向叶型的多叶叶轮。至于径向叶型叶轮的泵或风机的性能，则介于两者之间。

3. 几种叶片形式的比较

（1）从流体所获得的扬程看，前向叶片最大，径向叶片稍次，后向叶片最小。

（2）从效率观点看，后向叶片最高，径向叶片居中，前向叶片最低。

（3）从结构尺寸看，在流量和转速一定时，达到相同的压力前提下，前向叶轮直径最小，径向叶轮直径稍次，后向叶轮直径最大。

（4）从工艺观点看，直叶片制造最简单。

因此，大功率的泵与风机一般用后向叶片较多。如果对泵与风机的压力要求较高，而转速或圆周速度又受到一定限制时，则往往选用前向叶片。从摩擦和积垢角度看，选用径向直叶片较为有利。

5.5.3　泵与风机的实际性能曲线

前面已经研究了离心式泵与风机的工作原理和流体在叶轮中的流动情况，导出了理论扬程方程式和 H_T-Q_T 及 N_T-Q_T 曲线，并揭示了泵与风机内部的各种能量损失。现在进一步研究各种工作参数之间的实际关系，并据此得出泵或风机的实际性能曲线。

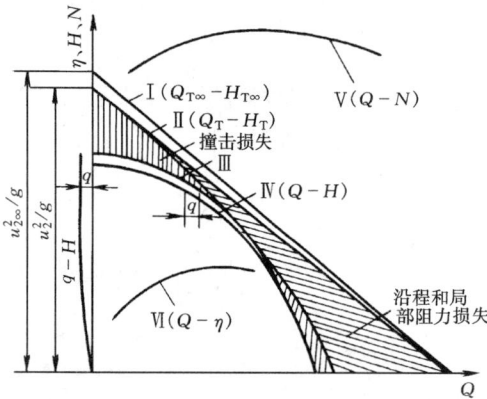

图 5-5-5　离心式泵与风机的性能曲线分析

在图 5-5-5 中采用流量 Q 与扬程 H 组成直角坐标系，纵坐标轴上还标注了功率 N 和效率 η 的尺度。

根据理论流量和扬程的关系式（5-5-5）可以绘出一条 H_T-Q_T 曲线。以后向叶型的叶轮为例，这是一条下倾的直线，如图中之 Ⅱ。当 $Q_T=0$ 时，$H_T=\dfrac{u_2^2}{g}$。

显然，如按无限多叶片的欧拉方程，可以绘制一条 $H_{T\infty}$-$Q_{T\infty}$ 的关系曲线，这是一条位于曲线Ⅱ上方的曲线Ⅰ。

当机内存在流动损失时，流体必将消耗部分能量用来克服流动阻力。这部分损失应从曲线Ⅱ中扣除，于是就得出如曲线Ⅲ的曲线。所扣除的包括以直影线部分代表的撞击损失和以倾斜影线部分代表的其他水力损失。

除流动损失之外，还应从曲线Ⅲ扣除泵与风机的容积损失。容积损失是以泄漏流量 q 的大小来估算的。可以证明当泵或风机的结构不变时，q 值与扬程的平方根成比例，因而能够作出一条 qH 的关系曲线，示于图 5-5-6 的左侧。曲线Ⅳ就是从曲线Ⅲ扣除相应的 q 值后得出的泵或风机的实际性能曲线，即 H-Q 曲线。

N_T-Q_T 曲线表明泵或风机的轴功率与流量之间的关系。因为轴功率 N 是理论功率 $N_T=\gamma Q_T H_T$ 与机械损失功率 ΔN_m 之和，即：

$$N=N_T+\Delta N_m=\gamma Q_T H_T+\Delta N_m$$

根据这一关系式，可以在图 5-5-6 上绘制一条 N-Q 曲线，如图 5-5-5 上的曲线 V。

有了 N-Q 和 H-Q 曲线，按式 $\eta = N_e/N$ 计算在不同流量下的 η 值，从而得出 ηQ 曲线，如图中的 VI。η-Q 的最高点为最大效率，它的位置与设计流量是相对应的。

H-Q、N-Q 和 ηQ 三条曲线是泵或风机在一定转速下的基本性能曲线。其中最重要的是 H-Q 曲线，因为它揭示了泵或风机的两个最重要、最有实用意义的性能参数之间的关系。

图 5-5-6 中分别描述了具有前向与后向叶轮的性能曲线，后向叶轮具有相对平坦的 H-Q 曲线，当流量变动很大时能保持基本恒定的扬程。而前向叶轮具有驼峰形 H-Q 曲线，当流量自零逐渐增加时，相应的扬程最初上升，达到最高值后开始下降。具有驼峰性能曲线的泵或风机在一定的运行条件下可能出现不稳定工作。这种不稳定工作，显然是应当避免的。

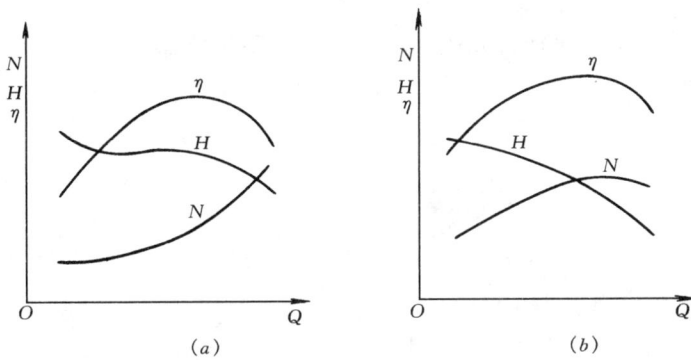

图 5-5-6　离心风机的性能曲线
（a）前向叶轮；（b）后向叶轮

5.5.4　泵与风机性能试验标准

为了考核制造厂产品的性能，需要在试验台上对泵与风机的性能进行试验，这里将按国家标准 GB/T 1236，以离心式风机为例，采用吸入式试验装置，介绍风机性能试验的标准方法。离心式泵的性能试验方法参见 GB/T 321。

1. 试验目的

（1）测绘离心式风机性能曲线；

（2）学习离心式风机运行操作。

2. 试验设备及仪表

采用吸入式试验装置，如图 5-5-7 所示。图中阻尼网的主要作用是使进口气流均匀、稳定，设置静压环的主要目的是为使静压取值准确，蜂窝器的作用除了将大旋涡变成小旋涡外，还要对气流进行梳直导向。所有这些吸入装置，都是为了获得良好的进出

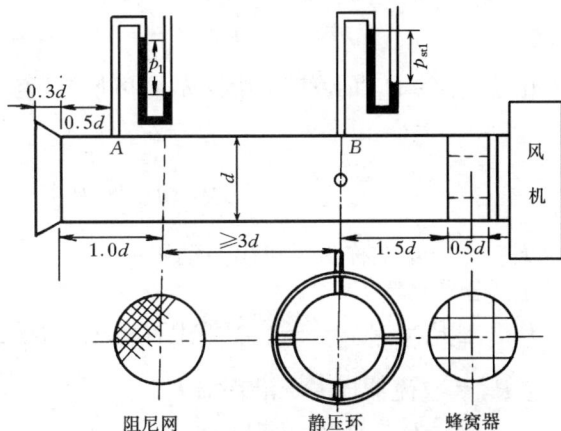

图 5-5-7　采用吸入试验装置的离心式风机
性能试验设备及仪表

口气流状态，减少流动损失，充分展现风机的性能。A 处装有微压计，测得静压 p_1，用来计算风量 Q。B 处装有微压计，测出风机入口静压 p_{st1}，用来计算风机全压 P。在电机电路连接功率表测定输入电机功率，从而计算出轴功率 N。在电机轴头上，应用闪光测速仪测得电机转速 n。各测量点及吸入式风筒中主要元器件位置见图 5-5-7。

3. 试验步骤

（1）检查仪表是否处于正常状态，关闭 A 处微压计。关闭吸风口，启动风机。待正常运转后打开吸风口及 A 处微压计，开始测定。

（2）开始记录最大流量 Q_{max} 下的 p_1、p_{st1}、$N_\text{电}$、n。

（3）在节流网处用贴纸片的方法，改变流量 Q（从 Q_{max} 逐渐减少至 0）至少有 7 次。

在不同流量上，记录 p_1、p_{st1}、$N_\text{电}$、n，并记录进气参数：干球温度 t（℃），大气压力（mmHg）。

（4）测定完毕，关闭微压计及吸风口，停机，整理仪器。

4. 数据整理

（1）风量 Q

$$Q = A_1 v_1$$

由能量方程有：

$$-p_1 = \frac{\rho_\text{气} v_1^2}{2} + \xi \frac{\rho_\text{气} v_1^2}{2}$$

$$v_1 = \sqrt{\frac{2(-p_1)}{(1+\xi)\rho_\text{气}}} = \varphi \sqrt{\frac{2 \mid p_1 \mid}{\rho_\text{气}}}$$

式中　ξ——喇叭口的局部阻力系数；

φ——流速系数，按国标制作喇叭入口时，$\varphi = 0.98 \sim 0.99$；

$\rho_\text{气}$——进气状态下的空气密度，kg/m^3；

p_1——微压计测出的压力值，Pa；

A_1——吸风管 A 处面积，m^2。

（2）全压 P

列 B 断面与风机出口能量方程有：

$$P_{st1} + \frac{\rho v_1^2}{2} + P = P_{st2} + \frac{\rho v_2^2}{2} + \sum P_w$$

由于 $P_{st2} = P_a$（大气压力），故有风机全压：

$$P = \frac{\rho v_2^2}{2} + \sum P_w - P_{st1} - \frac{\rho v_1^2}{2}$$

$$P = P_{d2} + P_{st}$$

这里 $P_{d2} = \frac{\rho v_2^2}{2}$，常称为风机出口动压；

$P_{st} = \sum P_w - P_{st1} - \frac{\rho v_2^2}{2}$，习惯上称为风机静压，其中

$\sum P_w =$ 整流器损失 + 沿程损失

$\qquad = \xi_1 P_{d1} + \lambda(L/d) P_{d1}$

式中　ξ_1——按国标制作整流器时，局部阻力系数 $\xi_1 = 0.1$；

λ——沿程阻力系数，冷轧钢板 $\lambda = 0.025$；

L——由 $B\text{-}B$ 断面到蜂窝器的长度，m。

（3）轴功率 N

$$N = N_电 \cdot \eta_电$$

式中　$N_电$——电机输入功率，kW，由功率表测出；

　　　$\eta_电$——电机效率。

（4）风机效率 η

$$\eta = \frac{QP}{1000N}$$

式中　Q——风量，m^3/s；

　　　P——全压，Pa；

　　　N——轴功率，kW。

（5）转数 n：直接从闪光仪上读数（r/min）。

5. 试验结果

（1）记录及计算表格一张；

（2）性能曲线图一张（换算成标准状态）。

厂家给出的泵与风机性能曲线及铭牌参数，是按泵与风机性能试验标准获得的。而在实际运行中，泵与风机很难获得试验标准所规定的工作条件。由于实际工作条件比试验标准条件恶劣，泵与风机实际运行中表现出来的性能不及产品铭牌性能。在第 6 章将讨论管网系统对泵与风机性能的影响。

5.6　相似律与比转数

5.6.1　泵与风机的相似原理

5.6.1.1　相似条件

根据相似理论，要保证流体流动过程力学相似必须同时满足几何相似、运动相似、动力相似。这其中几何相似是前提，动力相似是保证，运动相似是目的。

1. 几何相似

相似的现象只能发生在几何相似的体系内，所以几何相似是先决条件。我们知道，对应边成比例，对应角相等的两三角形是相似三角形。那么，就离心式泵与风机的实物和模型来说，相似是指：

$$\frac{D_2}{D_2'} = \frac{D_1}{D_1'} = \frac{b_2}{b_2'} = \frac{b_1}{b_1'} = \cdots = k$$

$$\beta_2 = \beta_2' \quad \beta_1 = \beta_1'$$

式中带"'"者是对模型而言，不带"'"者是对实物而言。

严格地说，几何相似还应包括泵与风机的叶片厚度，叶轮和进风口间的间隙和表面粗糙度等。但这些尺寸相似与否对泵与风机性能的影响较小，故可忽略不计。

2. 运动相似

实物和模型内各对应点的同类速度方向相同，大小的比值等于常数时，叫做运动相似。就泵与风机叶轮内的流动过程而言，运动相似是指：

$$\begin{cases} \dfrac{u_1}{u_1'}=\dfrac{u_2}{u_2'}=\dfrac{w_1}{w_1'}=\dfrac{w_2}{w_2'}=\dfrac{v_1}{v_1'}=\dfrac{v_2}{v_2'} \\ \alpha_1=\alpha_1' \quad \alpha_2=\alpha_2' \end{cases}$$

即对应点的速度三角形相似，且所有对应点两速度三角形大小相差的倍数相同。

3. 动力相似

实物和模型内各对应点的同类力方向相同，而大小比值等于常数时，叫做动力相似。就泵与风机内的流动而言，作用在基元流体上的主要力有惯性力 I、黏性力 R 和总压力 P，据流体力学原理，动力相似必有

雷诺数相等

$$Re=Re'$$

在泵与风机中

$$Re=\frac{D_2 u_2}{\nu}$$

欧拉数相等

$$Eu=Eu'$$

在泵与风机中

$$Eu=\frac{P_i}{\rho v_i^2}$$

5.6.1.2　入口速度三角形相似

要检查所有各对应点是否满足上述各种关系式来判断两泵与风机的流通过程是否相似是很困难的，也是不必要的。实际上在几何相似的泵与风机中，只要能保持叶片入口速度三角形相似，且对应点的惯性力与黏性力的比值相等，则其流动过程必然相似。

相似三角形中　　　　　　　　　　$\dfrac{v_1}{u_1}=\dfrac{v_1'}{u_1'}$

将关系式 $Q=\pi D_1 b_1 v_1$ 和 $Q'=\pi' D_1' b_1' v_1'$ 代入，得

$$\frac{Q}{\pi D_1 b_1 u_1}=\frac{Q'}{\pi D_1' b_1' u_1'}$$

但

$$\frac{D_1}{D_1'}=\frac{D_2}{D_2'}=\frac{b_1}{b_1'},\ \frac{u_1}{u_1'}=\frac{u_2}{u_2'}$$

代入上式后，得

$$\frac{Q}{\frac{\pi}{4}D_2^2 u_2}=\frac{Q'}{\frac{\pi}{4}D_2'^2 u_2'} \tag{5-6-1}$$

令

$$\frac{Q}{\frac{\pi}{4}D_2^2 u_2}=\overline{Q} \tag{5-6-2}$$

则　　　　　　　　　　　　　　　$\overline{Q}=\overline{Q}'$

$\overline{Q}$ 和 $\overline{Q}'$ 称为泵与风机的流量系数。

流量系数相等，即表示入口速度三角形相似。因此，可以把两离心式泵与风机流动过程相似的条件归结为：（1）几何相似；（2）流量系数 $\overline{Q}$ 相等；（3）雷诺数 Re、欧拉数 Eu 相等。由于泵或风机运行时，其雷诺数很大，已经处于自模区，雷诺数相等的条件可以不予考虑。实际工程中，通常并不采用相似准数来判断泵或风机的相似，而是根据工况相似来提出相似关系。

在此，引入"相似工况"的概念。当两泵或风机的流动过程相似时，则它们的对应工况称为相似工况。即当一台泵或风机性能曲线上某一工况点 A 与另一台与其相似的泵或风机性能曲线上的工况点 A' 所对应的流动相似，则 A 与 A' 为相似工况点，所表示的工况为相似工况。在相似工况下，可推导出下列结果：

就压力而言，由于对应点的总压力和惯性力的比值相等，欧拉数就相等。在泵与风机中，如果对应点 1 和 $1'$ 取在泵与风机入口处，对应点 2 和 $2'$ 取在泵与风机出口处，那么，根据欧拉数相等的条件，可得

$$\frac{P_1}{\rho v_1^2}=\frac{P_1'}{\rho' v_1'^2} \quad 和 \quad \frac{P_2}{\rho v_2^2}=\frac{P_2'}{\rho' v_2'^2}$$

变换后，得

$$\frac{P_1}{P_1'}=\frac{\rho v_1^2}{\rho' v_1'^2} \quad 和 \quad \frac{P_2}{P_2'}=\frac{\rho v_2^2}{\rho' v_2'^2}$$

在运动相似的条件下，

$$\frac{v_1}{v_1'}=\frac{v_2}{v_2'}$$

所以

$$\frac{P_1}{P_1'}=\frac{P_2}{P_2'}$$

根据比例关系，得

$$\frac{P_1}{P_1'}=\frac{P_2}{P_2'}=\frac{P_2-P_1}{P_2'-P_1'}=\frac{\Delta P}{\Delta P'}$$

式中　ΔP、$\Delta P'$——泵与风机的实物和模型出入口断面上静压之差。

于是

$$\frac{\Delta P}{\rho v_2^2}=\frac{\Delta P'}{\rho' v_2'^2}$$

由于对应点的动压也是成比例的，所以上式可表示为：

$$\frac{\Delta P_t}{\rho v_2^2}=\frac{\Delta P_t'}{\rho' v_2'^2}$$

式中　ΔP_t、$\Delta P_t'$——泵与风机的实物和模型出入口断面上全压之差。

又因

$$\frac{v_2}{u_2}=\frac{v_2'}{u_2'}$$

所以

$$\frac{\Delta P_t}{\rho u_2^2}=\frac{\Delta P_t'}{\rho' u_2'^2}$$

可写成

$$\frac{P}{\rho u_2^2}=\frac{P'}{\rho' u_2'^2} \tag{5-6-3}$$

式中　P、P'——泵与风机的实物和模型的全压。

令
$$\frac{P}{\rho u_2^2}=\overline{P} \tag{5-6-4}$$

则
$$\overline{P}=\overline{P}'$$

$\overline{P}$ 和 $\overline{P}'$ 叫做泵与风机的全压系数。

相应地，泵与风机的静压系数为：

$$\overline{P}_{\text{st}}=\frac{P_{\text{st}}}{\rho u_2^2} \tag{5-6-5}$$

就功率而言
$$N=\frac{PQ}{\eta}$$

式中 P 的单位为 Pa，Q 的单位为 $\mathrm{m^3/s}$，N 的单位为 W。将式（5-6-1）和式（5-6-3）代入，得：

$$N=\frac{\overline{P}\rho u_2^2 \overline{Q}\,\frac{\pi}{4}D_2^2 u_2}{\eta}=\frac{\overline{P}\,\overline{Q}\,\frac{\pi}{4}D_2^2 \rho u_2^3}{\eta} \tag{5-6-6}$$

令
$$\overline{N}=\frac{\overline{P}\,\overline{Q}}{\eta}$$

可得
$$\overline{N}=\frac{N}{\frac{\pi}{4}D_2^2 \rho u_2^3} \tag{5-6-7}$$

$\overline{N}$ 叫做功率系数。在相似工况下，流量系数 $\overline{Q}$、压力系数 $\overline{P}$ 和效率 η 都彼此相等，所以功率系数 $\overline{N}$ 也相等。

根据以上所述，当几何相似的两泵或风机的工况，满足流量系数相等和雷诺数相等（或处于雷诺自模区）的条件时，全压系数、功率系数与效率必彼此相等。当流量系数、雷诺数变化（处于雷诺自模区外）时，全压系数、功率系数与效率将跟着发生变化。因此，可用下列函数式表示它们之间的关系：

$$\overline{P}=f_1\ (\overline{Q},\ Re) \tag{5-6-8}$$

$$\overline{N}=f_2\ (\overline{Q},\ Re) \tag{5-6-9}$$

$$\eta=f_3\ (\overline{Q},\ Re) \tag{5-6-10}$$

5.6.2　泵与风机的相似律及其应用

两个泵与风机相似时，它们相似工况的无因次参数 $\overline{P}$、$\overline{Q}$、$\overline{N}$、η 都是相等的。两个相似的泵与风机，当转速、尺寸及流体密度发生变化时，它们相似工况之间的流量、全压、功率等特性有什么关系呢？可以通过相似原理来解决上面提出的问题，称为性能的相似换算或相似律。

1. 全压换算公式

根据式（5-6-3）可得

$$\frac{P}{P'}=\frac{\rho u_2^2}{\rho' u_2'^2}=\frac{\rho D_2^2 n^2}{\rho' D_2'^2 n'^2}=\frac{\rho}{\rho'}\left(\frac{D_2}{D_2'}\right)^2\left(\frac{n}{n'}\right)^2 \tag{5-6-11}$$

对泵来说，我们有扬程换算公式：

$$\frac{H}{H'} = \frac{P\gamma'}{\gamma P'} = \left(\frac{D_2}{D_2'}\right)^2 \left(\frac{n}{n'}\right)^2 \tag{5-6-11'}$$

2. 流量换算公式

根据式（5-6-1）可得

$$\frac{Q}{Q'} = \frac{\frac{\pi}{4}D_2^2 u_2}{\frac{\pi}{4}D_2'^2 u_2'} = \frac{D_2^2 D_2 n}{D_2'^2 D_2' n'} = \left(\frac{D_2}{D_2'}\right)^3 \frac{n}{n'} \tag{5-6-12}$$

3. 功率换算公式

根据式（5-6-7）可得

$$\frac{N}{N'} = \frac{\rho D_2^5 n^3}{\rho' D_2'^5 n'^3} = \frac{\rho}{\rho'}\left(\frac{D_2}{D_2'}\right)^5 \left(\frac{n}{n'}\right)^3 \tag{5-6-13}$$

在特殊情况下，如同一台泵与风机（即 $D_2 = D_2'$）仅转速或流体密度发生变化时，或者同系列中不同机号（即 $D_2 \neq D_2'$）输送同一流体（$\rho = \rho'$）时，上述换算公式就可以简化。表 5-6-1 是相似泵或风机在各种换算条件下相似工况参数的换算公式。

泵与风机相似工况参数换算公式　　　　　　　　　　　　　　　表 5-6-1

换算公式参数 \ 条件	$D_2 \neq D_2'$ $n_2 \neq n_2'$ $\rho \neq \rho'$	$D_2 = D_2'$ $n_2 = n_2'$ $\rho \neq \rho'$	$D_2 = D_2'$ $n_2 \neq n_2'$ $\rho = \rho'$	$D_2 \neq D_2'$ $n_2 = n_2'$ $\rho = \rho'$
全　压	$\frac{P}{P'} = \frac{\rho}{\rho'}\left(\frac{D_2}{D_2'}\right)^2\left(\frac{n}{n'}\right)^2$	$\frac{P}{P'} = \frac{\rho}{\rho'}$	$\frac{P}{P'} = \left(\frac{n}{n'}\right)^2$	$\frac{P}{P'} = \left(\frac{D_2}{D_2'}\right)^2$
流　量	$\frac{Q}{Q'} = \left(\frac{D_2}{D_2'}\right)^3 \frac{n}{n'}$	$Q = Q'$	$\frac{Q}{Q'} = \frac{n}{n'}$	$\frac{Q}{Q'} = \left(\frac{D_2}{D_2'}\right)^3$
功　率	$\frac{N}{N'} = \frac{\rho}{\rho'}\left(\frac{D_2}{D_2'}\right)^5\left(\frac{n}{n'}\right)^3$	$\frac{N}{N'} = \frac{\rho}{\rho'}$	$\frac{N}{N'} = \left(\frac{n}{n'}\right)^3$	$\frac{N}{N'} = \left(\frac{D_2}{D_2'}\right)^5$
效　率	$\eta = \eta'$			

5.6.3 比转数

为了反映泵与风机的性能，除了用压力系数 $\overline{P}$、流量系数 $\overline{Q}$、功率系数 $\overline{N}$ 以外，还采用比转数 n_s 来表明不同类型泵与风机其主要性能参数流量、压力、转速之间的综合特性。

1. 比转数公式的推导

两相似的泵与风机，它们的全压、流量关系由式（5-6-11）及式（5-6-12）可知：

$$\frac{P}{P'} = \frac{\rho}{\rho'}\left(\frac{D_2}{D_2'}\right)^2\left(\frac{n}{n'}\right)^2$$

$$\frac{Q}{Q'} = \left(\frac{D_2}{D_2'}\right)^3 \frac{n}{n'}$$

变换后，得

$$\frac{D'_2}{D_2} = \left(\frac{P'}{P}\frac{\rho}{\rho'}\right)^{\frac{1}{2}}\frac{n}{n'}$$

$$\frac{n}{n'} = \left(\frac{D'_2}{D_2}\right)^3\frac{Q}{Q'}$$

消去上两式中的 $\dfrac{D'_2}{D_2}$，并经整理得

$$\frac{n}{n'} = \left(\frac{P'}{P}\frac{\rho}{\rho'}\right)^{\frac{3}{2}}\left(\frac{n}{n'}\right)^3\frac{Q}{Q'}$$

$$n\frac{Q^{\frac{1}{2}}}{\left(\frac{P}{\rho}\right)^{\frac{3}{4}}} = n'\frac{Q'^{\frac{1}{2}}}{\left(\frac{P'}{\rho'}\right)^{\frac{3}{4}}} \tag{5-6-14}$$

当两个相似泵与风机的进口状态相同，或者是标准状态，即 $\rho = \rho'$ 时，则

$$n\frac{Q^{\frac{1}{2}}}{P^{\frac{3}{4}}} = n'\frac{Q'^{\frac{1}{2}}}{P'^{\frac{3}{4}}}$$

令

$$n_s = n\frac{Q^{\frac{1}{2}}}{P^{\frac{3}{4}}} \tag{5-6-15}$$

n_s 称为泵与风机的比转数，两个相似的泵与风机，它们的比转数必然相等。

由式（5-6-14）可知，两个相似的泵与风机，由其重要参数 Q、P、n 组成的综合特性参数

$$n_s = n\frac{Q^{\frac{1}{2}}}{\left(\frac{P}{\rho}\right)^{\frac{3}{4}}}$$

是相等的。若代入 Q（m^3/s）、P（N/m^2）、ρ（kg/m^3）、n（$1/s$）的单位：

$$\frac{1}{s}\left(\frac{m^3}{s}\right)^{\frac{1}{2}}\left(\frac{N}{m^2}\right)^{-\frac{3}{4}}\left(\frac{kg}{m^3}\right)^{\frac{3}{4}} = 1$$

得到的是个无因次参数。所以常将比转数列入泵与风机的无因次参数。而常用的比转数公式（5-6-15）是一种简化形式（即 $\rho = \rho'$），其计算结果并不是无因次的。

此外，我国现有的泵与风机比转数计算是用米—千克力—秒（mfks）制，而本书统一用国际单位制（SI），故比转数值是按 mfks 制的 1/5.54（即 $9.807^{-3/4}$），为便于对照，本书以后用括号注出 mfks 制的比转数大小。

对于同一台泵与风机，在不同的工况点（P、Q 不同）对应有不同的比转数，为了能表达各种类型的泵与风机特性，便于进行分析比较，一般把泵与风机全压效率最高点的比转数作为该泵与风机的比转数值。

特别要指出的是，在相似条件下，两个泵与风机的比转数是相等的。但是，反过来，比转数相等的两个泵与风机就不一定相似。例如，我国生产的 7-5.25（7-29）型风机比转数是 5.25，6-5.41（6-30）型风机比转数是 5.41，两种泵与风机的比转数近似相等，

但它们的几何形状却完全不相似。故比转数绝不是充分条件，它的相等只是泵与风机相似的必要条件。

当风机进口是非标准状态或流体种类不同时，比转数的计算要考虑流体密度的变化，标准进口状态的空气密度为 1.2kg/m^3，则

$$n_\text{s} = n \frac{Q^{\frac{1}{2}}}{\left(\frac{1.2}{\rho} P\right)^{\frac{3}{4}}} \qquad (5\text{-}6\text{-}16)$$

比转数也可以用无因次参数 $\overline{P}$、$\overline{Q}$ 来表示：

$$n_\text{s} = n \frac{Q^{\frac{1}{2}}}{P^{\frac{3}{4}}} = \frac{60 u_2}{\pi D_2} \frac{\left(\overline{Q} \frac{\pi}{4} D_2^2 u_2\right)^{\frac{1}{2}}}{(\overline{P} \rho u_2^2)^{\frac{3}{4}}} = \frac{30}{\pi^{\frac{1}{2}} \rho^{\frac{3}{4}}} \frac{\overline{Q}^{\frac{1}{2}}}{\overline{P}^{\frac{3}{4}}}$$

对于标准进口状态 $\rho = 1.2 \text{kg/m}^3$，则

$$n_\text{s} = 14.8 \frac{\overline{Q}^{\frac{1}{2}}}{\overline{P}^{\frac{3}{4}}} \qquad (5\text{-}6\text{-}17)$$

在离心式泵与风机中，有时采用双面进流形式，以扩大流量范围。轴流式泵与风机采用双级形式，以提高升压，而一般的比转数公式是按单级单进流计算的，对于单级双进流、两级串联的泵与风机，其比转数的计算公式如下：

单级双进流的泵与风机：$n_\text{s}' = n \dfrac{(Q/2)^{\frac{1}{2}}}{P^{\frac{3}{4}}} = \dfrac{\sqrt{2}}{2} n_\text{s} = 0.707 n_\text{s}$

两级串联的泵与风机：$n_\text{s}'' = n \dfrac{Q^{\frac{1}{2}}}{(P/2)^{\frac{3}{4}}} = 2^{3/4} n_\text{s} = 1.682 n_\text{s}$

2. 比转数的应用

（1）用比转数划分泵与风机的类型

泵与风机的比转数 n_s 与流量的平方根成正比，与全压的 3/4 次方成反比，即比转数 n_s 大，反映泵与风机的流量大、压力低；反之，比转数小，则流量小、压力高。一般可用比转数的大小来划分泵与风机的类型，例如：

$n_\text{s} = 2.7 \sim 12 \ (15 \sim 65)$ 　　　　前弯型泵与风机；

$n_\text{s} = 3.6 \sim 16.6 \ (20 \sim 90)$ 　　　后弯型泵与风机；

$n_\text{s} > 16.6 \sim 17.6 \ (90 \sim 95)$ 　　单级双进流泵与风机。

在设计参数给定时，可先计算比转数，再根据比转数的大小决定采用哪种类型的泵与风机。

（2）比转数的大小可以反映叶轮的几何形状

比转数是压力系数 $\overline{P}$ 及流量系数 $\overline{Q}$ 的函数。一般讲，在同一类型的泵与风机中，比转数 n_s 越大，流量系数越大，叶轮的出口宽度 b_2 与其直径 D_2 之比就越大，即叶轮出口相对宽度 b_2/D_2 大；比转数越小，流量系数越小，则相应叶轮的出口宽度 b_2 与其直径 D_2 之比就越小。表 5-6-2 反映了各种泵的几何形状与比转数的关系。

泵的比转数、叶轮形状和性能曲线形状　　　　　　　表 5-6-2

泵的类型	离 心 泵			混流泵	轴流泵
	低比转数	中比转数	高比转数		
比转数	30～80	80～150	150～300	300～500	500～1000
叶轮形状					
D_2/D_0	≈3	≈2.3	≈1.8～1.4	≈1.2～1.1	≈1
叶片形状	圆柱形	入口处扭曲 出口处圆柱形	扭　曲	扭　曲	机翼形
性能曲线大致的形状					

（3）比转数可用于泵与风机的相似设计

由于比转数具有重要的特征及实用意义，目前，我国的离心式泵与风机命名中，比转数是重要的一项。

5.6.4　泵与风机的无因次性能曲线

根据式（5-6-8）～式（5-6-10），在 Re 值不变的条件下，可绘制出如图 5-6-1 所示的 $\overline{P}-\overline{Q}$、$\overline{N}-\overline{Q}$ 和 $\eta-\overline{Q}$ 关系曲线，人们称之为无因次性能曲线。这组曲线适用于转速不等、尺寸不同的同一类型的泵与风机，所以又叫类型性能曲线。相对地说，前面所述的实际性能曲线，只适用于一定转速、一定尺寸的泵与风机，所以又叫单体性能曲线。

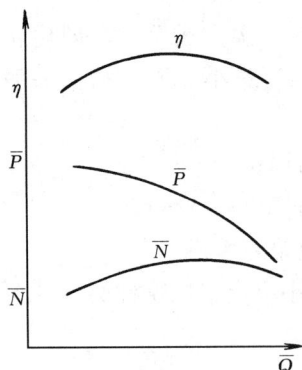

无因次性能曲线可直接由试验求得，或由单体性能曲线换算得到。

实际上，要保持尺寸大小不同的所有同一类型的泵与风机的 Re 都相等，不是都可以办到的，不过只要 Re 大于它的临界值，即泵与风机的流动状态在阻力平方区时，或是两泵与风机的 Re 值相差不超过 2～3 倍时，可以忽略 Re 的影响。同一无因次性能曲线对它们都适用。此外，当两泵与风机尺寸相差过大，以至相对间隙和表面相对粗糙度相差较大时，几何相似便遭到破坏。这时，如果仍用同一无因次性能表示它们的特性，就会带来相当大的误差。所以 T4-72 型 No5、No6、No7、No8 风机，都用No5 模型实验求得的无因次性能曲线；而 No10 以上的各风机，则用由No10 模型实验求得的无因次性能曲线。一般说，泵与风机的尺寸越大，在相同 $\overline{Q}$ 值下的 $\overline{P}$ 值越大，η 也越高。

图 5-6-1　离心式风机的无因次性能曲线

5.7 其他常用泵与风机

5.7.1 轴流式风机

按照我国风机的分类，风压在 4900Pa 以下，气体沿轴向流动的通风机，称为轴流式风机。图 5-7-1 是轴流式风机的典型结构简图。气体从集流器 1 进入，通过叶轮 2 使气流获得能量，然后流入导叶 3，导叶将一部分偏转的气流动能转为静压能，最后，气流通过扩散筒 4 将一部分轴向气流动能转化为静压能，然后从扩散筒流出，输入管路。

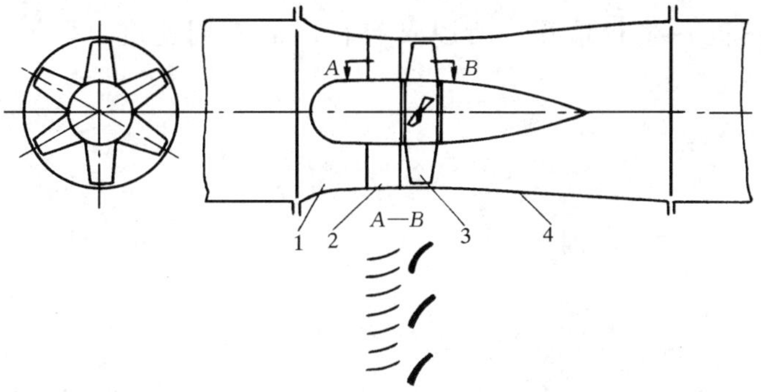

图 5-7-1 轴流式风机结构简图
1—集流器；2—叶轮；3—导叶；4—扩散筒

除上述典型结构外，轴流式风机的形式和构造是多种多样的。小的轴流风机，叶轮直径仅 100 多毫米，大的直径有 20 多米。风机布置的形式有立式、卧式和倾斜式三种。一些大型的轴流式风机在叶轮下游侧设有固定的导叶以消除气流在增压后的旋转。其后还可以设置流线型尾罩，以利气流扩散。轴流式风机很多是电机直联传动的，也可通过其他装置进行变速传动。为了便于安装和维护，轴流式风机广泛采用滚动轴承。

轴流式风机的叶片有板形、机翼形等多种。叶片从根部到叶梢常是扭曲的。动叶或导叶常做成可以调整安装角的，以改变风机的流量和压头，这样不仅大大扩大了运行工况范围，而且显著提高了变工况下的效率。近年来，动叶可调机构被成功采用，使得轴流式风机在大型电站、大型隧道、矿井等通风、引风装置中获得日益广泛的应用。此外，轴流式风

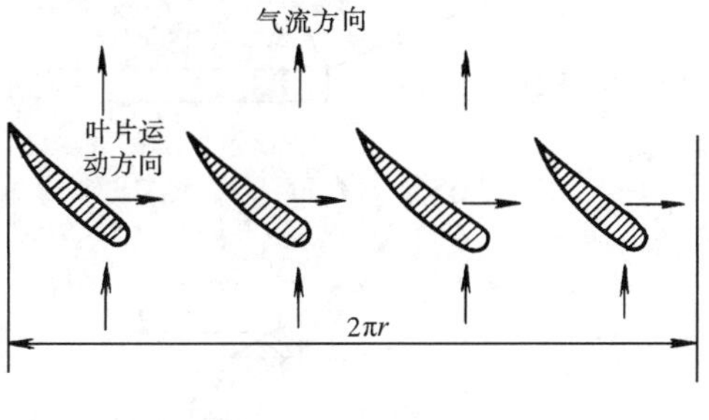

图 5-7-2 直列叶栅简图

机还可用于厂房、建筑物的通风换气、空气调节、冷却塔通风、锅炉鼓风引风、化工、风洞风源等方面。

研究分析轴流式风机，常用到直列叶栅的概念。沿一定的半径 r 截取叶片的剖面，然后将所得剖面展开，就可得到直列叶栅，如图 5-7-2 所示。在沿同一半径截取的直列叶栅图中，进口和出口的气流圆周速度都是相同的。而按不同半径截取的叶栅则具有不同的圆

周速度，正是这些特点导致轴流式风机在性能上有别于离心式风机。

通常假设叶片之间有足够的间距，即认为叶片间的气流不致互相影响；同时，因为叶片装在圆筒内，叶梢与筒壁之间的缝隙极小，所以不考虑气流的径向运动。此时，气流通过轴流风机叶栅的运动可以简化为孤立叶片两向流的问题来研究。

当气流以流速 v_0 流向叶片时，气流质点除获得圆周速度 u 外，还有沿叶片滑动的相对速度 w。在图 5-7-3 的速度三角形中，离开叶片的气流由于叶片的旋转而偏离原来 v_0 的方向获得速度 v_2。当叶轮下游侧设有整流叶片时，可以使气流重新恢复到 v_0 的方向。

轴流式风机的理论压头方程式为：

$$H_T = \frac{1}{g}(u_2 v_{u2} - u_1 v_{u1})$$

由于叶栅是按同一半径取得，所以具有相同的圆周速度，即 $u_2 = u_1 = u$，故上式变成：

$$H_T = \frac{u}{g}(v_{u2} - v_{u1}) \tag{5-7-1}$$

在设计工况下，$v_{u1} = 0$，则

$$H_T = \frac{u v_{u2}}{g} \tag{5-7-2}$$

从式（5-7-2）可以看出，在叶梢处产生的压头将大于叶根处的压头。由于不同半径处的压头不同使叶轮下游侧横断面上的气流，有可能发生径向流动，损失增加，效率下降。针对这种情况，叶片常制成扭曲形状，使之在不同半径处具有不同的安装角，从而使叶片不同半径处具有不同的 v_{u2} 值，来保证 $u v_{u2}$ 乘积近似不变。

尽管如此，只有在设计工况下才能基本消除径向流动现象。进一步分析表明，当流量小于设计值时，流体发生径向流动，严重时部分流体将发生二次回流，如图 5-7-4 所示。由叶轮流出的流体，一部分又重新回到叶轮中被二次加压，使扬程压头增加。由于二次回流量是靠撞击来传递能量的，因此水力损失很大，效率急剧下降。

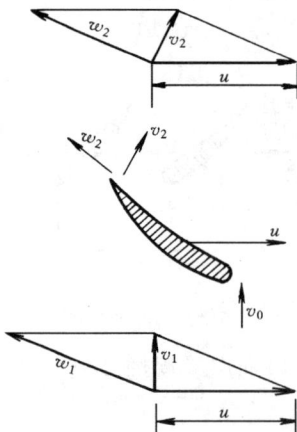

图 5-7-3　气流质点通过叶栅的运动情况　　图 5-7-4　轴流泵或风机的二次回流

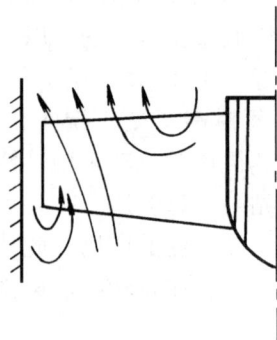

由于上述情况，轴流风机在性能曲线方面的特点可以归纳为如下三点：

1）H-Q 曲线大都属于陡降型曲线。

2）N-Q 曲线在流量为零时 N 最大，当流量增大时，H 下降很快，轴功率 N 也有所降低，这样往往使轴流式风机在零流量下启动的轴功率为最大。因此，与离心式风机相反，轴流式风机应当在管路畅通下开动。尽管如此，当启动与停机时，总是会经过最低流量的，所以轴流风机所配用的电机要有足够的余量。

3）ηQ 曲线也在最高效率点附近迅速下降，由于流量不在设计工况下气流情况迅速变坏，以致效率下降很快。所以轴流式风机的最佳工作范围较窄。一般都不设置调节阀门来调节流量。大型轴流风机常用可调节叶片安装角或改变转速方法来达到调节流量的目的。

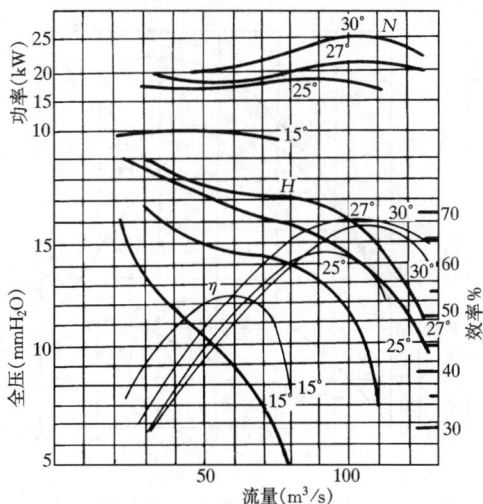

图 5-7-5 30E-11 型轴流风机的性能曲线，图中曲线是按四种不同的安装角给出的。

图 5-7-5　30E-11No. 36$\frac{1}{2}$型轴流风机性能曲线

5.7.2　贯流式风机

贯流式风机是 Mortier 于 1892 年研制的。但是，差不多直到近代，这种形式的风机才获得广泛应用。

贯流式风机与轴流式或离心式风机工作方式不同，它有一个筒形的多叶叶轮转子，气流沿着与转子轴线垂直的方向，从转子一侧的叶栅进入叶轮，然后穿过叶轮转子内部，通过转子另一侧的叶栅，将气流排出，即气流横穿叶片两次。如图 5-7-6（b）所示。叶轮一般采用多叶式前向叶型，两个端面是封闭的。叶轮的宽度没有限制，当宽度加大时，流量也增加。某些贯流式风机在叶轮内线加设不动的导流叶片，以改善气流状态。

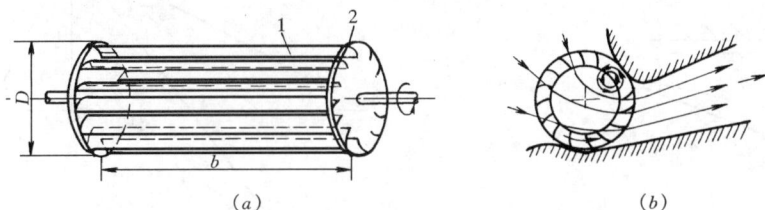

图 5-7-6　贯流式风机示意图
（a）贯流式风机结构示意图；（b）贯流式风机中的气流
1—叶片；2—封闭端面

贯流式风机的全压系数较大，Q-H 曲线是驼峰型的，效率较低，一般约为 30%～50%。图 5-7-7 是这种风机的无因次性能曲线。

$$\overline{H} = \frac{H}{\frac{1}{2}\rho u^2}; \quad \overline{\varphi} = \frac{Q}{bD_2 u}; \quad \overline{N} = \frac{\overline{H}\overline{\varphi}}{\eta}; \quad \overline{H_j} = \frac{H_j}{\frac{1}{2}\rho u^2}$$

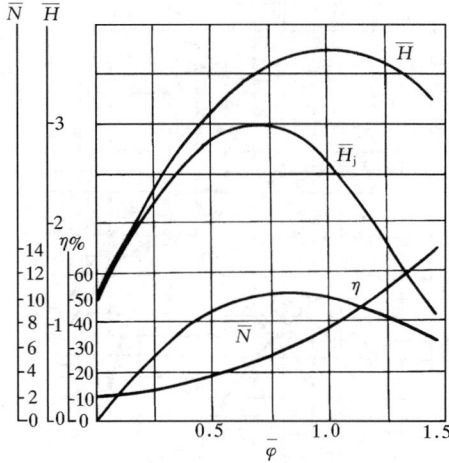

图 5-7-7　贯流式风机的无因次性能曲线

其中流量系数因叶轮宽度没有限制而加入了宽度 b 的因素，即 $\bar{\varphi}=\dfrac{Q}{bD_2u}$，而不是一般离心式风机所采用的 $\bar{Q}=\dfrac{Q}{3600u\dfrac{\pi D^2}{4}}$。

由于它结构简单，具有薄而细长的出口截面，不必改变流动的方向等特点，使它适宜于安装在各种扁平形或细长形的设备里，与建筑物相配合。与其他风机相比，这种风机的动压较高，气流不乱，可获得偏平而高速的气流，并且气流到达的距离较长。但贯流式风机的效率较低（30%～50%），其噪声一般处于多翼离心风机和轴流风机之间。目前，贯流式风机广泛应用在低压通风换气、空调、车辆和家庭电器等设备上。

贯流式风机至今还有许多问题尚待解决，特别是各部分的几何形状对其性能有重大影响，不完善的结构甚至完全不能工作。

5.7.3　混（斜）流式风机

混流式风机的叶轮轮毂和主体风筒的形状为圆锥形，如图 5-7-8 所示。因叶轮子午面内流线与轴线斜交，亦称斜流式风机。由于气流沿倾斜方向流出，故兼有轴流式和离心式风机的特点。

图 5-7-9 为混流式风机与轴流式风机速度三角形的对比，其中虚线为轴流式风机出口的速度三角形。从速度三角形分析看，混流式风机具有以下特点：

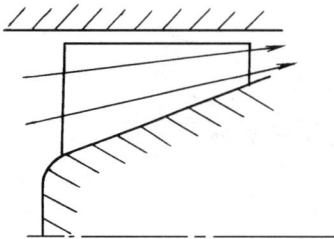

图 5-7-8　混流式风机结构简图

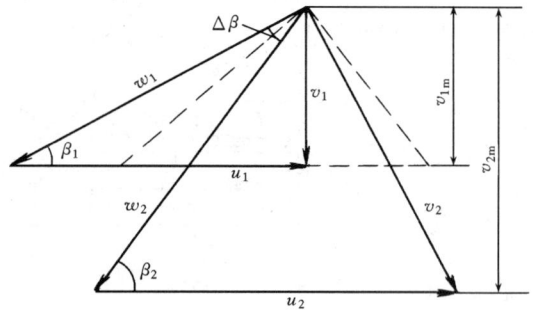

图 5-7-9　混流式风机的速度三角形

（1）气流偏转角 $\Delta\beta$ 较大，故其 Δv_u 比轴流风机大。

（2）由于子午加速的结果，$v_{2m}>v_{1m}$，比值 w_2/w_1 增加，导致叶轮内的扩压效应减小，因而保证了 $\Delta\beta$ 增大的情况下气流不致发生分离。

（3）由于叶轮进出口直径不等，使气流受到离心力场的作用，从欧拉方程（5-3-4）可以看出，其静压部分比轴流风机多了一项 $\dfrac{u_2^2-u_1^2}{2g}$。

（4）气流出口速度 v_2 比轴流风机大，即其动压部分较高。为使这部分动能转变为静压能，这种风机对扩散筒的要求比一般轴流风机高。

（5）由于结构上的原因，混流式风机的动叶本身不能调整，需借助于叶轮前的可调前导叶进行。

综合上述分析可以看出，混流式风机风压比轴流式风机高，风量比离心式风机大。

当相对速度 $w_2 = w_1$ 时，叶轮内不发生扩压效应，成为等压式风机，如图 5-7-10 所示。等压风机的叶轮轮毂呈圆锥形，因而仍受到一部分离心力场的作用，而使静压有所提高。但它主要是依靠气流出口速度 v_2 增大而产生的动压，在其后的扩散筒中转换成静压。它具有以下两个特点：

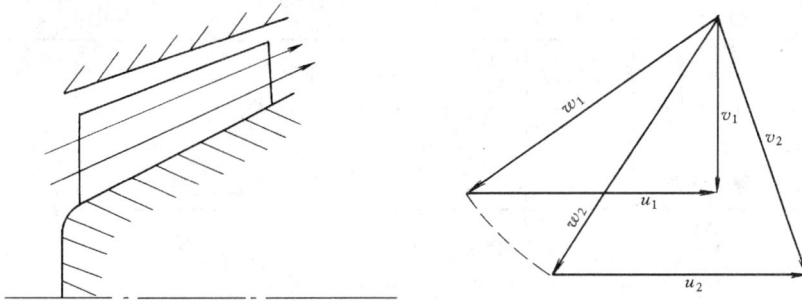

图 5-7-10 等压式风机及其速度三角形

（1）对扩散筒的要求较高，需要比较长的扩散筒。由于不可避免地存在扩压损失，故其效率一般不超过 0.8。

（2）由于叶轮内的压差小，故对径向间隙不敏感。

等压风机又称为 Schicht 风机，近年来已在一些国家得到广泛应用，它是一种子午式加速风机。

另外一种子午式加速风机叫做 Bütner-Eck 型风机，其叶轮结构形式与等压式相同。但相对速度 $w_2 < w_1$，在叶轮内存在扩压作用。加之由于轮毂直径的变化而引起的离心力作用，静压部分比等压式风机高。相对而言，它对扩散筒的要求比等压式稍低。该风机的全压效率可达 $\eta = 0.88 \sim 0.89$。

5.7.4 真空泵与空压机

真空吸送式气力输送系统中，要利用真空泵在管路中保持一定的真空度。有吸升式吸入管段的大型泵装置中，在启动时也常用真空泵抽气充水。常用的真空泵是水环式真空泵。水环式真空泵实际上是一种压气机，它抽取容器中的气体将其加压到高于大气压，从而能够克服排气阻力将气体排入大气。

水环式真空泵的构造简图参见图 5-7-11。有 12 个叶片的叶轮 1 偏心地装在圆柱形泵壳 2 内。泵内注入一定量的水。叶轮旋转时，将水甩至泵壳形成一个水环，环的内表面与叶轮轮毂相切。由于泵壳与叶轮不同心，右半轮毂与水环间的进气空

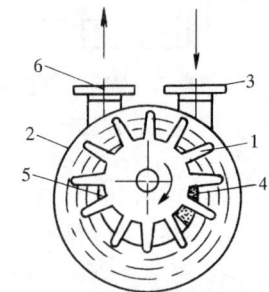

图 5-7-11 水环式真空泵结构示意图

1—叶轮；2—泵壳；3—进气管；4—进气空间；5—排气空间；6—排气管

195

间4逐渐扩大，从而形成真空，使气体经进气管3进入泵内进气空间4。随后气体进入左半部，由于毂环之间容积被逐渐压缩而增高了压强，于是气体经排气空间5及排气管6被排至泵外。

真空泵在工作时应不断补充水，用来保证形成水环和带走摩擦引起的热量。

我国生产的水环式真空泵有SZ型和S2B型，前者最高压强可达205.933kPa（作为压气机用时）。表5-7-1为SZ型水环式真空泵的工作性能简表。

SZ型水环式真空泵的工作性能简表 表5-7-1

型 号	下列压强下的抽气量（m³/min）					极限压强	电机功率	转数	耗水量
	760	456	304	152	76	(mmHg)	(kW)	(r/min)	(L/min)
	(mmHg)								
SZ-1	1.5	0.64	0.4	0.12		122	4	1450	10
SZ-2	3.4	1.65	0.95	0.25		98	10	1450	30
SZ-3	11.5	6.8	3.6	1.5	0.5	60	30	975	70
SZ-4	27.0	17.6	11	3	1	53	70	730	100

5.7.5 往复式泵

往复式泵是最早发明的提升液体的机械。目前由于离心式泵具有显著优点，往复式泵的应用范围已逐渐缩小。由于往复式泵在压头剧烈变化时仍能维持几乎不变的流量的特点，故往复式泵仍有所应用。它还特别适用于小流量、高扬程的情况下输送黏性较大的液体，例如机械装置中的润滑设备和水压机等处。在小型锅炉房和采暖锅炉房中，常装设利用锅炉饱和蒸汽为动力的蒸汽活塞泵作为锅炉补给水泵。

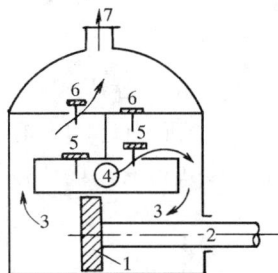

图5-7-12 双作用活塞式往复泵工作原理图

1—活塞；2—连杆；3—泵缸或工作室；4—进水管；5—吸水阀；6—压水阀；7—排水管

往复式泵属于容积泵，主要结构包括泵缸、活塞或柱塞、连杆、吸水阀和压水阀等。图5-7-12是双作用活塞式往复泵的工作原理图。

当活塞1与连杆2受原动机驱动作往复运动时，左右两工作室3的容积交替发生变化。左工作室容积受压缩时，其中液体推开压水阀6被排向排水管7，与此同时，右工作室膨胀而形成真空，于是打开右吸水阀5从进水管4吸水。然后活塞向右运动，两工作室交替进行上述相似的工作，完成吸水、排水的输水过程。

活塞式往复泵的理论流量与活塞面积A、活塞行程S及活塞在单位时间内往复次数n有关。单作用往复泵的理论流量可按下式计算：

$$Q_T = ASn$$

双作用泵的理论流量是单作用泵的2倍。

往复泵的吸入性能应当考虑流量实际上的非恒定性带来的附加损失。所以它的允许几何安装高度比离心式泵低。

往复泵的实际流量由于液体的漏损和吸水阀与压水阀动作的滞后而有所减少，通常用

容积效率 η_v 乘以理论流量得出。η_v 值大约在 85%～99% 之间。

理论上来说，往复泵的扬程与流量无关，这就是说，这种泵可以达到任意大的扬程，它的 Q_T-H_T 曲线是一条垂直于横坐标 Q 轴的直线（图 5-7-13 中的虚线）。实际上由于受泵的部件机械强度和原动机功率的限制，泵的扬程不可能无限增大。同时在较高的增压下，漏损会加大，以致实际 Q-H 曲线向左略有偏移。应当指出往复泵的流量是不均匀的，因为活塞在一个行程中的位移速度总是从零到最大再减小到零，然后重复，如此往复循环。在图 5-7-13 中 H-Q 曲线是按平均流量绘制的。

往复泵在一定的往复次数工作时，理论流量 $Q_T = ASn$ 为定值，理论轴功率 $N_T = \gamma \cdot H_T \cdot Q_T$，$H_T$ 只与 N_T 有关，故 H_T-N_T 是一条通过原点的直线。实际的 H-N 曲线因高压头下流量有所减少而稍微向下弯曲，如图 5-7-13 中所示。注意该图 N 和 η 尺度都标注在横坐标轴上。

效率曲线一般随 H 值的增加而下降。此外当 H 很小时，由于有效功率很小而机械损失基本未变，以致效率下降很快。H-η 曲线也绘于图 5-7-13。

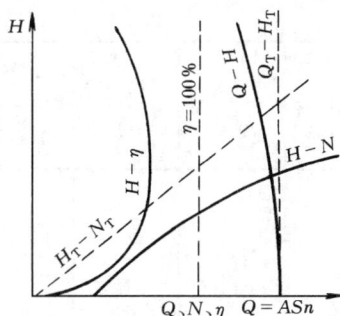

图 5-7-13　往复泵性能曲线

5.7.6　深井泵与潜水泵

近年来利用温度较低的地下水作为空气调节装置的冷源已经比较普遍，但由于降低了地下水位故已逐渐停止推广。后来，发展为"冬灌夏用"和"夏灌冬用"的方式，进一步利用地下水库的良好隔热性能储存一定温度的水量，作为空调装置的冷源和热源。这些装置都要使用深井泵来抽取地下水。

深井泵是一种立式多级泵。我国生产的深井泵有 SD 型、J 型和 JD 型等多种。图 5-7-14 是 SD 型深井泵的结构图。它由以下几个主要部分组成：（1）装于上壳 7、中壳 9 和下壳 8 中的泵本体，其叶轮 18 是混流式多级叶轮；（2）扬水管 5 和传动轴 6；（3）装在地面的电动机 1 和泵座 2；（4）滤水网 11 与吸水管 10。深井泵的埋深要使泵在工作时间内至少有 2～3 个叶轮浸没于水中。表 5-7-2 是 SD10 型深井泵的性能简表。

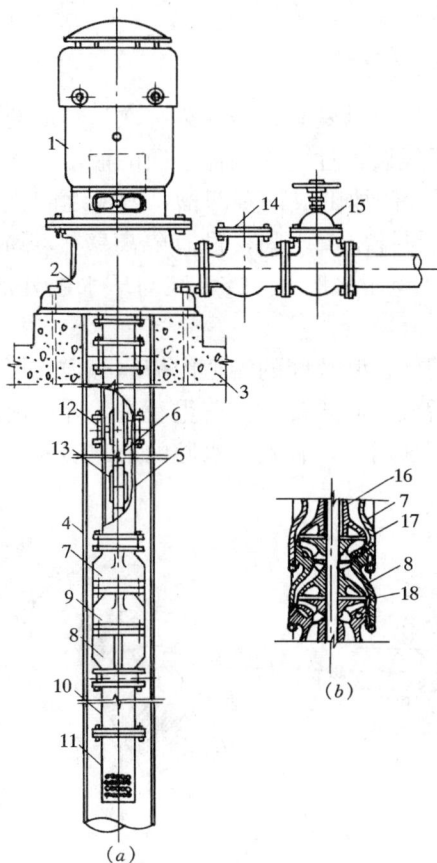

图 5-7-14　SD 型深井泵的结构图
(a) 整机外形；(b) 泵体结构
1—电动机；2—泵座；3—基础；4—井管；5—扬水管；6—传动轴；7—上壳；8—下壳；9—中壳；10—吸水管；11—滤水网；12—轴承体；13—螺纹连轴器；14—止回阀；15—截止阀；16—轴承衬套；17—锥形套；18—叶轮

SD10 型深井泵的性能简表　　　　　　　　　　　　表 5-7-2

叶轮级数	流量 (m³/h)	扬程 (m)	叶轮平均直径 (mm)	扬水管节数	传动轴直径 (mm)	轴功率 (kW)	电机功率 (kW)	效率 (%)	转数 (r/min)
3		24		8	30	7.6	10		
5		40		15	30	12.2	14		
7	70	56	168.8	21	30	17.1	20	67	1460
10		80		31	36	24.0	28		
15		100		44	36	36.5	40		

为了抽取地下水，还可以采用潜水电泵。这是一种将电机与泵装在一起沉入于深井中的泵装置，省去了泵座和长长的传动轴。除对电机绝缘要采取特殊措施外，大大简化了泵的结构。

5.7.7　旋涡泵

旋涡泵在性能上的特点是小流量、高扬程和低效率，但具有只需在第一次运转前充液的自吸式优点。目前，大都用于小型锅炉给水和输送无腐蚀性、无固体杂质的液体。

图 5-7-15 (a) 是旋涡泵的叶轮。叶轮圆盘外周两侧加工成许多凹槽，凹槽之间铣成叶片 4。在图 5-7-15 (b) 中可以看出泵壳的吸入口与排出口之间，设有隔离壁 1，隔离壁与叶轮间的缝隙很小，这就使泵内分隔为吸水腔 2 与压水腔 3。吸水腔与压水腔外侧，绕叶轮周边有不大的混合室，见图 5-7-15 (c)。

叶轮旋转时带动来自吸入口的液体前进，同时液体在叶片间的流道内借离心力加压后到达混合室，在混合室内部分地转换为压力能，然后又被叶轮带动向前重新进入叶片流道内加压。所以流体可以看作受多级离心泵的作用被多次增压，直到压水腔的末端引向排出口。流体在泵内流动情况见图 5-7-15 (d)。

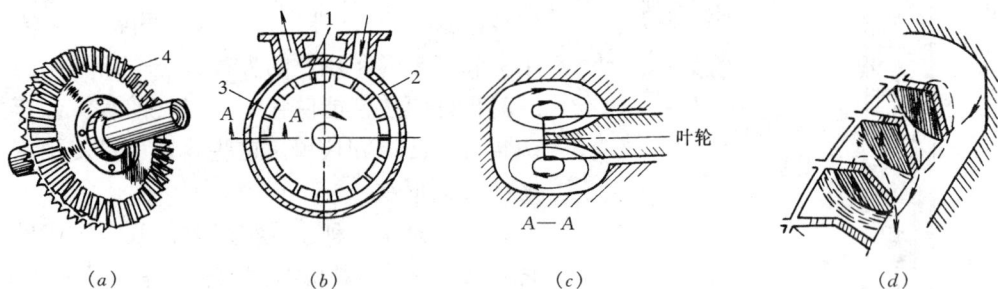

(a)　　　　　　　　(b)　　　　　　　　(c)　　　　　　　　(d)

图 5-7-15　旋涡泵的结构与工作原理
(a) 叶轮；(b) 泵内结构示意图；(c) 混合室；(d) 流体在泵内的运动
1—隔离室；2—吸水腔；3—压水腔；4—叶片

我国生产的 W 系列旋涡泵可以输送 −20～80℃ 的液体，流量范围为 0.36～16.9m³/h，扬程最高可达 132m。表 5-7-3 是 IW2.4-10.5 型旋涡泵的性能表。该泵可汲送清水或化学物理性能类似于清水的液体。

IW2. 4-10. 5 型旋涡泵的性能表　　　　　　　　　　　　　　　　表 5-7-3

流量（m³/h）	扬程（m）	转数（r/min）	轴功率（kW）	效率（%）
2.4	105	2900	2.4	28

思 考 题 与 习 题

5-1　离心式泵与风机的基本结构由哪几部分组成？每部分的基本功能是什么？

5-2　离心式泵与风机的工作原理是什么？主要性能参数有哪些？

5-3　欧拉方程的理论依据和基本假定是什么？实际的泵与风机不能满足这些基本假定时，会产生什么影响？

5-4　欧拉方程指出，泵或风机所产生的理论扬程 H_T 与流体种类无关，这个结论如何理解？在工程实践中，泵在启动前必须向泵壳内充水以排除空气，否则水泵就抽不上水来，这不与上述结论互相矛盾吗？

5-5　写出由出口安装角 β_2 表示的理论曲线方程 $H_T = f_1(Q_T)$，$N_T = f_2(Q_T)$，$\eta_T = f_3(Q_T)$；分析前向、径向和后向叶型泵（或风机）的性能特点。当需要高扬程、小流量时宜选什么叶型？当需要低扬程、大流量时不宜选什么叶型？

5-6　简述不同叶型对风机性能的影响，并说明前向叶型的风机为何容易超载？

5-7　影响泵或风机性能的能量损失有哪几种？简单地讨论造成这些损失的原因。

5-8　利用电机拖动的离心式泵或风机，常关闭阀门，在零流量下启动，试说明其理由。使泵或风机在零流量下运行，这时轴功率并不等于零，为什么？是否可以使风机或泵长时期在零流量下工作？原因何在？

5-9　简述相似律与比转数的含义和用途，指出两者的区别。

5-10　无因次性能曲线何以能概括大小不同、工况各异的同一系列泵或风机的性能？应用无因次性能曲线要注意哪些问题？

5-11　离心式泵或风机相似的条件是什么？什么是相似工况？两台水泵（风机）达到相似工况的条件是什么？

5-12　应用相似律应满足什么条件？"相似风机不论在何种工况下运行，都满足相似律。""同一台泵或风机在同一个转速下运转时，各工况（即一条性能曲线上的多个点）满足相似律"。这些说法是否正确？

5-13　离心式泵与风机的无因次性能曲线和有因次性能曲线有何区别和共性？

5-14　怎样获取泵与风机的实际性能曲线？

5-15　为什么风机性能实验要求在风机进口前保证一定的直管长度，并设置阻尼网、蜂窝器等整流装置？如果没有足够的直管长度和整流装置，测出的性能会发生怎样的变化？

5-16　简述其他常用的泵与风机的性能特点与适用条件。

5-17　叶轮进口直径 $D_1 = 200mm$，安装角 $\beta_1 = 90°$，流体相对于叶片的流速为 5m/s；叶轮出口直径 $D_2 = 800mm$，叶片安装角 $\beta_2 = 45°$，流体相对于叶片的速度是 10m/s；叶轮转速 900r/min。作出叶轮进出口速度三角形。若叶轮出口宽度为 150mm，计算叶轮流量。入口工作角为多少时，理论扬程最大？本题的叶轮条件怎样改进才能实现该工作角角度？

排挤系数近似为 1。

5-18　一台普通风机 $n＝1000 r/min$ 时，性能如下表，应配备多少功率的电机？

序　号	1	2	3	4	5	6	7
流量（m^3/h）	47710	53492	59276	65058	70841	76624	82407
全压（Pa）	2610	2550	2470	2360	2210	2030	1830
全效率（%）	82.6	87.5	88.2	89.0	88.0	85.7	80.4

5-19　5-18 题中的风机，当转速提到 $n＝1500 r/min$ 和降到 $n＝750 r/min$ 时，性能如何变？列出性能表。分别应配备多大功率的电机？

5-20　已知 4-72-11№.6C 型风机在转速为 1250r/min 时的实测参数如下表所列，求：（1）各测点的全效率；（2）绘制性能曲线图；（3）写出该风机最高效率点的性能参数。计算及图表均要求采用国际单位制。

序　号	1	2	3	4	5	6	7	8
H（mmH_2O）	86	84	83	81	77	71	65	59
P（N/m^2）	843.4	823.8	814.0	794.3	755.1	696.3	637.4	578.6
Q（m^3/h）	5920	6640	7360	8100	8800	9500	10250	11000
N（kW）	1.69	1.77	1.86	1.96	2.03	2.08	2.12	2.15

5-21　根据题 5-20 中已知的数据，试求 4-72-11 系列风机的无因次性能参数，从而绘制该系列风机的无因次性能曲线。计算中叶轮直径 $D_2＝0.6 m$。

5-22　利用上题得到的无因次性能曲线求 4-72-11№.5A 型风机在 $n＝2900 r/min$ 时的最佳效率点的各性能参数值，并计算该机的比转数 n_s 的值。计算时 $D_2＝0.5 m$。

5-23　4-72-11№.5A 型风机在 $n＝2900 r/min$ 时性能参数如下表，利用表中的数据，结合 5-22 题结果验证是否可以用同一无因次性能曲线代表这一系列风机的性能。计算中叶轮直径 $D_2＝0.5 m$。

序　号	1	2	3	4	5	6	7	8
H（mmH_2O）	324	319	313	303	290	268	246	224
P（N/m^2）	3177.5	3128.4	3069.6	2971.5	2844.0	2628.3	2412.5	2196.8
Q（m^3/h）	7950	8917	9880	10850	11830	12730	13750	14720
N（kW）	8.52	8.9	9.42	9.9	10.3	10.5	10.7	10.9

5-24　某单吸单级离心泵，$Q＝0.0735 m^3/s$，$H＝14.65 m$，电机由皮带拖动，测得 $n＝1420 r/min$，$N＝13.3 kW$；后因改为电机直接联动，n 增大为 1450r/min，试求此时泵的工作参数为多少？

5-25　在 $n＝2000 r/min$ 的条件下实测某离心式泵的结果为：$Q＝0.17 m^3/s$，$H＝104 m$，$N＝184 kW$。如有一与之几何相似的水泵，其叶轮比上述泵的叶轮大一倍，在 1500r/min 之下运行，试求在效率相同的工况点的流量、扬程及效率各为多少？

5-26　有一转速为 1480r/min 的水泵，理论流量 $Q=0.0833\text{m}^3/\text{s}$，叶轮外径 $D_2=360\text{mm}$，叶轮出口有效面积 $A=0.023\text{m}^2$，叶片出口安装角 $\beta_2=30°$，试作出口速度三角形。假设 $v_{u1}=0$。试计算此泵的理论压头 $H_{T\infty}$。设涡流修正系数 $k=0.77$，理论压头 H_T 为多少？（提示：先求出口绝对速度的径向分速 v_{r2}，作出速度三角形。）

第6章 枝状管网的动力和调节装置匹配

流体输配管网由管道、动力设备、调节装置、末端装置及保证管网正常工作的其他附属装置组成。动力设备将电动机高速旋转的机械能转化为被输送流体的动能和势能，是管网的"心脏"。调节装置通过改变管网特性曲线使管网达到要求的运行工况。动力设备在流体管网中的运行工况由管网特性与动力设备性能共同确定，动力设备的工作效率与管网的匹配相关。本章重点介绍枝状管网的动力和调节装置的匹配问题。

6.1 泵、风机在管网系统中的工作状态点

6.1.1 管网特性曲线

1. 阻力特性

对于枝状管网，按照管段之间的串并联关系，可将管网简化为一个管路。管网中流体的流动阻力与流量之间的关系可用下式表示，即：

$$\Delta P = SQ^2$$

式中，S 是管网的总阻抗，与管网几何尺寸、摩擦阻力系数、局部阻力系数、流体密度有关。当这些因素一经确定并保持不变时，S 为常数。

2. 管网特性曲线

如图 6-1-1 所示的管路，根据能量方程，流体从管路进口 1-1 断面流至出口 2-2 断面所需的能量 P_e 可用下式表示：

$$P_e = \left(P_2 + \frac{\rho_2 v_2^2}{2} + \rho g Z_2 \right) - \left(P_1 + \frac{\rho_1 v_1^2}{2} + \rho g Z_1 \right) + \Delta P \qquad (6\text{-}1\text{-}1)$$

当两断面的动压差值与其他项相比较小时，忽略此项，则有：

$$P_e = (P_2 + \rho g Z_2) - (P_1 + \rho g Z_1) + \Delta P$$

$$= P_{st} + \Delta P = P_{st} + SQ^2 \qquad (6\text{-}1\text{-}2)$$

式中，$P_{st} = (P_2 - P_1) + \rho g(Z_2 - Z_1)$，反映了环境对管内流动的压力作用和重力作用的影响，Pa。当管网处于稳定运行工况时，P_{st} 通常与流量无关，是一个常数。

由于枝状管网可以简化为一个管路，因此，式(6-1-2)

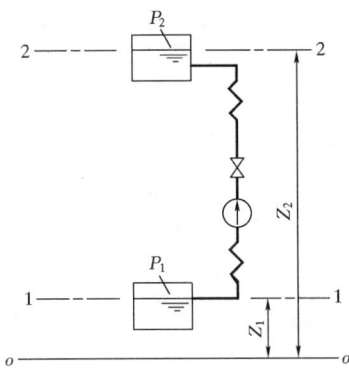

图 6-1-1　管路系统示意图

反映了枝状管网的特性，它表明了管网中流体流动所需的能量与流量之间的关系。将这一关系在以流量为横坐标、压力为纵坐标的直角坐标图中描绘成曲线，即为管网特性曲线，见图 6-1-2。

闭式循环管网系统，管路首尾相连，有 $Z_1 = Z_2$，$P_1 = P_2$，所以 $P_{st} = 0$。暖通空调工程中的通风空调管网系统，常常是从大气中吸入空气送入房间，或从房间中吸气后将其排至室外，以室外空气为虚拟管路使管网闭合，通风管内与管外的空气密度近似相等，这类管网系统，也近似有 $P_{st} = 0$。这时，管网特性曲线方程为：

$$P_e = \Delta P = SQ^2 \tag{6-1-3}$$

绘制成曲线图如图 6-1-3 所示，被称为狭义管网特性曲线，而图 6-1-2 则被称为广义特性曲线。二者表示的是两类阻力变化特征不同的管网。广义管网特性曲线也可以理解为这类管网的阻力由两部分组成，一部分不随流量变化，另一部分与流量的平方成正比。由于这两部分阻力的变化规律不一致，当泵或风机的工况沿管网特性曲线变化时（如调节泵或风机的转速，不改变管网特性曲线），工况点之间不满足泵或风机的相似律。而狭义管网特性曲线则表明这类管网的全部阻力与流量的平方成正比，当泵或风机的工况沿管网特性曲线变化时，遵守相似泵或风机的相似律，工况参数的变化关系满足表 5-6-1 中的公式。

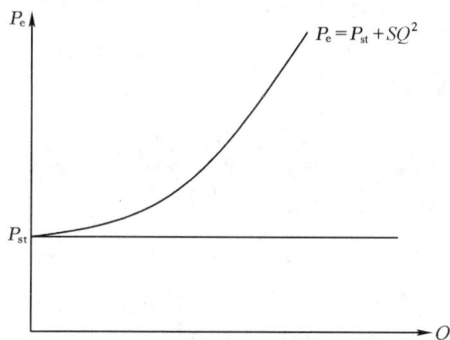

图 6-1-2　广义管网特性曲线图　　　　　图 6-1-3　狭义管网特性曲线图

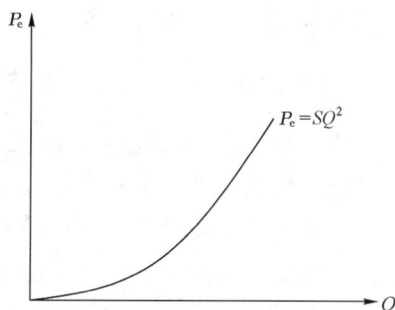

不能绝对地认为闭合管网特性曲线都是狭义的。广义还是狭义的关键不在于管网的开、闭，而是管网输送流体时，重力作用能否忽略不计。闭合管网内，当重力作用不能忽略时，其特性曲线也是广义的。

输送水的管网，压力及水泵扬程往往直接用水柱高度表示，因此，管网特性曲线方程通常写成：

$$H = H_s + SQ^2 \tag{6-1-4}$$

6.1.2　管网特性曲线的影响因素

影响管网特性曲线的形状的决定因素是阻抗 S。S 值越大，曲线越陡。当流量采用体积流量单位（m^3/s）时，管段阻抗 S 的计算式为：

$$S_i = \frac{8\left(\lambda_i \dfrac{l_i}{d_i} + \Sigma \xi\right)\rho}{\pi^2 d_i^4} \quad (kg/m^7) \tag{6-1-5}$$

当流量采用质量流量单位（kg/s）时，管段阻抗的计算式为：

$$S_i = \frac{8\left(\lambda\dfrac{l_i}{d_i}+\sum_i \xi\right)}{\rho\pi^2 d_i^4} \quad (\text{kg}^{-1}\cdot\text{m}^{-1}) \qquad (6\text{-}1\text{-}6)$$

根据 S 的计算式可知，影响 S 值的参数有：摩擦阻力系数 λ、管段长度 l、直径（或当量直径）d、局部阻力系数 $\sum\xi$、流体密度 ρ。其中 λ 取决于流态。由流体力学知，当流动处于阻力平方区时，λ 仅与 K/d（管段的相对粗糙度）有关。在给定管路条件下，若 λ 值可视为常数，则有：

$$S = f(l,d,K,\sum\xi,\rho) \qquad (6\text{-}1\text{-}7)$$

由式（6-1-7）知，当管网系统安装完毕，管长、管径、局部阻力系数在不改变阀门开度的情况下，都已为定数，即 S 为定值，对某一具体的管网，其管网特性就被确定。反之，一旦改变式（6-1-7）中的任一参数值，将改变管网特性。由于 S 正比于 l、$\sum\xi$、K、ρ，反比于 d，所以当管网系统较长、管径较小、局部阻力（弯头、三通、阀门等）部件较多、阀门开度较小、管内壁粗糙度较大、流体密度较大都会使 S 值增加，即管网特性曲线变陡；反之则使 S 值减小，管网特性曲线变缓。在管网系统设计和运行中，常常通过调整管路布置、改变管径大小或调节阀门的开度等手段来达到改变管网特性，使之适应用户对流量或压力分布的需要。

6.1.3 管网系统对泵、风机性能的影响

泵、风机一般是装设在管路系统中，与管路共同工作的。此时，泵、风机的性能曲线不仅取决于泵、风机本身，也和它们与管网的连接情况有关。

产品样本给出的某种类型、规格的泵、风机的性能曲线（或性能参数表），是根据标准实验状态下测试得到的数据整理绘制而成的。在实际使用中，工作流体的密度、转速等参数可能与试验时不一致，此时可根据相似律进行性能参数的换算。

由于泵（风机）是在特定管网中工作，其出入口与管网的连接状况一般与性能试验时不一致，将导致泵（风机）的性能发生改变（一般会下降）。例如，入口的连接方式不同于标准试验状态时，则进入泵、风机的流体流向和速度分布与标准实验有很大的不同（见图 6-1-4），因而导致其内部能量损失发生变化（一般情况为能量损失增加），泵、风机的性能下降。由于泵、风机进出口与管网系统的连接方式对泵、风机的性能特性产生的影响，导致泵（风机）的性能下降被称为"系统效应"。"系统效应"对风机的影响更为显著。

（1）入口系统效应

风机入口的不同接管形式的气流示意见图 6-1-4。入口采用不同类型的圆形弯管、方形弯管，"系统效应"的影响不同[1]。

❶

1. AMCA[1]. 1975，1990. Fans and Systems，Publication201. Arlington Heights，Illinoise：Air Mouement and Control Association Inc.
2. SMACNA. 1975，1990. HVAC Systems—Duct Design. Chantilly，Virginia：Sheet Metal and Air Conditioning Contractors National Association Inc.

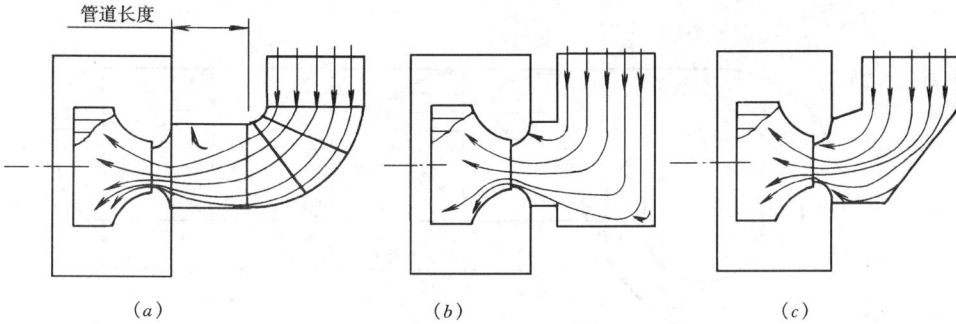

图 6-1-4　风机入口不同连接形式的气流示意图
(a) 圆形弯管；(b) 方形弯管；(c) 进口风箱

如果弯管选用长度得当，有利于入口气流均匀，消除入口系统效应，达到风机本身出厂测试时的最佳状态。为减少占地面积，将入口管道直接与风机入口相连接（如图 6-1-4b），这样产生的压力损失和能量损失是不可低估的。而且，管道长宽比的不同也会影响风机系统的性能。有关资料指出，设计不合理的入口会导致能量损失 45%，如图 6-1-4 (b) 中的入口连接方式。而经过专门制作的入口箱（图中 6-1-4c 的入口连接方式），就可以大大减小或消除这种入口系统效应。另外，轴流风机的入口弯管在风机运行期间有可能使气流不稳定。这种系统效应会损伤风机。建议入口弯管安装在离风机入口三倍管径以外的位置。造成上述影响的原因是当风机与管网连接时，造成叶轮进口流场不均，叶轮内流动恶劣，损失增加，性能下降。

另一方面，当风机在管网中接有吸入管路时，风机吸入口绝对压力降低，入口流体密度减小，致使风机的做功能力下降，即风机的性能曲线将随进口阻力损失的大小成对应的变化。此时风机的流量—压头曲线、流量—功率曲线和流量—效率曲线都有下降的趋势，变化示意图见图 6-1-5。在普通中、低压通风系统中，当入口负压不大时，此影响可忽略。

（2）出口系统效应

图 6-1-6 显示了风机出口管道截面速度的变化。自风机出口截面不规则的速度分布，到管道内气流速度规则分布的截面之间的管段长度，称之为效应管道长度；

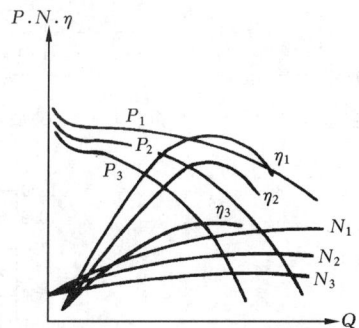

图 6-1-5　接有吸入管路对风机
运行曲线的影响示意图

为避免能量损失，不应在此长度内安装形状突变的管件或设备。亦即在效应管道长度范围内断面的任何改变，均导致风机性能的降低。图 6-1-6 中给出了效应管道长度值的确定方法，风机出口流速在 4.5～14m/s 之间。其对应风机系统效应曲线见图 6-1-7。

选择风机时，一般取气流速度在 10m/s，鼓风断面与出口断面之比在 0.7～0.8 范围内。

当风机出口有弯头时，一般靠近柔性接头处连接。当其出口直管段长度小于效应管道长度时，必须考虑由此产生的系统效应，图 6-1-7 与图 6-1-8 配合，用于此类计算，其损失值取决于弯头的安装位置、方向。这种影响导致风机出流速度产生较大的变化，从而增加损失，还可能产生不稳定气流。

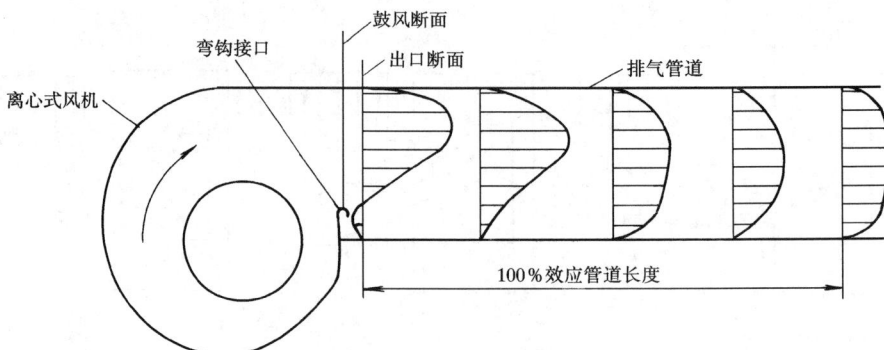

计算 100% 的效应管道长度：如果风速是 12.5m/s 以下取 2.5 倍管径为长度，那么风速每增加 5m/s，长度增加 1 倍
　　　管径。

例：风速为 25m/s，取 5 倍管径为 100% 效应管道长度。若管道为矩形，边长分别为 a,b，当量直径可按 $d = (4ab/(a+b))^{0.5}$ 计算。

	无管道	12%效应管长	25%效应管长	50%效应管长	100%效应管长
压力恢复	0%	50%	80%	90%	100%
鼓风断面面积/出口断面面积			系统效应曲线		
0.4	P	$R-S$	U	W	—
0.5	P	$R-S$	U	W	—
0.6	$R-S$	$S-T$	$U-V$	$W-X$	—
0.7	S	U	$W-X$	—	—
0.8	$T-U$	$U-W$	X	—	—
0.9	$V-W$	$W-X$	—	—	—
1.0	—	—	—	—	—

图 6-1-6　效应管段长度与接不同长度出口管道的系统效应曲线

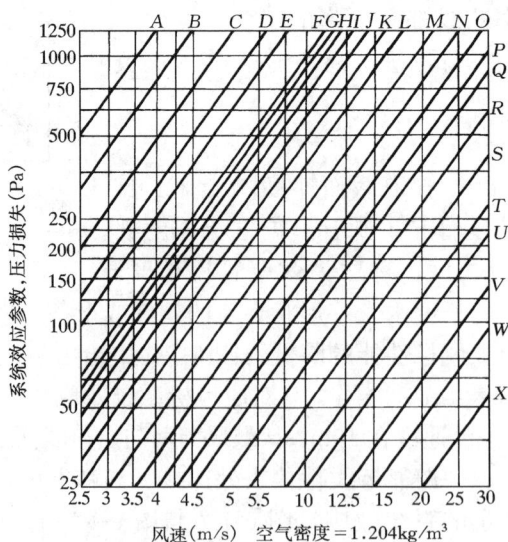

图 6-1-7　系统效应曲线

SWSI 风机系统效应曲线列表

鼓风断面面积/出口断面面积	出口弯管位置	无出口管道	12%效应管长	25%效应管长	50%效应管长	100%效应管长
0.4	A B C D	N M－N L－M L－M	O N M N	P－Q O－P N N	S R－S Q Q	
0.5	A B C D	O－P N－O M－N M－N	P－Q O－P N N	R Q O－P O－P	T S－T R－S R－S	
0.6	A B C D	Q P N－O N－O	Q－R Q O O	S R Q Q	U T S S	无系统效应因素
0.7	A B C D	R－S Q－R P P	S R－S Q Q	T S－T R－S R－S	V U－V T T	
0.8	A B C D	S R－S Q－R Q－R	S－T S R R	T－U S S S	W V U－V U－V	
0.9	A B C D	T S S R	T－U S－T S S	U－V T－U S－T S－T	W W V V	
1.0	A B C D	T S－T R－S R－S	T－U S－T S S	U－V U T T	W W V V	

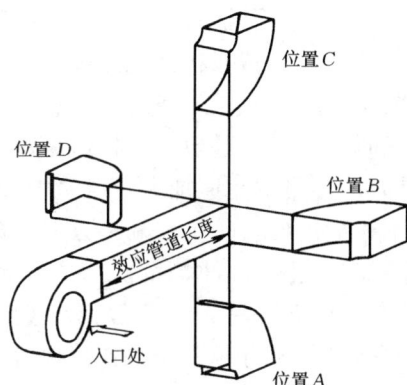

图 6-1-8　不同出口管道形式的系统效应曲线

由此可见，泵、风机在管网中的实际特性曲线与标准试验得到的性能曲线不同，这类曲线亦只能通过实测得到。

6.1.4　泵、风机在管网系统中的工作状态点

1. 泵、风机在管网系统中的工作状态点

将泵、风机在管网中的实际性能曲线中的流量—压头曲线与其接入管网系统的管网特性曲线，用相同的比例尺、相同的单位绘在同一直角坐标图上，那么，两条曲线的交点，即为该泵（风机）在该管网系统中的工作状态点，或称运行工况点，如图 6-1-9 中的 A 点。在这一点上，泵、风机的工作流量即为管网中通过的流量，提供的压头与管网在该流量下的阻力相一致（该管网的 $H_{st}=0$）。

可见，泵、风机在管网中的工作状态点是由其自身的性能和管网特性共同确定的。泵、风机的性能曲线表明，泵、风机可以在多种不同的流量和压头的组合下工作，然而，在某一时刻，在实际管网系统中运行时，它只能工作在性能曲线上的某一点上，此时泵、风机的工作流量即为管网中通过的流量，所提供的能量与管网中流体流动所需的能量相平衡。

2. 泵、风机的稳定工作区和非稳定工作区

大多数泵或风机的 Q-P（H）曲线是平缓下降的曲线，

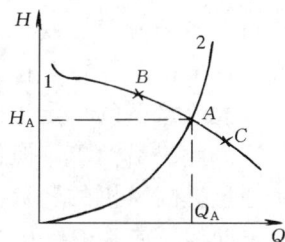

图 6-1-9　管网系统中泵（风机）的工作点

这种情况下运行工况是稳定的。假设出现泵、风机的流量 Q_B 小于管路的流量 Q_A，如图 6-1-9 所示，其压头 H_B 大于管路的阻力 H_A，此时多余的能量将使流体加速，流量加大，

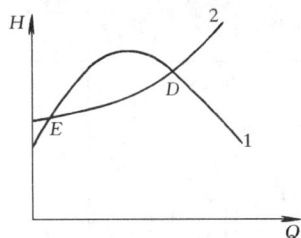

图 6-1-10　泵（风机）
的不稳定工况

工况点将自动由 B 移向 A。反之，如泵（风机）在 C 点工作，流量 Q_C 大于管路流量 Q_A，其压头小于管路阻力，则流体减速，流量减小，工况点自动由 C 移向 A。可见，A 点是稳定工况点。

有些低比转数的泵或风机的 Q-H 性能曲线是驼峰形，见图 6-1-10。这样的泵（风机）的性能曲线有可能与管网特性曲线有两个交点 D 和 E。D 点在泵或风机性能曲线的下降段，如上所述是稳定的工况点，而 E 点是不稳定工况点。

当泵（风机）稍受干扰时（如电压波动），流量由 E 点向流量增大方向偏离时，泵（风机）的压头大于管路阻力，管路中流速加大，流量增加，工况点继续向流量增大的方向移动，直至 D 点为止。当设备由 E 点向流量减小方向偏离时，工况点就继续向流量减小的方向移动，直至流量等于零为止。因此，设备一受干扰，工况点就向右或向左移动，再也不能回到原来的位置 E 点，故 E 点称为不稳定工况点。

泵或风机具有驼峰形性能曲线是其产生不稳定运行的原因。对于这一类泵或风机应使其工况点保持在 Q-H 曲线的下降段，以保证运行的稳定性。

综上所述，对于具有驼峰形性能曲线的泵（风机）而言，在其压头峰值点的右侧区间运行时，设备的工作状态能自动保持平衡，稳定工作，我们把这一稳定的区间称为稳定工作区。而在性能曲线峰值的左侧区域运行时，设备的工作状态不稳定，因而此区域为非稳定工作区。

3. 喘振及其防治方法

当风机在非稳定工作区运行时，可能出现一会儿由风机输出流体，一会儿流体由管网中向风机内部倒流的现象，专业中称之为"喘振"。然而，并非在非稳定区工作时必然发生喘振。例如当风机特性曲线峰值左侧的曲线较平坦，运行工况点离峰值点较近，管网特性曲线的斜率较小，且管网中干扰能量较小、压力波动不大时，风机适当减小输气量后能使压力得到恢复，风机又回到原工况点工作。虽不稳定，但不至于喘振。只有当风机特性曲线峰值左侧较陡，运行工况点离峰值较远时，才开始发生喘振。一般来说，轴流风机比离心风机易发生喘振，高压风机比低压风机易发生喘振。喘振现象发生后，设备运行的声音发生突变，流量、压头急剧波动，并发生强烈振动。如果不及时停机或采取措施消除，将会造成严重破坏。

喘振的防治方法有：（1）应尽量避免设备在非稳定区工作。（2）采用旁通或放空法。当用户需要小流量而使设备工况点移至非稳定区时，可通过在设备出口设置的旁通管（风系统可设放空阀门），让设备在较大流量下的稳定工作区运行，而将需要的流量送入工作区。此法最简单，但最不经济。（3）增速节流法。此法为通过提高风机的转数并配合进口节流措施而改变风机的性能曲线，使其工作状态点进入稳定工作区来避免喘振。图 6-1-11 中，风机 L_{n1}、L_{n2} 分别为不同转数的性能曲线；R_1、R_2 分别为设备所处管网在节流前后的特性曲线；L'_{n2} 为

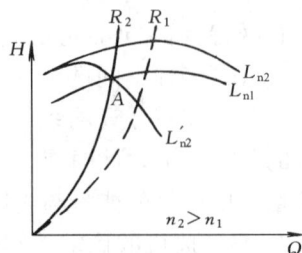

图 6-1-11　增速节流法防止喘振

设备在增速节流后的性能曲线。A 点为其调节后的运行工况点。

泵或风机的最佳工作区是指其运行得既稳定又经济的工作区域。一般是设备最高效率的 90% 以上范围内的区域作为最佳工作区。泵、风机性能表上给出的性能参数点，都在最佳工作区，按其性能表上给出的性能选用设备是合理的。

6.1.5 管网系统中泵、风机的联合运行

两台或两台以上的泵或风机在同一管路系统中工作，称为联合运行。联合运行又分为并联和串联两种情况。其联合运行的目的，在于增加流量和压头。

1. 泵或风机的并联工作

多台水泵在同一吸水池吸水（或吸水管连接在一起），向同一管路供水，称为并联，见图 6-1-12(a)；图 6-1-12(b) 是两台风机的并联情况。

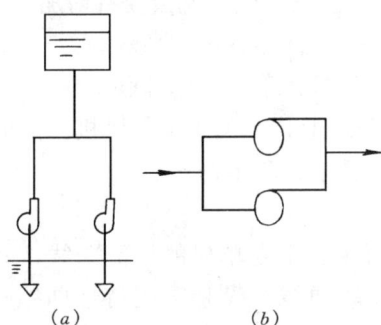

图 6-1-12 并联运行

(a) 两台泵并联；(b) 两台风机并联

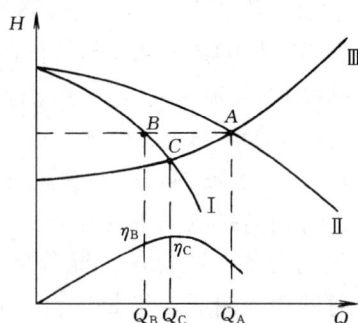

图 6-1-13 并联运行的工况分析

（1）泵、风机并联工作的特点

各台设备的工作压头相同，而总流量等于各台设备在该工作压头下的流量之和。并联一般应用于以下情况。

1）当用户需要流量大，而大流量的泵或风机制造困难或造价太高时；

2）流量需求变化幅度大，通过停开设备台数以调节流量时；

3）当有一台设备损坏，仍需保证供液（气），作为检修及事故备用时。

（2）联合运行曲线绘制方法

根据泵、风机并联工作的特点，n 台并联泵、风机运行的联合性能曲线可按如下方法绘制：

1）在 Q-H 坐标系上分别绘出各台泵、风机的 Q-H 性能曲线 1，$2\cdots$，i，$\cdots n$；

2）在纵轴上取不同压力值 H_j，做水平线，分别与各泵、风机性能曲线相交对应得到 $Q_{1,j}$，$Q_{2,j}$，$\cdots Q_{i,j}$，$\cdots Q_{n,j}$（$j=1$，2，$\cdots$，n）；

3）取 $Q_{o,j}=Q_{1,j}+Q_{2,j}+\cdots+Q_{n,j}$

按（Q_{oj}，H_j）在 Q-H 坐标系上描点连线，即得 n 台并联泵、风机的联合运行曲线。

（3）两台相同的泵或风机的并联

如图 6-1-13 所示，已知一台泵或风机的性能曲线 Ⅰ，在相同的压头下使流量加倍，便得到两台相同泵或风机并联的性能曲线 Ⅱ。与管网性能曲线 Ⅲ 交于 A 点。A 点就是并

联机组的工况点。Q_A 是并联后的流量，H_A 是并联后的压头。

过 A 点作水平线与单机的性能曲线交于 B 点，B 点是并联机组联合运行中的一台设备的工况点。压头 $H_B = H_A$，流量 $Q_B = \dfrac{Q_A}{2}$。B 点对应效率曲线上的 η_B，就是并联工作时设备的效率。

当管网特性不发生任何变化时，管网特性曲线与单机性能曲线的交点 C 表示的是只开一台设备时的流量，而 $Q_C > Q_B$。可见只开一台设备时的流量大于并联机组运行时一台设备的流量。这是因为并联后，管路内总流量加大，水头损失增加，所需压头加大，而多数情况下，泵与风机的性能是压头加大流量减小，所以并联运行时单台设备的流量减小了。

管路中总流量 $Q_A > Q_C$，并联后总流量比并联前增加了。增加的流量 $\Delta Q = Q_A - Q_C < Q_C$，增加的流量小于系统中一台设备运行时的流量。也就是说，流量没有增加一倍。

并联机组增加的流量 ΔQ 与管网特性曲线形状有关。管网特性曲线越平坦（即阻抗 S 越小），并联增加的流量越大。因此管网特性曲线较陡时，不宜采用并联工作。

并联机组增加的流量 ΔQ 还与泵或风机的性能曲线形状有关。泵与风机性能曲线越陡峭（即比转数越大），并联增加的流量越大，因而越适于并联工作。

（4）多台相同泵或风机的并联

多台相同设备并联时，工况分析如图 6-1-14 所示。Ⅰ是单机的性能曲线，Ⅱ是两台设备并联时的性能曲线，Ⅲ是三台设备并联时的性能曲线，Ⅳ是管网特性曲线。A、B、C 分别是单机、两台并联及三台并联时的工况点。由图可见，如果管网特性不改变，随着并联台数的增多，每并联上一台设备所增加的流量越小。

（5）不同性能的泵或风机并联

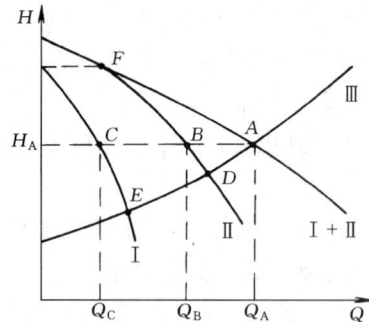

图 6-1-15 为两台不同性能设备并联工作时的工况分析。图中曲线Ⅰ、Ⅱ分别是两台设备的性能曲线，（Ⅰ＋Ⅱ）是并联设备的性能曲线，Ⅲ是管网特性曲线。并联设备性能曲线的画法是在相同压头下，将 Q_I 与 Q_{II} 相加而得。管网特性曲线与并联设备性能曲线交于 A 点，A 点是并联工作的工况点，其流量为 Q_A，压头为 H_A。

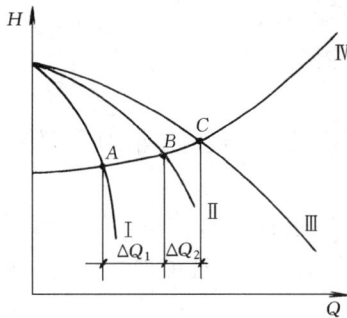

图 6-1-14　多台设备并联运行　　　　图 6-1-15　不同性能设备并联的工况分析

由 A 点作水平线交两台设备的性能曲线于 B、C 两点，B、C 就是并联工作时两台设备各自的工况点。流量为 Q_B、Q_C，压头相等，即 $H_B = H_C = H_A$。总流量为各台设备的流量之和，即 $Q_A = Q_B + Q_C$。

并联前每台设备各自的工况点是 D 和 E。由图看出：$Q_A < Q_D + Q_E$；$H_A > H_D$；$H_A > H_E$。这表明，两台不同性能的设备并联工作时各设备的流量小于并联前各设备单独工作时的流量。

当并联工况点移至 F 点时，由于设备 I 的压头不能大于 H_F，因而不能输出流量。此时应停开设备 I。

2. 泵、风机的串联工作

串联工作时，第一台设备的出口与第二台设备的吸入口连接。图 6-1-16(a) 是两台泵的串联，图 6-1-16(b) 是两台风机的串联。

泵、风机串联工作的特点是通过各台设备的流量相同，而总压头为各台设备在该流量下的压头的总和。串联工作常用于以下情况：1）一台高压的泵或风机制造困难或造价太高时；2）在管网改建或扩建时，管道阻力加大，需要压头提高的情况。

两台相同的泵或风机串联工作时，工况分析如图 6-1-17。图中曲线 I 是一台设备的性能曲线。根据相同流量下压头相加的原理，得到曲线 II 为两台设备串联工作的性能曲线。曲线 III 是管网特性曲线，与串联机组性能曲线交于 A 点。A 点就是串联工作的工况点，流量为 Q_A，压头为 H_A。

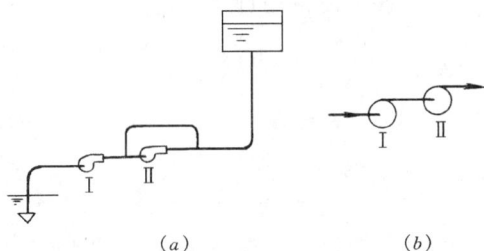

图 6-1-16　泵与风机的串联工作　　　　图 6-1-17　串联机组的工况分析

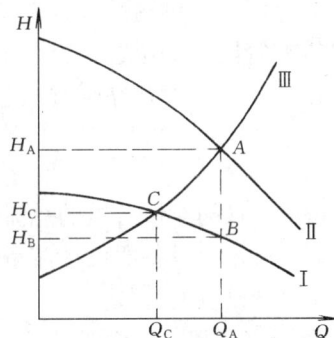

由 A 点作垂直线与单机性能曲线交于 B 点。B 点就是串联机组中一台设备工作时的工况点，流量 $Q_B = Q_A$，压头 $H_B = \dfrac{H_A}{2}$。

单机性能曲线 I 与管网特性曲线 III 的交点是串联设备中一台设备工作时的工况点。由图可见：

$$Q_A > Q_C$$

$$H_A > H_C > H_B$$

以上表明，两台设备串联工作时压头增加了，但是没有增加到两倍。增加的压头为 $\Delta H = H_A - H_C$。但同时串联后的流量也增加了，这是因为总压头加大，使管路中流体速度加大，流量随之增加。泵、风机的性能曲线愈平坦，串联后增加的压头和流量愈大。根据图中工况点分析，$H_A = 2H_B$，如果管网需要的流量是 Q_A，选用两台额定流量 Q_A、扬程为 H_B 的水泵串联使用，能够满足管网的要求。

性能不同的泵、风机的串联工作，其分析方法与上述情况类似，就不再讨论了。应指出的是，两台泵串联时，后一台泵承受的压力较高，选泵时要注意结构强度。风机串联的特性与泵相同，但因操作上可靠性较差，一般不推荐采用。

6.2 泵、风机的选配

6.2.1 选型参数

泵和风机是流体输配管网使用最为普遍的动力装置管网。流体输配管网的根本任务是为用户提供所需的流量，而管网在输配流体时必然产生对动力的需求，泵和风机通过提供扬程（全压）为管网提供动力。因此，管网对泵（风机）的基本要求通过流量、扬程（全压）两个参数体现，且它们是相互关联、不可分割的，是为管网选配泵、风机时依据的基本参数。通过第 5 章的学习，我们已经知道，泵、风机的流量、扬程（全压）、功率、效率等性能参数也是相互关联的，选型时，泵、风机的流量、扬程（全压）参数要同时满足管网的要求，并应使设备工作稳定、高效。

枝状管网的流量输配方案是唯一的，水力计算时，已确定了每一个管段的流量。根据泵、风机在管网中的位置，容易确定它们的设计流量。管网中，常常采用多台泵（风机）联合工作，当多台设备并联时，总的设计流量应等于各台设备设计流量之和：

$$Q = \sum_{i=1}^{n} Q_i \qquad (6-2-1)$$

式中　Q——管网对设备组的总流量需求；

　　　Q_i——各台设备的设计流量；

　　　n——设备的台数。

当采用完全相同规格的设备时，每一台设备的设计流量为总流量的 $1/n$。图 6-1-14 显示，多台设备并联工作时，所有设备输出的扬程（全压）相同。因此选配的水泵在各自设计流量时的扬程（全压）应相同，且都应等于管网对该泵（风机）组的扬程（全压）需求。

图 6-1-14 显示，两台水泵并联工作时的总流量 Q_A 比其中一台水泵单独工作时的流量 Q_C 大，但 $Q_A < 2Q_C$。因此有人认为，当管网的设计总流量为 Q 时，选择两台设计流量均为 $Q/2$ 的水泵并联，不能满足管网的要求，而应该选择两台设计流量均大于 $Q/2$ 的水泵并联。这种说法忽略了泵的选型参数中，除了流量外，还应同时考虑扬程和效率。若管网要求水泵的总设计流量为 Q，对应的扬程需求为 H，则选择两台设计流量为 $Q/2$、扬程为 H、对应效率处于高效区的水泵并联，可以满足管网的要求。如图 6-2-1 所示，所选水泵的设计扬程为 H、流量为 $Q/2$，则它们并联工作时能提供满足管网要求的总工况点 A，此时每一台水泵的工作点为 B，且工作在高效区。应注意的是在此管网中，如果不改变管网，即管网特性曲线不变，关闭其

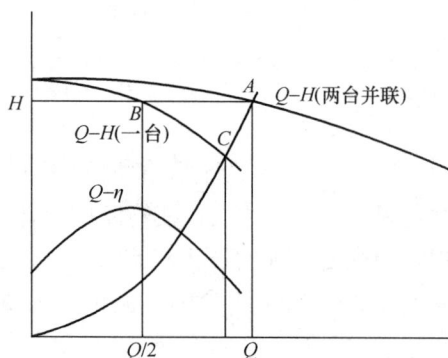

图 6-2-1　两台水泵并联时选型参数的确定

中的一台水泵、另一台水泵单独工作时，管网工作流量不会下降至$Q/2$，工作点将变化至 C点，此时泵的效率低，且工作流量超出设计流量较多，运行功率也会随之上升，如配备电机的功率不足，还可能造成烧毁电机的后果。

当整个管网只在一处设置泵或风机时（可以是多台设备并联或串联工作），称为单级动力管网系统。将泵或风机置于最不利环路所在的闭合回路中（当管网为开式时，进行虚拟闭合），按照动力和阻力平衡的要求式(3-4-4)，可确定出管网的需用压力即泵与风机应提供的扬程（全压）参数。如设备串联工作，将总扬程分解给参与串联的各设备。

当管网在多处设置泵或风机，且它们之间不能简单地视为串、并联联合工作时，称为多级动力管网系统。如在空调冷（热）水系统管网中，对于系统较大、负荷侧阻力较高的情况，可在冷源侧设置一级泵组、负荷侧设置二级泵组，如图 6-2-2 所示。图中，A-二级泵-空调机-B 为负荷侧，B—一级泵-冷水机组-A 为冷源侧。这样的配置有两个好处，一是一、二级泵可以分别满足空调机和冷水机组的不同流量需求，二是二级泵能够较为灵活地根据负荷量的变化进行变流量调节以实现节能运行。当负荷侧的不同区域的使用要求和水流阻力差异较大时，按照对应区域的要求分别设置二级泵，具有更好的适应性和节能潜力。

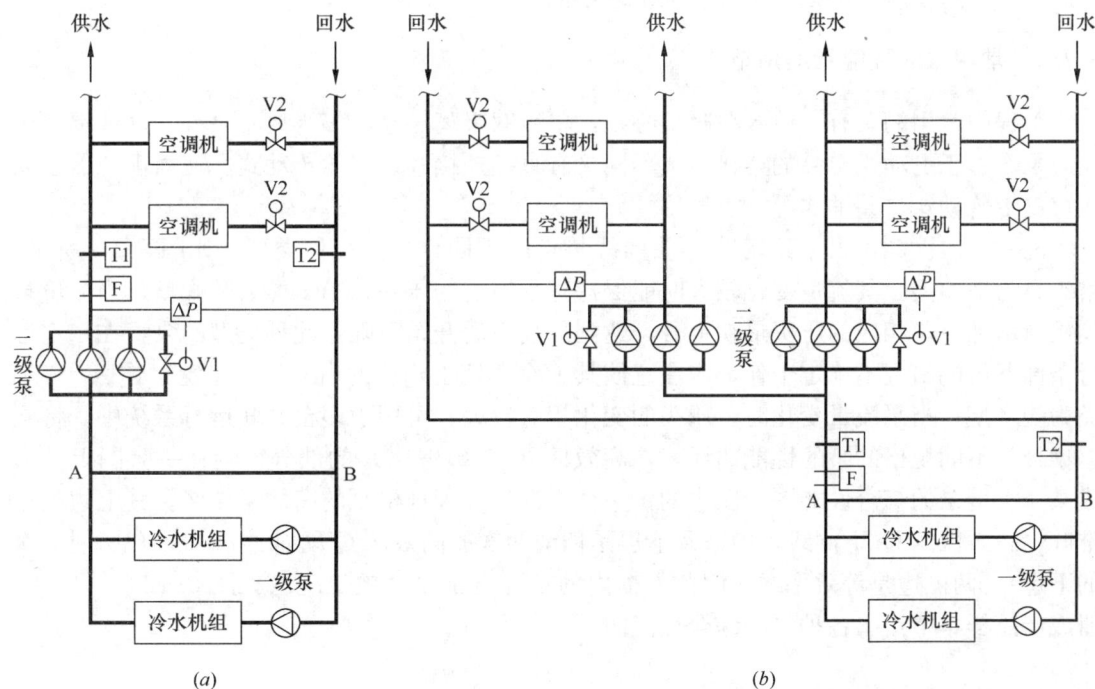

图 6-2-2 设两级泵的空调冷水系统管网
(a) 二级泵集中设置；(b) 二级泵分区设置

AB 称为平衡管，其作用是运行过程中冷源侧的水流量大于负荷侧时，冷源多出的供水量经 AB 管返回。AB 管又是确定一级泵和二级泵扬程参数的分界线。二级泵的扬程应按 A-二级泵-空调机-B-A 的闭合回路压力平衡要求确定，一级泵的扬程则应按 B—一级泵-冷水机组-A-B 的闭合回路压力平衡要求确定。设计中，通常尽可能增大 AB 管的管径、减小其长度，使其阻力接近为 0，于是，AB 管的压差接近为 0，二级泵的扬程等于 A-空调机-B（管网负荷侧）阻力之和，一级泵的扬程等于 B-冷水机组-A（管网冷源侧）阻力之和。对于分区设置二级泵的情况，经过负荷侧不同区域的水流阻力不同，二级泵的设计扬程也可以不相同。这也可以显示分区设置二级泵的优势：如集中设置，其扬程必须按最大的阻力确定，势必增大水泵容量和运行能耗。二级泵扬程应在详细水力计算的基础上合理确定，以避免选型过大导致空调机回水经平衡管倒流（B-A）回到供水管。

根据管网的流量输配任务、泵或风机的预定位置与台数、水力计算成果确定出每台设备的设计流量、扬程（全压）参数，工程中往往还考虑一定的安全余量（如 5%～20%）。但应注意，因为泵或风机的规格不是连续变化的，当无法选择到参数完全符合计算需求的设备时，还会向略大的型号靠拢，由此造成安全余量进一步扩大，这可能导致实际运行后因容量过大而多耗能，甚至不能满足用户的使用要求。因此，选型参数是否需考虑安全余量系数以及取值大小的确定需慎重，应以选型确定后得出的工况点参数与设计参数相比有合理的富余量为好。在建筑的暖通空调闭式液体管网系统中，因为系统泄漏是非常有限的，流量可以不考虑安全余量系数，考虑到计算不准确或者建设过程中的修改变更，扬程可以考虑一定的余量，但一般不宜大于 5%。对于气体管网，因为风管漏风量相对较大，因此可以对选型风量考虑一定的安全余量系数。

6.2.2　常用泵的性能及适用范围

工程中常用的泵有：单级单吸离心泵、单级双吸离心泵、多级离心泵等。这些都属于离心泵。由于电动机与泵的连接方式不同又有直接连接式、齿轮传动式、液力耦合器传动式、皮带传动式、共轴式等。

离心泵的性能，根据其流量-压头曲线特点的不同，分为三种类型。如图 6-2-3 所示，第 1 类为平坦型，其流量变化较大时能保持基本恒定的压头；第 2 类为驼峰型，当流量自零逐渐增加时，相应的压头最初上升，达到最高值后开始下降。此种类型的泵，在一定运行条件下可能出现不稳定工作，应注意使其工作区处于峰值的右侧——稳定工作区；第 3 类为陡降型，当泵流量变化时，压头的变化相对较大，可用于多台并联运行系统中。将同一型号、不同规格的泵的性能曲线，在高效区（$\eta \geqslant 0.9\eta_{max}$）的部分，绘在一张图上，形成某一类型泵的综合性能图，图中的每一个方框是一种规格泵的高效工作区。其上边是标准叶轮高效区的 Q-H 曲线，中边及下边是切削两次的高效区 Q-H 曲线（或只有切削一次的下边），两侧边是等效率线。因此方框内的工况点都是高效工况（见图 6-2-4）。设计手册或产品样本中给出各种泵的综合性能图。

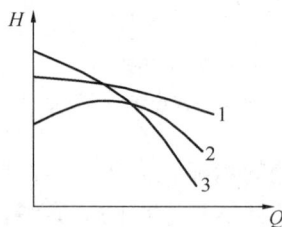

图 6-2-3　三种类型泵的性能特点示意　　　　图 6-2-4　泵的综合性能图

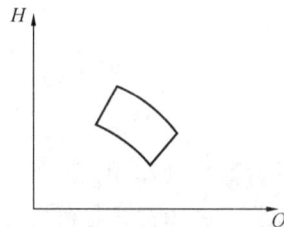

　　湿转子型泵的电机转子在水中运行，其结构紧凑，与其他种类型水泵相比，在同等输送能力条件下，体积更小。在国外多用于集中供热系统中。

　　部分常用水泵的性能及适用范围见表 6-2-1。

常用水泵性能及适用范围表（示例）　　　　　表 6-2-1

型　号	名　　称	扬程范围（m）	流量范围（m³/h）	电机功率（kW）	介质最高温度（℃）	适用范围
BJ	管道泵	8～30	6～50	0.37～7.5		输送清水或理化性质类似的液体，装于水管上
NG	管道泵	2～15	6～27	0.20～1.3	95～150	输送清水或理化性质类似的液体，装于水管上
SG	管道泵	10～100	1.8～400	0.50～26		有耐腐型、防爆型、热水型，装于水管上
XA	离心式清水泵	25～96	10～340	1.50～100	105	输送清水或理化性质类似的液体
IS	离心式清水泵	5～25	6～400	0.55～110	气蚀余量 2m	输送清水或理化性质类似的液体
BA	离心式清水泵	8～98	4.5～360	1.5～55	80	输送清水或理化性质类似的液体
BL	直联式离心泵	8.8～62	4.5～120	1.5～18.5	60	输送清水或理化性质类似的液体
Sh	双吸离心泵	9～140	126～12500	22～1150	80	输送清水，也可作为热电站循环泵
D，DG	多级分段泵	12～1528	12～700	2.2～2500	80	输送清水或理化性质类似的液体
GC	锅炉给水泵	46～576	6～55	3～185	110	小型锅炉给水
N，NL	冷凝泵	54～140	10～510		80	输送发电厂冷凝水
J，SD	深井泵	24～120	35～204	10～100		提取深井水
4PA-6	氨水泵	86～301	30	22～75		输送 20%浓度的氨水，吸收式冷冻设备主机

　　常用泵的型号表示方法，示例如下：

（1）单级单吸清水离心泵

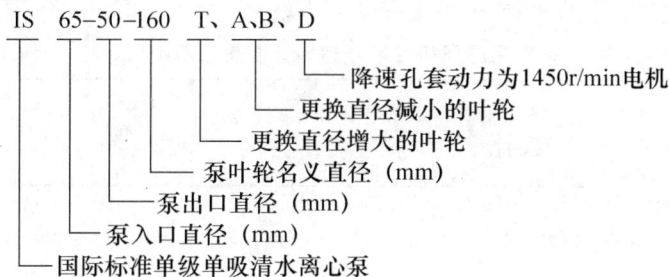

```
IS  65-50-160  T、A、B、D
                        ├── 降速孔套动力为1450r/min电机
                        ├── 更换直径减小的叶轮
                        ├── 更换直径增大的叶轮
                        ├── 泵叶轮名义直径（mm）
                        ├── 泵出口直径（mm）
                        ├── 泵入口直径（mm）
                        └── 国际标准单级单吸清水离心泵
```

（2）单级双吸离心泵

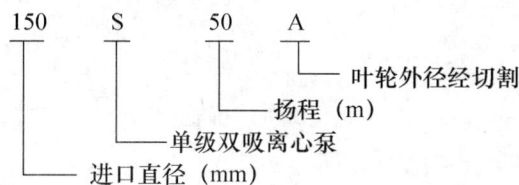

```
150    S    50    A
                   ├── 叶轮外径经切割
                   ├── 扬程（m）
                   ├── 单级双吸离心泵
                   └── 进口直径（mm）
```

（3）多级离心泵

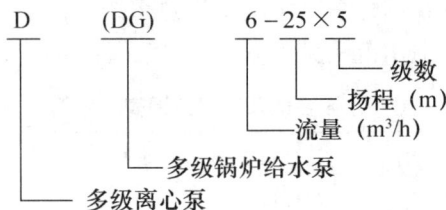

（4）管道泵

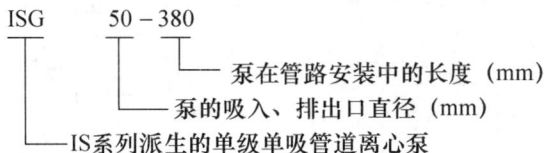

6.2.3 常用风机的性能及适用范围

一般建筑工程中常用的风机，按其工作原理可分为离心式和轴流式两大类。相比之下，离心式风机的压头较高，可用于阻力较大的送排风系统；轴流式则风量大而压头较低，经常用于系统阻力小甚至无管路的送排风系统。

混流式又称作斜流式风机，是介于离心式和轴流式风机之间的近期应用较多的一种风机。其压头比轴流风机高，而流量比同机号的离心风机大。输送的空气介质沿机壳轴向流动，具有结构紧凑、安装方便等特点。多用于锅炉引风机、建筑通风和防排烟系统中。

由于空调技术的发展，要求有一种小风量、低噪声、压头适当并便于与建筑相配合的小型风机。贯流式（又称横流式）风机就是适合于这种要求的风机。其动压高，可以获得无紊流的扁平而高速的气流。因而多用于空气幕（热风幕）、家用电扇，并作为汽车通风、干燥器的通风装置。

常用风机类型及其性能特点和应用范围归纳为表 6-2-2。

常用通风机性能及适用范围表（示例）   表 6-2-2

型 号	名 称	全压范围 (mmH$_2$O)	风量范围 (m³/h)	电机功率 (kW)	介质最高温度 (℃)	适用范围
4-68	离心通风机	167～3302	565～79000	0.55～50	80	一般厂房通风换气、空调
4-72-11	塑料离心风机	196～1382	991～55700	1.10～30	60	防腐防爆厂房通风换气
4-72-11	离心通风机	196～3175	991～227500	1.1～210	80	一般厂房通风换气
4-79	离心通风机	176～3330	990～17720	0.75～15	80	一般厂房通风换气
7-40-11	排尘离心通风机	490～3165	1310～20800	1.0～40		输送含尘量较大的空气
9-35	锅炉通风机	784～5880	2400～150000	2.8～570		锅炉送风助燃
Y4-70-11	锅炉引风机	657～1382	2430～14360	3.0～75	250	用于1～4t/h的蒸汽锅炉
Y9-35	锅炉引风机	539～4449	4430～473000	4.5～1050	200	锅炉烟道排风
G4-73-11	锅炉离心式通风机	578～6860	15900～680000	10～1250	80	用于2～670t/h汽锅或一般矿井通风

型　号	名　称	全压范围 （mmH₂O）	风量范围 （m³/h）	电机功率 （kW）	介质最 高温度 （℃）	适用范围
30K4-11	轴流通风机	25～506	550～49500	0.09～10	45	一般工厂、车间办公室换气
T30	轴流通风机	～			45	一般建筑通风换气
SWF	灌流（斜流式）风机	143～1480	3053～95420	0.37～40		用于建筑、冷库、纺织等通风排烟
GPF·HTF	高温排烟专用风机	390～819	2600～93800	0.55～25	280	用于消防排烟或与通风共用的系统
DW	外转子空调专用风机	20～1200	290～38000	0.033～18	45	用于小型空气处理设备

通风机的机号以风机叶轮直径的 dm（分米）值（尾数四舍五入）冠以符号"№"表示。例如以№6 表示 6 号风机，其叶轮直径为 60cm。风机的传动方式，见表 6-2-3。

风机的六种传动方式　　　　表 6-2-3

	代　号	A	B	C	D	E	F
传动方式	离心通风机	无轴承，电机直联传动	悬臂支撑，皮带轮在轴承中间	悬臂支撑，皮带轮在轴承外侧	悬臂支撑，联轴器传动	双支撑，皮带在外侧	双支撑，联轴器传动
	轴流通风机	同上	同上	同上	悬臂支撑，联轴器传动（有风筒）	悬臂支撑，联轴器传动（无风筒）	齿轮传动

旋转方向，从主轴槽轮或电机位置看叶轮旋转方向，顺时针者为"右"，逆时针者为"左"。

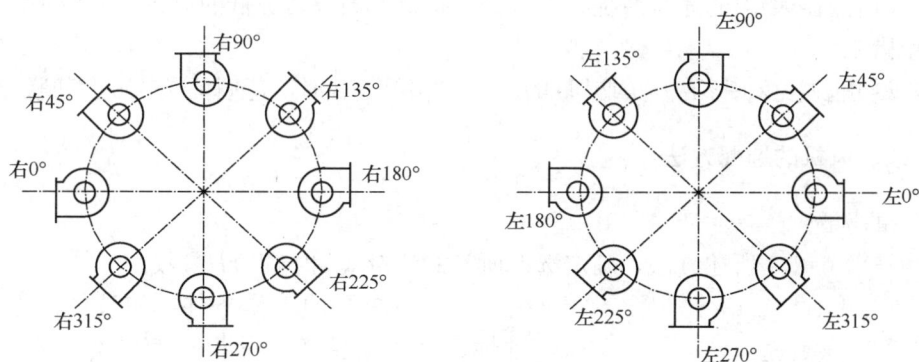

图 6-2-5　离心风机出风口位置

离心风机的风口位置，以叶轮的旋转方向和进、出风口方向（角度）表示。写法是：右（左）出风口角度/进风口角度。其基本出风口位置为八个，特殊用途可增加补充，见图 6-2-5。轴流通风机的风口位置，用入（出）若干角度表示，见图 6-2-6。基本风口位置有四个，特殊用途可增加。

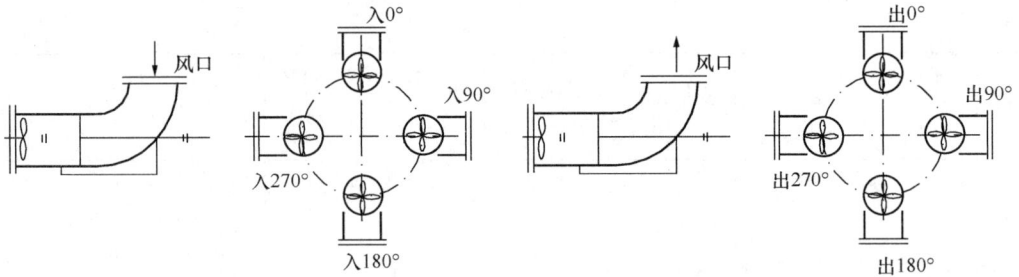

图 6-2-6　轴流风机风口位置

6.2.4　泵、风机的选配原则

1. 泵的选配原则

（1）根据输送液体物理化学（温度、腐蚀性等）性质选取适用种类的泵。

（2）泵的流量和扬程能满足使用工况下的要求，并有合理的富余量。

（3）应使工作状态点经常处于较高效率值范围内。

（4）当流量较大时，宜考虑多台并联运行；但并联台数不宜过多，尽可能采用同型号泵并联。

（5）选泵时必须考虑系统静压对泵体的作用，注意工作压力应在泵壳体和填料的承压能力范围之内。

2. 风机的选配原则

（1）根据风机输送气体的物理、化学性质的不同，如有清洁气体、易燃、易爆、粉尘、腐蚀性等气体之分，选用不同用途的风机。

（2）风机的流量和压头能满足运行工况的使用要求，并有合理的富余量。

（3）应使风机的工作状态点经常处于高效率区，并在流量—压头曲线最高点的右侧下降段上，以保证工作的稳定性和经济性。

（4）对有消声要求的通风系统，应首先选择效率高、转数低的风机，并应采取相应的消声减振措施。

（5）尽可能避免采用多台并联或串联的方式。当不可避免时，应选择同型号的风机联合工作。

6.2.5　泵、风机的选配方法

1. 泵的选配

（1）按照 6.2.1 所述方法，确定选型所需的流量 Q 和扬程 H 参数。

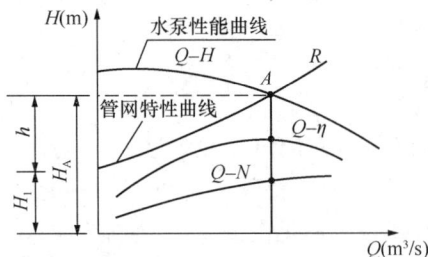

图 6-2-7　工况点的确定

（2）分析泵的工作条件，如液体的温度、腐蚀性、是否清洁等，并根据其流量、扬程范围，确定泵的类型（清水泵、耐酸泵、热水泵、油泵、污水泵、潜水泵等）。

（3）利用泵的综合性能图进行初选，确定泵的型号、尺寸及转数。将泵的 Q-H 性能曲线与管网特性曲线绘在同一张直角坐标图上，求出工况点，进而确定出效率和功率。如图 6-2-7 中点 A 为管网运行工况点，泵的流量为 Q_A，扬程为 H_A。

（4）配用电动机

泵配用电动机的额定功率按式（5-4-17）计算。电机容量安全系数 K 值参见表 6-2-4。

水泵配用电机容量安全系数 表 6-2-4

水泵轴功率(kW)	<1.0	1~2	2~5	5~10	10~25	25~60	60~100	>100
K_A	1.7	1.7~1.5	1.5~1.3	1.3~1.25	1.25~1.15	1.15~1.10	1.10~1.08	1.08~1.05

（5）泵的安装高度

按照样本给出的允许吸上真空高度或必须气蚀余量，根据工程的具体条件进行计算，详见 6.3 节。

【例 6-1】某工厂供水系统由清水池往水塔充水，如图 6-2-8 所示。清水池最高水位标高为 112.00m，最低水位为 108.00m；水塔地面标高为 115.00m，最高水位标高为 140.00m。水塔容积 45m³，要求 1h 内充满水。试选择水泵。已知吸水管路总水头损失 $h_{w1}=1.93$m，压水管路总水头损失 $h_{w2}=2.50$m。忽略水塔充水过程中的水位变化，以最高水位作为选泵依据。

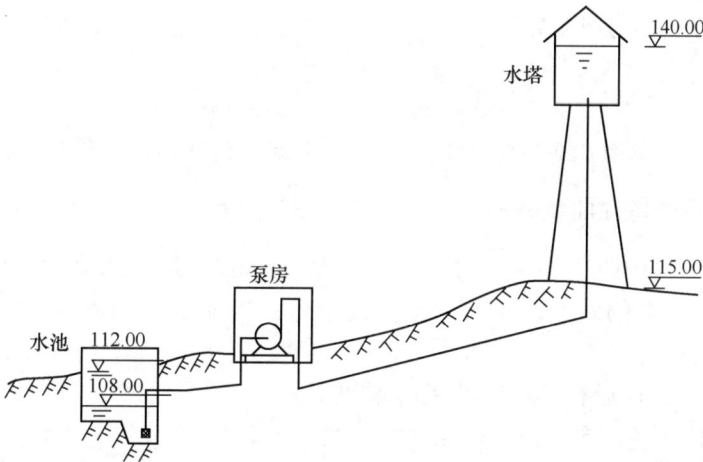

图 6-2-8　例题 6-1 图 1

【解】选择水泵的参数值应按工况要求的最大流量和最大扬程作为依据。即

$$Q = 45 \text{m}^3/\text{h}$$
$$H = (140-108) + h_{w1} + h_{w2}$$
$$= 32 + 1.93 + 2.50$$
$$= 36.43 \text{mH}_2\text{O}$$

考虑选用 BL 型水泵，按流量为 Q，同时扬程 H_b 略大于 H，查泵的性能表：3BL-6A 型的流量为 45 m³/h 时，扬程为 39.5 mH₂O，大致满足要求。进一步根据水泵性能参数表作出性能曲线，见例图 6-2-9 中曲线Ⅰ；管网特性曲线方程为：$H = (140-108) + \frac{4.43}{45^2}Q^2 = 32 + 0.00218765Q^2$，作出管网特性曲线，见图 6-2-9 中曲线Ⅱ，Ⅰ与Ⅱ的交点 A

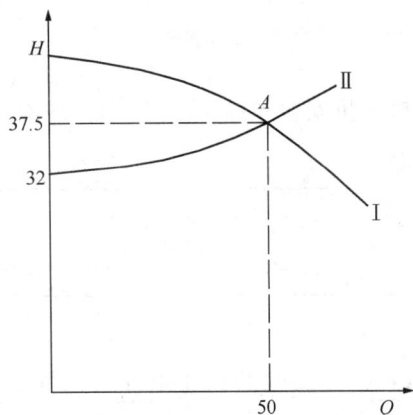

图 6-2-9　例 6-1 图 2

为水泵工况点，$Q_A = 50\text{m}^3/\text{h}$，$H_A = 37.5\text{m}$，满足要求，且有适量的安全余量。根据性能参数表查得效率 $\eta_{gr} = 63\%$，接近最高值。

从泵的性能表可知，该泵的功率范围为 $6.65 \sim 8.3\text{kW}$。根据表 6-2-4，选电动机容量安全系数 $k = 1.25$，则所需配用电动机功率 $N = 8.3 \times 1.25 = 10.38\text{kW}$。样本配电机功率 13kW。允许吸上真空高度 $[H_s] = 6.4\text{m}$，转数 $n = 2900\text{r/min}$。

【例 6-2】某空气调节系统需要从冷水箱向空气处理室供水，最低水温为 10℃，要求供水量 $35.8\text{m}^3/\text{h}$，几何扬水高度 10m，处理室喷嘴前应保证有 20m 的压头。供水管路布置后经计算管路水力损失为 $7.1\text{mH}_2\text{O}$。为了使系统能随时启动，将水泵安装位置设在冷水箱之下。试选配水泵。

【解】根据已知条件可知，要求泵装置输送的液体是温度不高的清水，且泵的位置设在冷水箱之下，不必考虑气蚀问题，可以采用占地较少、价格较廉的 BL 型直联式离心泵。选用时所依据的参数计算如下：

$$Q = 35.8\text{m}^3/\text{h}$$
$$H = 10 + 20 + 7.1 = 37.1\text{mH}_2\text{O}$$

查泵的性能表，选用 3BL-6A 型水泵一台。根据水泵性能参数作出性能曲线，见图 6-2-10 中曲线Ⅰ；管网特性曲线方程为：$H = 30 + \dfrac{7.1}{35.8^2}Q^2 = 30 + 0.00554Q^2$，作出管网特性曲线，见图 6-2-10 中曲线Ⅱ。Ⅰ与Ⅱ的交点 A 为水泵工况点，$Q_A = 43.5\text{m}^3/\text{h}$，$H_A = 40.5\text{m}$，满足要求。泵的效率为 62%，处于高效区。当 $n = 2900\text{r/min}$ 时，配用电机功率为 13kW。

如果此空调室每日运行 24h，可考虑增设同样型号的水泵一台作为备用泵。

2. 风机的选配

(1) 选择风机时，应按下列因素确定风量、压力和设计工况效率：

1) 风机的风量应在系统计算的总风量上再附加风管和设备的漏风量；

2) 采用定转速风机时，通风机的压力宜在系统计算的压力损失上附加 $10\% \sim 15\%$；

3) 采用变频调速风机时，通风机的压力以系统计算的总压力损失作为额定风压，但变频器的功率应在计算值上再附加 $15\% \sim 20\%$；

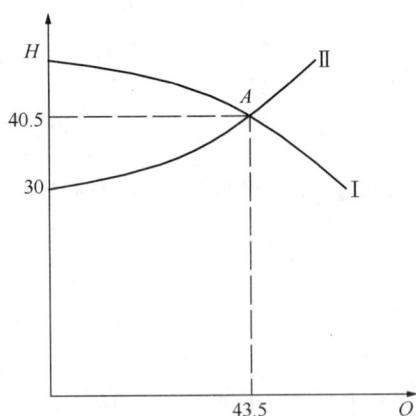

图 6-2-10　例 6-2 图

4) 风机的选用设计工况效率，不应低于风机最高效率的 90%。

对于联合运行，当通风系统的风量或阻力较大，采用单台风机不能满足使用要求时，宜采用两台或两台以上同型号、同性能的风机并联或串联安装，但其联合工况下的风量和风压应按风机性能曲线和管网特性曲线确定。不同型号、不同性能的风机不宜串联或并联使用。

（2）电机功率

风机所需电动机的功率按式（5-4-16）计算，风机的装置效率 η_p，见表 6-2-5。

风机的装置效率 η_p（%）　　　　　　　　表 6-2-5

传动方式	电动机直联	联轴器连接	三角皮带传动
η_p	100	98	95

（3）非标准状态下性能换算

选择风机时应注意，样本上给出的性能曲线和性能数据，均指风机在标准状态下（大气压强为 101.3kPa、温度 20℃、相对湿度 50%、密度 $\rho=1.20kg/m^3$、进出口连接管路标准的条件下）的参数。如果使用时介质密度、转数等条件改变，其性能应按表 5-6-1 中的各式进行换算。当大气压强 P_0 与空气温度 t 改变时，先按式（6-2-2）计算空气密度，再按表 5-6-1 中的各式进行换算：

$$\rho = \rho_0 \frac{P_b}{P_{b0}} \cdot \frac{273+20}{273+t} \tag{6-2-2}$$

式中　ρ_0、P_{b0}——标准状态或性能表中的空气密度和大气压力；

　　　ρ、P_b、t——实际工作条件下的空气密度、大气压力和温度和温度。

（4）系统效应的影响

进出口连接管不符合标准时应考虑系统效应的影响，适当增大选择容量。通过对系统效应的分析可知，通过选择合理的进出口连接方式，可以减小或消除系统效应对风机性能产生的影响。当确实因实际安装位置限制等原因导致无法避免系统效应时，应在设计时将系统效应的影响考虑在内。

如图 6-2-11 所示，在不考虑系统效应条件下，根据设计流量和对应的管网计算阻力所选风机的性能曲线Ⅰ，与管网特性曲线 A 的交点为 1；而实际运行中，由于系统效应的

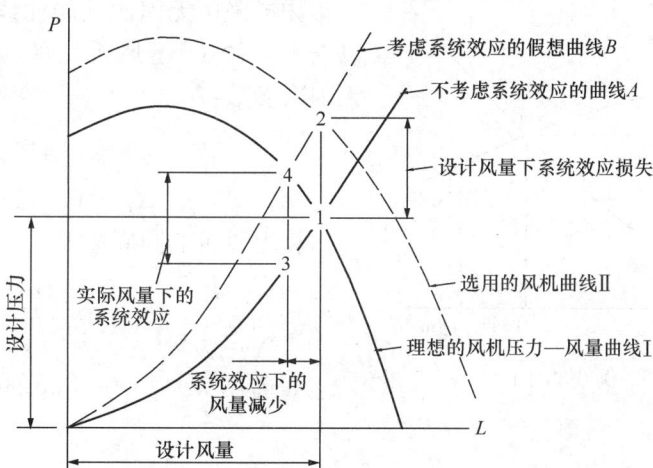

图 6-2-11　系统效应影响风机性能示意图

影响，相当于管网特性曲线改变为曲线 B，即如仍选用曲线 Ⅰ 性能的风机，其实际工作状态点为 4，则实际风量小于设计风量。为保证达到设计风量，在选择风机的风机压头时，应计入设计风量下的系统效应损失。则按此选用的风机性能曲线 Ⅱ 与曲线 B 的交点 2，可满足设计风量要求。因而在进行风机选择时，应计入这一系统效应造成的风机性能损失值。

【例 6-3】 某地大气压为 98.07kPa，输送温度为 70℃ 的空气，风量为 11500m³/h，管道计算阻力为 2000Pa，管网水平布置，不需要考虑重力作用（热压）的影响。试选用风机、应配用的电机及其他配件。

【解】 考虑漏风等因素，将输送风量增加 10% 作为选型参数，风压也增加 10%，即：

$$Q = 1.1 \times 11500 = 12650 \text{m}^3/\text{h} = 3.51 \text{m}^3/\text{s}$$

$$P = 1.1 \times 2000 = 2200 \text{Pa}$$

由于使用地点大气压及输送气体温度与样本数据采用的标准不同，将流量和全压进行换算：

$$P_0 = P \times \frac{\rho_0}{\rho} = P \times \frac{101.325}{98.07} \times \frac{273 + 70}{273 + 20}$$

$$= 2200 \times 1.033 \times \frac{343}{293} = 2660 \text{Pa}$$

$$Q_0 = Q = 12650 \text{m}^3/\text{h}$$

管路阻抗：

$$S = \frac{P_0}{Q_0^2} = \frac{2660}{12650^2} = 1.4123 \times 10^{-5} \ (\text{Pa}/\ (\text{m}^3/\text{h})^2)$$

则管网特性方程为：$P_0 = 1.4123 \times 10^{-5} Q^2$

从风机手册中选用 4-72-11 №.5A 高效率离心式风机。该机性能表中序号 6 工况点参数为 $n = 2900 \text{r/min}$，$P_0 = 2610 \text{Pa}$，$Q_0 = 12780 \text{m}^3/\text{h}$；该序号中还列出轴功率 $N_0 = 10.5 \text{kW}$，配用电机型号 JO₂-52-2（D₂/T₂），13kW；配用地脚螺栓 4 套，代号为 F2120，规格 M12×320。求取工况点，见图 6-2-12。风机输出流量为 12710m³/h，在标准工况下输出全压 2685Pa，折合到工程状态为 2221Pa，符合要求。

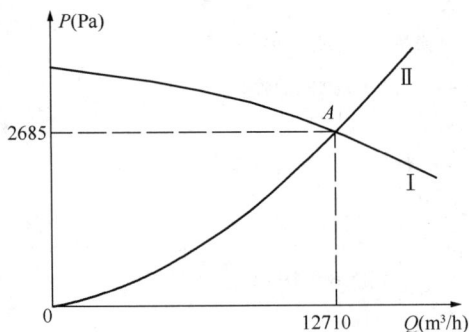

图 6-2-12　例 6-3 图 1

如果采用无因次性能曲线选用风机时，可以查出 4-72-11 型风机在最高效率下有以下的无因次参数：

$$\overline{P} = 0.416$$

$$\overline{Q} = 0.212$$

算出风机的圆周速度：

$$u = \sqrt{\frac{P}{\rho \cdot \overline{P}}} = \sqrt{\frac{2610}{1.2 \times 0.416}} = 72.3 \text{m/s}$$

如选用 $n = 2900 \text{r/min}$ 的风机，叶轮直径应为：

$$D_2 = 60 \frac{u}{\pi n} = \frac{60 \times 72.3}{3.14 \times 2900} = 0.476 \text{m}$$

计算相应的风量为：

$$Q = \bar{Q}u\frac{\pi D_2^2}{4} = 0.212 \times 72.3 \times \frac{3.14 \times 0.476^2}{4} = 2.73\text{m}^3/\text{s} = 9810\text{m}^3/\text{h}$$

可见所选叶轮直径的风机不能在给定的转数下提供所要求的流量。同时，如果考虑到制造厂通常是按"dm"来生产风机的，故可采用 $D_2 = 0.5\text{m}$ 的风机，则其圆周速度为：

$$u = \frac{n\pi D_2}{60} = \frac{2900 \times 3.14 \times 0.5}{60} = 76\text{m/s}$$

计算无因次流量为：

$$\bar{Q} = \frac{Q}{u\frac{\pi D_2^2}{4}} = \frac{4 \times 12650/3600}{76 \times 3.14 \times 0.5^2} = 0.236$$

再查无因次性能曲线，在相当于 $\bar{Q} = 0.236$ 处的压力系数为 $\bar{P} = 0.386$，功率系数为 $\bar{N} = 0.101$，用所得无因次量验算风压，可得：

$$P = \bar{P}\rho u^2 = 0.386 \times 1.2 \times 76^2 = 2675\text{Pa}$$

验算轴功率：

$$N = \bar{N}\rho u^3 \frac{\pi D_2^2}{4} = 0.101 \times 1.2 \times 76^3 \times \frac{3.14}{4} \times 0.5^2$$
$$= 10441\text{W} = 10.44\text{kW}$$

上述验算结果均证明所选风机能满足预定要求，且和按性能表选用的结果完全吻合。

6.3 泵、风机与管网的连接

6.3.1 水泵的气穴和气蚀现象

根据物理学原理，液体在某个温度下，如果压力低于该温度对应的饱和蒸汽压力，即会发生汽化。水在不同温度下的饱和蒸汽压力见表 6-3-1。显然，压力越低、温度越高，越容易发生汽化。水泵工作时，叶片背面靠近吸入口处的压力达到最低值（用 P_K 表示）。泵中最低压力 P_K 如果降低到工作温度下的饱和蒸汽压力（用 P_V 表示）时，液体就大量汽化，溶解在液体里的气体也自动逸出，出现"冷沸"现象，形成的汽泡中充满蒸汽和逸出的气体。汽泡随流体进入叶轮中压力升高区域时，汽泡突然被四周水压压破，流体因惯性以高速冲向汽泡中心，在汽泡闭合区内产生强烈的局部水锤现象，其瞬间的局部压力，可以达到数十 MPa。此时，可以听到汽泡冲破时的炸裂噪声，这种现象称为气穴现象。

水的饱和蒸汽压力（$h_{va} = P_V/\gamma$）　　　　　　　　　　表 6-3-1

水温（℃）	0	5	10	20	30	40	50	60	70	80	90	100
饱和蒸汽压力（kPa）	0.6	0.9	1.2	2.4	4.3	7.5	12.5	20.2	31.7	48.2	71.4	103.3

在气穴区域（一般在叶片进口的壁面），金属表面承受着局部水锤作用，其频率可达 20000～30000 次/s 之多。经过一段时间后，金属会产生疲劳，其表面开始呈蜂窝状；随

之，应力更为集中，叶片出现裂缝和剥落。当流体为水时，由于水和蜂窝表面间歇接触之下，蜂窝的侧壁与底之间产生电位差，引起电化腐蚀，使裂缝加宽。最后，几条裂缝互相贯穿，达到完全蚀坏的程度。泵叶片进口端产生的这种现象称为"气蚀"。气蚀是气穴侵蚀叶片的结果。在气蚀开始时，即为气蚀第一阶段，表现在泵外部是轻微噪声、振动（频率可达 600～25000 次/s）和泵的扬程、功率有些下降。如果外界条件促使气蚀更加严重时，泵内气蚀就进入第二阶段，气蚀区突然扩大，这时泵的 H、N、η 就将急剧下降，最终导致停止出水。

在实际工程中，泵的安装位置距吸水面越高、泵的工作地点大气压力越低、泵输送的液体温度越高，发生气穴和气蚀现象的可能性越大。显然，为避免气穴和气蚀现象的发生，必须保证水泵内压力最低点的压力 P_k 高于工作温度对应的饱和蒸汽压力，且应保证一定的富裕值。工程中一般用允许吸上真空高度或气蚀余量来加以控制。

一般在水泵的进口处（见图 6-3-1 的 1-1 断面处）安装压力表（真空表），用于监测进口压力。根据能量方程，水泵内部压力最低值 P_k 可用下式表示：

$$\frac{P_1}{\gamma} + \frac{v_1^2}{2g} = \frac{P_k}{\gamma} + \frac{\Delta P}{\gamma} \quad \text{即} \quad \frac{P_k}{\gamma} = \left(\frac{P_1}{\gamma} + \frac{v_1^2}{2g}\right) - \frac{\Delta P}{\gamma} \qquad (6\text{-}3\text{-}1)$$

式中　P_1——1-1 断面处的绝对压力，Pa；

　　　v_1——1-1 断面处的流速，m/s；

　　　γ——工作流体的重度，N/m³；

　　ΔP——1-1 断面至水泵内部压力最低处的压力损失，Pa，与流量和水泵的构造有关，对于某一规格型号的水泵，在特定工况下为一定值。

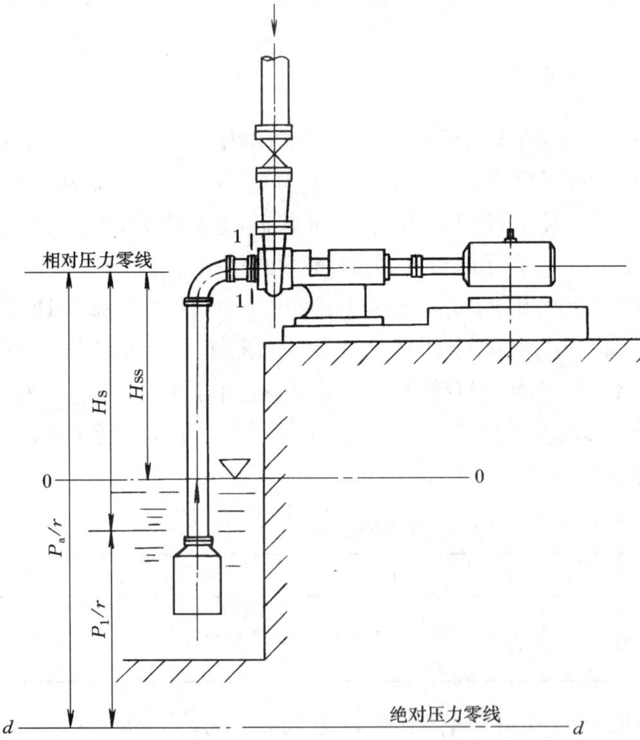

图 6-3-1　离心泵吸水装置

6.3.2 吸升式水泵的安装高度

需要吸升液体时，一般采用离心式水泵。正确确定水泵的安装高度，合理利用离心式水泵的吸升能力，使水泵既能安全供水，又节约土建造价，因而具有重要的意义。水泵的安装高度是指水泵吸入口轴线与吸液池的最低液面的高差（对于大型泵应以吸液池液面至叶轮入口边最高点的距离为准），图 6-3-1 为离心泵吸水装置分析图。

列 0-0 和 1-1 两断面水流的能量方程：

$$Z_0 + \frac{P_0}{\gamma} + \frac{v_0^2}{2g} = Z_1 + \frac{P_1}{\gamma} + \frac{v_1^2}{2g} + \sum h_s$$

式中　Z_0、Z_1——液面和泵吸入口中心标高，$Z_1 - Z_0 = H_{ss}$，m；

H_{ss}——吸上高度，又称泵的安装高度，m；

P_0、P_1——液面和泵吸入口处的液面绝对压强，Pa；

v_0、v_1——液面处和泵吸入口处的平均流速，m/s；

$\sum h_s$——吸液管路的水头损失，m。

由于吸液池面的流速很小，可认为 v_0 趋近于 0，则有：

$$\frac{P_0 - P_1}{\gamma} = H_{ss} + \frac{v_1^2}{2g} + \sum h_s \tag{6-3-2}$$

如果吸液池开口于大气中，即 $P_0 = P_a$，则 P_1 必然低于大气压强 P_a，此时：

$$\frac{P_0 - P_1}{\gamma} = \frac{P_a - P_1}{\gamma} = H_s$$

代入式（6-3-2），有

$$H_s = H_{ss} + \frac{v_1^2}{2g} + \sum h_s \tag{6-3-3}$$

而 H_s 恰好是在 1-1 断面处的真空值，又称为吸上真空高度。

如前所述，在某个工作流量下，水泵内部的能量损失 ΔP 和断面 1-1 的动压近似为常数，根据式（6-3-1），这时，可通过控制 1-1 断面的压力值，来保证 P_k 高于工作温度下的饱和蒸汽压力，避免发生气穴和气蚀。也即在式（6-3-3）中，控制吸上真空高度 H_s 的值小于某个限制值。这个限制值是离心泵生产厂家给定的允许吸上真空高度，用 $[H_s]$ 表示。显然，不同规格型号的水泵有不同的 $[H_s]$ 值。在已知某型号泵的允许吸上真空高度的条件下，可计算出泵的允许安装高度，也称最大安装高度，以 $[H_{ss}]$ 表示，

$$[H_{ss}] = [H_s] - \frac{v_1^2}{2g} - \sum h_s \tag{6-3-4}$$

实际泵的安装高度应遵守 $H_{ss} < [H_{ss}]$。

在实际应用中，$[H_s]$ 的确定应注意如下两点：

（1）当泵的流量增加时，1-1 断面至叶轮进口附近的流体流动损失和速度水头都增加了，所以 $[H_s]$ 应随流量增加而有所降低。水泵厂一般在产品样本中，用 Q-H_s 曲线来表示该水泵的吸水性能。图 6-3-2 为 14SA 型离心泵的 Q-$[H_s]$ 曲线。

（2）泵的产品样本给出的 Q-$[H_s]$ 曲线是在大气压强为 10.33mH₂O，水温为 20℃的清水条件下试验得出的。当泵的使用条件与上述条件不相符时，应对 $[H_s]$ 值按下式进行修正：

$$[H_s'] = [H_s] - (10.33 - h_a) + (0.24 - h_v) \tag{6-3-5}$$

式中　　$[H'_s]$——修正后采用的允许吸上真空高度，m；

　　　　　h_a——安装地点的大气压力水头，m；

　　　　　h_v——实际使用水温下的汽化压力水头，m。

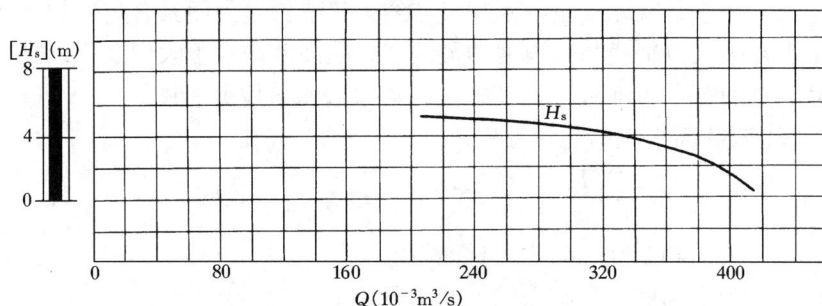

图 6-3-2　14SA 型离心泵 Q-$[H_s]$ 曲线

【例 6-4】　12Sh-19A 型离心泵，流量为 0.22m³/s 时，由水泵样本中的 Q-$[H_s]$ 曲线中查得，其允许吸上真空高度 $[H_s]$＝4.5m，泵进水口直径为 300mm，从吸水管进入口到泵进口的水头损失为 1.0m，当地海拔为 1000m，水温为 40℃，试计算其最大安装高度 $[H_{ss}]$。

【解】　由式（6-3-5）计算 $[H'_s]$

查表 6-3-2 当海拔为 1000m 时，P_a＝0.092MPa，则 h_a＝9.2m

查表 6-3-1 水温为 40℃时，P_{va}＝7.5kPa，则 h_v＝0.75m

根据式（6-3-5）：

$$[H'_s] = 4.5 - (10.33 - 9.2) - (0.75 - 0.24) = 2.86\text{m}$$

由式（6-3-4）得：

$$[H_{ss}] = [H'_s] - \left(\frac{v_1^2}{2g} + \Sigma h_s \right)$$

$$v_1 = \frac{Q}{\frac{\pi}{4}D^2} = \frac{0.22}{0.785 \times (0.3)^2} \approx 3.11\text{m/s}$$

$$\frac{v_1^2}{2g} \approx 0.49\text{m} \qquad \Sigma h_s = 1\text{m}$$

所以，最大安装高度为：

$$[H_{ss}] = 2.86 - (0.49 + 1) = 1.37\text{m}$$

不同海拔高程的大气压强（绝对压力）　　　　　　　　表 6-3-2

海拔高程（m）	−600	0	100	200	300	400	500	600
大气压力（MPa）	0.113	0.103	0.102	0.101	0.100	0.098	0.097	0.096
海拔高程（m）	700	800	900	1000	1500	2000	3000	4000	5000
大气压力（MPa）	0.095	0.094	0.093	0.092	0.086	0.084	0.073	0.063	0.055

6.3.3 灌注式水泵的安装高度

对于有些轴流泵，或管网系统中输送的是温度较高的液体（例如供热管网、锅炉给水和蒸汽管网的凝结水等管网系统，对应温度下的液体汽化压力较高），或吸液面压力低于大气压而具有一定的真空度，此时，叶轮往往需要安装在最低水面以下，对于这类泵常采用"气蚀余量"来衡量它们的吸水性能，确定它们的安装位置。

当水泵内的最低压力值 P_k 等于工作温度下的汽化压力 P_v 时，液体就开始发生汽化，造成气蚀，这是一个临界状态，根据式（6-3-1），即有：

$$\left(\frac{P_1}{\gamma}+\frac{v_1^2}{2g}\right)-\frac{P_v}{\gamma}=\frac{\Delta P}{\gamma}$$

上式左端括号内两项是泵吸入口的总水头，它取决于水泵的安装位置、吸液池液面压力及吸水管道的阻力；整个等式左端代表泵吸入口所剩下的总水头距发生汽化尚剩余的水头值——实际气蚀余量 Δh。如果实际气蚀余量 Δh，正好等于泵自吸入口 1-1 断面到压力最低点的损失值 $\frac{\Delta P}{\gamma}$ 时，就刚好发生气蚀；当 $\Delta h>\frac{\Delta P}{\gamma}$ 时，就不会产生气蚀。所以人们又把 $\frac{\Delta P}{\gamma}$ 叫做临界气蚀余量 Δh_{min}。在工程实践中，为确保安全运行，对于一般清水泵来说，为不发生气蚀，又增加了 0.3m 的安全量，即规定的必须气蚀余量，以 $[\Delta h]$ 表示：

$$[\Delta h]=\Delta h_{min}+0.3=\frac{\Delta P}{\gamma}+0.3 \tag{6-3-6}$$

如果产品样本只给出了试验所得的临界气蚀余量 Δh_{min}，则设计者应在此基础上增加一定的富裕值，作为必须气蚀余量。在确定水泵安装位置时，实际气蚀余量应大于必须气蚀余量。

图 6-3-3 为锅炉给水吸水管路示意图。其对应给水温度下的汽化压力为 P_v，给水泵气蚀余量为 $[\Delta h]$。应有：

$$\frac{P_1}{\gamma}+\frac{v_1^2}{2g}-\frac{P_v}{\gamma}\geqslant[\Delta h] \tag{6-3-7}$$

吸入水池液面和水泵进口断面之间，有：

$$\frac{P_0}{\gamma}+H_g=\frac{P_1}{\gamma}+\frac{v_1^2}{2g}+\sum h_s \tag{6-3-8}$$

图 6-3-3 锅炉给水吸水管路示意图

式中 P_0——吸入水池液面压力，Pa；

P_1——泵吸入口压力，Pa；

H_g——吸入液面至泵吸入口高差，m。

将式（6-3-8）代入式（6-3-7）整理即有：

$$H_g\geqslant\frac{P_v-P_0}{\gamma}+[\Delta h]+\sum h_s \tag{6-3-9}$$

当水箱中液面压强 P_0 等于液体温度对应的饱和汽化压力 P_v 时，则有：

$$H_g\geqslant[\Delta h]+\sum h_s$$

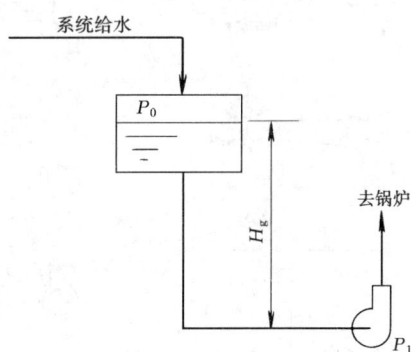

227

显然 $H_g>0$，即说明此时泵必须安装于液面下使之成为灌注式才可保证泵不会发生气蚀。

实际吸上真空高度和实际气蚀余量之间存在如下联系：

$$\Delta h + H_s = \frac{P_a - P_v}{\gamma} + \frac{v_1^2}{2g} \tag{6-3-10}$$

可见，用允许吸上真空高度和必须气蚀余量来控制水泵的安装位置，在本质上是一致的。

6.3.4　泵与管网的连接

1. 吸水管路的连接

对于吸水管路的基本要求有三点：

(1) 不漏气。吸水管路不允许漏气，否则会使水泵的工作发生严重故障。实践证明，当进入空气时，水泵的出水量将减少，甚至吸不上水。因此，吸水管路一般采用钢管，因钢管强度高，接口可焊接，密封性优于铸铁管。钢管埋于土中时应涂沥青防腐层。也有不少泵站采用铸铁管的，但施工时接口一定要严密。

(2) 不积气。水泵吸水管内真空值达到一定值时，水中溶解气体就会因管路内压力减小而不断逸出。如果吸水管路的连接考虑欠妥，会在吸水管道的某段（或某处）上出现积气，形成气囊，影响过水能力，严重时会破坏真空吸水。为了使水泵能及时排走吸水管路内的空气，吸水管应有沿水流方向上升的坡度 i，一般大于 0.005，以免形成气囊，如图 6-3-4 所示。

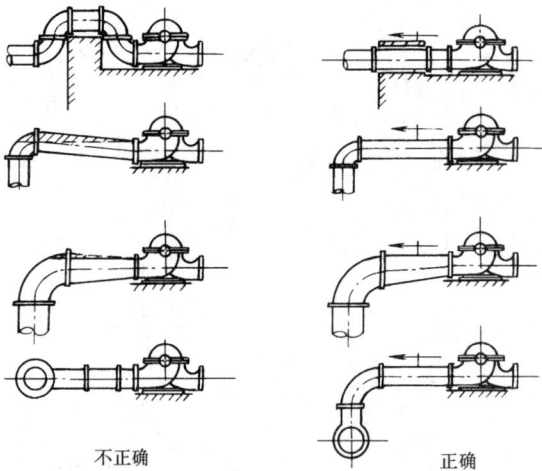

图 6-3-4　正确的和不正确的吸水管安装

由图可见，为了避免产生气囊，应使吸水管线的最高点在水泵吸入口的顶端。吸水管的断面一般应大于水泵吸入口的断面，这样可以减小管路水头损失，吸水管路上的变径管可采用偏心渐缩管，保持渐缩管的上边水平，以免形成气囊。

(3) 不吸气。吸水管进口淹没深度不够时，由于进口处水流产生旋涡、吸水时带进大量空气。严重时也将破坏水泵正常吸水。这类情形，多见于取水泵在河道枯水位情况下吸水。为了避免吸水井（池）水面产生旋涡，使水泵吸入空气，吸水管进口在最低水位下的淹没深度 h 不应小于 0.5～1.0m，如图 6-3-5 所示。

为了防止水泵吸入井底的尘渣，并使水泵工作时有良好的水力条件，应遵循以下规定：

(1) 吸水管的进口高于井底要不小于 0.8D，如图 6-3-5。D 为吸水管喇叭口（或底阀）扩大部分的直径，通常取 D 为吸水管直径的 1.3～1.5 倍。

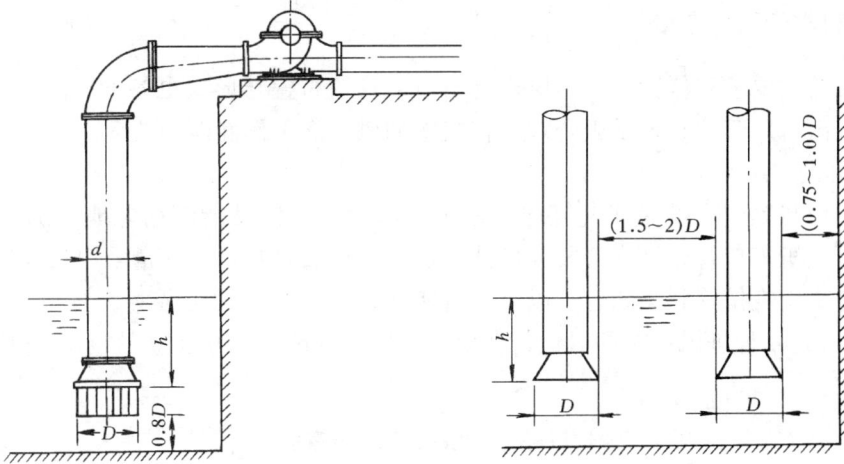

图 6-3-5　吸水管在吸水井中的位置

（2）吸水管喇叭口边缘距离井壁不小于 0.75～1.0D。

（3）在同一井中安装有几根吸水管时，吸水喇叭口之间的距离不小于（1.5～2.0）D。当水泵采用抽气设备充水或能自灌充水时，为了减小吸水管进口处的水头损失，吸水管进口通常采用喇叭口形式。如水中有较大的悬浮杂质时，喇叭口外面还需加设滤网，以防水中杂物进入水泵。

当水泵从压水管引水启动时，吸水管上应装有底阀。底阀过去一般用水下式，装于吸水管的末端。底阀的形式很多，它的作用是水只能吸入水泵，而不能从吸水喇叭口流出。

2. 压出管路的连接

泵的压出管路经常承受高压（尤其当发生水锤时），所以要求坚固而不漏水，通常采用钢管，并尽量采用焊接接口，为便于拆装与检修，在适当地点应设法兰接口。

为了安装的方便和避免管路上的应力（如由于自重、受温度变化或水锤作用所产生的应力）传至水泵，并为了减少泵运转产生的振动和噪声沿管路的传播，一般应在吸水管路和压出管路上设置伸缩节或可曲挠的橡胶接头。管道伸缩节目前已有多种形式可供选用。为了承受管路中内压力所造成的推力，在一定的部位上（各弯头处）应设置专门的支墩或拉杆。

在不允许液体倒流的管路中，应在泵压出管上设置止回阀。止回阀通常安装于泵与压出闸阀之间，因为止回阀经常损坏，所以当需要检修，更换止回阀时，可用闸阀把它与压出管路隔开，以免液体倒灌入泵站内。这样装的另一个优点是，泵每次启动时，阀板两边受力均衡便于开启。缺点是压出闸阀要检修时，必须将压出管路中的水放空，造成浪费。法兰连接的旋起式止回阀，通常用于 200～600mm 的管路中。旋起式止回阀的最大缺点是在它关闭时会产生关闭水锤。目前，已有许多不同形式的止回阀在工程中可供选用，例如微阻缓闭式止回阀等。

压出管路上的闸阀，因为承受高压，所以启闭都比较困难。当直径 $D \geqslant 400$mm 时，大都采用电动或水力闸阀。

6.3.5 风机与管网的连接

由于目的、要求和位置不同，风机进出口风管的布置与形式也各不相同。6.1 节中已指出风机进出口风管的布置是否合理，直接影响风机的工作性能和效率。

1. 风机进口装置

风机进口装置应尽量保证气流均匀地进入叶轮，并使其能够均匀地充满叶轮进口截面。因此，风机入口管以平直管段为最佳。对于变径入口管，应尽量采用角度较小的渐扩管，要避免采用突扩管和突缩管，以免气流速度和方向的突然变化。

表 6-3-3 是 4 种进风弯头的风机，在出口速度为 8m/s、两种叶形、不同静压时流量损失的百分数。

进口弯头造成的通风机流量损失　　　　　　　　　表 6-3-3

风机进口弯头方向	静压（Pa）	后向叶片流量损失（%）	前向叶片流量损失（%）
左弯进口	245.25	2.5	8.5
	196.2	2.5	11
	127.53	3	17
右弯进口	245.25	1.5	5
	196.2	1.5	6
	127.53	2.5	7
上弯进口	245.25	2.5	5
	196.2	2.5	6
	127.53	3	7
下弯进口	245.25	1.5	5
	196.2	1.5	6
	127.53	2.5	7

注：后向叶片略呈"S"形。

图 6-3-6 与图 6-3-7 分别是推荐和避免使用的几种风机进口的装置图。

图 6-3-6 中（d）是对双吸入风机室内占位置最小的情况，每侧机壳到墙壁的距离 W 要求至少等于一个叶轮直径，若小于这个值，进口流量将受到影响。

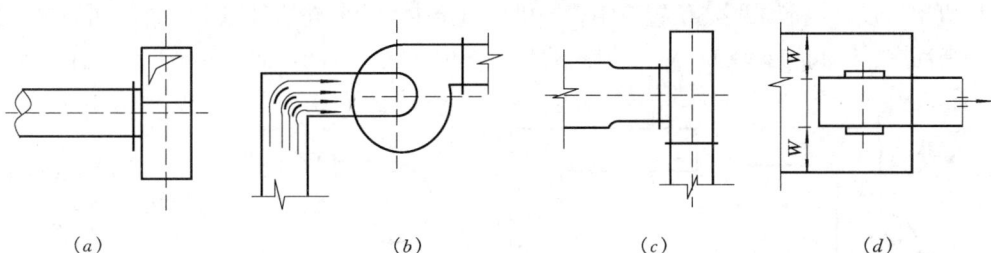

(a)   *(b)*   *(c)*   *(d)*

图 6-3-6   推荐使用的通风机进口风管形式

（a）进口敞开或等直径风管进口；（b）均匀布置导流叶片，进口无旋涡；

（c）风管进口损失小；（d）双吸入通风机两侧应有距离 $W \geqslant 1.25D$（叶轮直径）

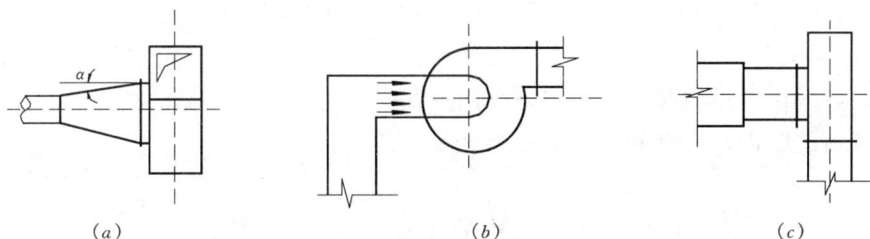

(a)   *(b)*   *(c)*

图 6-3-7   避免使用的通风机进口风管形式

（a）受阻的风管和变径管（最好 $\alpha \leqslant 7°$，一般 $\alpha \leqslant 30°$，$\alpha \not> 45°$）；（b）无导流叶片，当气流与叶轮

旋转一致时，降低风量和风压，当旋转相反时，增加所需功率；（c）风管进口损失大

2. 风机出口装置

气流通过叶轮的旋转，在通风机出口处是有方向的，因此，通风机出口装置必须适应这种方向流动的气流。

如图 6-3-8 中（a）、（b）、（c）所示，风机出口装有直的风筒，这种装置对通风机性能基本没有损害，是理想的出口装置。但实际上为减少气流的动压损失，通风机出口管一般都要加大管道截面或改用圆形管道，这就要求有一个合理的变形管件。一般采用如图中

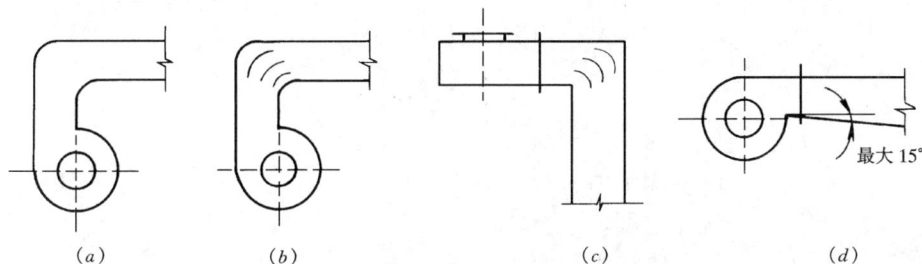

(a)   *(b)*   *(c)*   *(d)*

图 6-3-8   推荐使用的通风机出口连接方式

（a）顺向弯头无导流叶片，较好；（b）顺向弯头有导流叶片，好；

（c）转向弯头有导流叶片，较好；（d）渐扩管，好

(d) 所示的单侧变径管。这种变径管动压损失很小。变径管长度按变径夹角决定，一般夹角不大于 15°。风机出口管路若有管件，应尽量在距风机出口 3～5 倍管径以外安装。当安装位置不允许时，应采用图 6-3-8 所示的顺向弯头，不可采用图 6-3-9 所示的逆向弯头。

风机出口设置调节风阀，位置应距离风机出口至少一个叶轮直径以上，这样可以减小压头损失。并且注意风阀的安装方向，使风阀的叶片平行于气流方向，而不要垂直于气流方向。

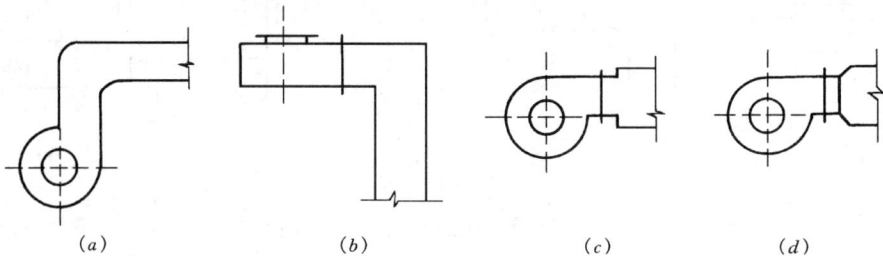

图 6-3-9 避免使用的通风机出口连接方式

(a) 逆向弯头，不好；(b) 转向弯头无导流叶片，不好；

(c) 突然扩大，不好；(d) 突然扩大，不好

总之，好的风机出口装置，可以减少压力损失，必须避免过分的扩大、突然扩大、限制或束缚气流的断面、突然转弯或曲率半径很小的弯头。

6.4 调节阀的节流原理与流量特性

在由多个分支组成的管网系统中，各分支中的流量分配要满足要求，首先依靠对管路管径的正确选取。但工程管材的管径不是连续变化的，加之其他实际原因，流量的分配还往往需要设置调节阀进行调节。另一方面，当管网系统根据用户要求变化，需改变流量时（例如用户负荷发生变化时），就需要依靠调节阀的动作来完成。因而，如第 1 章所述，调节阀是流体输配管网的重要调节装置。

6.4.1 调节阀的节流原理

从流体力学的观点看，调节阀是一个局部阻力可以变化的节流元件。对不可压缩流体，由：

$$\Delta P_z = P_1 - P_2 = \xi \frac{\rho v^2}{2}$$

$$Q = F \cdot v$$

式中　P_1，P_2，P_z——分别为调节阀前后压力及其压差，Pa；

ξ——调节阀阻力系数，随调节阀的开度而变；

ρ——流体密度，kg/m³；

F——调节阀接管截面积，m²；

v——调节阀接管内流体流速，m/s；

Q——调节阀接管内流体流量，m³/s。

得：

$$Q = \frac{F}{\sqrt{\xi}} \sqrt{\frac{2(P_1 - P_2)}{\rho}} \tag{6-4-1}$$

如令： $$C = \frac{F}{\sqrt{\xi}} \sqrt{2} \tag{6-4-2}$$

则： $$Q = C \sqrt{\frac{P_1 - P_2}{\rho}} \qquad 即 C = \frac{Q}{\sqrt{\frac{P_1 - P_2}{\rho}}} \tag{6-4-3}$$

式中 C 称之为调节阀的流通能力。

式（6-4-2）表明，对于某一规格的调节阀，其流通能力随开度而变化。式（6-4-3）表明，在某一开度下，流通能力为定值，通过的流量取决于阀前后的作用压差。

如果以阻抗的方式来表达阀门的阻力特性，即由： $\Delta P = P_1 - P_2 = SQ^2$，可知其流通能力 C 与阻抗 S 有如下关系：

$$C = \sqrt{\frac{\rho}{S}} \tag{6-4-4}$$

6.4.2 调节阀的理想流量特性

1. 流量特性的定义

调节阀的流量特性，是指流体介质流过调节阀的相对流量与调节阀的相对开度之间的特定关系，即

$$\frac{Q}{Q_{\max}} = f\left(\frac{l}{l_{\max}}\right) \tag{6-4-5}$$

式中　Q——调节阀在某一开度时的流量；

　　　$Q_{\max}$——调节阀全开时的流量；

　　　l——调节阀某一开度时阀芯的行程；

　　　$l_{\max}$——调节阀全开时阀芯的行程。

调节阀所能控制的最大流量与最小流量之比称为可调比 R：

$$R = Q_{\max}/Q_{\min}$$

$Q_{\min}$是调节阀可调流量的下限值，并不等于调节阀全关时的泄漏量。这是因为调节阀的制造精度所致。一般最小可调流量为最大流量的 $2\%\sim4\%$，而泄漏量仅为最大流量的 0.1% $\sim0.01\%$。

一般来说，改变调节阀的阀芯与阀座之间的节流面积便可调节流量。但实际上由于种种因素的影响，在节流面积变化的同时，还发生阀前后的压差变化，而压差的变化也会引起流量的变化。因此，流量特性有理想流量特性和工作流量特性两个概念。为了便于分析比较，先假定阀前后的压差为一定值，即先研究理想流量特性，然后再引申到真实情况的讨论，即讨论工作流量特性。

2. 理想流量特性

当调节阀前后压差固定不变时（$\Delta P =$ const），所得到的流量特性称为理想流量特性（有时叫固有流量特性）。典型的理想流量特性有直线流量特性、等百分比（对数）流量特性、快开流量特性和抛物线流量特性四种类型，如图 6-4-1 所示。

而调节阀自身所具备的固有的流量特性取决于阀芯的形状，见图 6-4-2。

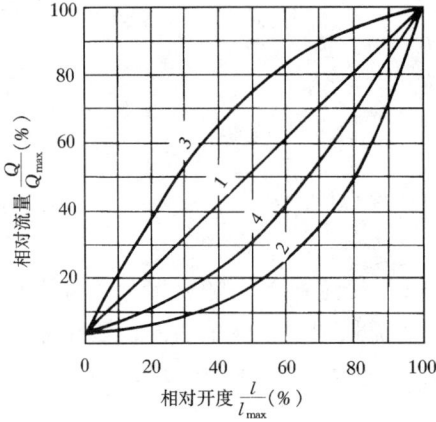

图 6-4-1　调节阀的理想流量特征（$R=30$）

1—直线；2—等百分比；3—快开；4—抛物线

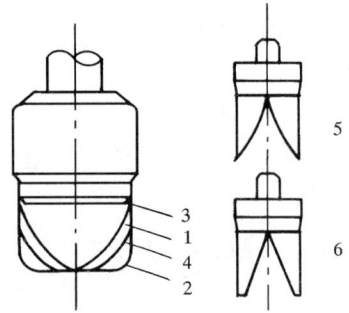

图 6-4-2　阀芯形状

1—直线特性阀芯；2—等百分比特性阀芯；3—快开特性阀芯；4—抛物线特性阀芯；5—等百分比特性阀芯（开口形）；6—抛物线特性阀芯（开口形）

（1）直线流量特性

直线流量特性是指调节阀的相对流量与相对开度成直线关系，即单位行程变化所引起的流量变化是一个常数。

由图 6-4-1 可以看出，直线流量特性调节阀的单位行程变化所引起的流量变化是相等的，也就是在调节阀的全行程内其放大系数（即曲线斜率）是一个定值。直线流量特性的调节阀在变化相同行程的情况下，流量小时，流量相对值变化大，即 $\Delta Q/Q$ 大；而流量大时，流量相对值变化小。

（2）等百分比流量特性

等百分比流量特性亦称对数流量特性，它是指单位相对行程的变化所引起的相对流量变化与此点的相对流量成正比关系。

对于 $R=30$ 的等百分比流量特性的调节阀，其开度每变化 1% 所引起的流量变化百分比总是 4%。由图 6-4-1 可以看出等百分比流量特性调节阀的放大系数（即曲线斜率）是随行程的增大而递增的。同样的行程，在低负荷（小开度）时流量变化小；在高负荷（大开度）时流量变化大。因此，这种调节阀在接近全关时工作得缓和平稳，而在接近全开时放大作用大，工作灵敏有效。它适用于负荷变化大的系统中。

（3）快开流量特性

快开流量特性是在调节阀的行程比较小时，流量就比较大，随着行程的增大，流量很快就达到最大，因此称快开特性。

快开流量特性调节阀的阀芯形状为平板式，阀的有效行程在 $d_g/4$（d_g 为阀座直径）以内，当行程再增大，阀的流通面积不再增大，即不起调节作用了。快开特性的调节阀主要用于双位调节或程序控制中。

（4）抛物线流量特性

抛物线流量特性是指单位相对行程的变化所引起的相对流量变化与此点的相对流量值的平方根成正比关系。它的流量特性曲线是一条二次抛物线，介于直线特性曲线和等百分比特性曲线之间。

这四种理想流量特性的数学表达式和计算公式如表 6-4-1。

流量特性的数学表达式和计算公式　　　　　　　　表 6-4-1

流 量 特 性	数 学 表 达 式	计 算 公 式
直线流量特性	$\dfrac{d\,(Q/Q_{max})}{d\,(l/l_{max})}=k$	$\dfrac{Q}{Q_{max}}=\dfrac{1}{R}\left[1+(R-1)\cdot\dfrac{l}{l_{max}}\right]$
等百分比流量特性	$\dfrac{d\,(Q/Q_{max})}{d\,(l/l_{max})}=k\,(Q/Q_{max})$	$\dfrac{Q}{Q_{max}}=R^{\left(\frac{l}{l_{max}}-1\right)}$
快开流量特性	$\dfrac{d\,(Q/Q_{max})}{d\,(l/l_{max})}=k\,(Q/Q_{max})^{-1}$	$\dfrac{Q}{Q_{max}}=\dfrac{1}{R}\left[1+(R^2-1)\cdot\dfrac{l}{l_{max}}\right]^{\frac{1}{2}}$
抛物线流量特性	$\dfrac{d\,(Q/Q_{max})}{d\,(l/l_{max})}=k\,(Q/Q_{max})^{\frac{1}{2}}$	$\dfrac{Q}{Q_{max}}=\dfrac{1}{R}\left[1+(\sqrt{R}-1)\cdot\dfrac{l}{l_{max}}\right]^2$

当 $R=30$ 时，其相对开度下的相对流量如表 6-4-2。

各种流量特性下的相对开度和相对流量表　　　　　　　表 6-4-2

相对流量 $\left(\dfrac{Q}{Q_{max}}\%\right)$	相对开度 $\left(\dfrac{l}{l_{max}}\%\right)$										
	0	10	20	30	40	50	60	70	80	90	100
直线流量特性	3.3	13	22.7	32.3	42	51.7	61.3	71	80.6	90.4	100
等百分比流量特性	3.3	4.67	6.58	9.26	13	18.3	25.6	36.2	50.8	71.2	100
快开流量特性	3.3	21.7	38.1	52.6	65.2	75.8	84.5	91.3	96.1	99	100
抛物线流量特性	3.3	7.3	12	18	26	35	45	57	70	84	100

（5）三通调节阀的理想流量特性

三通调节阀的流量特性及数学表达式均符合前述理想特性的一般规律。直线流量特性的三通调节阀在任何开度时流过上下两阀芯流量之和，即总流量不变，得到一平行于横轴的直线，如图 6-4-3 中的直线 1。而抛物线流量特性三通调节阀的总流量是变化的，见图 6-4-3 曲线 3，在开度 50% 处总流量最小，向两边逐渐增大直至最大。当可调节范围相同时，直线特性的三通调节阀较抛物线特性三通阀的总流量大，而等百分比特性三通阀的总流量最小，见图 6-4-3 中的曲线 2。它们在开度 50% 时上下阀芯通过的流量相等。

图中曲线 1、2、3 分别为总流量特性线。曲线 1′、2′、3′ 和 1″、2″、3″ 分别为各分支流量特性线。

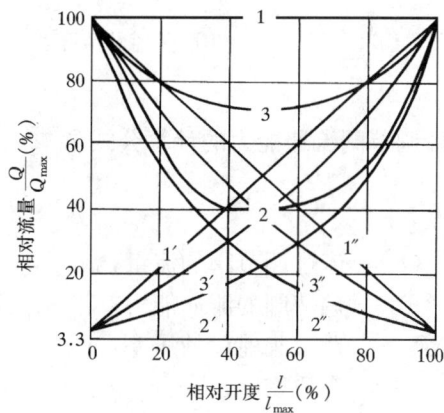

图 6-4-3　两个支路的流量特性都相同的对称型
三通调节阀的理想流量特性曲线
（$R=30$，阀芯开口方向相反）

1—直线；2—等百分比；3—抛物线

235

6.4.3　调节阀的工作流量特性

　　调节阀的理想流量特性是指在调节阀前后压差一定的情况下，相对流量 Q/Q_{max} 与相对开度 l/l_{max} 的关系。实际使用时，调节阀大都装在具有阻力的管道上，调节阀前后的压差不能保持不变，虽在同一开度下，通过调节阀的流量将与理想特性时所对应的流量不同。因此，就必须研究工作条件下的流量特性。所谓调节阀的工作流量特性是指调节阀在前后压差随负荷变化的工作条件下，调节阀的相对开度与相对流量之间的关系。下面先研究直通调节阀有串联或并联管道时的工作流量特性，然后再分析三通调节阀的工作流量特性。

　　1. 直通调节阀有串联管道时的工作流量特性

　　图 6-4-4 所示的是调节阀有串联管道时的情况，串联管道存在的压力损失与通过管道的流量成平方关系，因此，当系统两端总压差 ΔP 一定时，随着通过管道流量的增大，串联管道的压力损失也增大，这样就使调节阀前后压差减小，如图 6-4-5 所示。串联管道的阻力特性和调节阀的理想流量特性共同表现为调节阀的工作流量特性。

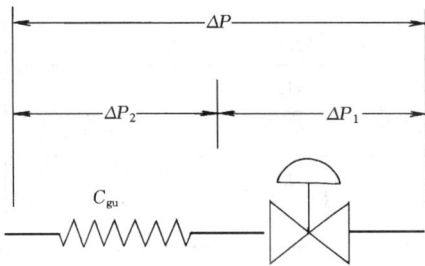

图 6-4-4　串联管道的情况

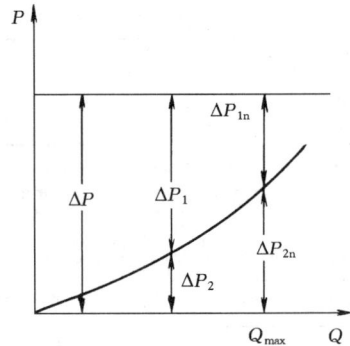

图 6-4-5　串联管道时调节阀
压差的变化情况

　　由调节阀流通能力的计算公式可知：

$$Q = C\sqrt{\frac{\Delta P_1}{\rho}} \tag{6-4-6}$$

式中　Q——流过调节阀的流量，m^3/s；

　　　　C——调节阀的流通能力；

　　　　ΔP_1——调节阀前后的压差，Pa；

　　　　ρ——介质密度，kg/m^3。

　　如果以调节阀压差恒定来考虑，即 ΔP_1 不变，则

$$\frac{Q}{Q_{max}} = \frac{C}{C_{qk}} \tag{6-4-7}$$

式中　Q_{max}——流过调节阀的最大流量；

　　　　C_{qk}——阀全开时的流通能力。

　　由于理想流量特性的数学表达式（见表 6-4-1）可表示为：$\dfrac{Q}{Q_{max}} = f\left(\dfrac{l}{l_{max}}\right)$

故
$$C = C_{qk}f\left(\frac{l}{l_{max}}\right) \tag{6-4-8}$$

将式（6-4-8）代入式（6-4-6）后，可得

$$Q = C_{qk}f\left(\frac{l}{l_{max}}\right)\sqrt{\frac{\Delta P_1}{\rho}} \tag{6-4-9}$$

同样，从管道阻力来看，有

$$Q = C_{gu}\sqrt{\frac{\Delta P_2}{\rho}} \tag{6-4-10}$$

式中 C_{gu}——管道的流量系数；

ΔP_2——管道上的压降。

据串联关系得

$$\Delta P = \Delta P_1 + \Delta P_2 \tag{6-4-11}$$

由式（6-4-9）～式（6-4-11）可求得

$$\Delta P_1 = \frac{\Delta P}{\left(\frac{C_{qk}}{C_{gu}}\right)^2\left[f\left(\frac{l}{l_{max}}\right)\right]^2 + 1} = \frac{\Delta P}{\left(\frac{1}{S_V}-1\right)\left[f\left(\frac{l}{l_{max}}\right)\right]^2 + 1} \tag{6-4-12}$$

$$S_V = \frac{C_{gu}^2}{C_{gu}^2 + C_{qk}^2} = \frac{S_{qk}}{S_{qk}+S_{gu}} \tag{6-4-13}$$

式中 S_{qk}——阀全开时的阻抗；

S_{gu}——串联管道的阻抗。

当调节阀全开时，$\left[f\left(\frac{l}{l_{max}}\right)\right]^2 = 1$ $\left(f\left(\frac{l_{max}}{l_{max}}\right) = \frac{Q_{max}}{Q_{max}} = 1\right)$

阀前后压差 $$\Delta P_{1m} = S_V\Delta P, S_V = \frac{\Delta P_{1m}}{\Delta P} \tag{6-4-14}$$

S_V 表示调节阀全开时阀前后压差与串联管路总压差的比值，称为阀权度。

若以 Q_{max} 表示管道阻力等于零时调节阀的全开流量，而以 Q_{100} 表示存在管道阻力时调节阀的全开流量，则根据式（6-4-9）可得到

$$\frac{Q}{Q_{max}} = f\left(\frac{1}{l_{max}}\right)\sqrt{\frac{\Delta P_1}{\Delta P}}$$
$$= f\left(\frac{l}{l_{max}}\right)\sqrt{\frac{1}{\left(\frac{1}{S_V}-1\right)\left[f\left(\frac{1}{l_{max}}\right)\right]^2 + 1}} \tag{6-4-15}$$

$$\frac{Q}{Q_{100}} = f\left(\frac{l}{l_{max}}\right)\sqrt{\frac{\Delta P_1}{\Delta P_{1m}}}$$
$$= f\left(\frac{l}{l_{max}}\right)\sqrt{\frac{1}{(1-S_V)\left[f\left(\frac{l}{l_{max}}\right)\right]^2 + S_V}} \tag{6-4-16}$$

式（6-4-15）和式（6-4-16）分别为串联管道时以 Q_{max} 及 Q_{100} 作参比值的工作流量特性。此时，对于理想流量特性为直线和等百分比特性的调节阀，在不同的 S_V 值下，工作流量特性的变化情况如图 6-4-6 和图 6-4-7 所示。

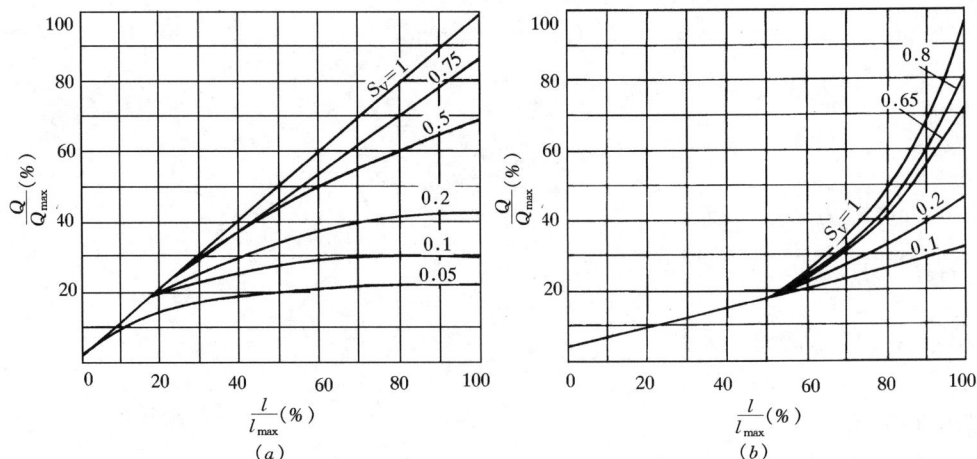

图 6-4-6　串联管道时调节阀的工作特性（以 Q/Q_{max} 作参比值）

（a）直线流量特性；（b）等百分比流量特性

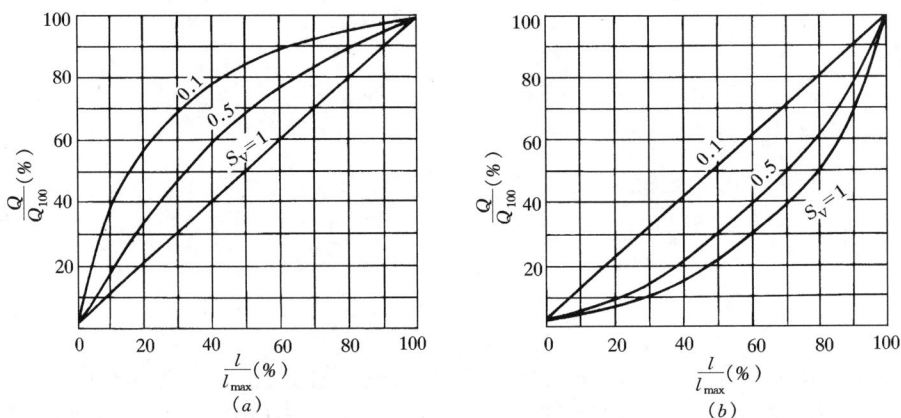

图 6-4-7　串联管道时调节阀的工作特性（以 Q/Q_{100} 作参比值）

（a）直线流量特性；（b）等百分比流量特性

2. 阀权度对调节阀工作特性的影响分析

从图 6-4-6 和图 6-4-7 并结合式（6-4-13），可以看出：

（1）当管道阻抗为零时，$S_V=1$，管道的总压差全部降落在调节阀上，调节阀的工作特性与理想特性是一致的。

（2）随着管道阻抗增大，S_V 值减小，管道压力损失增加，使系统的总压差降落在调节阀上的部分减小，调节阀全开时的流量减小。

（3）随着 S_V 值的减小，流量特性发生很大的畸变，当以 Q/Q_{100} 作参比值时，成为一系列向上拱的曲线。理想的直线特性趋向于快开特性，理想的等百分比特性趋向于直线特性，使小开度时放大系数增大，大开度时放大系数减小，S_V 值太小时将严重影响自动调节系统的调节质量。

在实际使用中，S_V 值不宜小于 0.3，即 S_{qk} 不小于 $0.43S_{gu}$。在管网中的末端装置所在分支需设置全开时阻抗 S_{qk} 相对较大的调节阀，才能较好地实现对其流量的调节控制。

3. 直通调节阀有并联管道时的工作流量特性

图 6-4-8 所示是调节阀有并联管道时的情况，这时，当调节系统失灵时可通过并联管道实现手动控制，或者当调节阀的流量不满足工艺要求时把旁路阀（装在并联管道上）打开一些。由于使用并联管路，调节阀的流量特性也会受到影响，使理想流量特性变为工作流量特性。有并联管道时，流过总管的流量 Q 等于调节阀的流量 Q_1 和旁路流量 Q_2 之和，即

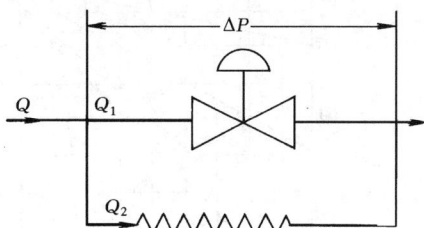

图 6-4-8　并联管道的情况

$$Q = Q_1 + Q_2$$

$$Q = C_{qk} f\left(\frac{l}{l_{max}}\right)\sqrt{\frac{\Delta P}{\rho}} + C_{pa}\sqrt{\frac{\Delta P}{\rho}} \tag{6-4-17}$$

式中　C_{pa}——旁路的流量系数。

设：Q_{1m} 为调节阀全开时流过阀的流量，且 $Q_{1m} = C_{qk}\sqrt{\dfrac{\Delta P}{\rho}}$

χ 为并联管道时，阀全开流量与总管最大流量之比，即

$$\chi = \frac{Q_{1m}}{Q_{max}} = \frac{1}{1 + \sqrt{\dfrac{S_{qk}}{S_{pa}}}}$$

式中　S_{pa}——并联管道的阻抗。

则　　$$\frac{Q}{Q_{max}} = \frac{Q_1 + Q_2}{\dfrac{Q_{1m}}{\chi}} = \frac{C_{qk} f\left(\dfrac{l}{l_{max}}\right)\sqrt{\dfrac{\Delta P}{\rho}} + C_{pa}\sqrt{\dfrac{\Delta P}{\rho}}}{C_{qk}\sqrt{\dfrac{\Delta p}{\rho}}} \cdot \chi$$

$$= \chi \cdot f\left(\frac{l}{l_{max}}\right) + \chi \frac{C_{pa}}{C_{qk}} = \chi \cdot f\left(\frac{l}{l_{max}}\right) + \chi \cdot \left(\frac{1}{\chi} - 1\right)$$

所以　　$$\frac{Q}{Q_{max}} = \chi \cdot f\left(\frac{l}{l_{max}}\right) + (1 - \chi) \tag{6-4-18}$$

上式为并联管道时的工作流量特性，对于理想流量特性为直线及等百分比的调节阀在不同的 χ 值，工作流量特性如图 6-4-9 所示。

从图 6-4-9 可以看出：

（1）当旁路关闭时 $S_{pa} \rightarrow \infty$，$\chi = 1$，调节阀的工作流量特性与理想流量特性是一致的。

（2）随着旁路阀逐步打开，S_{pa} 减小，χ 减小，即调节阀本身的流量特性没有变化，系统的实际可调比 R 大大下降。

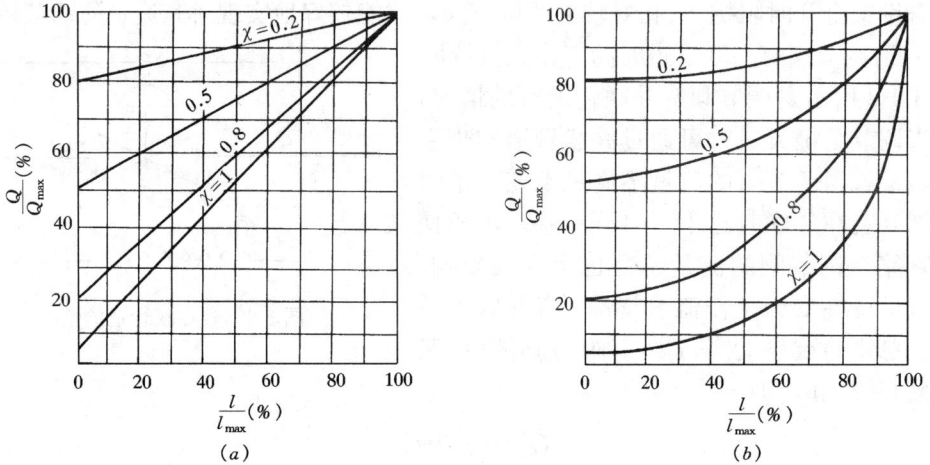

图 6-4-9 有并联管道时调节阀的工作特性（以 Q_{max} 作参比值）

(a) 直线流量特性；(b) 等百分比流量特性

4. 直通调节阀的实际可调比

调节阀在实际使用中，由于调节阀上压差随着串联管道阻力改变或打开调节阀旁路（并联管道），使调节阀的可调比 R 发生变化，这时调节阀实际所能控制的最大流量与最小流量的比值称为实际可调比。下面分析直通调节阀在串联管道和并联管道时的实际可调比的变化情况。

(1) 串联管道时

调节阀有串联管道时（图 6-4-4），其实际可调比为

$$R_S = \frac{Q_{max}}{Q_{min}} = \frac{C_{max}\sqrt{\dfrac{\Delta P_{1min}}{\rho}}}{C_{min}\sqrt{\dfrac{\Delta P_{1max}}{\rho}}} = \frac{C_{max}}{C_{min}}\frac{\sqrt{\Delta P_{1min}}}{\sqrt{\Delta P_{1max}}} \tag{6-4-19}$$

当调节阀上压差一定（$\Delta P_2 = 0$），有

$$R = \frac{Q_{max}}{Q_{min}} = \frac{C_{max}\sqrt{\dfrac{\Delta P}{\rho}}}{C_{min}\sqrt{\dfrac{\Delta P}{\rho}}} = \frac{C_{max}}{C_{min}} \tag{6-4-20}$$

由式（6-4-19）、式（6-4-20）得

$$R_S = R\sqrt{\frac{\Delta P_{1min}}{\Delta P_{1max}}} \tag{6-4-21}$$

式中 ΔP_{1min}——调节阀全开时的压差，即 ΔP_{1m}；

ΔP_{1max}——调节阀全关时的压差。

由于调节阀全关时阀上压差近似于系统总压差，$\Delta P_{1max} = \Delta P$，故有

$$\frac{\Delta P_{1min}}{\Delta P_{1max}} = \frac{\Delta P_{1m}}{\Delta P} = S_V$$

即
$$R_S = R\sqrt{S_v} \qquad (6\text{-}4\text{-}22)$$

由上式可知，S_v 值越小，实际可调比就越小，如图 6-4-10 所示。

在实际使用中，为保证调节阀有一定的可调比，应考虑调节阀上有一定的压差，即调节阀具有相当的阻抗值，使之在管路中保持一定的阀权度。

（2）并联管道时

由于旁路流量的存在，相当于调节阀最小流量 Q_{min} 提高，因此有并联管道时调节阀的实际可调比为：

$$R_S = \frac{总管最大流量}{调节阀最小流量 + 旁路流量} = \frac{Q_{max}}{Q_{1min} + Q_2} \qquad (6\text{-}4\text{-}23)$$

图 6-4-10 串联管道时的实际可调比（$R=30$）

$$\chi = \frac{Q_{1max}}{Q_{max}}$$

又
$$R = \frac{Q_{1max}}{Q_{1min}}$$

$$\therefore \quad Q_{1min} = \frac{\chi}{R} Q_{max} \qquad (6\text{-}4\text{-}24)$$

$$Q_2 = Q_{max} - Q_{1max} = (1-\chi)Q_{max} \qquad (6\text{-}4\text{-}25)$$

将式（6-4-24）和式（6-4-25）代入式（6-4-23）后

$$R_S = \frac{Q_{max}}{\frac{\chi}{R}Q_{max} + (1-\chi)Q_{max}} = \frac{R}{R-(R-1)\chi} = \frac{1}{1-\left(1-\frac{1}{R}\right)\chi}$$

$$R = 30 \text{ 即} \gg 1 \quad \therefore R_S \approx \frac{1}{1-\chi} = \frac{1}{1-\frac{Q_{1max}}{Q_{max}}} = \frac{Q_{max}}{Q_2} \qquad (6\text{-}4\text{-}26)$$

由上式可知，调节阀在并联管道时的实际可调比近似为总管最大流量与旁路流量的比值。随着 χ 值的减小，实际可调比迅速降低（图 6-4-11），它比串联管道时的情况更为严重。因此在使用中应尽量避免打开旁路，一般认为旁路流量最多只能是总流量的百分之十几，χ 值不宜低于 0.8。

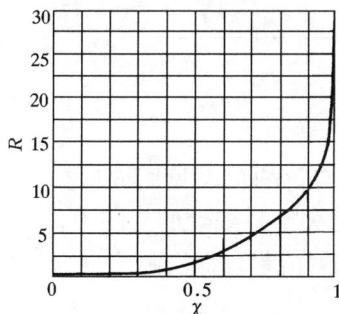

图 6-4-11 并联管道时的实际可调比（$R=30$）

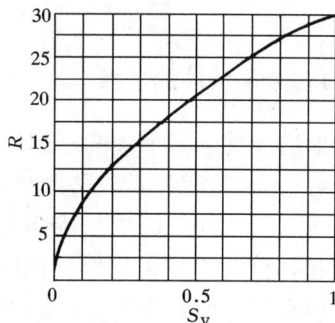

5. 三通调节阀的工作流量特性

三通调节阀当每一分路中存在压力降（如管道、设备、阀门），其工作流量特性与直通调节阀串联管道时一样。一般希望三通调节阀在工作过程中流过三通阀的总流量不变，三通调节阀仅起流量分配的作用。在实际使用中，三通调节阀上的压降比管路系统总压降来说也比较小。所以总流量基本上取决于管路系统的阻力，而三通调节阀动作的影响很小。因而一般情况下可以认为总流量是基本不变的。关于三通调节阀的进一步讨论本书不再详述。

6.5　调 节 阀 的 匹 配

6.5.1　流量特性的选择

　　如前所述，调节阀的理想流量特性有直线、等百分比、快开和抛物线四种。抛物线的流量特性介于直线与等百分比特性之间，对于直通调节阀，常用等百分比流量特性来代替抛物线流量特性，而快开特性主要用于双位调节中，因此，对直通调节阀，通常考虑选择直线和等百分比流量特性。同时，选择流量特性时，要考虑调节阀所在的管路系统的条件，通常要考虑以下几方面的因素。

　　1. 调节系统的特性

　　调节阀是用于调节流量的。在很多场合，调节流量只是一个手段，最终目的是通过流量的调节，来控制热交换器的换热量。如图 6-5-1 所示，是室温自动控制系统的原理图，通过改变调节阀的开度，来改变通过热交换器的流量，进而改变热交换器的换热量，达到稳定室内设定温度的目的。可见，调节阀是整个调节系统的一个环节。对整个控制系统而言，希望保持系统的总放大系数为一个常数，使输入量和输出量呈线性关系，从而获得较好的调节质量。这个系统中，总放大系数等于各个环节的放大系数的乘积。在一定范围内，可认为调节器、传感器、执行器及房间的放大系数不变，则希望系统的调节阀和热交换器的综合放大系数保持常数，即热交换器的换热量的相对变化与阀门相对开度的变化呈线性关系。这样，选择调节阀的流量特性时，就必须结合热交换器的换热量随流量变化的特性（称为热交换器的静特性）一起考虑，比只考虑流量的变化多了一个环节。下面以暖通空调中常用的以蒸汽为加热介质的空气加热器和以水为冷却（加热）介质的水—空气表面式换热器为例加以分析。

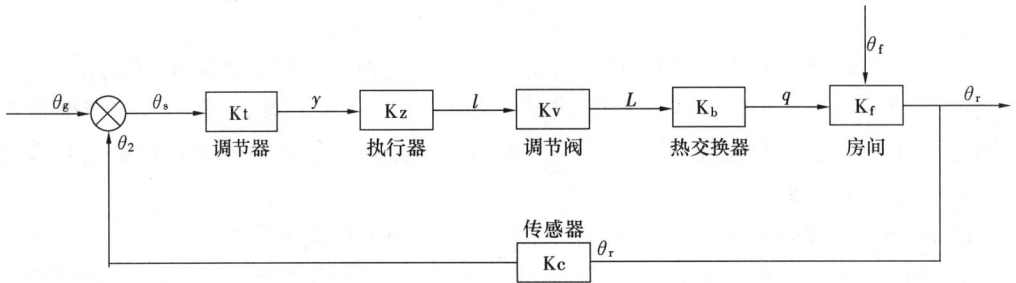

图 6-5-1　室温自动控制系统原理图

　　以蒸汽为加热介质的空气加热器的换热量随蒸汽流量变化的关系见图 6-5-2。可见，以蒸汽为加热介质的空气加热器的换热量随蒸汽流量变化的关系是线性的。图中，q 表示相对换热量，即实际换热量与最大换热量的比值，L 表示相对流量，即实际流量与最大流量的比值。

　　图 6-5-3 是水—空气表面式换热器（热水—空气加热器）的换热量随水流量的变化关系示意图。表冷器的静特性与此相似。

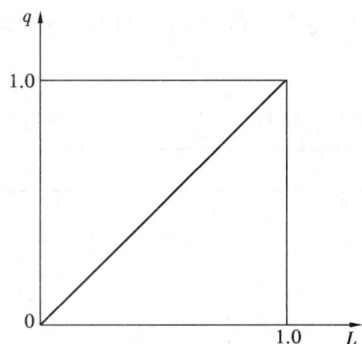

图 6-5-2 蒸汽—空气加热器静特性

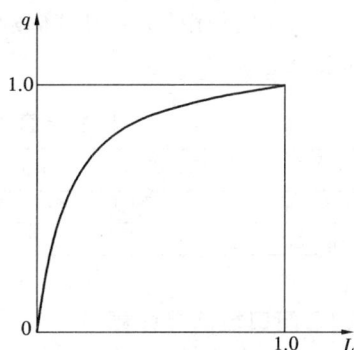

图 6-5-3 热水—空气加热器静特性

当热交换器的静特性为直线时，应选择工作流量特性为直线特性的调节阀。

当热交换器的静特性如图 6-5-3 所示时，应选择工作流量特性为等百分比特性的调节阀。图 6-5-4 所示是调节阀工作流量特性与热交换器静特性的综合。图中，曲线 a 为直通调节阀的工作流量特性，其横坐标为 $\dfrac{l}{l_{\max}}$，纵坐标为相对流量 L；曲线 b 为热交换器的静特性，其横坐标为相对流量 L，纵坐标为相对换热量 q。曲线 c 是曲线 a 和 b 的综合，其横坐标为阀门的相对开度，纵坐标为热交换器的相对换热量，反映了热交换器的相对换热量随阀门相对开度的变化关系。为确定曲线上的点 4，先由曲线 a 上的点 1 作平行于横轴的直线交对角线上的点 2，点 2 的 L 横坐标值等于点 1 的相对流量；再通过点 2 作平行于纵轴的直线交曲线 b 于点 3；最后，过点 3 作平行于横轴的直线、过点 1 作平行于纵轴的直线，交点即为曲线 c 上的点 4。从综合后的曲线 c 可以看出，热交换器的相对换热量随阀门相对开度的变化关系近似为线性。

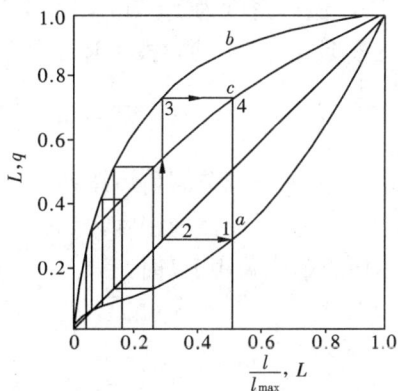

图 6-5-4 调节阀流量特性与热交换器静特性的综合

2. 确定阀权度

使用于液体介质中的调节阀的工作流量特性，由于阀权度 S_V 值的不同，工作流量特性也不同，所以在选择调节阀特性时必须结合调节阀与管网的连接情况来考虑。如前所述，理想流量特性为直线特性的调节阀，当 $S_V < 0.3$ 时，其工作流量特性曲线严重畸变，偏离理想流量特性，而近似快开特性。而对于等百分比流量特性，当 $S_V < 0.3$ 后，其工作流量特性虽然也严重偏离理想特性而变成近似直线特性，仍然有较好的调节作用，但此时可调范围已显著减小，因此一般不希望 $S_V < 0.3$。在实际工程中，可以根据表 6-5-1 来选择直通调节阀的理想流量特性。

对于 S_V 值的确定，一方面从经济观点出发，希望调节阀全开时的压降尽可能小一些，这样可以减小管网压力损失，节省运行能耗。另一方面从工作特性分析，必须使调节阀压降在系统压降中占有一定的比例，才能保证调节阀具有较好的调节性能。一般在设计中 $S_V = 0.3 \sim 0.5$ 是较合适的。

对于气体介质，由于系统压降较小，尤其在高压系统中，调节阀占有较大的压降，容易做到 $S_V > 0.5$。

S_V 值与直通调节阀的理想流量特性选择　　　　　　　　　　表 6-5-1

S_V	0.6~1		0.3~0.6		<0.3
工作流量特性	直线	等百分比	直 线	等百分比	不适宜调节
理想流量特性	直线	等百分比	等百分比	等百分比	不适宜调节

6.5.2 调节阀口径选择计算

1. 流通能力计算

目前国产调节阀的流通能力的计算条件和单位如下：当调节阀全开，阀两端压差为 10^5Pa，流体密度为 1g/cm³，每小时流经调节阀的流量数，流量单位为 m³/h。

根据式（6-4-1），按上述条件代入整理后得：

$$Q = 5.09 \frac{F}{\sqrt{\xi}} \sqrt{\frac{\Delta P}{\rho}} = C \sqrt{\frac{\Delta P}{\rho}} \qquad (\text{m}^3/\text{h}) \qquad (6\text{-}5\text{-}1)$$

式中　ΔP——调节阀前后压差，10^5Pa；

　　　ρ——流体的密度，g/cm³。

当 ΔP 的单位采用 Pa 时，式（6-5-1）可写成：

$$Q = \frac{C}{316} \sqrt{\frac{\Delta P}{\rho}}$$

即：

$$C = \frac{316Q}{\sqrt{\frac{\Delta P}{\rho}}} \qquad (6\text{-}5\text{-}2)$$

此式是计算 C 值的基本公式，式中 ΔP 以 Pa 为单位，ρ 以 g/cm³ 为单位。

（1）一般液体调节阀的 C 值计算

液体调节阀的流通能力用式（6-5-3）或式（6-5-4）计算：

$$C = \frac{316Q}{\sqrt{\frac{P_1 - P_2}{\rho}}} = \frac{316Q}{\sqrt{\frac{\Delta P}{\rho}}} \qquad (6\text{-}5\text{-}3)$$

或：

$$C = \frac{316G}{\sqrt{(P_1 - P_2)/\rho}} \qquad (6\text{-}5\text{-}4)$$

式中　Q——体积流量，m³/h；

　　　G——质量流量，t/h；

P_1、P_2——阀前、后压力，Pa；

　　　ρ——液体密度，g/cm³。

【例 6-5】　$Q = 18$m³/h，$\rho = 1$g/cm³，$P_1 = 2.5 \times 10^5$Pa，$P_2 = 1.5 \times 10^5$Pa，求 C 值。

【解】　根据式（6-5-4）可得

$$C = \frac{316Q}{\sqrt{\dfrac{P_1 - P_2}{\rho}}} = \frac{316 \times 18}{\sqrt{\dfrac{(2.5 - 1.5) \times 10^5}{1}}} = 18$$

由于液体密度出现在计算公式的根号中，因此液体的密度如变化 20%，C 值改变 10%。如果实际密度知道不确切，合理假设就可以了。例如用密度值 0.9 代替 0.8，将导致 C 值的误差小于 5%。水在常压 5℃ 时的密度是 1g/cm^3，代替 100℃ 时的密度 0.958g/cm^3，导致 C 值的计算误差小于 2.1%。因而在实际计算中，仅当水的温度超过 100℃ 时，才要求采用工作状态下的密度和流量。

（2）气体的 C 值计算

关于气体 C 值计算方法，目前有阀前密度法、阀后密度法、平均密度法和压缩系数法四种。由于调节阀阻力使阀后压力降低，气体密度发生变化，影响其体积流量，所以这里着重介绍并推荐阀后密度法。

阀后密度法认为流过调节阀的气体在阀出口断面上的体积流量为

$$Q_2 = \frac{F}{\sqrt{\xi}}\sqrt{\frac{2\Delta P}{\rho_2}} \tag{6-5-5}$$

而质量流量为

$$G = \rho_2 Q_2 = \frac{F}{\sqrt{\xi}}\sqrt{2\rho_2\Delta P} \tag{6-5-6}$$

式中　F——调节阀接管截面积，cm^2；

　　　ρ_2——调节阀出口断面上的气体密度，$1\text{kg/m}^3 = 10^{-6}\text{kg/cm}^3$；

　　　ΔP——阀前后压差，$1\text{Pa} = 10^{-2}\text{kg/}(\text{s}^2 \cdot \text{cm})$。

把采用的单位代入式（6-5-6）得

$$G = \frac{F}{\sqrt{\xi}}\sqrt{\rho_2\Delta P}\sqrt{2 \times 10^{-6} \times 10^{-2}}\,(\text{kg/s}) = \frac{F}{\sqrt{\xi}}\sqrt{\rho_2\Delta P}\sqrt{2 \times 10^{-8}} \times 3600\,(\text{kg/h})$$

$$= \frac{F}{\sqrt{\xi}\,1.9642}\sqrt{\rho_2\Delta P}\quad(\text{kg/h})$$

即

$$\frac{F}{\sqrt{\xi}} = \frac{1.9642G}{\sqrt{\rho_2\Delta P}} \tag{6-5-7}$$

如前所述，流通能力 C 为

$$C = 5.09\frac{F}{\sqrt{\xi}} = 5.09 \times \frac{1.9642G}{\sqrt{\rho_2\Delta P}} = \frac{10G}{\sqrt{\rho_2\Delta P}} \tag{6-5-8}$$

如果把上式中在操作状态下阀后的气体密度 ρ_2（kg/m^3）换算成标准状态（0℃，101324.72Pa 的气体密度 ρ_N（kg/Nm^3），即

$$\rho_2 = \rho_\text{N}\frac{T_\text{N}P_2}{T_2 P_\text{N}} \tag{6-5-9}$$

式中　ρ_N——密度，kg/Nm^3（在 0℃，101324.72Pa 状态下 1m^3 气体的质量）；

　　　T_N——标准温度，$T_\text{N} = 273\text{K}$；

　　　P_N——标准大气压力，$P_\text{N} = 101324.72\text{Pa}$；

　　　T_2——调节阀后的气体温度，$T_2 = (273 + t)\text{K}$（t 是操作温度℃）。

把采用的单位代入式（6-5-9）得

$$\rho_2 = \rho_N \frac{273 \times P_2}{(273+t) \times 101324.72} \tag{6-5-10}$$

以 ρ_2 代入式（6-5-8）得

$$C = \frac{10G}{\sqrt{\rho_N \dfrac{273 \times P_2}{(273+t) \times 101324.72} \times \Delta P}}$$

$$= \frac{193G}{\sqrt{\dfrac{\rho_N P_2 \Delta P}{273+t}}} = 193G\sqrt{\frac{273+t}{\rho_N P_2 \Delta P}} \tag{6-5-11}$$

上式只适用于 $P_2 > P_1/2$ 的情况。当气体处于超临界流动状态时，不管阀后气体压力 P_2 多小，阀出口截面上的气体压力 P_2' 保持不变，$P_2' = P_{2kp} \approx P_1/2$，阀出口截面上的气体密度 $\rho_2' = \rho_{2kp}$ 也保持不变，故 C 值按下式计算

$$C = \frac{10G}{\sqrt{\rho_{2kP}(P_1 - P_{2kp})}} \approx \frac{10G}{\sqrt{\rho_{2kp}\left(P_1 - \dfrac{p_1}{2}\right)}} = \frac{14.14G}{\sqrt{\rho_{2kp}P_1}} \tag{6-5-12}$$

如用 ρ_N 和 P_1 来计算 C 值，则有：

$$C = 193G\sqrt{\frac{273+t}{\rho_N \times \dfrac{P_1}{2} \times \dfrac{P_1}{2}}} = \frac{386G}{P_1}\sqrt{\frac{273+t}{\rho_N}} \tag{6-5-13}$$

【例 6-6】 空气的质量流量 $G = 50427\text{kg/h}$，$P_1 = 34.8 \times 10^5\text{Pa}$，$P_2 = 34.5 \times 10^5\text{Pa}$，$\rho_N = 1.293\text{kg/Nm}^3$，$t = 165℃$，求 C 值。

【解】 $\Delta P = P_1 - P_2 = (34.8 - 34.5) \times 10^5 = 0.3 \times 10^5\text{Pa}$

∵ $$\Delta P/P_1 < 0.5$$

故 $$C = 193G\sqrt{\frac{273+t}{\rho_N \times P_2 \times \Delta P}} = 193 \times 50427\sqrt{\frac{273+165}{1.293 \times 34.5 \times 10^5 \times 0.3 \times 10^5}} = 556.8$$

【例 6-7】 空气的质量流量 $G = 19760\text{kg/h}$，$\Delta P = 35 \times 10^5\text{Pa}$，$t = 104℃$，$\rho_N = 1.293\text{kg/Nm}^3$，$P_1 = 42.4 \times 10^5\text{Pa}$，求 C 值。

【解】∵ $\Delta P/P_1 > 0.5$，可按式（6-5-13）计算：

$$C = \frac{386G}{P_1}\sqrt{\frac{273+t}{\rho_N}} = \frac{386 \times 19760}{42.4 \times 10^5}\sqrt{\frac{273+104}{1.293}} = 30.7$$

（3）蒸汽的 C 值计算

蒸汽与空气一样，也要考虑被压缩后所引起的密度变化。关于蒸汽 C 值的计算方法，也有阀前密度法，阀后密度法、平均密度法和压缩系数法四种。由于蒸汽 C 值计算的阀后密度法较压缩系数法的相对误差更小，所以本书只介绍阀后密度法。

当 $P_2 > 0.5P_1$ 时，蒸汽调节阀流通能力的计算公式为

$$C = \frac{10G_D}{\sqrt{\rho_2(P_1 - P_2)}} \tag{6-5-14}$$

式中 G_D——蒸汽流量，kg/h；

P_1——阀前蒸汽绝对压力，Pa；

P_2——阀后蒸汽绝对压力，Pa；

ρ_2——阀后蒸汽的密度，kg/m^3，根据阀后压力和温度在蒸汽密度表中查取，近似地按阀后温度等于阀前温度来计算。

当 $P_2/P_1 < 0.5$ 时，蒸汽处于超临界流动状态，不管阀后蒸汽压力 P_2 多小，阀出口截面上的蒸汽绝对压力 P_2' 保持不变，$P_2' = P_{2kp} = P_1/2$，阀出口截面上的蒸汽密度 $\rho_2' = \rho_{2kp}$ 也保持不变，故 C 值按式（6-5-15）计算

$$C = \frac{10G_D}{\sqrt{\rho_{2kp}(P_1 - P_{2kp})}} = \frac{10G_D}{\sqrt{\rho_{2kp}\left(P_1 - \frac{P_1}{2}\right)}} = \frac{14.14G_D}{\sqrt{\rho_{2kp}P_1}} \qquad (6\text{-}5\text{-}15)$$

式中　ρ_{2kp}——阀出口截面上的蒸汽密度，kg/m^3，根据 $P_{2kp} = P_1/2$ 和蒸汽温度查蒸汽性质表求得。

【例 6-8】 饱和蒸汽流量 $G_D = 350kg/h$，阀前蒸汽绝对压力 $P_1 = 2.5 \times 10^5 Pa$，阀后蒸汽绝对压力 $P_2 = 1.5 \times 10^5 Pa$，求 C 值。

【解】 当饱和蒸汽绝对压力 $P_1 = 2.5 \times 10^5 Pa$ 时，查蒸汽性质表得饱和温度 $\theta_1 = 127℃$。

设饱和蒸汽流过调节阀后的温度仍为 $127℃$，即 $\theta_2 = 127℃$，而压力降至 $P_2 = 1.5 \times 10^5 Pa$，则阀后蒸汽密度查表得 $\rho_2 = 0.81kg/m^3$。

$$\frac{P_2}{P_1} = \frac{1.5 \times 10^5}{2.5 \times 10^5} = 0.6 > 0.5$$

∴ 根据式（6-5-14）得

$$C = \frac{10G_D}{\sqrt{\rho_2(P_1 - P_2)}} = \frac{10 \times 350}{\sqrt{0.81 \times (2.5 - 1.5) \times 10^5}} = 12.3$$

【例 6-9】 饱和蒸汽流量 $G_D = 515kg/h$，绝对压力 $P_1 = 5 \times 10^5 Pa$，$P_2 = 2 \times 10^5 Pa$，求 C 值。

【解】 当 $P_1 = 5 \times 10^5 Pa$ 时，查得饱和温度 $\theta_1 = 151℃$。由于 $P_2 = 2 \times 10^5 Pa$，$\beta = P_2/P_1 = 0.4 < 0.5$，应按式（6-5-15）计算 C 值。当 $\theta_2 = 151℃$ 时，$\rho_{2kp} = 1.279kg/m^3$（这里按 $P_{2kp} = 2.5 \times 10^5 Pa$ 来查，不应按 $P_2 = 2 \times 10^5 Pa$ 来查，因为当 $\beta < 0.5$ 时，调节阀出口截面上的压力始终保持等于 $P_1/2$，而不能比 $P_1/2$ 还小。

根据式（6-5-15）得

$$C = \frac{14.14G_D}{\sqrt{\rho_{2kp}P_1}} = \frac{14.14 \times 515}{\sqrt{1.279 \times 5 \times 10^5}} = 9.1$$

对于过热蒸汽，C 值的计算公式是相同的，但需给出阀前过热蒸汽的压力 P_1 和温度 θ_1 以及阀后的压力。

【例 6-10】 过热蒸汽流量 $G_D = 405kg/h$，$P_1 = 5.6 \times 10^5 Pa$，$\theta_1 = 200℃$（过热 $52℃$），$P_2 = 2.8 \times 10^5 Pa$，求 C 值。

【解】 当 $P_2 = 2.8 \times 10^5 Pa$（$P_2 = P_1/2$），$\theta_2 = 200℃$ 时，$\rho_{2kp} = 1.276kg/m^3$，根据公式（6-5-15）得

$$C = \frac{14.14G_D}{\sqrt{\rho_{2kp}P_1}} = \frac{14.14 \times 405}{\sqrt{1.276 \times 5.6 \times 10^5}} = 6.77$$

2. 调节阀口径选择

调节阀口径即调节阀的公称直径。一般情况下，某种类型的调节阀，一个公称管径对应一个流通能力。表 6-5-2 是 VN 型直通双座调节阀的参数表。根据调节阀的流量和两端的压差，计算要求的调节阀流通能力 C，选择调节阀的口径（阀门的流通能力大于且接近要求的流通能力），是调节阀口径选择的一般方法。

VN 型直通双座调节阀的参数表　　表 6-5-2

公称直径 D_g (mm)	阀座直径 d_0 (mm)		流通能力 C	最大行程 L (mm)	薄膜有效面积 A_e (cm²)	流量特性	公称压力 P_g (MPa)	允许压差 (MPa)	工作温度 t (℃)
	下阀座	上阀座							
25 32	24 30	26 32	10 16	16	280	直线、等百分比	1.6、4.0、6.4	≥1.7	普通型 −20～200 （铸铁） 散热型 −40～450 （铸钢） −60～450 （铸不锈钢） 长颈型 −250～−60
40 50	38 48	40 50	25 40	25	400				
65 80 100	64 78 98	66 80 100	63 100 160	40	630				
125 150 200	123 148 198	125 150 200	250 400 630	60	1000				
250 300	247 297	250 300	1000 1600	100	1600				

【例 6-11】 有一台直通双座调节阀，根据工艺要求，其最大流量是 65m³/h，最小压差是 0.5×10^5Pa；其最小流量是 13m³/h，最大压差是 0.975×10^5Pa，阀门为直线流量特性，$S_V=0.5$，被调介质为水，试选择阀门口径。

【解】（1）计算要求的阀门流通能力

$$C=\frac{316Q}{\sqrt{\dfrac{\Delta P}{\rho}}}=316\times65\times\sqrt{\frac{1}{0.5\times10^5}}=92$$

（2）根据 $C=92$，查直通双座调节阀产品参数表（表 6-5-2），选择调节阀公称直径为 80mm，阀门流通能力为 100。

6.5.3　调节阀开度和可调比验算

1. 开度验算

调节阀工作时，一般希望它的最大开度在 90% 左右。最大开度选小了，会使实际可调比下降，说明这时阀门口径选得偏大，不但影响调节性能，而且也是不经济的。如 $R=30$ 的等百分比流量特性调节阀，当最大开度为 80% 时，其实际流通能力仅为该阀流通能力的 50%，可调比也下降为 15。

最小流量时一般希望它的最小开度不小于 10%，因为小开度时流体对阀芯、阀座的冲蚀较为严重，容易损坏阀芯而使流量特性变坏，严重的甚至使调节阀失灵。

将式（6-4-16）变换后，可得：

$$f\left(\frac{l}{l_{max}}\right)=\sqrt{\frac{S_V}{\left(\frac{Q_{100}}{Q}\right)^2+S_V-1}}$$

$Q_{100}=\frac{1}{316}C\sqrt{\frac{\Delta P}{\rho}}$，当流过调节阀的流量 $Q=Q_i$ 时，有：

$$f\left(\frac{l}{l_{max}}\right)=\sqrt{\frac{S_V}{\frac{C^2\Delta P/\rho}{10^5 Q_i^2}+S_V-1}} \tag{6-5-16}$$

式中 ΔP——调节阀全开时的压差，Pa；

C——所选调节阀的流通能力；

ρ——介质密度，g/cm³；

Q_i——被验算开度处阀的流量，m³/h。

对于理想直线流量特性的调节阀，当 $R=30$ 时，

$$f\left(\frac{l}{l_{max}}\right)=\frac{Q}{Q_{max}}=\frac{1}{30}\left[1+(30-1)\frac{l}{l_{max}}\right]=\frac{1}{30}+\frac{29}{30}\frac{l}{l_{max}} \tag{6-5-17}$$

对于理想等百分比特性的调节阀，当 $R=30$ 时，

$$f\left(\frac{l}{l_{max}}\right)=\frac{Q}{Q_{max}}=30^{\frac{l}{l_{max}}-1} \tag{6-5-18}$$

把式（6-5-17）、式（6-5-18）分别代入式（6-5-16）后可得调节阀的开度验算公式为：

直线流量特性调节阀：

$$K=\left[1.03\times\sqrt{\frac{S_V}{\frac{C^2\Delta P/\rho}{10^5 Q_i^2}+S_V-1}}-0.03\right]\times100\% \tag{6-5-19}$$

等百分比流量特性调节阀：

$$K=\left[\frac{1}{1.48}\lg\sqrt{\frac{S_V}{\frac{C^2\Delta P/\rho}{10^5 Q_i^2}+S_V-1}}+1\right]\times100\% \tag{6-5-20}$$

式中 K——流量 Q_i 处的阀门开度。

2. 可调比验算

国产调节阀的理想可调比 $R=30$，但实际上，由于受流量特性变化、最大开度和最小开度的限制，以及选用调节阀口径时的取整放大，使 R 减小，一般只能达到 10 左右。因此在验算可调比时，一般按 $R=10$ 进行。由式（6-4-22）可知当调节阀有串联管道时，实际可调比近似为：

$$R_S=R\sqrt{S_V}$$

将 $R=10$ 代入上式可得可调比的验算公式为：

$$R_S=10\sqrt{S_V} \tag{6-5-21}$$

由上式可知，当 $S_V\geqslant0.3$ 时，$R_S\geqslant5.5$，说明调节阀实际可调的最大流量大于等于最小可调流量的 5.5 倍，实际工程中，一般这一比值大于 3 已能满足要求，因此，当 $S_V\geqslant0.3$ 时，调节阀的可调比一般可不作验算。

【例 6-12】 验算例 6-11 所选阀门的开度和可调比。

【解】　（1）开度验算

最大流量时阀门的开度

$$K_{\max} = \left[1.03 \times \sqrt{\dfrac{S_V}{\dfrac{C^2 \Delta P_{\min}/\rho}{10^5 Q_i^2} + S_V - 1}} - 0.03 \right] \times 100\%$$

$$= \left[1.03 \times \sqrt{\dfrac{0.5}{\dfrac{100^2 \times 0.5 \times 10^5/1}{10^5 \times 65^2} + 0.5 - 1}} - 0.03 \right] \times 100\%$$

$$= 85.1\%$$

最小流量时阀门的开度

$$K_{\min} = \left[1.03 \times \sqrt{\dfrac{S_V}{\dfrac{C^2 \Delta P_{\min}/\rho}{10^5 Q_i^2} + S_V - 1}} - 0.03 \right] \times 100\%$$

$$= \left[1.03 \times \sqrt{\dfrac{0.5}{\dfrac{100^2 \times 0.5 \times 10^5/1}{10^5 \times 13^2} + 0.5 - 1}} - 0.03 \right] \times 100\%$$

$$= 10.5\%$$

$K_{\max} < 90\%$，$K_{\min} > 10\%$，满足要求。

（2）验算可调比

$R_S = 10\sqrt{S_V} = 10\sqrt{0.5} = 7$；最大流量与最小流量之比为 $65/13 = 5$，可见，可调比满足要求。

以上是直通调节阀的选择方法。与此相似，三通调节阀选择时也需要经历确定阀门的流量特性、阀权度、计算阀门口径等几个步骤。其中，阀权度是三通调节阀选择的关键。它影响工作流量特性、实际可调范围，影响总流量的波动。具体选择方法可参见有关专著。

思 考 题 与 习 题

6-1　什么是管网特性曲线？管网特性曲线与管网的阻力特性有何区别与联系？

6-2　广义管网特性曲线与狭义管网特性曲线有何区别？

6-3　分析影响管网特性曲线的因素。

6-4　什么是系统效应？如何减小系统效应？

6-5　什么是管网系统中泵（风机）的工况点？如何求取工况点？

6-6　什么是泵或风机的稳定工作区？如何才能让泵或风机在稳定工作区工作？

6-7　试解释喘振现象及其防治措施。

6-8　试解释水泵的气蚀现象及产生气蚀的原因。

6-9　为什么要考虑水泵的安装高度？什么情况下，必须使泵装设在吸水池水面以下？

6-10　允许吸上真空高度和气蚀余量有何区别与联系？

6-11　在实际工程中，是在设计流量下计算出管网阻力，此时如何确定管网特性曲线？

6-12 两台水泵（或风机）联合运行时，每台水泵（或风机）功率如何确定？

6-13 《民用建筑供暖通风与空气调节设计规范》GB 50736 – 2012 第 6.5.3 条规定，"通风机输送非标准状态空气时，应对其电动机的轴功率进行验算"。为什么？请思考：这种情况下，可否采用实际的体积风量并用标准状态下的图表计算出管网系统的压力损失值，并按一般通风机性能样本选择通风机？

6-14 什么是泵（或风机）的相似工况点？

6-15 有人说："当管网中的泵（或风机）采用调节转速的方法进行流量调节时，按照相似律，流量变化与转速变化成正比，扬程（全压）变化与转速变化的平方成正比，功率变化与转速变化的三次方成正比。"这种说法对吗？为什么？

6-16 什么是调节阀的工作流量特性？在串联管路中，怎样才能使调节阀的工作流量特性接近理想流量特性？

6-17 对于有串联管路的调节阀，阀权度对其性能有何影响？阀权度越大越好，这种说法是否正确？

6-18 选择直通调节阀的流量特性应考虑哪些因素？

6-19 试分析阀门流通能力的物理意义。阀门的流通能力与其两端的压差有关吗？

6-20 某管网中，安装有两台 12sh-6B 型水泵，单台性能参数如下表所示：

参数序号	1	2	3
Q（m^3/h）	540	720	900
H（m）	72	67	57
N（kW）	151	180	200

当管网只开启其中的一台水泵时，输出流量是 $720m^3/h$，扬程是 67m，$H_{st}=0$。

（1）不改变管网，两台水泵并联运行，求解此时管网的总工作流量；每台水泵的工况点（工作流量、扬程）。

（2）不改变管网，两台水泵串联运行，求解此时的水泵联合运行曲线、串联运行的工况点（水泵联合运行的总流量与总扬程）；每台水泵的工作流量、扬程。

6-21 已知某水泵的性能曲线用如下多项式表示：

$H = A_1 \cdot Q^2 + A_2 \cdot Q + A_3,(Q_{min} < Q < Q_{max})$，其中，$A_1$、$A_2$、$A_3$ 为已知数值的系数。求：

（1）这样的两台水泵并联及串联时联合工作性能曲线的数学表达式；

（2）利用你的（1）中的结论，求题 6-20 中两台 12sh-6B 型水泵的单台工作、两台并联工作、两台串联工作时的性能曲线和工况点。

6-22 水泵轴线标高 130m，吸水面标高 126m，出水池液面标高 170m，吸入管段阻力 0.81m，压出管段阻力 1.91m。试求泵所需的扬程。

6-23 如习题图 6-1 所示的泵装置从低水箱抽送重度 = $980kgf/m^3$ 的液体，已知条件如下：$x=0.1m$，$y=0.35m$，$z=0.1m$，M_1 读

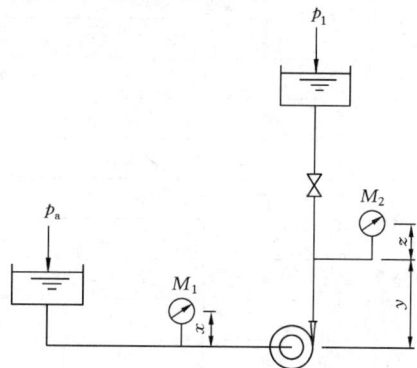

习题图 6-1

数为 $1.24kgf/cm^2$，M_2 读数为 $10.24kgf/cm^2$，$Q=0.025 m^3/s$，$\eta=0.80$。试求此泵所需的轴功率为多少？（注：该装置中两压力表高差为 $y+z-x$）

6-24　有一水泵装置的已知条件如下：$Q=0.12m^3/s$，吸入管径 $D=0.25m$，水温为 $40℃$（重度 $\gamma=992kgf/m^3$），$[H_s]=5m$，吸水面标高 $102m$，水面为大气压。吸入管段阻力为 $0.79m$。试求：泵轴的标高最高为多少？如此泵装在昆明地区，海拔高度为 $1800m$，泵的安装位置标高应为多少？设此泵输送水温不变，地区海拔仍为 $102m$，但系一凝结水泵，制造厂提供的临界气蚀余量为 $\Delta h_{min}=1.9m$，冷凝水箱内压强为 $0.09kgf/cm^2$。泵的安装位置有何限制？

6-25　一台水泵装置的已知条件如下：$Q=0.88 m^3/s$，吸入管径 $D=0.6m$，当地大气压力近似为 1 个标准大气压力，输送 $20℃$ 清水。泵的允许吸上真空高度为 $[H_s]=3.5m$，吸入段的阻力为 $0.4m$。求：该水泵在当地输送清水时的最大安装高度。若实际安装高度超过此最大安装高度时，该泵能否正常工作？为什么？

6-26　某工厂通风管网要求输送空气 $1m^3/s$，计算总阻力损失 $3677.5Pa$，试用为其选择风机，并确定配用电机的功率。

6-27　某工厂集中式空气调节装置要求 $Q=26700m^3/h$，$P=980.7Pa$，试根据无因次性能曲线图选用高效率 4-72-11 型离心式风机一台。再以性能表检验所选风机是否适当？

6-28　某空气调节工程的闭式冷冻水管网设计流量是 $900t/h$，水温 $7\sim12℃$，供水管路布置后经计算管网总压力损失为 $26mH_2O$，建筑物高约 $20m$，水泵安装在底层，试为该管网选配水泵。

6-29　确定某蒸汽管路 VP 型单座直通调节阀的口径。阀前蒸汽绝对压力为 4×10^5Pa，回水绝对压力为 1×10^5Pa，所需最大加热功率为 $174.16kW$。

6-30　为某空调机组表冷器的冷水管路选择 VP 型单座直通调节阀，并进行开度和可调比验算。支路的压差为 $5mH_2O$，最大水流量为 $10m^3/h$，最小水量为 $3m^3/h$。VP 型单座直通调节阀的主要参数见下表。

VP 型单座直通调节阀主要参数表

公称直径 (mm)	阀座直径 (mm)	流通能力 C	最大行程 (mm)	流量特性	公称压力 (MPa)	允许压差 (MPa)	工作温度 (℃)
20	10 12 15 20	1.2 2 3.2 5	10	直线、等百分比	1.6 4.0 6.4	≥1.35	普通型： $-20\sim200$ （铸铁） 散热型： $-40\sim450$ （铸钢） $-60\sim450$ （铸不锈钢） 长颈型： $-250\sim60$
25	26	8	16			0.8	
32	32	12	16			0.55	
40	40	20	25			0.5	
50	50	32	25			0.3	
65	66	50	40			0.3	
80	80	80	40			0.2	
100	100	120	40			0.12	
125	125	200	60			0.12	
150	150	280	60			0.08	
200	200	450	60			0.05	

第 7 章　枝状管网水力工况分析与调节

管网的水力工况是指管网流量和压力的分布状况。这两个参数之间有着紧密的联系。在管网中，一方面，流量的大小影响每个管段压力损失和管网的压力分布状况；另一方面，管网的压力分布可以反映流体的流动规律，决定管网中的流量分配。另外，在管网运行时，不仅对流量分配有定量的要求，还要求流体的压力在合适的范围内，否则可能发生故障而影响管网的正常运行。因此，在设计和运行时，对管网的水力工况进行分析具有重要的意义。本章主要讲述枝状管网水力工况分析的原理和调节方法。

7.1　管网系统压力分布图

7.1.1　管流能量方程及压头表达式

1. 液体管流能量方程及压头表达式

在液体管网中取任一管段（图 7-1-1），以 0-0 为基准线，在管段的 1、2 两断面间列能量方程，用水头高度的形式表示为：

$$Z_1 + \frac{P_1}{\rho g} + \frac{v_1^2}{2g} = Z_2 + \frac{P_2}{\rho g} + \frac{v_2^2}{2g} + \Delta H_{1\sim2} \quad (\text{mH}_2\text{O}) \tag{7-1-1}$$

式中　Z_1、Z_2——流体在 1、2 点相对于基准面的位置标高，这里称为位置水头；

$\dfrac{P_1}{\rho g}$、$\dfrac{P_2}{\rho g}$——1、2 点的压强水头；

$\dfrac{v_1^2}{2g}$、$\dfrac{v_2^2}{2g}$——1、2 点的流速水头；

v_1、v_2——断面 1、2 的流体平均速度，m/s；

ρ——流体密度，kg/m³；

g——重力加速度；

$\Delta H_{1\sim2}$——流体经管段 1~2 的水头损失，mH₂O。

由流体力学可知：位置水头、压强水头与流速水头之和即 $Z + \dfrac{P}{\rho g} + \dfrac{v^2}{2g}$ 称为总水头，位置水头与压强水头之和即 $Z + \dfrac{P}{\rho g}$ 称为测压管水头。当 1、2 两断面之间没有动力装置时，两断面之间的水头损失等于总水头之差：

$$\Delta H_{1\sim2} = \left(Z_1 + \frac{P_1}{\rho g} + \frac{v_1^2}{2g} \right) - \left(Z_2 + \frac{P_2}{\rho g} + \frac{v_2^2}{2g} \right) \tag{7-1-2}$$

图 7-1-1 中，线 CD 为测压管水头线。管道中任意点的测压管水头高度，就是该点距基准面 0-0 的位置高度 Z 与该点的测压管水柱高度 P/ρg 之和（或称位置水头与压强水

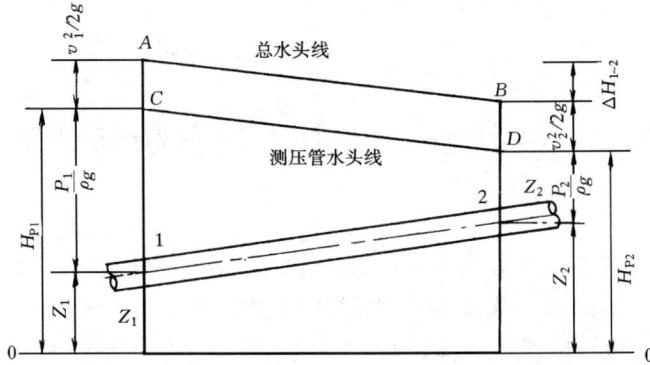

图 7-1-1　液体管流能量分布示意图

之和）。要注意区分测压管水头高度与测压管水柱高度。

2. 气体管流能量方程及压力表达式

式（3-1-1）是气体管路的能量方程，在此写成：

$$P_{j1} + \frac{\rho v_1^2}{2} + g(\rho_a - \rho)(Z_2 - Z_1) = P_{j2} + \frac{\rho v_2^2}{2} + \Delta P_{1 \sim 2}$$

如果位压即重力作用可以忽略，则管流能量方程可写成：

$$P_{j1} + \frac{\rho v_1^2}{2} = P_{j2} + \frac{\rho v_2^2}{2} + \Delta P_{1 \sim 2}$$

式中　P_{j1}、P_{j2}——断面 1、2 的静压；

　　　$\dfrac{\rho v_1^2}{2}$、$\dfrac{\rho v_2^2}{2}$——断面 1、2 的动压；

　　　$\Delta P_{1 \sim 2}$——断面 1、2 之间的压力损失。

同一断面静压与动压之和称为全压 $P_q = P_j + P_d$。显然，当两断面之间没有动力装置时，全压差等于 $\Delta P_{1 \sim 2}$。全压是静压和动压之和，在某一管流断面，全压一定时，如静压增长，则动压必等量减少；反之，静压减少，动压必等量增长，这一关系称之为动静压转换原理。

7.1.2　液体管网压力分布图——水压图

在液体管路中，将各节点的测压管水头高度顺次连接起来形成的线，称为水压曲线，见图 7-1-1 中 CD 线。由此，可直观地表达管路中液体静压的分布状况，因而也称其为水压图。

在利用水压图分析液体管路的水力工况时，下面几点是很重要的。

（1）利用水压曲线，可以确定管道中任何一点的静压值。管道中任意点的静压等于该点测压管水头高度和该点所处的位置标高之间的高差（mH_2O）。如 1 点的静压就等于 $H_{p1} - Z_1$（mH_2O）。

（2）利用水压曲线，可表示出各管段的压力损失值。当液体管道中各处的流速差别不大，式（7-1-2）中 $\left(\dfrac{v_1^2 - v_2^2}{2g} \right)$ 的差值与管段 1～2 的 $\Delta H_{1 \sim 2}$ 相比，可以忽略不计时，式（7-1-2）

可改写为：

$$\left(\frac{P_1}{\rho g} + Z_1\right) - \left(\frac{P_2}{\rho g} + Z_2\right) = \Delta H_{1\sim 2} \qquad (\text{mH}_2\text{O}) \qquad (7\text{-}1\text{-}3)$$

因此可以认为，当两点之间没有水泵等动力装置且流速变化可忽略时，管道中任意两点的测压管水头高度之差就等于两点之间的压力损失值。

（3）根据水压曲线的坡度，可以确定管段的单位管长平均压降的大小。水压曲线越陡，管段的单位管长平均压降就越大。

（4）由于液体管网是一个水力连通器，因此，只要已知或确定管路上任意一点的压力，则管路中其他各点的压力也就已知或确定了。

在液体管网系统中连接着许多用户。这些用户对流体的流量，压力及温度的要求，可能各有不同，且所处的地势高低不一。在设计阶段必须对整个管网的压力状况有个整体的考虑。因此，需要绘制管网的压力分布图——水压图，用以全面地反映管网和各用户的压力状况，并确定使它实现的技术措施。在运行中，通过水压图，可以全面了解整个管网系统在调节过程中或出现故障时的压力状况，从而揭示关键性的影响因素和确定应采取的技术措施，保证安全运行。

以热水供热管网为例，在运行或停止运行时，管网系统内热水的压力必须满足下列基本技术要求。

（1）在与管网直接连接的用户系统内部，压力不应超过该用户用热设备及其管道构件的承压能力。如供暖用户系统一般常用的柱形铸铁散热器，其承压能力为 $4 \times 10^5\,\text{Pa}$。因此，作用在该用户系统最底层散热器的表压力，无论在管网运行或停止运行时都不得超过 4bar。

（2）在高温热水管网和用户系统内，水温超过 100℃ 的地点，压力应不低于该水温下的汽化压力。从运行安全角度考虑，还应留有 $30\sim50\text{kPa}$（$3\sim5\text{mH}_2\text{O}$）的富裕值。

（3）与管网直接连接的用户系统，无论在循环水泵运转或停止工作时，其用户系统回水管出口处的压力，必须高于用户系统的充水高度，以防止系统倒空吸入空气，破坏正常运行和腐蚀管道。

（4）管网系统内任何一点的压力，都应比大气压力至少高出 50kPa（$5\text{mH}_2\text{O}$），以免吸入空气。

（5）在热水供热管网的热力站或用户引入口处，供、回水管的资用压差，应满足热力站或用户所需的作用压头。

综上所述，水压图是流体管网设计和运行工况分析的重要工具，应掌握绘制水压图的基本方法，会利用水压图分析管网系统压力状况。

此外，各个用户与管网的连接方式以及整个管网系统的自控调节装置，也要根据管网的压力分布或其波动情况来选定，即需要以对水压图的分析作为决策依据。

下面先以简单的机械循环室内热水供暖系统为例，说明绘制水压图的方法，并分析该系统工作和停止运行时的压力状况。

一机械循环供暖管网系统，膨胀水箱 1 连接在循环水泵 2 进口侧 O 点处。设基准面为 0-0，纵坐标代表系统的高度和测压管水头的高度，横坐标代表系统水平干线的管路计算长度；利用前述方法，可在此坐标系统内绘出系统供、回水管的水压曲线和纵

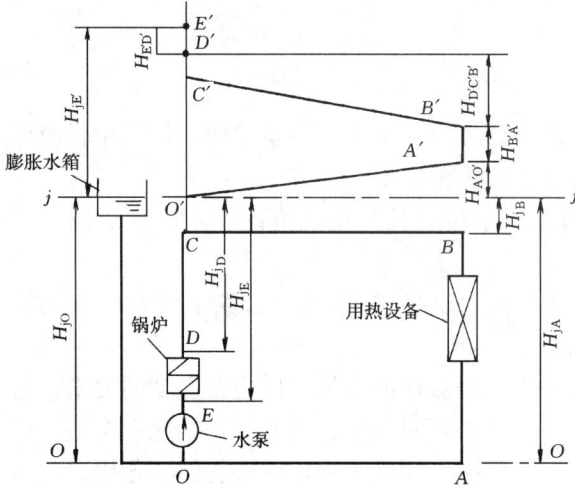

图 7-1-2　室内热水供暖管网的水压图

断面图，组成室内热水供暖系统的水压图如图 7-1-2 所示。

设膨胀水箱的水位线为 j-j，其水头高度 H_{jO}。如系统中不考虑漏水或加热时水膨胀的影响，即认为系统已处于稳定状况，因而在循环水泵运行时，膨胀水箱的水位是不变的。O 点处的压头（压力）就等于 H_{jO}（mH_2O）。

当系统工作时，由于循环水泵驱动水在系统中循环流动，A 点的测压管水头必然高于 O 点的测压管水头，其差值应为管段 OA 的压力损失值。同理，根据 B、C、D 和 E 各点之间的压力损失，就可确定 B、C、D 和 E 各点的测压管水头高度，亦即 B'、C'、D' 和 E' 各点在纵坐标上的位置。

顺次连接各点的测压管水头的顶端，就可得到热水供暖系统的水压图。这是系统工作时的水压图，称为动水压图。其中，线 $O'A'$ 代表回水干线的水压曲线，线 $D'C'B'$ 代表供水干线的水压曲线。

$H_{A'O'}$——动水压图上 O、A 两点的测压管水头的高度差，亦即水从 A 点流到 O 点的压力损失，同理；

$H_{B'A'}$——水流经立管 BA 的压力损失；

$H_{D'C'B'}$——水流经供水管 DBC 的压力损失；

$H_{E'D'}$——从循环水泵出口侧到锅炉出水管段的压力损失；

$H_{jE'}$——循环水泵的扬程。

利用动水压图，可清晰地看出系统工作时各点的压力大小。如 A 点的压头就等于 A 点测压管水头 A' 点到该点的位置高度差（以 $H_{A'A}$ 表示）。同理，B、C、D、E 和 O 点的压头分别为 $H_{B'B}$、$H_{C'C}$、$H_{D'D}$、$H_{E'E}$ 和 H_{jO}（mH_2O）。

系统循环水泵停止工作时的水压曲线，称为静水压图。整个系统的水压曲线呈一条水平线。各点的测压管水头都相等，其值为 H_{jO}。系统中 A、B、C、D、E 和 O 点的压头分别为 H_{jA}、H_{jB}、H_{jC}、H_{jD} 和 H_{jO}（mH_2O）。

通过上述分析可见，当膨胀水箱的安装高度超过用户系统的充水高度，而膨胀水箱的膨胀管又连接在靠近循环水泵进口侧时，就可以保证整个系统无论在运行或停运时，各点的压力都超过大气压力。这样，系统中不会出现负压，避免了液体汽化或吸入空气等，从而保证系统可靠地运行。

由此可见，在机械循环热水供暖系统中，膨胀水箱不仅起着容纳系统水膨胀体积之用，还起着系统定压的作用。对液体管网系统起定压作用的设备，称为定压装置。膨胀水箱是最简单的一种定压装置。

应当注意：热水供暖系统水压曲线的位置，取决于定压装置对系统施加压力的大小和定压点的位置。采用膨胀水箱定压的系统各点压力，取决于膨胀水箱安装高度和膨胀管与系统的连接位置。

如将膨胀水箱连接在热水供暖系统的供水干管上,见图 7-1-3 所示,则系统的动水压曲线位置与图7-1-2不同,为图7-1-3所示的位置。运行时,整个系统各点的压力都降低了。同时,如供暖系统的水平供水干管过长,阻力损失较大,则有可能在干管上出现负压(如图 7-1-3 中,FB 段供水干管的压力低于大气压力,就会吸入空气或发生水的汽化,影响系统的正常运行)。由于这个原因,从安全运行角度出发,在机械循环热水供暖系统中,应将膨胀水箱的膨胀管连接在循环水泵吸入侧的回水干管上。

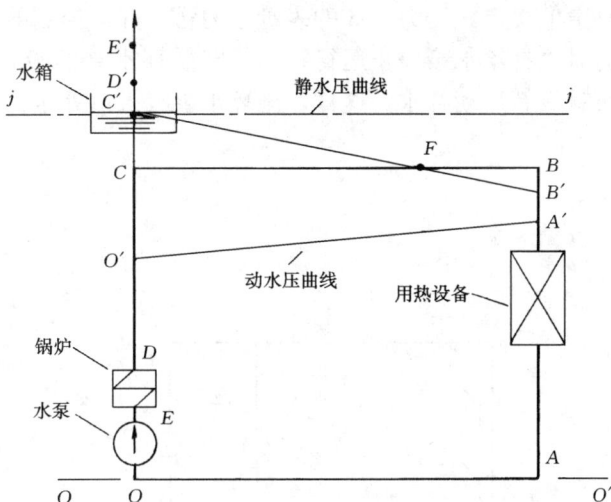

图 7-1-3 膨胀水箱连接在热水供暖系统供水干管上的水压图

对于自然循环热水供暖系统,由于系统的循环作用压头小,水平供水干管的压力损失只占一部分,膨胀水箱水位与水平供水干线的标高差,往往足以克服水平供水干管的压力损失,不会出现负压现象,所以可将膨胀水箱连接在供水干管上。

7.1.3 液体管网系统的定压

由 7.1.2 中所述概念和对水压图的分析可知,在具有流动特性的闭式循环液体管网中,定压点位置及其压力值,决定了整个管网系统的静压高度和动压线的相对位置及高度。因而,欲使管网按水压图给定的压力状况运行,要正确确定定压方式、定压点的位置和控制好定压点所要求的压力。定压点宜设在便于管理并有利于管网压力稳定的位置。

较为常用的几种定压方式介绍如下:

1. 高位水箱定压方式

利用安装在管网系统最高处的水箱来对系统定压的方式,称为高位水箱定压方式。高位水箱定压方式的设备简单,工作安全可靠,是机械循环低温热水供暖管网、空调冷水管网最常用的定压方式。在冷、热水管网系统中因其同时可兼吸纳水胀缩容积的功能,亦称之为膨胀水箱。这种方式参见图 7-1-2 和图 7-1-3。

2. 补给水泵定压方式

对于工厂或城市的较大型集中供热系统,特别是采用高温水的供热管网系统,由于系统要求的压力高,以及难以在热源或靠近热源处安装比所有用户都高并保证高温水不汽化的膨胀水箱来对系统定压,因此需要采用其他的定压方式。最常用的方式是利用压头较高的补给水泵来代替膨胀水箱定压。主要有三种形式:

(1) 补给水泵连续补水定压方式:图 7-1-4 是其示意图。定压点设在管网循环水泵的吸入端。利用压力调节阀保持定压点恒定的压力。

(2) 补给水泵间歇补水定压方式:图 7-1-5 是其示意图。补给水泵 2 的启动和停止运行是由电接点式压力表 6 的表盘上的触点开关控制的。压力表 6 的指针到达相当于 H_A 的压力时，补给水泵停止运行；当管网循环水泵的吸入口压力下降到 H'_A 的压力时，补给水泵就重新启动补水。这样，循环水泵吸入口处压力保持在 H_A 和 H'_A 之间的范围内。

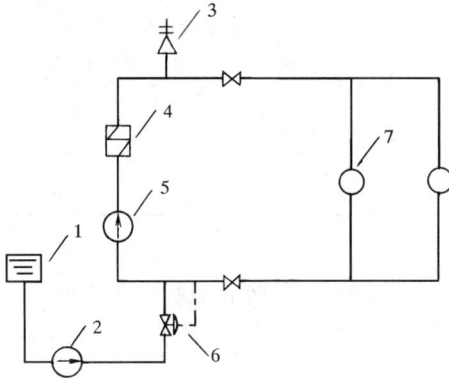

图 7-1-4　补给水泵连续补
水定压方式示意图
1—补给水箱；2—补给水泵；3—安全阀；
4—加热装置（锅炉或换热器）；5—管网循
环水泵；6—压力调节器；7—热用户

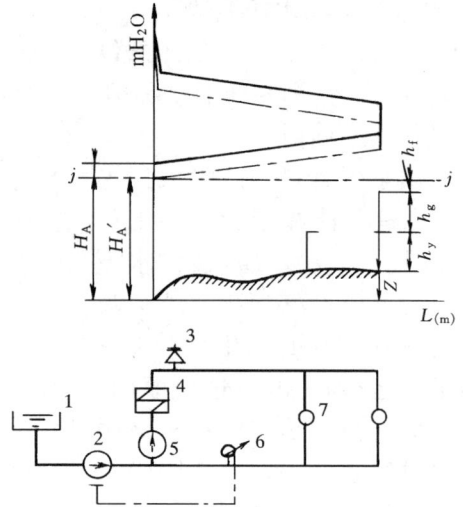

图 7-1-5　补给水泵间歇补水定压方式示意图
1 至 5—同图 7-1-4；6—电接点压力表；7—热用
户；Z—地势高差；h_y—用户系统充水高度；
h_g—汽化压力值；h_f—富裕值（3～5mH$_2$O）

间歇补水定压方式要比连续补水定压方式少耗一些电能。但其动水压曲线上下波动，不如连续补水方式稳定。通常取 H_A 和 H'_A 之间的波动范围为 5mH$_2$O 左右，不宜过小，否则触点开关动作过于频繁而易于损坏。此种定压方式宜使用在管网规模不大，供水温度不高，系统漏水量较小的供热系统中；对于系统规模较大，供水温度较高的供热系统，系统存在连续补水的需求时，应采用连续补水定压方式。

（3）旁通管定压点补水定压方式：图7-1-6是其示意图。

在热源的供、回水干管之间连接一根旁通管，利用补给水泵使旁通管 J 点保持符合静水压线要求的压力。在循环水泵运行时，当定压点 J 的压力低于控制值时，压力调节阀 4 开大，补水量增加；当定压点 J 的压力高于控制值时，压力调节阀关小，补水量减少。如由于某种原因（如水温不断急骤升高等原因），即使压力调节阀完全关闭，压力仍不断地升高，则泄水调节阀 3 开启，泄放管网中的水，一直到定压点的压力恢复到正常为止。当循环水泵停止运行

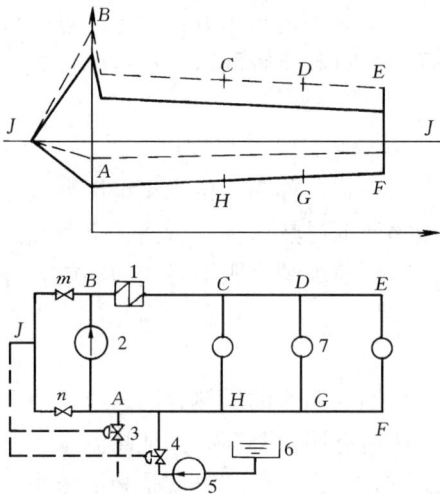

图 7-1-6　旁通管定压点补水定压方式示意图
1—加热装置（锅炉或换热器）；2—管网循环水泵；
3—泄水调节阀；4—压力调节阀；5—水泵；
6—补给水箱；7—热用户
注：虚线为关小阀门 m 的水压图

时，整个管网压力先达到运行时的平均值然后下降，通过补给水泵的补水作用，使整个系统压力维持在定压点 J 的静压力。

利用旁通管定压点连续补水定压方式，可以适当地降低运行时动水压线，循环水泵吸入端 A 点的压力低于定压点 J 的静压力。同时，靠调节旁通管上的两个阀门 m 和 n 的开启度，可控制管网的动水压曲线升高或降低，如将旁通管上阀门 m 关小，旁通管段 BJ 的压降增大，J 点压力通过脉冲管传递到压力调节阀 A 的膜室上压力降低，调节阀开大，作用在 A 点上的压力升高，从而整个管网的动水压线升高到如图 7-1-6 虚线的位置。如将阀门 m 完全关闭，则 J 点压力与 A 点压力相等，整个动水压线位置都高于静压力线。反之，如将旁通管上的阀门 n 关小，管网的动水压线则可降低。此外，如欲改变所要求的静压力线的高度，可通过调整压力调节器内的弹簧弹性力或重锤平衡力来实现。

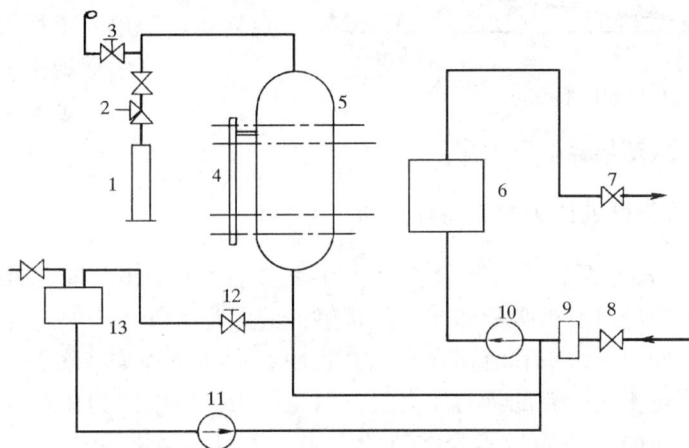

图 7-1-7　氮气定压方式示意图

1—氮气瓶；2—减压阀；3—排气阀；4—水位控制器；5—氮气罐；
6—热水锅炉；7，8—供，回水管总阀门；9—除污器；10—管网循
环水泵；11—补给水泵；12—排水阀的电磁阀；13—补给水箱

利用旁通管定压点连续补水定压方式，调节系统的运行压力具有较大的灵活性。但旁通管不断通过管网循环水，循环水泵的流量还应包括这一部分流量，从而使循环水泵流量增加且多消耗些电能。

（4）变频调速泵补水定压

此方式亦属于连续补水定压的方式。其原理图与图 7-1-4 相同，只是补水泵的转速可调，即通过调节电动机供电频率来调节电动机的转速，使水泵的轴功率适应补水量和补水压力的增减变化，达到节能的目的。此方式适用于规模较大的管网，如区域供热、供冷管网。对于规模较小、泄漏量较小的系统来说，这个方式不宜使用，因为水泵在过小的流量、过低的频率下长期工作，其使用寿命会大幅下降。

3. 气体定压

这是一种利用密闭压力缸内气体的可压缩性进行定压的方式。定压点的压力是靠气压缸中的气体压力维持。气压缸的位置不受高度限制。其优点是灵活性大，便于隐蔽和搬迁，投资小，建设速度快，而且与高位水箱定压相比，与大气隔绝，改善水中溶气对管道

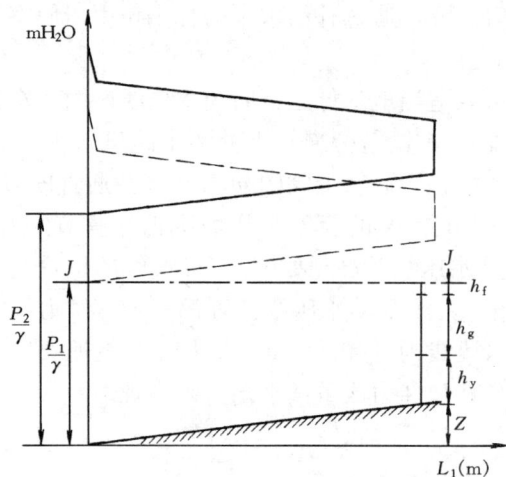

图 7-1-8 氮气定压管网运行水压图

（3）采用淋水式换热器的蒸汽定压。

的腐蚀作用。另外，还有一定的消除水锤和噪声的作用。但其压力变化较大，仅适于小型管网系统。根据气体是否与水接触的不同方式分为气水接触式和隔膜式。使用压缩空气的一般宜采取隔膜式，如使用氮气，则可为气水接触式。

图 7-1-7 为氮气定压方式的原理图。图 7-1-8 为其定压的系统运行水压图。

4. 蒸汽定压方式

一般只能在有蒸汽源的系统中使用，其定压比较简单，工程实际中有：

（1）蒸汽锅筒定压；

（2）外置蒸汽罐定压；

7.1.4 液体吸入式管网的压力分布特性分析

图 7-1-9 中为一离心泵管路安装示意图。当泵运行时，在其入口处形成真空，液体自吸入管端流入叶轮的进口。被吸液体与大气接触的液面为大气压力，它与叶轮进口处的绝对压力之差，转化成位置水头和流速水头，并克服各项压头损失。在图 7-1-9 中，绘出了液体从吸入管经泵壳流入叶轮的绝对压力线。以泵的吸入口轴线为相对压力的零线，则零线与绝对压力线之间的高差表示了真空值的大小。绝对压力沿流动方向减小，进入叶轮后，在叶片背面靠近吸入口的 k 点处压力达到最低值，$P_k = P_{min}$。接着，液体获得由叶片传来的机械能，压力迅速增高。

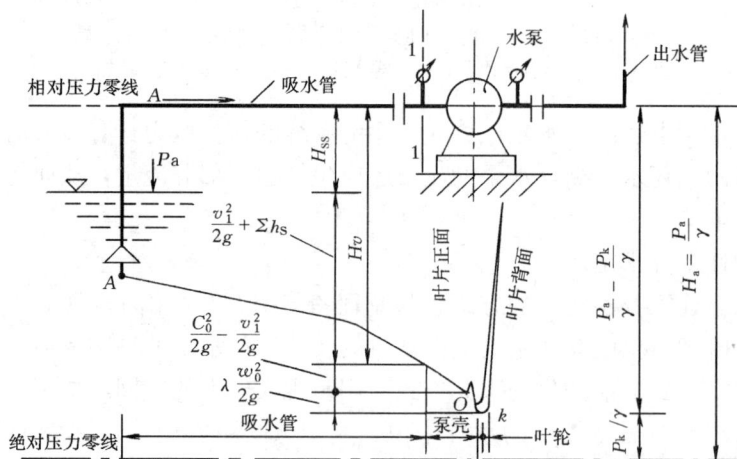

图 7-1-9 吸水管及泵入口中压力变化

列被吸液体的自由液面与泵的进口安装真空表处 1-1 断面的能量方程：

$$\frac{P_a}{\gamma} = \frac{P_1}{\gamma} + H_{SS} + \frac{v_1^2}{2g} + \sum h_s \qquad (7\text{-}1\text{-}4)$$

式中 $\dfrac{P_a}{\gamma}$、$\dfrac{P_1}{\gamma}$——分别为两断面处的绝对压力，mH_2O；

H_{ss}——被吸液体的自由液面与泵入口轴线高差，即泵的安装高度（或称提升高度），mH_2O；

$\sum h_s$——吸入管段压力损失，mH_2O。

对液体自由液面与叶片入口稍前处 0-0 断面（图 7-1-9 中压力线 O 点的位置）列能量方程：

$$\frac{P_a}{\gamma} = \frac{P_0}{\gamma} + H_{ss} + \frac{C_0^2}{2g} + \sum h_s \qquad (7\text{-}1\text{-}5)$$

式中 C_0、P_0——分别为 0-0 断面上的流速及绝对压力。

对 0-0 断面中心点 O 与叶片背面靠近吸入口的断面 k 点（图 7-1-9 中绝对压力线上的 k 点位置）写出相对运动的能量方程，经简化可得：

$$\frac{P_0}{\gamma} + \frac{w_0^2}{2g} = \frac{P_k}{\gamma} + \frac{w_k^2}{2g} \qquad (7\text{-}1\text{-}6)$$

上式又可写成：

$$\frac{P_0}{\gamma} = \frac{P_k}{\gamma} + \frac{w_0^2}{2g}\left(\frac{w_k^2}{w_0^2} - 1\right) \qquad (7\text{-}1\text{-}7)$$

式中 w_k、w_0——分别为 k 点、O 点的液体相对速度，m/s。

令 $\lambda = \dfrac{w_k^2}{w_0^2} - 1$，称 λ 为气穴系数，则上式变为

$$\frac{P_0}{\gamma} = \frac{P_k}{\gamma} + \lambda \frac{w_0^2}{2g} \qquad (7\text{-}1\text{-}8)$$

将上式代入式（7-1-5）可得：

$$\frac{P_a}{\gamma} - \frac{P_k}{\gamma} = H_{ss} + \sum h_s + \frac{C_0^2}{2g} + \lambda \frac{w_0^2}{2g}$$

将其改写为：

$$\frac{P_a}{\gamma} - \frac{P_k}{\gamma} = \left(H_{ss} + \frac{v_1^2}{2g} + \sum h_s\right) + \frac{C_0^2 - v_1^2}{2g} + \lambda \frac{w_0^2}{2g} \qquad (7\text{-}1\text{-}9)$$

式（7-1-9）的含义是：液体自由液面上的压头 $\dfrac{P_a}{\gamma}$ 和泵壳内最低压头 $\dfrac{P_k}{\gamma}$ 之差，用来提供：把液体提升高度 H_{ss}；克服吸入管中压头损失（$\sum h_s$）；产生流速压头 $\dfrac{v_1^2}{2g}$、流速压头差值 $\dfrac{C_0^2 - v_1^2}{2g}$ 和供应叶片背面 k 点的压力下降值 $\lambda \dfrac{w_0^2}{2g}$。从图 7-1-9 中也可明显看出式（7-1-9）的左边 $\dfrac{P_a}{\gamma} - \dfrac{P_k}{\gamma}$ 表示吸入段中的能量余裕值。而 P_a 一般情况下就是当地的大气压，P_k 是个条件值，它不能低于该处流（液）体温度下的饱和压力。式（7-1-9）右边各项，实际上可分为泵壳外与泵壳内两项压头的降落。以真空表为界，真空表所指示的是泵壳进口外部的压力下降值 $\left(H_{ss} + \dfrac{v_1^2}{2g} + \sum h_s\right)$，它反映了真空表安装点的实际压头下降值 H_v，而 $\dfrac{C_0^2 - v_1^2}{2g}$ $+\lambda \dfrac{w_0^2}{2g}$ 反映了泵壳进口内部的压头下降值，它的变化很大，是由泵的构造和工况而定的。

7.1.5　气体管网压力分布图

如前所述，在通风空调或燃气等气体管网中，在忽略位压时，管流能量方程可写成式 (3-1-7) 的形式。

现举例分析气体管路系统中的压力分布。

图 7-1-10 所示的通风系统，其空气进出口都有局部阻力。系统内的压力分布的绘制方法和步骤如下：

（1）以大气压力为基准线 0-0。

（2）计算各节点的全压值、动压值和静压值。

（3）将各点的全压在纵轴上以同比例标在图上，0-0 线以下为负值。连接各个全压点可得到全压分布曲线。

（4）将各点的全压减去该点的动压，即为该点的静压，同样可绘出静压分布曲线。

图 7-1-10 下部即为该气体管网系统的压力分布图。

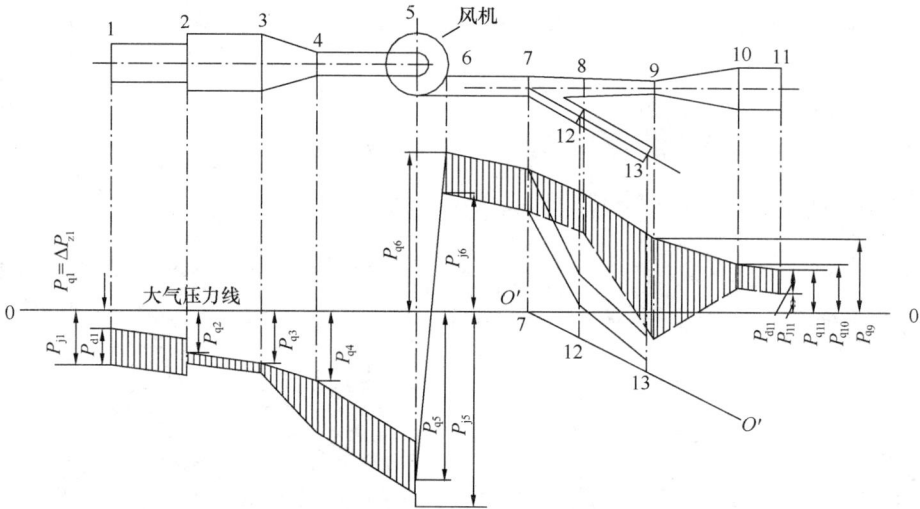

图 7-1-10　通风管网压力分布图

从该压力分布图可以看出，在同一流量条件下，管路流通截面大（管径大）的管段，因流速减小，动压降低，则静压上升（如 2~3 管段）；反之，缩小管径截面 9 处，动压大大增加而静压大大下降，甚至在压出管段静压是负值。从这一压力分布图中可直观判断出，在风机压出管段，断面 9 处为负压，会吸入管外气体。如该通风系统输送清洁气体，而在管段 8~10 周围有污染气体，显然这个管路系统的设计不合理。如要解决这一问题，应使该处静压为正，依动静压转换原理，可扩大该处管径，减小流速。压力分布图亦表明，风机进、出口附近管段的静压绝对值大，如接口不严密，渗漏将很严重，既降低了风机的性能，也增加了管网内外掺混形成气体污染的可能性。

图 7-1-10 中，列出空气靠近入口处和入口（点 1）断面的能量方程式：

$$P_{q0} = P_{q1} + \Delta P_{z1} \tag{7-1-10}$$

因 P_{q0}＝大气压力＝0，故 $P_{q1} = -\Delta P_{z1}$。而：

$$P_{d1\sim2} = \frac{\rho v_{1\sim2}^2}{2}$$

$$P_{j1} = P_{q1} - P_{d1\sim2} = -\left(\frac{\rho v_{1\sim2}{}^2}{2} + \Delta P_{z1}\right)$$

式中 ΔP_{z1}——空气入口处的局部阻力；

$P_{d1\sim2}$ 为 1～2 管段中气流的动压。

上式表明，点 1 处的全压和静压均比大气压低。静压 P_{j1} 的一部分转化为动压 $P_{d1\sim2}$，另一部分消耗在克服入口的局部阻力 ΔP_{z1}。

对于点 2：

$$P_{q2} = P_{q1} - (R_{m1\sim2}l_{1\sim2} + \Delta P_{z2})$$

$$P_{j2} = P_{q2} - P_{d1\sim2} = P_{j1} + P_{d1\sim2} - (R_{m1\sim2}l_{1\sim2} + \Delta P_{z2}) - P_{d1\sim2} = P_{j1} - (R_{m1\sim2}l_{1\sim2} + \Delta P_{z2})$$
$$(7\text{-}1\text{-}11)$$

则：

$$P_{j1} - P_{j2} = R_{m1\sim2}l_{1\sim2} + \Delta P_{z2} \qquad (7\text{-}1\text{-}12)$$

式中 $R_{m1\sim2}$——管段 1～2 的比摩阻；

ΔP_{z2}——突然扩大的局部阻力。

由式（7-1-11）看出，当管段 1～2 内空气流速不变时，风管的阻力是由降低空气的静压来克服的。从图 7-1-10 还可以看出，由于管段 2～3 的流速小于管 1～2 的流速，空气流过点 2 后发生静压复得现象（即动静压转换）。

结合风管内压力分布图和以上分析，可看出一些空气吸入管内的流动规律：

（1）风机吸入段的全压和静压均为负值，在风机入口负压最大。风管连接处如果不严密，会有管外气体渗入。

（2）由图 7-1-10 及式（7-1-10）、式（7-1-11）可知：在吸入管段中静压绝对值为全压绝对值与动压值之和：

$$|P_j| = |P_q| + P_d$$

即吸入口静压绝对值大于吸入口全压绝对值，这正与压出段相反。

（3）风机的风压 ΔP（全压）等于风机进出口的全压差，或者说是等于风管的阻力及出口动压损失之和。当管网系统中只有吸入管段而无压出管段时（如排烟系统，或一些排风系统）风机的风压等于吸入管网的阻力及出口动压损失之和。

7.2 枝状管网水力工况分析方法

7.2.1 枝状管网水力工况分析的基本方法

管网的水力工况是指与管网某一流动状态对应的阻力特性、压差和流量的表达，而此三者之间的关系已由式（6-1-3）确定，即某管段的作用压差 $\Delta P_i = S_i Q_i^2$。

枝状管网系统通常由许多串联和并联的管段组成，并在管网的一处设置动力装置（可以是多台并联或串联）。由流体力学可知，在串联管段中，流量不变，串联管段的总阻抗为各串联管段阻抗之和：

$$S_{\text{ch}} = \sum_{i=1}^{n} s_i \quad (n \text{ 为串联管段数}) \tag{7-2-1}$$

S_{ch}——串联管路的总阻抗；

s_i——各串联管段的阻抗。

当各环路的重力作用相等时，在并联管段中，并联管段的总阻抗 S_{b} 与各并联管段的阻抗 s_i 有如下关系：

$$\frac{1}{\sqrt{s_{\text{b}}}} = \sum_{i=1}^{n} \frac{1}{\sqrt{s_i}} \tag{7-2-2}$$

各并联管路间的流量比值与其各自阻抗之间有如下关系：

$$Q_1 : Q_2 : Q_3 = \frac{1}{\sqrt{s_1}} : \frac{1}{\sqrt{s_2}} : \frac{1}{\sqrt{s_3}} \tag{7-2-3}$$

式中　Q_1、Q_2、Q_3——各并联管段的流体流量；

S_1、S_2、S_3——各并联管段的阻抗。

有时采用通导数来分析并联管路的阻力特性，则式（7-2-2）为：

$$a_{\text{b}} = \sum_{i=1}^{n} a_i \tag{7-2-4}$$

式中　a_{b}——并联管路的总通导数，$a_{\text{b}} = \dfrac{1}{\sqrt{s_{\text{b}}}}$；

a_i——各管段的通导数，$a_i = \dfrac{1}{\sqrt{s_i}}$。

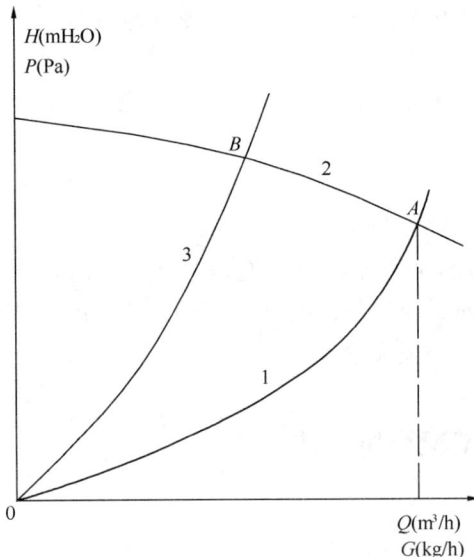

图 7-2-1　图解法求解管网的工况

根据上述并联管段和串联管段各阻抗的计算方法，可以逐步算出整个枝状管网的总阻抗 S_{zh} 值。再利用图解法或计算法，可进一步确定动力装置的工况点和输出的总流量。

图解法：6.1 节中讲述了图解法求水泵或风机工作状态点的方法。即在同一坐标系中，分别作出管网特性曲线和水泵或风机的性能曲线，二者交点即为工作点（工况点）。如图 7-2-1 所示。图中 A 为工况点，对应的横、纵坐标值即为管网的总流量和总压降。

计算法：计算法的实质是将水泵或风机的性能曲线用 $P = f(Q)$ 函数式表示出来，然后根据已知的管网特性曲线方程（$P = P_{\text{st}} + S_{\text{zh}} \cdot Q^2 = P_{\text{st}} + \Delta P$），两个方程联合求解，得出水泵或风机工作点的 P、Q 值和管网总阻力 ΔP 值。

泵或风机的性能曲线，通常可用下列函数式表示：

$$P = a + bQ + cQ^2 + dQ^3 + \cdots \tag{7-2-5}$$

式中　a、b、c、d——根据泵或风机性能曲线数据拟合的函数式中的系数。当多台泵或风机并联或串联工作时，式（7-2-5）应为联合运行的总性能曲线的拟合函数式。

通过图解法或计算法求得管网的总流量后，利用串并联管段间的流量分配与阻抗之间的关系式，可求得所有管段的流量。进一步可由式（6-1-3）确定各管段的压差，按照 7.1 节中的方法确定整个管网的压力分布状况。

当管网任一管段的阻抗，在运行期间发生了变化（如调整用户阀门，接入新用户等等），则必然使管网的总阻抗 S_{zh} 值改变，工作点 A 的位置随之改变，如改到图 7-2-1 曲线 3 的 B 点位置，管网的水力工况也就改变了。不仅管网总流量和总压降变化，而且由于分支管段的阻抗变化，还要引起管网流量分配的变化。

如要定量地算出管网正常水力工况改变后的流量再分配，其计算步骤如下：

（1）根据正常水力工况下的流量和压降，求出管网各管段和用户系统的阻抗。

（2）根据管网中管段的连接方式，利用求串联管段和并联管段总阻抗的计算公式，逐步求出工况改变后整个系统的总阻抗。

（3）得出整个系统的总阻抗后，可以利用上述的图解法，画出管网的特性曲线，与管网动力装置的性能曲线相交，求出新的工作点。或可利用上述计算法求解确定新的工作点的扬程 P'、流量 Q' 和 $\Delta P'$ 值。当动力装置的 $Q-P$（H）性能曲线平缓，且 $P_{st}=0$ 时，也可利用式（7-2-6）求出工况变化后的管网总流量 Q'：

$$Q' = \sqrt{\frac{P}{S'_{zh}}} \tag{7-2-6}$$

式中　Q'——管网工况变化后的总流量，m^3/h；

　　　　P——管网动力装置的工作扬程或全压，假设工况变化前后不变，Pa；

　　　　S'_{zh}——管网水力工况改变后的总阻抗，$Pa/(m^3/h)^2$。

（4）顺次按各串、并联管段流量分配的计算方法分配流量，求出管网各管段及各用户在工况改变后的流量。

建筑环境与能源应用工程中为用户输送冷、热量的空调、供热液体管网，常具有图 7-2-2 所示的基本结构，图中 $1\sim n$ 为用户，r 为设于冷热源站的循环水泵。当管网各管段和用户的阻抗已知时，也可以用求出各用户占总流量的比例方法，来定性分析管网水力工况变化的规律。

图 7-2-2 中，干线各管段的阻抗以 S_I、S_{II}、S_{III}…S_N 表示，支线与用户的阻抗以 S_1、S_2、S_3…S_n 表示。管网总流量为 Q。用户流量以 Q_1、Q_2、Q_3…Q_n 表示。

利用总阻抗的概念，用户 1 处的 ΔP_{AA}，可用下式确定：

$$\Delta P_{AA} = S_1 Q_1^2 = S_{1\sim n} Q^2 \tag{7-2-7}$$

式中　$S_{1\sim n}$——用户 1 分支点的管网总阻抗（用户 1 到用户 n 的总阻抗）。

由式（7-2-7），可得出用户 1 占总流量的比例，即相对流量比

$$\overline{Q_1} = \frac{Q_1}{Q} = \sqrt{\frac{S_{1\sim n}}{S_1}} \tag{7-2-8}$$

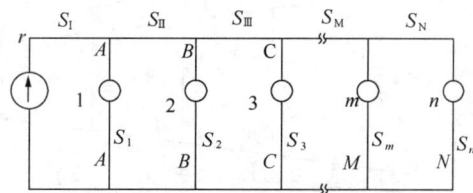

图 7-2-2　供热、空调液体管网结构示意图

对用户 2，同理，ΔP_{BB} 可用下式表示：

$$\Delta P_{BB} = S_2 Q_2^2 = S_{2\sim n}(Q - Q_1)^2 \qquad (7\text{-}2\text{-}9)$$

式中　$S_{2\sim n}$——用户 2 分支点的管网总阻抗（用户 2 到用户 n 的总阻抗）。

从另一角度分析来看，用户 1 分支点处的 ΔP_{AA} 也可写成：

$$\Delta P_{AA} = S_{1\sim n} Q^2 = (S_{\text{II}} + S_{2\sim n})(Q - Q_1)^2$$

或

$$\Delta P_{AA} = S_{1\sim n} Q^2 = S_{\text{II}\sim n}(Q - Q_1)^2 \qquad (7\text{-}2\text{-}10)$$

式中　$S_{\text{II}\sim n} = S_{\text{II}} + S_{2\sim n}$——用户 1 之后的管网总阻抗（注意：不包括用户 1 及其分支线）。

上述两式相除，可得：

$$\frac{S_2 Q_2^2}{S_{1\sim n} Q^2} = \frac{S_{2\sim n}}{S_{\text{II}\sim n}} \qquad (7\text{-}2\text{-}11)$$

则

$$\overline{Q}_2 = \frac{Q_2}{Q} = \sqrt{\frac{S_{1\sim n} \cdot S_{2\sim n}}{S_2 \cdot S_{\text{II}\sim n}}}$$

根据上述推算，可以得出第 m 个用户的相对流量比为

$$\overline{Q}_m = \frac{Q_m}{Q} = \sqrt{\frac{S_{1\sim n} \cdot S_{2\sim n} \cdot S_{3\sim n} \cdots\cdots S_{m\sim n}}{S_m \cdot S_{\text{II}\sim n} \cdot S_{\text{III}\sim n} \cdots\cdots S_{M\sim n}}} \qquad (7\text{-}2\text{-}12)$$

由上式可以得出如下结论：

（1）各用户的相对流量比仅取决于管网各管段和用户的阻抗，而与管网流量值无关。

（2）第 d 个用户与第 m 个用户（$m > d$）之间的流量比，仅取决于用户 d 和用户 d 以后（按流动方向）各管段和用户的阻抗，而与用户 d 以前各管段和用户的阻抗无关。如，假定 $d = 4$，$m = 7$，则从上式可得：

$$\frac{Q_m}{Q_d} = \frac{Q_7}{Q_4} = \sqrt{\frac{S_{5\sim n} \cdot S_{6\sim n} \cdot S_{7\sim n} \cdot S_4}{S_{\text{V}\sim n} \cdot S_{\text{VI}\sim n} \cdot S_{\text{VII}\sim n} \cdot S_7}} \qquad (7\text{-}2\text{-}13)$$

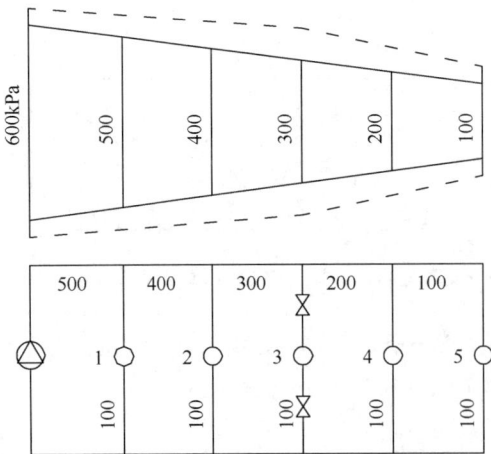

图 7-2-3　例题 7-1 图

7.2.2　枝状管网水力工况分析示例

【例 7-1】　供热管网在正常工况时的水压图和各热用户的流量如图 7-2-3 所示。如关闭热用户 3，试求其他各热用户的流量及其作用压差。其中，管网图中的数字表示关闭热用户 3 前的流量（m³/h），水压图里的数字表示关闭热用户 3 前的压差（kPa）。其中，循环水泵的性能参数如表 7-2-1 所示。

循环水泵性能参数　　表 7-2-1

流量（m³/h）	365	500	600
扬程（kPa）	630	600	550

【解】　（1）根据正常工况下的流量和压降，求管网干管（包括供、回水管）和各热用户的阻抗 S_i。

如对用户 5，已知其流量 100 m³/h，压力损失为 10×10^4 Pa，则

$$S_5 = \Delta P_5 / Q_5^2 = 10 \times 10^4 / 100^2 = 10 \text{Pa}/(\text{m}^3/\text{h})^2$$

同样可求得管网干管和各热用户的阻抗 S_i 值，见表 7-2-2 所示。

管网干管与热用户的阻抗值 表 7-2-2

管网干管	I	II	III	IV	V
压力损失 ΔP(Pa)	10×10^4	10×10^4	10×10^4	10×10^4	10×10^4
流量 Q(m³/h)	500	400	300	200	100
阻抗[Pa/(m³/h)²]	0.4	0.625	1.11	2.5	10
热用户	1	2	3	4	5
压力损失 ΔP(Pa)	50×10^4	40×10^4	30×10^4	20×10^4	10×10^4
流量 Q(m³/h)	100	100	100	100	100
阻抗[Pa/(m³/h)²]	50	40	30	20	10

（2）计算水力工况改变后管网总阻抗 S

1）求热用户 3 之后的管网总阻抗

$$S_{\text{IV}\sim5} = 30 \times 10^4 / 200^2 = 7.5 \text{Pa}/(\text{m}^3/\text{h})^2$$

2）求热用户 2 之后的管网总阻抗（热用户 3 关闭，下同）

$$S_{\text{III}\sim5} = S_{\text{IV}\sim5} + S_{\text{III}} = 7.5 + 1.11 = 8.61 \text{Pa}/(\text{m}^3/\text{h})^2$$

3）求热用户 2 分支点的管网总阻抗 $S_{2\sim5}$。热用户 2 与热用户 2 之后的管网并联，故可得总阻抗 $S_{2\sim5}$ 为：

$$\frac{1}{\sqrt{S_{2\sim5}}} = \frac{1}{\sqrt{S_{\text{III}\sim5}}} + \frac{1}{\sqrt{S_2}} = \frac{1}{\sqrt{8.61}} + \frac{1}{\sqrt{40}}$$

$$= 0.341 + 0.158 = 0.499$$

$$S_{2\sim5} = 1/0.499^2 = 4.016 \text{Pa}/(\text{m}^3/\text{h})^2$$

4）求热用户 1 之后的管网总阻抗 $S_{\text{II}\sim5}$。同理，$S_{\text{II}\sim5} = S_{2\sim5} + S_{\text{II}} = 4.016 + 0.625 = 4.641 \text{Pa}/(\text{m}^3/\text{h})^2$

5）求热用户 1 分支点的管网总阻抗 $S_{1\sim5}$。同理

$$\frac{1}{\sqrt{S_{1\sim5}}} = \frac{1}{\sqrt{S_{\text{II}\sim5}}} + \frac{1}{\sqrt{S_1}} = \frac{1}{\sqrt{4.641}} + \frac{1}{\sqrt{50}}$$

$$= 0.464 + 0.141 = 0.605$$

$$S_{1\sim5} = 1/0.605^2 = 2.732 \text{Pa}/(\text{m}^3/\text{h})^2$$

6）最后确定管网的总阻抗 S

$$S = S_{1\sim5} + S_1 = 2.732 + 0.4$$

$$= 3.132 \text{Pa}/(\text{m}^3/\text{h})^2$$

$$= 0.003132 \text{kPa}/(\text{m}^3/\text{h})^2$$

（3）求管网在工况变动后的总流量 Q

即求水泵新的工况点。采用图解法，如图 7-2-4，曲线 1 是关闭用户 3 之前的管网特性曲线，曲线 2 是水泵性能曲线，A 是工况点。曲线 3 是关闭用户 3 之后的管网特性曲线。水

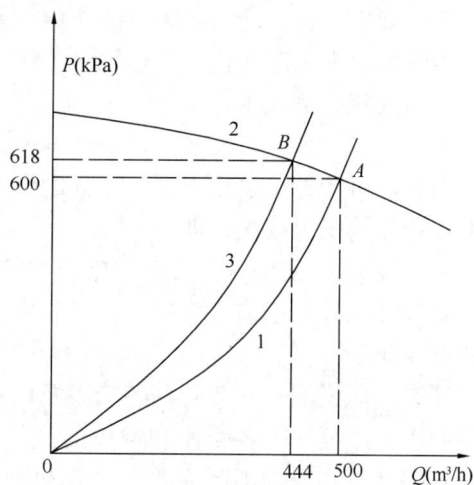

图 7-2-4 管网工况分析图

泵新的工况点为 B，输出流量为 $444\mathrm{m^3/h}$，输出扬程为 $618\mathrm{kPa}$。采用数解法时，先用二次方曲线，利用表 7-2-1 中水泵的参数，拟合水泵的 Q-P 性能曲线为：

$$P = -0.001182Q^2 + 0.800236Q + 495.390071$$

则：

$$0.003132Q^2 = -0.001182Q^2 + 0.800236Q + 495.390071$$

解得：$Q = 444.1\mathrm{m^3/h}$

则 $P = 617.7\mathrm{kPa}$

（4）根据各并联管段流量分配比例的计算公式，求各热用户的流量。

1）求热用户 1 的流量

$$Q_1 = Q \times \frac{1/\sqrt{S_1}}{1/\sqrt{S_{1\sim5}}} = 444.1 \times \frac{0.141}{0.605} = 103.5\mathrm{m^3/h}$$

2）求热用户 2 的流量

$$Q_2 = Q_{\mathrm{II}} \times \frac{1/\sqrt{S_2}}{1/\sqrt{S_{2\sim5}}} = (444.1 - 103.5) \times \frac{0.158}{0.499} = 107.8\mathrm{m^3/h}$$

3）求热用户 4、5 的流量 Q_4、Q_5

热用户 3 之后的管网各管段阻抗不变。因此，在水力工况变化后各管段的流量仍保持原比例不变。

$$Q_4 = Q_5 = (444.1 - 103.5 - 107.8)/2 = 116.4\mathrm{m^3/h}$$

其计算结果列于表 7-2-3。

各热用户流量和作用压差　　　　　　　　　　　　　　　表 7-2-3

热 用 户	1	2	3	4	5
正常工况时流量（$\mathrm{m^3/h}$）	100	100	100	100	100
工况变动后流量（$\mathrm{m^3/h}$）	103.5	107.8	0	116.4	116.4
正常工况时用户的作用压差 ΔP（kPa）	500	400	300	200	100
工况变动后用户的作用压差 ΔP（kPa）	535.6	464.8	406.5	271.0	135.5

（5）确定工况变动后各用户的作用压差

当管网水力工况变化后，热用户 1、2、4、5 的作用压差应等于用户支路的阻抗与流量平方的乘积，例如用户 1：

$$\Delta P_1 = S_1 Q_1^2 = 50 \times 103.5^2 \times 10^{-3} = 535.6\mathrm{kPa}$$

同理，可计算出热用户 2、4、5 的作用压差。用户 3 的作用压差为用户 4 的作用压差加上干管Ⅳ的阻力损失，即：

$$\Delta P_3 = \Delta P_4 + S_{\mathrm{IV}} (Q_4 + Q_5)^2 = 271.0 + 2.5 \times 232.8^2 \times 10^{-3} = 406.6\mathrm{kPa}$$

其计算结果列于表 7-2-3。图 7-2-3 中虚线表示水力工况变化后的水压图和各用户的作用压差变化。

计算例题说明，只要管网各管段及用户的阻抗为已知值，则可以通过计算方法，确定管网的水力工况——各管段和用户的流量以及相应的作用压差，但计算极为繁琐。近年来，管网计算理论的不断完善和计算机技术的高度发展，使得这类计算问题容易得到解决。因此，利用计算机分析供热管网水力工况，并以此来指导管网进行初调节，直至配合微机监控系统，对供热管网实现自动调控等技术，在国内也得到了应用。

7.3 管网系统水力工况调适与水力稳定性

7.3.1 管网系统水力工况调适

1. 水力失调的概念

管网系统的流体在流动过程中，往往由于多种原因，使管网中某些管段或用户实际分配的流量不符合设计值。这种管网系统中的管段或用户实际流量与设计流量的不一致性，称为水力失调。

水力失调程度可用实际流量与设计流量的比值来衡量，即

$$x_i = Q_{si}/Q_{gi} \qquad (7\text{-}3\text{-}1)$$

式中 x_i——被衡量管段的水力失调度；

Q_{si}——被衡量管段的实际流量；

Q_{gi}——被衡量管段的设计流量。

对于整个管网系统来说，各管段的水力失调状况可能有多种多样。当管网系统中所有管段的水力失调度 x_i 都大于 1 或都小于 1 时，称为一致失调；反之，则为不一致失调。

一致失调又可分为等比失调和不等比失调。所有管段的 x_i 都相等的状况，称为等比失调；反之，则为不等比失调。

2. 产生水力失调的原因

管网系统水力失调的原因是多方面的，归纳起来主要是以下三方面：

(1) 管网系统的设计偏差，管网的配置不符合设计分配流量的要求。

(2) 管网中流体流动的动力源（一般为风机、泵及重力差等）提供的能量与设计不符。例如：风机、泵的型号、规格的变化及其性能参数的差异，动力电源电压的波动，流体自由液面差的变化等，导致管网中压头和流量偏离设计值。

(3) 管网的流动阻力特性发生变化，即 6.1 节中论述的管网阻抗 S_i 的变化。很多因素可导致 S_i 的改变。如式 (6-1-7) 中所含的各个可变参数。诸如：在管路安装中，管材实际粗糙度 K 的差别，焊接缝光滑程度的差别，存留于管道中泥砂、焊渣多少的差别，管路走向改变而使管长度的变化，弯头、三通等局部阻力部件的增减等，均会导致管网实际阻抗与设计计算值偏离。尤其是一些在管网中设置的阀门，改变其开度即可能大大改变管网的阻力特性。

下面再以实际管网中几种常见的情况为例，根据水力工况分析的基本方法，并利用水压图，定性地分析管网水力失调的规律性。如图 7-3-1 (a) 所示为一个带有五个用户的供热管网。假定各用户的流量已调整到规定的数值。如改变阀门 A、B、C 的开启度，管网中各用户将产生水力失调。同时，水压图也将发生变化。图中实线表示初始状态，虚线表示调节后状态。

(1) 阀门 A 节流（阀门关小）时的水力工况。当阀门 A 节流时，管网的总阻抗增大，总流量 Q 将减少，管网循环水泵的扬程略有上升。由于用户 1 至用户 5 的管网干管和用

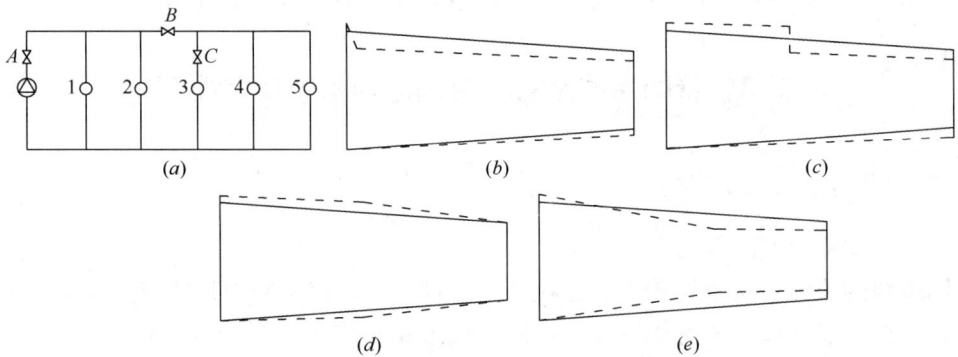

图 7-3-1　供热管网的水力工况变化示意图

户分支管的阻抗无改变，根据式（7-2-13）推论可知，各用户的流量分配比例也不变，即都按同一比例减少，管网产生一致的等比失调。管网的水压图将如图 7-3-1（b）所示。图中实线为正常工况下的水压线，虚线为阀门 A 节流后的水压线。由于各管段流量均减少，因而虚线的水压线比原水压线变得较平缓一些。各用户的流量是按同一比例减少的。因而，各用户的作用压差也按相同的比例减少。

（2）阀门 B 节流时的水力工况。当阀门 B 节流时，管网的总阻抗增加，总流量 Q 将减少。供水管和回水管水压线将变得平缓一些，并且供水管水压线将在 B 点出现一个急剧的下降（对应阀门 B 节流的局部阻力损失），变化后的水压图将成为图 7-3-1（c）虚线所示。水力工况的这个变化，对于阀门 B 以后的用户 3、用户 4、用户 5，相当于本身阻抗未变而总的作用压差却减少了，它们的流量、作用压差按同样的比例减少。因此，将出现一致的等比失调。

对于阀门 B 以前的用户 1、用户 2，根据式（7-2-13）推论，用户流量将按不同的比例增加，它们的作用压差都有增加但比例不同，这些用户将出现不等比的一致失调。

对于全部用户来说，既然流量有增有减，那么整个管网的水力工况就发生了不一致失调。

（3）阀门 C 关闭（用户 3 停止工作）时的水力工况。阀门 C 关闭后，管网的总阻抗将增加，总流量 Q 将减少。从热源到用户 3 之间的供水和回水管的水压线将变得平缓一些，但因假定管网水泵的扬程略有上升，所以在用户 3 处供、回水管之间的压差将会增加，用户 3 处的作用压差增加相当于用户 4 和用户 5 的总作用压差增加，因而使用户 4 和用户 5 的流量按相同的比例增加，并使用户 3 以后的供水管和回水管的水压线变得陡峭一些。变化后的水压线将成为图 7-3-1（d）中虚线所示。从图 7-3-1（d）的水压图可以看出，在整个管网中，除用户 3 以外的所有用户的作用压差和流量都会增加，出现一致失调。对于用户 3 后面的用户 4 和用户 5，将是等比的一致失调。对于用户 3 前面的用户 1 和用户 2，将是不等比的一致失调。

（4）供热管网投入使用前未按设计要求进行初调节的水力工况。对于此种管网结构，管网近端热用户的作用压差大，在选择用户分支管路的管径时，又受到管道内热媒流速和管径规格的限制，在用户分支管路上按设计流量计算的压差小于管网能够提供的作用压差，即存在剩余作用压差。如管网未进行初调节，前端用户的实际阻抗远小于按设计规定要求能消耗全部作用压差的计算值，管网总阻抗比设计要求值小，管网的总流量增加。位于管网前端的热用户，其实际流量比规定流量大得多。管网干管前部的水压曲线，将变得较陡；而位于管网后部的用户，其作用压头和流量将小于设计值。管网干管后部的水压曲线将变得平缓些（图 7-3-1e 中的虚线）。由此可见，管网投入运行时，必须很好地进行初调节。

3. 管网系统水力工况调适

管网系统往往是由多个循环环路关联在一起组成的管路系统。各环路之间的水力工况相互影响。系统中任一个管段的流量改变，必然会引起其他管段的流量发生变化。如果某一管段的阀门关小或开大，必然导致管路流量的重新分配，即引起了水力工况的改变。当某些环路因发生水力失调而流量过小，如锅炉循环系统中水冷壁管路流量分配不均，使部分管束水流停滞，则有可能发生爆管事故；在制冷机组水循环系统中，蒸发器管束因此可能发生冻裂管事故。在供热空调系统中，流体流量的变化必然使其负担输配的冷热量改变，即其水力失调必然导致热力失调。

在水力失调发生的同时，管网系统中的压力分布也发生了变化。在一些特殊情况下，局部管路和设备内的压力超过一定的限值，则可能使之破坏。

管网系统水力工况调适的本质是使各个用户实际得到的流量与其实现所要求的功能需求的流量相同，即实现管网各用户的水力平衡。

在管网设计过程中，可以通过合理选择管径等措施，尽可能达到系统在设计工况下的水力平衡。由于管径规格的限制等原因，不能实现管网系统在设计工况的严格水力平衡，系统安装时也会因为工程具体条件的影响导致实际的管道系统与设计产生一定的偏差。另外，还存在系统中换热设备的规格限制、实际条件下性能发生变化等问题。如果不采用相应的调节措施，系统在运行时就会发生失调。例如，城市供热管网中，常常发生距离热源和循环水泵较近的用户因流量过大而过热、而较远的用户却因流量不足而过冷的水力失调和热力失调现象。为满足远端用户的流量需求，又往往采用增大总流量的办法，造成近端用户流量进一步超过要求值，带来运行能耗的增加。所以，系统在按设计建造完成后，必须进行相应的调节，使其达到设计要求。在运行过程中，用户的使用要求是不断变化的，处于设计状况的情形并不多，往往是用户的流量需求小于设计流量。这时，必须通过相应的调节措施，来适应用户流量需求的变化，否则也会发生水力失调。

7.3.2 管网系统的水力稳定性

为避免或减小管网系统因水力失调产生的不利影响，在管网系统的设计中应考虑采取措施降低可能发生的水力失调度，特别是在管网系统的运行中，往往根据某用户要求需对某管段的流量进行调整时，又不希望其他用户的流量因之发生较大的变化，亦即希望其他用户的流量稳定在或接近原有的水平。管网的这种性能，即在管网中各个管段或用户，在其他管段或用户的流量改变时，保持本身流量不变的能力，称其为管网的水力稳定性。通常用管段或用户规定流量 Q_g 和工况变动后可能达到的最大流量 Q_{max} 的比值 y 来衡量管网的水力稳定性，即

$$y = Q_g/Q_{max} = 1/x_{max} \tag{7-3-2}$$

式中　y——管段或用户的水力稳定性；

Q_g——管段或用户的规定流量；

Q_{max}——管段或用户的最大流量；

x_{max}——工况变动后，管段或用户可能出现的最大水力失调度。

管网系统中，某管段或用户的规定流量按下式算出：

$$Q_g = \sqrt{\frac{\Delta P_y}{S_y}} \quad (m^3/h) \tag{7-3-3}$$

式中　ΔP_y——用户在正常工况下的作用压差，Pa；

　　　　S_y——用户系统及用户支管的总阻抗，Pa/$(m^3/h)^2$。

一个用户可能的最大流量出现在其他用户全部关断时。这时候，管网干线中的流量很小，阻力损失接近于零；因而管网的作用压差可认为是全部作用在这个用户上。由此可得：

$$Q_{max} = \sqrt{\frac{\Delta P_r}{S_y}} \tag{7-3-4}$$

式中　ΔP_r——管网的作用压差，Pa。

ΔP_r可以近似地认为等于管网正常工况下干管的压力损失ΔP_w和这个用户在正常工况下的压力损失ΔP_y之和，亦即：

$$\Delta P_r = \Delta P_w + \Delta P_y$$

因此，这个用户可能的最大流量计算式可以改写为：

$$Q_{max} = \sqrt{\frac{\Delta P_w + \Delta P_y}{S_y}} \tag{7-3-5}$$

于是，它的水力稳定性为：

$$y = \frac{Q_g}{Q_{max}} = \sqrt{\frac{\Delta P_y}{\Delta P_w + \Delta P_y}} = \sqrt{\frac{1}{1 + \dfrac{\Delta P_w}{\Delta P_y}}} \tag{7-3-6}$$

由式（7-3-6）可见，水力稳定性y的极限值是 1 和 0。

在$\Delta P_w = 0$时（理论上，管网干管直径为无限大），$y = 1$。此时，这个用户的水力失调度$x_{max} = 1$，即工况无论如何变化都不会使它水力失调，因而它的水力稳定性最好。这个结论，对于每个用户都成立，也就是说，在这种情况下任何用户流量的变化，都不会引起其他用户流量的变化。

在$\Delta P_y = 0$或$\Delta P_w = \infty$时（理论上，用户系统管径无限大或管网干管管径无限小），$y = 0$。此时，用户的最大水力失调度$x_{max} = \infty$，水力稳定性最差，任何其他用户改变的流量，将全部转移到这个用户去。

实际上，管网的管径不可能为无限小或无限大。管网的水力稳定性系数y总在 0 和 1之间。因此，当水力工况变化时，任何用户的流量改变，一部分流量将转移到其他用户中去。如以例题【7-1】的计算分析，用户 3 关闭后，其流量从 100m^3/h减到 0，其中一部分流量（44.1m^3/h）转移到其他用户，而整个管网的流量减少了 55.9m^3/h。

从对式（7-3-6）的分析可知，提高管网水力稳定性的主要方法是相对地减小管网干管的压降，或相对地增大用户系统的压降。

为了减少干管的压降，就需要适当增大管径，即在进行水力计算时，选用较小的比摩阻 R 值。适当地增大靠近循环动力的干管的直径，对提高管网的水力稳定性效果更为显著。

为了增大用户系统的压降，可选用阻抗较大的用户末端装置，也可以采用水喷射器，调压板，安装高阻力小管径阀门等措施。

在运行时应合理地进行管网的初调节和运行调节，应尽可能将干管上的所有阀门开大，而把剩余的作用压差消耗在用户系统上。

对于运行质量要求高的系统，可在各用户引入口处安置必要的自动调节装置（如流量调节器等），以保证用户当前的流量需求得以满足，而不受其他用户调节的影响。安装流量调节器以保证流量稳定的方法，实质上就是改变用户系统总阻抗 S_y，以适应变化工况下用户作用压差的变化，从而保证流量稳定。

提高管网水力稳定性，使得管网系统正常运行，可以减少无效的电能和冷热量（供热空调管网系统）消耗，便于系统调适。因此，在管网系统设计中，必须在关心节省造价的同时，充分重视提高系统的水力稳定性。

7.4 枝状管网的调节阀调节

7.4.1 比例法

如前所述，对于已安装完毕的管路系统，由于设计时管径规格的限制以及安装偏差等诸多原因，在投入使用时，如不进行"调适"，容易造成管网中用户的实际流量达不到设计要求。因此，在管网使用之初往往通过调整预先安装的一些调节装置的开度，对各管段的阻力特性和流量进行一次全面的调整，使其达到设计要求，这一调节工作也称为管网的初调节。

先以一个通风系统为例来说明比例调节法的原理和步骤。

如图 7-4-1 所示，是一个具有两个支路和风口的简单机械送风系统。当风机启动后，打开总风阀，并将三通调节阀（示意图见图 7-4-2）置于中间位置，测出此时两支管的风量，记为 L_A 和 L_B。此时有：

$$\frac{L_A}{L_B} = \sqrt{\frac{S_{C-B}}{S_{C-A}}} \qquad (7\text{-}4\text{-}1)$$

式中　S_{C-B}——$C-B$ 支路的阻抗；

　　　S_{C-A}——$C-A$ 支路的阻抗。

只要不改变 $C-A$ 支路和 $C-B$ 支路的阻力特性，L_A 和 L_B 之间的比例关系也就不会发生变化。由此可见，若设计风量为 L_A^0 和 L_B^0，即使测出的风量与设计风量不同，只要调整两风口的出风量，达到 $\frac{L_A}{L_B} = \frac{L_A^0}{L_B^0}$，再调节总风阀改变系统的总风量，使 $L_A = L_A^0$ 或 $L_B = L_B^0$，即达到了设计要求，调试即告完成。

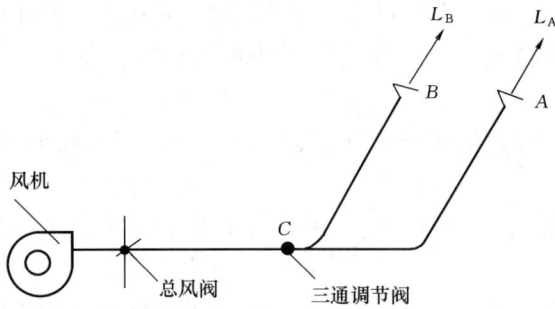

图 7-4-1　风量调整示意

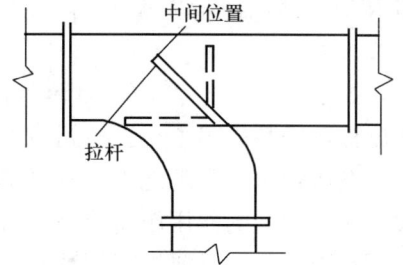

图 7-4-2　三通调节阀

上述这种按流量比例的调节方法为枝状管网的流量调节提供了有效手段。下面以图 7-4-3 所示的通风管网为例说明比例调节法的实际应用。

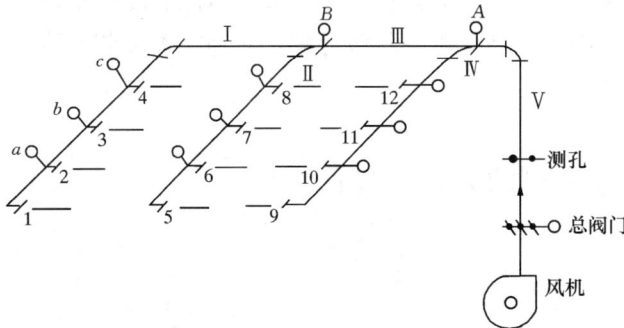

图 7-4-3　通风管网示意图

假定该系统除总风阀外在三通管 A、B 处及各风口支管处，装有三通调节阀（或其他类型的调节阀）。风量调整前，三通阀置于中间位置，系统总阀门置于接近全开。启动风机，初测各风口风量并计算与设计风量的比值，将初测与计算结果列于表 7-4-1。

分析表 7-4-1 初测的数据，发现该系统的风量分配，此时是各支管最远风口的风量最小，支路间的风量分配是支路 I 最小。此时，以风口 1 为基准，将风口 2 的风量调到与风口 1 相同，进而调节风口 3 的风量使其与风口 2 或风口 1 的风量相同，依次类推，将支管 I 上所有风口的风量调整均匀。采用同样的方法分别将支管 II 和 IV 上的各风口风量比调整到设计的比例。然后，分别以 1、5、9 风口为代表，依次调节 B、A 两个三通阀，使各支管间的风量分配达到 2：2：3 的设计要求。这样风量分配的调整才告完成，最后调整总风阀，将总风量调整到设计风量，整个管网的风量调整即告完成。

通风管网风量分配的初测结果　　　　表 7-4-1

风口编号	设计风量 （m³/h）	初测风量 （m³/h）	初测风量/设计风量×100%	风口编号	设计风量 （m³/h）	初测风量 （m³/h）	初测风量/设计风量×100%
1	200	160	80	7	200	230	115
2	200	180	90	8	200	240	120
3	200	220	110	9	300	240	80
4	200	250	115	10	300	270	90
5	200	190	95	11	300	330	110
6	200	210	105	12	300	360	120

可见，比例调节法利用了枝状管网的流量分配规律，即对距离动力装置较近的管段上的阀门进行调节时，距离动力装置较被调节阀门更远的管段和用户之间的流量分配比例不受影响。从图 7-4-3 还可以看出，管网中的管段和用户还存在层级关系，如分支Ⅰ、Ⅱ、Ⅳ处于同一个层次，末端风口 1~4、5~8、9~12 则分属于Ⅰ、Ⅱ、Ⅳ分支，属下一个层次。对分支内部某处的阀门进行调节，只会影响该分支下属的同一层次的管段和用户之间的流量分配比例。如对Ⅰ分支下属的风口 4 调节时，不会影响Ⅱ、Ⅳ分支内部各风口之间的风量比例。因此，比例调节法的调节次序在层次上是从下到上，从流程上距离动力装置的远近关系上是由远及近。

当管网规模大、用户多时，常在管网系统中安装平衡阀来进行水力平衡调节。下面以热水供热管网为例，介绍安装有平衡阀的管网系统采用比例法进行初调节的方法和步骤。

平衡阀的基本结构如图 7-4-4 所示。其主要特点是阀门有开度指示、开度锁定装置，进出口有测压小阀，在调试时，可以连接配套的智能仪表，智能仪表可以通过测量进出口的压差，利用已知的阀门特性参数进行计算，显示出流经阀门的压差和流量。

待调节的供热系统如图 7-4-5 所示，共有四条支线 A、B、C、D；每条支线有四个热用户，在各支线和热用户回水管道上均安装有平衡阀。

该方法的调节步骤如下：

（1）调节支线选择

1）全开系统中所有平衡阀，供水管道上的所有其他阀门也全开，使系统在超流量的工况下运行。

2）利用平衡阀和智能仪表，测量各支线回水管道上平衡阀前后压差，并由智能仪表直接读出通过各平衡阀的流量，亦即各支线流量（也可根据平衡阀前后压差，利用平衡阀计算图表直接查出流量）。

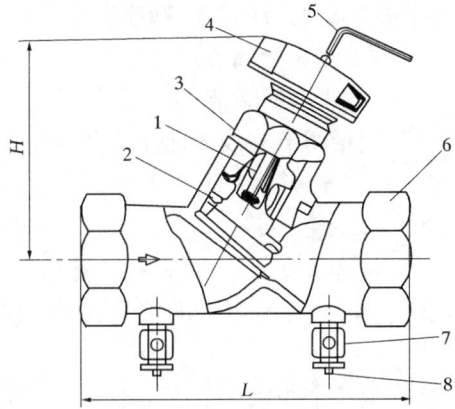

图 7-4-4 平衡阀结构示意图

1—阀杆；2—阀芯；3—定位杆；4 手轮；
5—扳手；6—阀体；7—针阀；8—针阀杆

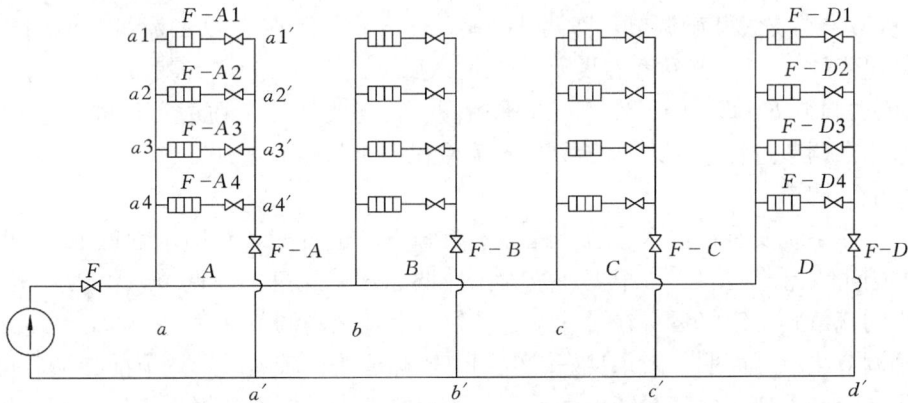

图 7-4-5 安装平衡阀的管网示意图

3）计算各支线实际流量与设计流量的比值 x_i

$$x_i = \frac{G_i}{G_i'} \qquad i = 1,2,3,4,\cdots,n$$

式中　i——各支线序号；

$\quad\;\; n$——支线数；

$\quad G_i'$——支线设计流量，$\mathrm{m^3/h}$；

$\quad G_i$——支线实际流量，$\mathrm{m^3/h}$。

4）选择流量比值 $x_i = x_{zd}$ 最大的支线为调节支线。按支线流量比值的大小顺序排列，即为支线依次调节的前后顺序。在一般情况下，热源近端支线流量比值偏大，因此，往往先从近端支线开始调节。

（2）支线内的调节

1）测量调节支线各热用户的流量，并计算比值 x_i，挑选流量比值最小的热用户为参考用户。若支线 A 为调节支线，则 $x_{zd} = G_A/G_A'$。在 A 支线中，若用户 3 的流量比值最小，即 $x_{zx} = G_{A3}/G_{A3}'$，则用户 3 为参考用户。

2）从调节支线 A 的最末端用户 1 开始调节。利用与平衡阀配套的智能仪表，调节平衡阀 $F-A1$，将用户 1 的流量比值 x_{A1} 调节到参考用户 3 流量比值的 95% 左右，即 $x_{A1} = 0.95x_{A3}$。

3）调节平衡阀 $F-A2$，使用户 2 的流量比值 x_{A2} 调节到与用户 1 的流量比值相等的数值 $x_{A2} = x_{A1}$。应该注意，由于用户 2 的调节，用户 1 的原有流量将会略有增加，所以，在调节 $F-A2$ 时，调试人员用智能仪表监测 $F-A1$ 的流量，并与 $F-A2$ 的调节人员保持联系。

4）继续以用户 1 的流量比值为参考值，依步骤 3）的同样方法，依次调节用户 3、用户 4。每调节一个热用户，用户 1 的流量都将略有增加，这是正常的。

5）按照支线流量比值大小顺序，采用上述同样方法，依次调节其他各支线范围内的用户。

（3）支线间的调节

1）测量各支线的流量比值 x_A、x_B、x_C、x_D，以其中最小值为参考比值，所在支线为参考支线。

2）从最末端支线开始调节，即调节平衡阀 $F-D$，使支线 D 的流量比值调节为参考支线流量比值的 95%，若参考支线为 C 支线，则应 $x_D = 0.95x_C = 0.95x_{zx}$。

3）依次调节 $F-C$、$F-B$、$F-A$ 平衡阀，使各支线流量比值等于最末端支线 D 的流量比值。在调节过程中，末端支线 D 的流量比值也将略有增加。

（4）全网调节

调节供热系统安装在供水管道上的总平衡阀 F（也可安装在回水管道上），使最末端支线 D 的流量比值等于 1.0。根据一致等比失调原理，经过上述调节，供热系统各支线、各热用户的流量则一定将运行在设计流量的数值上，全网调节结束。

比例调节法原理简明，效果良好。但调节步骤还是比较繁琐：调节前必须对每个平衡阀进行测试，必须使用两套智能仪表，配备两组测试人员，通过报话机进行信息联系；几乎每个平衡阀都需要重复调节两次。调节过程较为费时费力。

7.4.2 补偿法

这是安装平衡阀的管网的另一种水力平衡调节方法。对于如图 7-4-5 所示的任意一个支线，当用平衡阀对一个用户进行调节时，阀和管路中的阻抗会改变，并由此改变其他平衡阀两端的压差，引起其流量波动。根据一致失调的原理，上游端用户的调节只会引起其下游各个用户的一致失调。因此，从最下游的用户开始，由远及近进行调节时，对某个用户进行调节引起的下游用户的流量波动，可以在其下游的任何一个用户管路的平衡阀中检测到（进行检测的平衡阀被称为参照阀，一般以最远端用户的平衡阀为参照阀）。且这些用户的流量波动是因为压力波动引起的，这时，通过调节支线回水管上的平衡阀（称为合作阀），对产生的压力波动进行补偿，当调整到参照阀中的流量恢复到设计值时，所有已完成调试用户的流量波动都将得以恢复。在各个支线之间进行调节时，上述原理同样适用。以图 7-4-5 所示的系统为例，对补偿法调节的主要步骤进行说明。

（1）支线内的调节

1）任意选择待调支线（见图 7-4-5）。

2）从最远端用户开始调节，该用户处的平衡阀为参照阀，首先确定其压降。

为保证智能仪表的测量精度，平衡阀的最小压降不得小于规定的最小值，否则，智能仪表测出的流量值可能失真。平衡阀的最小压降一般取 $0.3mH_2O$。在支线范围内，一般安装在局部系统（含室内管道系统、连接支线的管道及其附件，不含平衡阀）阻力最大的用户处的平衡阀的压降最小。为保证测量精度，将该平衡阀的压降取为 $0.3mH_2O$。如果在设计流量下该平衡阀全开时的阻力 ΔP_{Rmin} 大于 $0.3mH_2O$，则该平衡阀的压降取为 ΔP_{Rmin}。这样，就可依据设计流量下该用户的局部系统阻力确定参照阀的压降，其中供、回水干管的压降可按平均比摩阻估算。

例如选择图 7-4-5 中的 A 支线为待调支线，其中用户 2 的局部系统阻力最大，参照阀为 $F-A1$。计算 $F-A1$ 在设计流量下的压降值 ΔH_{F-A1}。若用户 2、用户 1 的局部系统在设计流量下的压降分别为 ΔH_{A2}、ΔH_{A1}（不含平衡阀的压降），则 ΔH_{F-A1} 值可由下式计算：

$$\Delta H_{F-A1} = \Delta H_{A2} + \Delta P_{R2} - \Delta H_{a2\sim a1} - \Delta H_{a1'\sim a2'} - \Delta H_{A1} \quad (mH_2O)$$

式中　$\Delta H_{a2\sim a1}$、$\Delta H_{a1'\sim a2'}$——分别为用户 2 至用户 1 之间供、回水管线的压降，mH_2O；

ΔP_{R2}——$0.3mH_2O$ 或 ΔP_{Rmin}。

当各个用户设计流量下局部系统阻力相等时，支路范围内参照阀的压降值在所有的平衡阀中最小，因此，参照阀的压降取 $0.3mH_2O$；如果在设计流量下参照阀全开时的阻力 ΔP_{cmin} 大于 $0.3mH_2O$，则参照阀的压降取 ΔP_{cmin}。

3）计算参照阀的特性系数 K_V 和开度 K_S。

根据 ΔH_{F-A1} 和设计流量 G'，由下式可以计算出参照阀 $F-A1$ 的特性系数 K_V：

$$K_V = \frac{3.2G'}{\sqrt{\Delta H_{F-A1}}} \quad (7-4-2)$$

式中　G'——单位为 m^3/h；

ΔH_{F-A1}——单位为 mH_2O。

或

$$K_V = \frac{10G'}{\sqrt{\Delta H_{F-A1}}} \qquad (7\text{-}4\text{-}3)$$

式中　G'——单位为 m^3/h；

ΔH_{F-A1} 的单位为 kPa。

不难看出，特性系数 K_V 与阻力系数 S 在本质上是相同的，皆代表平衡阀的特性。当平衡阀的开度不同，其 K_V、S 值也随之不同。K_V 与 S 的关系可由下式表示：

$$S = \left(\frac{3.2}{K_V}\right)^2 \qquad [mH_2O/(m^3h^{-1})^2]$$

或
$$S = \left(\frac{10}{K_V}\right)^2 \qquad [kPa/(m^3h^{-1})^2]$$

根据平衡阀厂家提供的平衡阀特性资料，由计算出的平衡阀特性系数 K_V（或 S）确定平衡阀的开度 K_S。按照求出的平衡阀开度 K_{S-A1}，调节用户 1 的平衡阀 $F-A1$，达到给定开度，并将平衡阀的手轮锁定。

4）将第一台智能仪表接至用户 1 的平衡阀 $F-A1$ 上，调节支线 A 的总平衡阀 $F-A$（合作阀），使 $F-A1$ 平衡阀上的压降达到计算值 ΔH_{F-A1}。此时通过 $F-A1$ 平衡阀上的流量必然为设计流量。

如果 $F-A$ 总平衡阀已全开，平衡阀 $F-A1$ 仍未调至要求数值，此时，可将用户 1 上游端的 1 个或多个用户的平衡阀关小，直至用户 1 平衡阀 $F-A1$ 达到设计的要求。

5）将第二台智能仪表接到用户 2 的平衡阀上，调节平衡阀 $F-A2$，使其通过的流量达到设计流量。与此同时，监视第一台智能仪表上的流量读数，调节支线总平衡阀 $F-A$（合作阀），使用户 1 通过的流量始终保持在设计值。

利用第二台智能仪表，依次调节用户 3 和用户 4，调节方法同用户 2 的调节。

6）按照上述方法，逐个调节各支线。当调节支线不能满足足够的压降时，可将已经调好的支线总平衡阀关闭。

（2）支线间的调节

1）调节最末端支线 D 的总平衡阀 $F-D$（支线间调节时的合作阀），使支线 D 的流量达到设计值。

2）依次调节支线 C、B、A 的总平衡阀 $F-C$、$F-B$、$F-A$，使各支线达到设计流量。同时监视支线 D 的流量，调节供热系统总平衡阀 F，使其流量始终保持在设计值。

支线间调节完成后，各个用户的流量将保持在设计值。

补偿法具有两个明显的优点：一是每个用户的平衡阀只测量调节一次，因而比较节省人力；二是平衡阀的压降是允许的最小压降，因而降低了管网系统循环水泵的扬程，从而节省了运行费用。

补偿法也有不尽人意之处，主要是同时需要两台智能仪表，操作人员须分为三组（最末端参照用户、待调用户和合作阀），通过报话机进行信息联系。

7.4.3　自力式流量调节

这种方法的主要特点是依靠自力式调节阀，自动进行流量的调节控制。下面介绍利用恒温调节阀和流量限制调节阀进行自力式流量调节的工作原理。

1. 恒温调节阀

恒温调节阀简称恒温阀。应用于供暖管网时，一般安装在供暖房间散热器的入口处。其典型结构如图 7-4-6 所示。当室内温度超过给定值时（如 $t_n = 18℃$），装在感温元件中的液体蒸发，使囊箱内压力增高，促使阀芯关小，减少进入散热器的流量，进而达到降低室内温度的目的。当室内温度低于设定值时，囊箱中的部分气体又冷凝为液体，降低了囊箱压力，阀杆带动阀芯开大，增加进入散热器的流量，达到提高室温的目的。恒温阀上有锁定卡环，当将其插入感温元件中的不同位置时，囊箱下面的弹簧的伸缩长度受到限制，即等于改变了室温的设定值。此时，弹簧上的作用力与囊箱压力达到一种新的平衡，进而使室温达到不同的数值。室温的可调范围为 5～26℃之间。

2. 流量限制调节阀

流量限制调节阀简称流量限制阀，属于一种自力式调节阀。结构示意见图 7-4-7。流量调节阀主要由壳体 1、阀芯 2（通过拉杆 3 与压力薄膜 4 连接）、弹簧 5（带有拉紧器 6）、节流圈 7 和压力信号管 8 组成。为了限制阀芯 2 的升程，在压力薄膜的底部装有套管 9，在阀芯 2 开启到最大值时，它被隔板 10 阻挡。

流量限制阀的作用是自动将节流圈 7 的流量限定在给定值。基本原理如下：阀芯 2 之前的流体压力为 P_1，之后的压力为 P_2，节流圈 7 之后的流体压力为 P_3。流体压力 P_2 直接作用在阀芯 2 的下部，使其关闭。但阀芯同时有两个反作用力使其开启：一个是弹簧 5 的拉力，一个是流体压力 P_3 通过压力薄膜 4 作用在阀芯的向下推力。换句话说，阀芯 2 同时存在（$P_2 - P_3$）的压差引起的促使其关闭的向上推力，和弹簧 5 引起的使其开启的向下拉力。当这两个作用力平衡时，阀芯 2 的开度将保持不变。

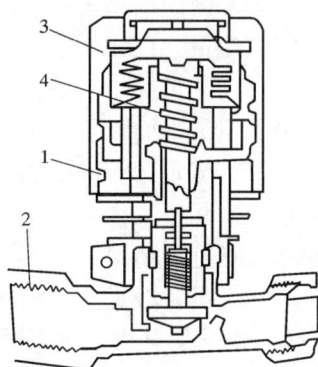

图 7-4-6 恒温阀示意图
1—感温元件；2—阀体；
3—囊箱；4—弹簧

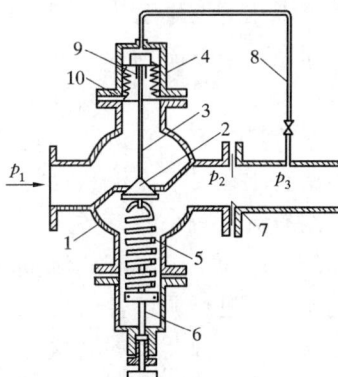

图 7-4-7 流量限制调节阀示意图
1—壳体；2—阀芯；3—拉杆；4—薄膜；
5—弹簧；6—拉紧器；7—节流圈；8—压
力信号管；9—套管；10—隔板

当被调管段流量增加时，压差（$P_2 - P_3$）（节流圈 7 的孔径不变）将超过给定值，亦即大于弹簧 5 的拉力，阀芯 2 将关小，导致通过流量减少，直至压差（$P_2 - P_3$）减小与弹簧拉力重新平衡时，阀芯 2 将不再移动。假定阀芯 2 在上下移动的过程中，弹簧拉力恒定，则阀芯达到新的平衡位置时，必将使（$P_2 - P_3$）恢复到原来的数值，亦即通过流量限制调节阀的流量始终保持在给定值。

当通过被调管段的流量减小时，因（$P_2 - P_3$）压差减小，在弹簧拉力的作用下，阀芯 2 开大，直至（$P_2 - P_3$）增加到与弹簧拉力重新平衡时，阀芯 2 不再开启，此时（$P_2 - P_3$）压差和通过流量恢复到给定值。通过上述分析可以看到：流量调节实际上是依靠阀芯 2 的调节，来维持节流圈 7 前后的压差（$P_2 - P_3$）始终不变，进而实现流量的恒定。

在上述分析中是假定阀芯 2 上下移动时弹簧的拉力不变。实际上弹簧拉力是随着长度的变化而变化的。这样，流量和压差（$P_2 - P_3$）的调节将产生一定的偏差。减少这种偏差的方法是选择适当的薄膜有效直径 d_p 和阀芯工作直径 d_f。研究表明，$d_p/d_f = 0.95 \sim 0.98$ 时，偏差趋于最小值。当比值小于上述值时，调节后的流量将大于给定值，否则，调节后的流量将小于给定值。选择适当比值 d_p/d_f，目的是使薄膜有效面积小于阀芯工作面积，进而使流体压力 P_1 对阀芯产生一个向下开启的推力，当推力恰好能和弹簧变形增加的拉力抵消时，即可消除偏差。

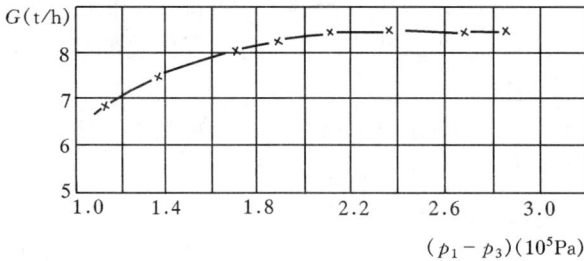

图 7-4-8　DN50mm 流量限制阀的工作曲线

图 7-4-8 给出了流量限制阀的工作曲线。当流体压差（$P_1 - P_3$）超过某一数值时，流量可控制在某一给定的数值内。

比较平衡阀和自力式流量限制阀的调节原理可知，平衡阀在系统中的主要作用是帮助实现各个用户之间的流量分配比例达到设计要求，调整完成后，这种比例关系就被确定下来。如果用户流量需求比例发生变化，则应重新调节。可见，平衡阀适用于各个用户之间流量分配比例随时间变化不大的场合。一次调定各用户之间的流量分配比例，然后，只需改变系统的总流量，各个用户之间就会按所定比例增减流量。而流量控制器的主要作用是维持局部管段通过的流量恒定，它逐一锁定各个用户的流量限定值，而无需整个系统进行统一的调节。但不适宜用在要求变流量运行的管网系统中。以变流量运行的供热管网为例，当负荷减小、管网总流量减小时，各用户要求的限定流量也应相应减少。流量限制阀限定流量是手工操作的，因而不能跟着总流量的变化频繁变动。在这种情况下，流量限制阀为维持原来的限定流量而进行调节，就可能出现距离热源和动力设备较近的有利用户得到原来限定的流量值（超过当前需要的流量），而较远的不利用户虽然开度达到最大，却仍得不到需要的流量，从而发生水力失调和热力失调。

有必要指出，在管网运行过程中，通过改变管网中的阀门开启程度来调节管网或用户流量的方法，必然是改变了管网的阻力特性（S），使管网特性曲线变陡或变缓，泵、风机的工况点发生移动，运行耗功随着发生变化。

图 7-4-9 为阀门调节改变管网特性的工况分析示意图。曲线 1、2 和 3 分别为管网初始状态和阻抗增、减调节后的管网特性曲线；曲线 4 为泵（风机）的性能曲线。关小管网中的阀门，阻抗增大，管网特性曲线变陡为曲线 2，工况点由 A 移到 B，相应的流量由 Q_A 减至 Q_B。当开大管网中的阀门，阻抗减小，管网特性曲线 1 变缓为曲线 3，工况点由 A 移至 C 点，相应流量

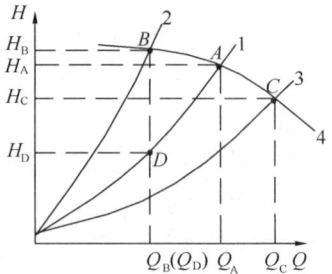

图 7-4-9　阀门调节的管网工况分析

增为 Q_C。由于阀门关小额外增加的压力损失为 $\Delta H = H_B - H_D$。因为如果不调节阀门，原来管网中流量为 Q_B 时需要的压头是 H_D。相应多消耗的功率为：

$$\Delta N = \frac{Q_B \Delta H}{\eta_B} \tag{7-4-4}$$

可见，采用关小阀门减小流量的调节方式，由于增加了阀门阻力，额外增加了压力损失，是不节能的。

7.5 枝状管网的动力调节

7.5.1 动力装置变速调节

泵、风机的变速即改变其叶轮运行转数。根据泵、风机的理论，转数改变必然改变其性能曲线。由泵、风机的相似原理和相似定律可知，在雷诺自模区内，同一泵或风机在不同转数下的流体流动是相似的，即泵或风机不同转速时的性能曲线是相似的。由式（5-6-11）~式（5-6-13）式可得，不同转速的相似工况之间，主要性能参数具有以下关系：

$$\frac{Q}{Q'} = \frac{n}{n'} \qquad \frac{H}{H'} = \left(\frac{n}{n'}\right)^2$$
$$\frac{p}{p'} = \left(\frac{n}{n'}\right)^2 \qquad \frac{N}{N'} = \left(\frac{n}{n'}\right)^3 \tag{7-5-1}$$

所以

$$\left(\frac{Q}{Q'}\right)^2 = \left(\frac{n}{n'}\right)^2 = \frac{P}{P'} \text{ 或} \left(\frac{Q}{Q'}\right)^2 = \frac{H}{H'} \tag{7-5-2}$$

式（7-5-2）在工程中可用来判断泵或风机变转速运行时工况是否相似。式（7-5-2）又可写成：

$$H = \left(\frac{H}{Q^2}\right)Q^2 = \left(\frac{H'}{Q'^2}\right)Q^2 = kQ^2 \tag{7-5-3}$$

式中，k 为常数。将式（7-5-3）绘成曲线，是一条从原点出发的二次抛物线，如图 7-5-1 中曲线 IV。在这条线上，理论上任意两点之间满足式（7-5-2）相似工况的判别条件，称为泵或风机变转速运行的相似工况曲线。

变速调节的工况分析如图 7-5-1 所示。图中曲线 I 为转数 n 时泵或风机的性能曲线。曲线 II 为管网特性曲线，图 7-5-1（a）为广义特性曲线的管网，$H = H_{st} + S_a Q^2$，图 7-5-1（b）为狭义特性曲线的管网，$H = S_b Q^2$。I 和 II 的交点 A 就是转数为 n 时的工况点。转数减小为 n' 时，泵或风机的性能曲线是 III，与管网特性曲线交于 B 点。

对于图 7-5-1（a）中广义管网特性曲线的情况，$\left(\frac{Q_A}{Q_B}\right)^2 = \frac{H_A - H_{st}}{H_B - H_{st}} \neq \frac{H_A}{H_B}$，不满足相似条件，$A$、$B$ 两点不是相似工况点，不满足表 5-6-1 所列的相似工况性能参数换算公式。过 B 点作相似工况曲线 IV，其中，$k = \frac{H_B}{Q_B^2}$，与转数为 n 的性能曲线 I 交于 C 点，C 点与 B 点是相似工况点，满足表 5-6-1 所列的相似工况性能参数换算公式。

图 5-7-1（b）中所示的狭义管网特性曲线的情况，由管网特性曲线方程和相似工况曲

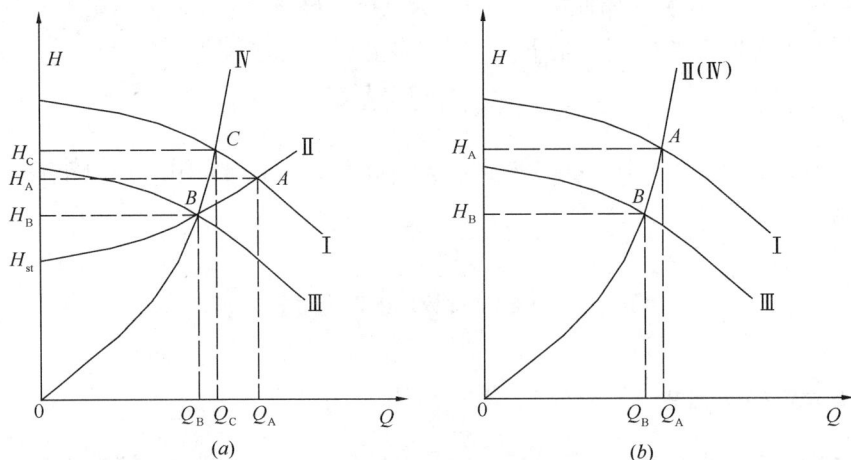

图 7-5-1　泵或风机变速调节工况分析

(a) 广义特性曲线管网；(b) 狭义特性曲线管网

线方程 [式 (7-5-3)] 可知，此时管网特性曲线与变转速的相似工况曲线重合，$S_b = k$，A 点与 B 点是相似工况点，满足表 5-6-1 所列的相似工况性能参数换算公式。

通过以上的分析，可以得出有重要工程意义的结论：

(1) 具有狭义管网特性曲线的管网，当其特性（总阻抗 S）不变时，泵或风机在不同转速运行时的工况点是相似工况点，流量比值与转速比值成正比，压力比值与转速比值平方成正比，功率比值与转速比值三次方成正比。若变转速的同时，S 值也发生变化，则不同转速的工况不是相似工况，上述关系不成立；对于具有广义特性曲线的管网，上述关系亦不成立。

(2) 用降低转速来调小流量，节能效果非常显著；用增加转速来增大流量，能耗增加剧烈。在理论上可以用增加转数的方法来提高流量，但是转数增加后，使叶轮圆周速度增大，振动和噪声增大，且可能发生机械强度和电机的超载问题，所以一般不采用使增速大于额定转速的方法来调节工况。

改变泵或风机转数的方法有以下几种：

(1) 改变电机转速

用电机拖动的泵或风机，电动机的转速 n 与交流电的频率 f 和电动机的极对数 p 有如下关系：

$$n = 60f \frac{1-s}{p} \quad (\text{r/min}) \tag{7-5-4}$$

式中　s——电动机运行的转差率。

因此，改变电机的 p 或 s 以及频率 f 均可调节转速。其中，改变 s 调速方法效率低，属能耗型调速；变极调速虽然节能效率高，初投资小，但调速档数只有几档，调速范围有限，且是阶梯式跳跃的，一般只有两种转数，电机价格较高，应用范围受限制。而通过改变电机输入电流的频率来改变电机转数即变频调速的方法是目前最为常用的。它不仅调速范围宽、效率高，而且变频装置体积小，便于安装。

(2) 调换皮带轮

改变风机或电机的皮带轮的大小，可以在一定范围内调节转数。这种方法的优点是不增加额外的能量损失，缺点是调速范围有限，并且要停机换轮。

（3）采用液力联轴器

液力联轴器是安装在电机与泵或风机之间的传动设备。它和一般联轴器不同之处在于通过液体（如油）来传递转矩，从而在电机转数恒定的情况下，改变泵或风机的转数。

7.5.2 进口导流器调节

离心式通风机常采用进口导流器进行调节。常用的导流器有轴向导流器与径向导流器，如图 7-5-2 所示。

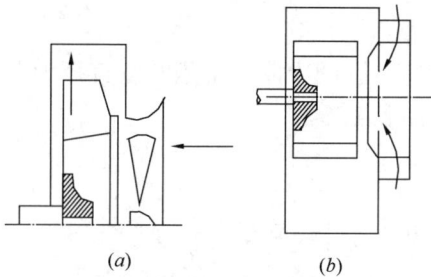

图 7-5-2 进口导流器简图
（a）轴向导流器；（b）径向导流器

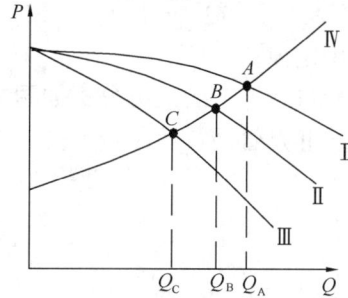

图 7-5-3 进口导流器调节
方法的工况分析

导流器的作用是使气流进入叶轮之前产生预旋。由欧拉方程式得知，$p = \rho (u_2 v_{u2} - u_1 v_{u1})$。当导流器全开时，气流无旋进入叶轮，此时叶轮进口切向速度 $v_{u1} = 0$，所得风压最大。向旋转方向转动导流器叶片，气流产生预旋，使切向分速 v_{u1} 加大，从而风压降低。导流器叶片转动角度越大，产生预旋越强烈，风压 p 越低。

图 7-5-3 是采用导流器调节方法的工况分析图。导流叶片角度为 0°、30°、60°，风机的性能曲线为 Ⅰ、Ⅱ、Ⅲ，与管网特性曲线 Ⅳ 交于 A、B、C 三点，是三种情况下的工况点，流量分别为 Q_A、Q_B、Q_C。

采用导流器的调节方法，增加了进口的撞击损失，从节能角度看，不如变速调节，但比阀门调节消耗功率小，也是一种比较经济的调节方法。此外，导流器结构比较简单，可用装在外壳上的手柄进行调节，在不停机的情况下进行，操作方便灵活。

7.5.3 切削叶轮调节

泵的叶轮经过切削，外径改变，其性能随之改变，则工况点移动，系统的流量和压头改变，达到节能的目的。

叶轮经过切削与原来叶轮不符合几何相似条件，切削前后性能参数不符合相似律。由于切削量不大，近似认为切削前后的出口安装角 β_2 不变。叶轮直径 D_2 变为 D_2'，圆周速度 u_2 变为 u_2'。由于 β_2 不变，速度图相似，见图 7-5-4。

叶轮切削前后的速度比为：

$$\frac{u_2}{u_2'} = \frac{v_{u2}}{v_{u2}'} = \frac{v_{r2}}{v_{r2}'} = \frac{D_2}{D_2'}$$

叶轮切削前后的性能参数之间关系如下（近似认为容积效率 $\eta_V \approx \eta'_V$，排挤系数 $\varepsilon \approx \varepsilon'$，水力效率 $\eta_H = \eta'_H$，涡流系数 $K \approx K'$）：

（1）对于低比转数的泵，叶轮切削后出口宽度变化不大，可以认为 $b_2 \approx b'_2$，则性能参数关系为：

$$\frac{Q}{Q'} = \left(\frac{D_2}{D'_2}\right)^2 \qquad \frac{H}{H'} = \left(\frac{D_2}{D'_2}\right)^2 \qquad \frac{N}{N'} = \left(\frac{D_2}{D'_2}\right)^4 \tag{7-5-5}$$

称为第一切削定律。

（2）对于中、高比转数的泵，叶轮切削后可以认为出口面积不变，$\pi D_2 b_2 = \pi D'_2 b'_2$，则性能参数关系为：

$$\frac{Q}{Q'} = \frac{D_2}{D'_2} \qquad \frac{H}{H'} = \left(\frac{D_2}{D'_2}\right)^2 \qquad \frac{N}{N'} = \left(\frac{D_2}{D'_2}\right)^3 \tag{7-5-6}$$

称为第二切削定律。

切削叶轮进行调节的工况分析如图 7-5-5 所示。图中曲线 I 是叶轮直径为 D_2 的泵的性能曲线，曲线 II 是管网特性曲线，交点 A 是工况点。

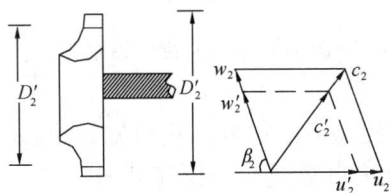

图 7-5-4　切削叶轮及速度图　　　　图 7-5-5　切削叶轮调节的工况分析

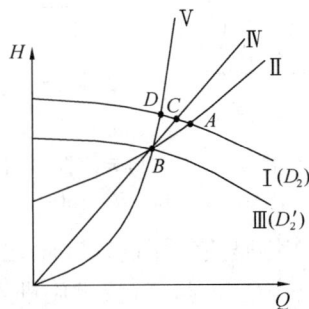

欲将工况点调至管网特性曲线上的 B 点，通过 B 点的泵的性能曲线 III，叶轮直径为 D'_2。为了求出 D'_2，需要找出曲线 I 上与 B 点运动相似的工况点，因为切削定律是由运动相似推导出来的，为此需求出运动相似的切削曲线。由于有两个切削定律，切削曲线也有两条。

对于低比转数的泵与风机，由式（7-5-5）有：

$$\frac{Q}{Q'} = \frac{H}{H'}$$

则：
$$H = \left(\frac{H'}{Q'}\right)Q = \left(\frac{H_B}{Q_B}\right)Q \tag{7-5-7}$$

将 B 点的 H_B、Q_B 代入计算，得出的切削曲线是一条直线，见图 7-5-5 中曲线 IV，与叶轮切削前的性能曲线 I 交于 C 点，C 点与 B 点满足运动相似条件。应用第一切削定律，得

$$\frac{D_2}{D'_2} = \sqrt{\frac{Q_C}{Q_B}} \tag{7-5-8}$$

对于中高比转数的泵或风机，由式（7-5-6）有
$$\frac{H}{H'} = \frac{Q^2}{Q'^2}$$

则：
$$H=\left(\frac{H'}{Q'^2}\right)Q^2=\left(\frac{H_B}{Q_B^2}\right)Q^2 \qquad (7\text{-}5\text{-}9)$$

将 H_B、Q_B 代入计算，得切削曲线是一条二次抛物线，见图 7-5-5 中曲线 V，与叶轮切削前的性能曲线 I 交与 D 点。D 点与 B 点满足相似条件，应用第二切削定律，得

$$\frac{D_2}{D_2'}=\frac{Q_D}{Q_B} \qquad (7\text{-}5\text{-}10)$$

切削叶轮的调节方法，其切削量不能太大，否则效率明显下降。水泵的最大切削量与比转数 n_s 有关，如表 7-5-1 所示。

叶轮最大切削量 表 7-5-1

泵的比转数 n_s	60	120	200	300	350	350 以上
允许最大切削量	20%	15%	11%	9%	7%	0%
效率下降值	每切削 10% 下降 1%			每切削 4% 下降 1%		

制造厂通常对同一型号的泵，除标准叶轮以外，还提供几种经过切削的叶轮供选用。如 2BA-6 型泵，标准叶轮直径为 163mm。切削一次为 2BA-6A 型，叶轮直径为 148mm。切削两次为 2BA-6B 型，叶轮直径为 132mm。切削后的叶轮使用时仍装于原机壳内，调节时只需换用叶轮即可。

切削叶轮的调节方法不增加额外的能量损失，设备的效率下降很少，是一种节能的调节方法。缺点是需要停机换装叶轮，常用于水泵的季节性调节。

【例 7-2】 已知水泵性能曲线如图 7-5-6 所示。管网阻抗 $S=76000\text{mH}_2\text{O}/(\text{m}^3/\text{s})^2$，$H_{st}=19\text{m}$，转速 $n=2900\text{r/min}$。试求：

(1) 水泵的流量 Q、扬程 H、效率 η 及轴功率 N。

(2) 用阀门调节方法使流量减少 25%，求此时水泵的流量、扬程、轴功率和阀门消耗的功率。

(3) 用变速调节方法使流量减少 25%，转速应调至多少？

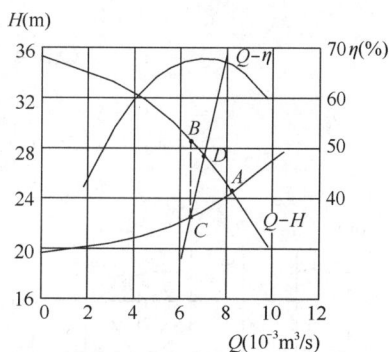

图 7-5-6 例 7-2 题图

【解】 (1) 由管网特性曲线方程 $H=H_{st}+SQ^2=19+76000Q^2$，计算得：

Q ($10^{-3}\text{m}^3/\text{s}$)	0	2	4	6	8	10
H (m)	19	19.30	20.22	21.74	23.86	26.60

管网特性曲线与泵的 Q-H 曲线交于 A 点。

$$Q_A=8.5\times10^{-3}\text{m}^3/\text{s} \quad H_A=24.5\text{m} \quad \eta_A=65\%$$

$$N_A=\frac{\gamma Q_A H_A}{\eta_A}=\frac{9.807\times0.0085\times24.5}{0.65}=3.14\text{kW}$$

(2) 阀门调节

$$Q_B=(1-0.25)Q_A=0.75\times8.5=6.38\times10^{-3}\text{m}^3/\text{s}$$

在泵的 Q-H 曲线上查得 B 点，$H_B=28.8\text{m}$，$\eta_B=65\%$

$$N_B = \frac{\gamma Q_B H_B}{\eta_B} = \frac{9.807 \times 0.00638 \times 28.8}{0.65} = 2.77 \text{kW}$$

由 B 点作垂直线与管网特性曲线交于 C 点

$$H_C = 19 + 76000 \times (0.00638)^2 = 22.09 \text{m}$$

阀门增加的水头损失

$$\Delta H = H_B - H_C = 28.8 - 22.09 = 6.71 \text{m}$$

阀门消耗的功率

$$\Delta N = \frac{\gamma Q_B \Delta H}{\eta_B} = \frac{9.807 \times 0.00638 \times 6.71}{0.65} = 0.65 \text{kW}$$

（3）变速调节

将工况点调至 C 点，相似工况曲线的特性方程 $H = kQ^2$

其中：
$$k = \frac{H_C}{Q_C^2} = \frac{22.09}{0.00638^2} = 542693 \text{ mH}_2\text{O}/(\text{m}^3/\text{s})^2$$

Q $(10^{-3}\text{m}^3/\text{s})$	6	6.38	7	8
H (m)	19.55	22.09	26.61	34.75

相似工况曲线与泵的 $Q\text{-}H$ 曲线交于 D 点，

$$Q_D = 7.2 \times 10^{-3} \text{m}^3/\text{s}，由 \frac{n'}{n} = \frac{Q_D}{Q_C}$$

得　$n' = n \frac{Q_C}{Q_D} = 2900 \times \frac{0.00638}{0.0072} = 2570 \text{r/min}$

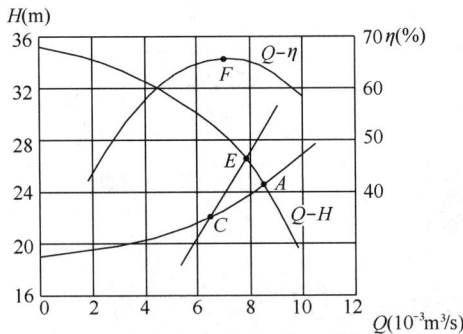

图 7-5-7　例 7-3 题图

【例 7-3】　上题中的水泵直径 $D_2 = 200\text{mm}$，如果用切削叶轮方法使流量减少 25%，问应切削多少？

【解】　首先计算水泵的比转数。效率最高点 F，$Q_F = 7 \times 10^{-3} \text{m}^3/\text{s}$，$H_F = 28\text{m}$

$$n_s = 3.65 \frac{nQ^{\frac{1}{2}}}{H^{\frac{3}{4}}} = 3.65 \times \frac{2900 \times 0.007^{\frac{1}{2}}}{28^{\frac{3}{4}}} = 73$$

属于低比转数的水泵，采用第一切削定律，切削曲线是直线。

$$H = \frac{H_C}{Q_C} Q = \frac{22.09}{6.38} Q = 3.46 Q$$

当 $Q = 8 \times 10^{-3} \text{m}^3/\text{s}$ 时，$H = 27.68\text{m}$。两点即可画出切削曲线，与泵的 $Q\text{-}H$ 曲线交于 E 点，$Q_E = 7.7 \times 10^{-3}\text{m}^3/\text{s}$，见图 7-5-7。

$$\frac{D_2}{D_2'} = \sqrt{\frac{Q_E}{Q_C}} = \sqrt{\frac{7.7}{6.38}} = 1.10$$

$$D_2' = \frac{D_2}{1.10} = \frac{200}{1.10} = 182 \text{mm}$$

切削率

$$\Delta = \frac{D_2 - D_2'}{D_2} = \frac{200 - 182}{200} = 9\%$$

在允许范围内。

7.5.4 定速水泵与变速水泵并联运行调节

管网中往往设有多台相同型号的水泵并联运行，以达到相互备用和适应流量变化的目的。如果使用变频调速来实现节能，可采用将所有的水泵换成变速水泵或采用一台大流量变速水泵。台数较多、流量很大时，将所有的水泵换成变速水泵，投资过高；采用一台大流量变速水泵又有流量过大、无备用水泵的缺点。这时，可以采用几台定转速水泵与一台变频调速水泵并联运行。例如，共有三台相同型号水泵并联，其中两台定速、一台变速，在流量变化小于一台水泵的流量时，用两台定速水泵与一台变速水泵联合运行；在流量变化多于一台水泵的流量，但总流量比一台水泵流量大时，采用一台定速水泵与一台变速水泵联合运行；总流量小于一台水泵的流量时，一台变速水泵单独运行。显然，在所有的运行过程中，变速水泵始终处于运行状态。定速泵与变速泵并联运行，尽管几台水泵的设计性能一样，但其中有水泵变转速运行时，便成了不同性能水泵并联运行。此方法也可称之为水泵台数与变速的联合调节。

在运行过程中，由于控制方法不同，定、变速水泵的并联运行效果是不同的。下面以一个采用两台定速泵和一台变速泵联合运行的管网系统为例进行分析，图 7-5-8 为管网系统示意。

（1）水泵出口压力控制

管网中，D 点为定压点，压力恒定，则控制水泵出口压力不变，相当于控制水泵的输出扬程不变。这种控制方式在流量变化过程中的运行工况如图 7-5-9 所示。图中，曲线 1、2、3 分别为水泵转速均为设计额定转速 n_m 时，一台泵、两台泵及三台泵联合运行的曲线；曲线 $d-1'$ 为变速泵调至最小转速 n_0 时的性能曲线，$p-c-2'$、$p-b-3'$ 分别为变速泵调至最小转速 n_0 时与一台和两台定速泵的联合运行曲线，$0-a$、$0-b$、$0-c$ 分别为三台、两台联合运行及一台水泵运行时的管网特性曲线，系统设计工况点为 a 点，控制压力 H_0。

当用户侧水流量需求减小时，用户侧管路中的阀门关小，管网阻抗增大，水泵组出口压力将增加（管网特性曲线由 $0-a$ 向 $0-b$ 移动），压力控制器使变速水泵转速降低（联合运行性能曲线由 $p-3$ 向 $p-2$ 移动），以保证水泵组联合工作的扬程 H_0 保持不变，这时泵组的工作点将由 a 点向左平移，当到达 b 点时，变速泵的转速为 n_0，变速泵的扬程等于 H_0，性能曲线为 $d-1'$，它的流量为零，已经完全没有发挥作用了，继续变小转速不但没有意义，反而会对泵产生不良影响。因此，此时应停止一台定速泵的运

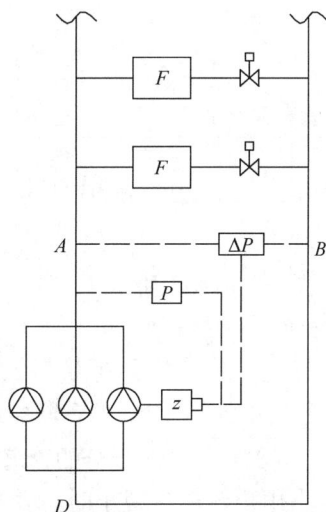

图 7-5-8 定、变速泵并联
运行管网示意图

F—末端用户；ΔP—压差控制器；
P—压力传感器；Z—变频调速机构

行，停泵后短时间内系统工作点将降至 b_1 点（$H_{b1} < H_0$）。之后由于压力控制器的作用将使变速泵很快重新恢复至设计转速 n_m，使系统工作点稳定在 b 点。当流量需求继续下降，按上述相同的控制方式，工作点由 b 点移到 c 点，这时再停止一台定速泵，工作点瞬间为 c_1 点，之后重新回到 c 点。从这一点开始，便是单台变速泵运行了。随流量要求继续下降，工作点由 c 点向 d 点移动。到达 d 点后，表明系统完全不需要水量了，变速泵停止工作，整个系统也停止工作。

在上述过程中，工况点变化如下：

a 点（两台定速泵＋变速泵运行，变速泵转速 n_m）→ b 点（两台定速泵＋变速泵运行，变速泵转速 n_0，停泵点）→ b_1 点（一台定速泵＋变速泵运行，变速泵转速 n_0）→ b 点（一台定速泵＋变速泵运行，变速泵转速 n_m）→ c 点（一台定速泵＋变速泵运行，变速泵转速 n_0，停泵点）→ c_1 点（一台变速泵运行，变速泵转速 n_0）→ c 点（一台变速泵运行，变速泵转速 n_m）→ d 点（变速泵转速 n_0，停泵点）。

在水泵台数切换时，系统有较大压力波动，但其时间较短，当压力控制器使变速泵转速从 n_0 变为 n_m 后，压力得到恢复。

（2）用户侧供回水压差控制

运行调节时，控制 A、B 两点压差恒定。设控制压差为 ΔP，运行工况分析如图 7-5-10 所示。

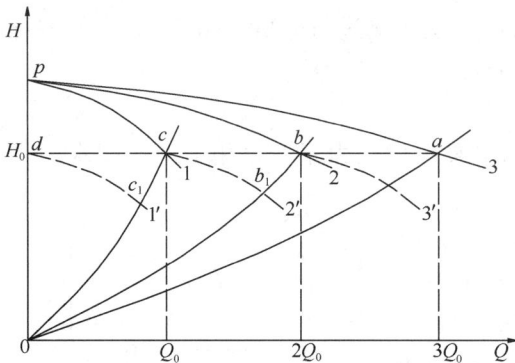

图 7-5-9　水泵出口压力控制方式工况分析　　　图 7-5-10　用户供回水压差控制方式工况分析

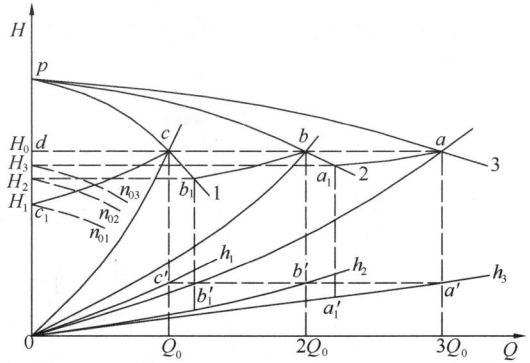

图 7-5-10 中，曲线 1、2、3 分别为水泵转速均为设计转速 n_m 时，一台泵、两台泵及三台泵联合运行的曲线；H_3-n_{03}、H_2-n_{02}、H_1-n_{01} 分别为变速水泵在转速为 n_{03}、n_{02}、n_{01} 时的性能曲线。0-a、0-b、0-c 分别为三台、两台联合运行及一台水泵运行时管网的特性曲线；0-h_3、0-h_2、0-h_1 分别为三台、两台联合运行及一台水泵运行时，水泵连接管路部分的阻力特性曲线，即图 7-5-8 中 B-D-A 部分的管道阻力曲线。系统设计工况为 a 点，控制压差 $\Delta P = \overline{aa'}$。

当用户侧流量减小时，变速泵调速运行，系统工作点的变化情况如下：

a 点（两台定速泵＋变速泵运行，变速泵转速 n_m）→ a_1 点（两台定速泵＋变速泵运行，变速泵转速 n_{01}，停泵点）→ b 点（一台定速泵＋变速泵运行，变速泵转速 n_m）→ b_1 点（一台定速泵＋变速泵运行，变速泵转速 n_{02}，停泵点）→ c 点（一台变速泵运行，变速泵转速 n_m）→ c_1 点（一台变速泵运行，变速泵转速 n_{03}，停泵点）。

上述过程只列出了系统稳定工况时的状态点。同压力控制方式一样，在水泵台数切换时，停泵瞬间管网的压力工况将有较大波动，随着压差控制器的作用，系统压力工况将恢复稳定。

图 7-5-10 中，$\Delta P = \overline{aa'} = \overline{a_1 a_1'} = \overline{bb'} = \overline{b_1 b_1'} = \overline{cc'} = \overline{0c_1}$。从图中可以看出，当水泵联合运行工况点在 $a \rightarrow a_1$、$b \rightarrow b_1$ 这两个过程中，参与运行的各台定速泵的工作流量将超过其设计流量 $Q_0 = \frac{1}{3} Q_a$。比较图 7-5-9 和图 7-5-10，如果设计状态点 a 相同，则：

$$H_0 > H_3 > H_2 > H_1$$

$$n_0 > n_{03} > n_{02} > n_{01}$$

如果忽略水泵效率的差异，在图中 $a \rightarrow a_1$、$b \rightarrow b_1$、$c \rightarrow c_1$，与图中 $a \rightarrow b$、$b \rightarrow c$、$c \rightarrow d$ 的过程中，工作流量相同，则采用压差控制比压力控制，水泵的工作扬程较低，更为节能。但是，如果 ΔP 远大于 ΔP_{BDA} 时，差异并不明显。实际运行中还有多种组合的调节方法，可参考相关研究资料，此处不一一列举。需要特别强调的是，要保证水泵变速性能曲线高效率段的压力范围覆盖管网要求的压力范围，使水泵在调节运行过程中工作在高效区。

7.6 管网系统水力工况分析与调节案例

管网的水力平衡是指用户得到的流量与其需要的流量相平衡。在运行过程中，用户的流量需求大部分时间都比设计工况小，常采用调节动力设备性能与调整管网特性相结合的手段，以及自动控制技术，来达到运行中的水力平衡。通过改变供电频率，调小水泵（风机）的转速，来适应用户流量变小的要求，是一种重要的节能运行措施。不同的控制策略，取得的节能效果不同。

图 7-6-1 是某空调水系统管网的原理图。冬季，循环水在热源换热器中获得热量后被送入三个末端设备，在末端设备中将热量传给空气，温度降低后返回换热器。每台末端设备的设计流量是 20t/h。系统设置变频调速水泵，在末端需要的循环水量减小时调小转速，节约运行能耗。

根据相似律，同一台水泵变转速运行时，其相似工况点之间的性能参数满足如下关系：

$$\begin{cases} \dfrac{Q_1}{Q_0} = \dfrac{n_1}{n_0} \\[2mm] \dfrac{H_1}{H_0} = \left(\dfrac{n_1}{n_0}\right)^2 \\[2mm] \dfrac{N_1}{N_0} = \left(\dfrac{n_1}{n_0}\right)^3 \end{cases} \tag{7-6-1}$$

式中　n_1、n_0——水泵转速；

　　　Q_1、Q_0——水泵流量，m^3/h；

H_1、H_0——水泵扬程；

N_1、N_0——水泵功率；下标 0 表示水泵额定转速 n_0 时的参数；下标 1 表示水泵在 n_1 转速下的参数。

进一步整理得到：

$$\frac{N_1}{N_0} = \left(\frac{Q_1}{Q_0}\right)^3 \tag{7-6-2}$$

根据式（7-6-2），水泵所耗功率与流量的三次方成正比。然而，在实际工程中，当用变频调速将水泵的流量从 Q_0 调节到 Q_1 时，直接用式（7-6-2）计算水泵变频调速后的运行能耗，往往不能得出正确的结果。这是因为式（7-6-2）所反映的关系，只能在水泵的相似工况点之间成立。即只有在管网特性曲线不变（不对管网进行调节）的条件下，调速前后的功耗才符合式（7-6-2）的规律。若管网特性因阀门调节等原因发生了变化，调节前后的工况点，往往并不是相似工况点。

图 7-6-1 所示的管网中，最不利环路是 1-2-3-4-C-4'-3'-2'-1'。设计工况下的水力计算结果见表 7-6-1。

最不利环路设计工况水力计算结果　　　　　　　　表 7-6-1

管 段 编 号	流　量（t/h）	管　径（mm）	当量长度（m）	阻　力（Pa）
1	60	125	200	34600
2	40	100	30	7490
3	20	80	30	5310
4	20	80	10	1770
1'	60	125	200	34600
2'	40	100	30	7490
3'	20	80	30	5310
4'	20	80	10	1770
末端设备	20			50000
机房管路	60			100000
合　计				248340

在末端设备需要流量减小时，水泵的变频调速机构需要根据某个控制参数采用相应的控制措施来调节转速。依据的控制参数不同，管网特性会发生不同的变化，变频调速的节能效益也不相同，下面比较采用恒定供回水总管压差和恒定末端用户压差两种控制调节方法变频调速的节能效益。

1. 恒定供回水总管压差

在这种控制方案下，压差传感器测定供回水总管的压差 $\Delta P_1 = 148340\text{Pa}$，将此信号传送给水泵的变速控制调节机构，对水泵的转速进行调节，以维持此压差的稳定。现分析

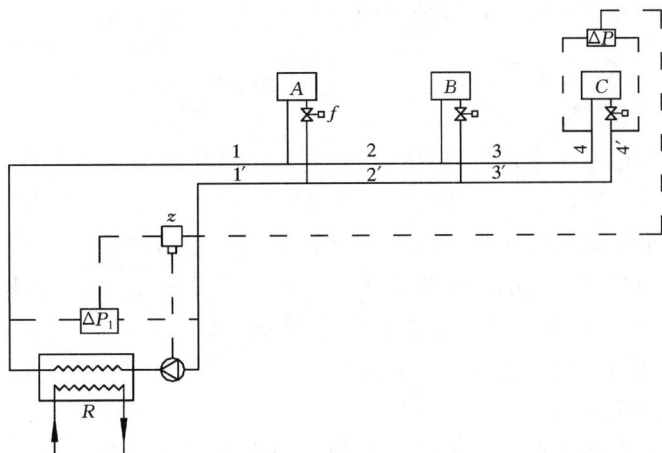

图 7-6-1　空调水系统水泵变频调速管网原理图

A、B、C—末端设备；R—热源换热器；f—电动调节阀；z—变速控制调节机构

当末端用户 A、B 关闭时的情况，此时 C 需要的水流量是 20t/h。当用户 A、B 关闭，系统的阻抗增大，管网特性曲线变陡，供回水总管之间的压差 ΔP_1 增大，于是，变速控制调节机构 z 改变水泵的转速，减小流量，维持压差 ΔP_1 的稳定。此时，机房管路的压降将变为 $100000 \times \left(\dfrac{20}{60}\right)^2 = 11111\mathrm{Pa}$，系统总阻力是 159451Pa。运行调节工况分析见图 7-6-2。调节前，水泵性能曲线为 Ⅰ，管网特性曲线为曲线 Ⅱ，水泵的工况点为点 1。调节后的水泵性能曲线为 Ⅰ′，管网特性曲线为 Ⅱ′，工况点为点 2。调节前水泵工况点 1 的效率为 72%，调节后水泵工况点 2（与 2′ 点工况相似）的效率为 70%，比较变频调速前后的水泵功率。

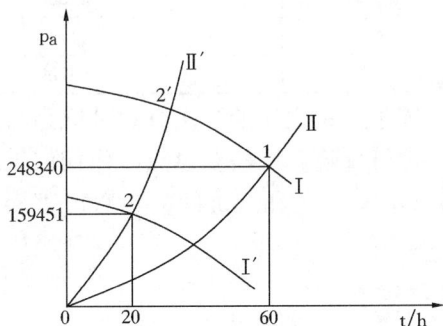

图 7-6-2　恒定供回水总管压差工况分析

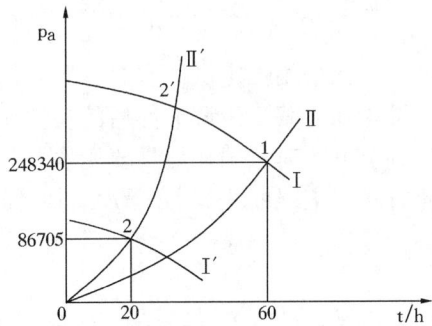

图 7-6-3　恒定末端设备管路压差工况分析

调节前：

$$N = \frac{QP}{1000\eta} = \frac{60 \times 248340}{3600 \times 1000 \times 72\%} = 5.75\mathrm{kW}$$

调节后：

$$N' = \frac{QP}{1000\eta} = \frac{20 \times 159451}{3600 \times 1000 \times 70\%} = 1.27\mathrm{kW}$$

可见，变频调速的节能效果显著。但调节前后的功率比值并不等于流量之比的三次

方。原因是点 1 和点 2 不在同一管网特性曲线上，不是相似工况点。

$$\frac{N'}{N} = \frac{1.27}{5.75} \times 100\% = 22\% \neq \left(\frac{20}{60}\right)^3 = 3.7\%$$

如果要用水泵的相似律来进行计算，则需要过点 2 作相似工况曲线（此时相似工况曲线 II′ 重合），与曲线 I 交于点 2′，对点 2 和 2′ 之间的参数可直接用相似律进行计算。

需要说明，在水泵调节转速将供回水总管的压差稳定在 148340Pa，如果此时 C 所在的末端支路不进行调节，得到的流量将大于要求的流量 20t/h。其原因是通过管段 1、1′、2、2′ 的流量减小，阻力下降，则 C 支路的压差增加。实际上，末端设备 C 还会根据房间温度的变化，对电动调节阀 f 进行调节，来保证自己所需的流量稳定在设计值。

2. 恒定末端设备管路压差

此时以末端设备支路压差 ΔP 为控制参数，对水泵进行变频调速，维持 ΔP 的稳定。见图 7-6-2。仍然以末端设备 A、B 停运，仅 C 运行（要求流量 20t/h）的工况进行分析。根据系统的阻力特性，管路的阻力计算结果见表7-6-2。

工况分析见图 7-6-3。此时，水泵输出的压差为 86705Pa。调节前，水泵性能曲线为曲线 I，管网特性曲线为曲线 II，水泵的工况点为点 1。调节后的水泵性能曲线为 I′，管网特性曲线为 II′，工况点为点 2（效率为 69%），比较调节前后的水泵功率。

调节前：

$$N = \frac{QP}{1000\eta} = \frac{60 \times 248340}{3600 \times 1000 \times 72\%} = 5.75\text{kW}$$

调节后：

$$N' = \frac{QP}{1000\eta} = \frac{20 \times 86705}{3600 \times 1000 \times 69\%} = 0.7\text{kW}$$

A、B 用户关闭时的水力计算结果　表 7-6-2

管段编号	流量（t/h）	阻力（Pa）
1	20	3844.444
2	20	1872.5
3	20	5310
4	20	1770
1′	20	3844.444
2′	20	1872.5
3′	20	5310
4′	20	1770
末端设备		50000
换热机组		11111
总　计		86705

可见，比采用恒定供回水总管压差的调节方式节能效果更加显著。但调节前后的功率比值仍然不等于流量之比的三次方。其原因与采用前一种调节方式时相同。如果要用水泵的相似律来进行计算，则需要过点 2 作相似工况曲线（此时相似工况曲线 II′ 重合），与曲线 I 交于点 2′，对点 2 和 2′ 之间的参数可直接用相似律进行计算。

$$\frac{N'}{N} = \frac{0.67}{5.75} \times 100\% = 11.7\% \neq \left(\frac{20}{60}\right)^3 = 3.7\%$$

比较两种控制方式，恒定末端设备管路压差的方式节能效果更加明显。究其原因，是因为采用恒定供回水总管的方式时，虽然供水干管由于流量减小、阻力下降，但为了恒定供回水总管的压差，不得不通过增加调节阀的阻力来满足这一要求。采用恒定末端设备管路压差的方式就没有这部分能量消耗。

通过以上两种方式的运行工况分析和能耗比较，我们可以认识到，在管网的实际运行过程中，为了满足变化的用户需求，可以采用调节动力设备性能、调节管网特性等方式。

采用不同的调节方案，能量消耗不同。在工程中，选用何种调节方式和方案，应综合考虑用户要求、末端设备性能、自动控制系统造价、能耗情况、运行管理水平等多种因素，通过技术经济比较来确定。

思 考 题 与 习 题

7-1 应用并联管段阻抗计算式时，应满足什么条件？

7-2 什么是液体管网的水压图？简述绘制水压图的基本步骤。

7-3 什么是管网的静水压线？确定热水供热管网静水压线主要考虑哪些因素？

7-4 在气体管网的压力分布图中，吸入段和压出段各有什么特征？

7-5 简述管网水力稳定性的概念。提高管网水力稳定性的主要途径是什么？

7-6 什么是水力失调？怎样克服水力失调？

7-7 有哪些技术措施，可以增加和减小热水供暖管网的流量？说出这些办法的优缺点。

7-8 习题图 7-1 是一个机械送风管网。水力计算结果见下表：

管段	1～2	3～4	4～6	4～5
流量（m³/h）	5000	5000	2000	3000
阻力（Pa）	100	150	200	200
管径（mm）	700	700	400	500

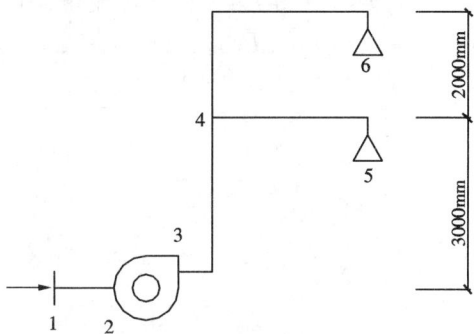

习题图 7-1

（1）求该管网的特性曲线；（2）为该管网选择风机；（3）求风机的工况点，并绘制管网在风机工作时的压力分布图；（4）求当送风口 5 关闭时风机的工况点并绘制此时管网的压力分布图；（5）送风口 5 关闭后，送风口 6 的实际风量是多少？要使其得到设计风量，该如何调节？

7-9 习题图 7-2 是一个室内给水管网。水力计算结果见下表：

管段	1～2	3～4	4～6	4～5
流量（m³/h）	5000	5000	2000	3000
阻力（kPa）	15	15	25	25

求该管网水泵要求的扬程并绘制水压图。水龙头出水要求有 2m 的剩余水头。

7-10 习题图 7-3 是一个室内热水供暖管网。水力计算结果见下表：

管段	1～2	2～3	3～4	4～5	2～5	5～6
流量（kg/h）	6000	3000	3000	3000	3000	6000
阻力（Pa）	25000	15000	35000	15000	65000	30000
管径（mm）	50	32	32	32	25	50

（1）求该管网的特性曲线；

（2）为该管网选择水泵、求水泵的工况点，并绘制管网在水泵工作时的压力分布图；

（3）求当 3～4 之间的阀门关闭时水泵的工况点并绘制此时管网的压力分布图；

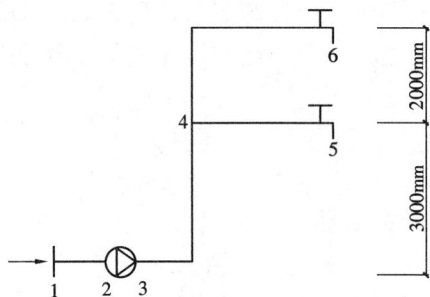

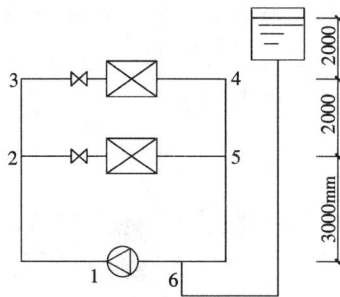

习题图 7-2　　　　　　　　　　　　　　　习题图 7-3

（4）3～4 之间的阀门关闭后，2～5 之间的用户的实际流量是多少？要使其得到设计流量，该如何调节？

7-11　如习题图 7-4，在设计流量 $Q_I = Q_{II} = Q_{III} = 100 m^3/h$ 时，阻力 $\Delta P_{AA1} = \Delta P_{A1A2} = \Delta P_{A2A3} = 20kPa$；$\Delta P_{B3B2} = \Delta P_{B2B1} = \Delta P_{B1B} = 20kPa$；$\Delta P_{A3B3} = 80kPa$。

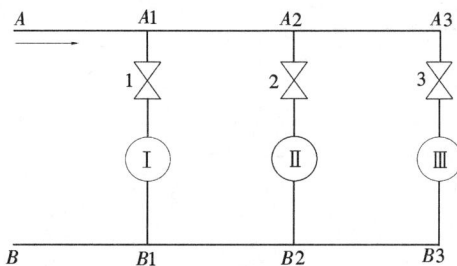

习题图 7-4

（1）画出此管网的压力分布图；

（2）用户 II 开大阀 2，将自己的流量 Q_{II} 增加到 $150 m^3/h$。此时 $\Delta P_{A2B2} = 100kPa$，这时管网的压力分布图将怎样变化？并请计算 I、III 的水力失调度；

（3）计算用户 III 的水力稳定性，提出增大用户水力稳定性的措施。

7-12　如习题图 7-5 所示的管网，在设计流量 $Q_I = Q_{II} = Q_{III} = 240 m^3/h$ 时，各管段的流动阻力为：$\Delta H_{AA1} = \Delta H_{A1A2} = \Delta H_{A2A3} = 5mH_2O$；$\Delta H_{B3B2} = \Delta H_{B2B1} = \Delta H_{B1B} = 5mH_2O$，$\Delta H_{AB} = 10mH_2O$，$\Delta H_{A3B3} = 10mH_2O$。水泵转速为 1450r/min，性能参数见下表。

水泵性能参数表

参数序号	1	2	3
流量（m³/h）	500	720	900
扬程（mH₂O）	54.5	50	42
效率（%）	72	80	80

（1）由于负荷减小，三个用户均关小自己的阀门，将流量降低到 $167 m^3/h$，求此时水泵的工况点，计算其消耗的功率。这时，各个用户支路的阻抗分别增加了多少？计算阀门上的功率损耗。

（2）若用户阀门开度不变，依靠水泵变频调小转速来满足用户的流量需求（三个用户均为 $167 m^3/h$），求此时水泵的转速和消耗的功率。

（3）如果控制水泵进出口的压差恒定（$P_2 - P_1 = 50mH_2O$）来控制水泵的转速以满

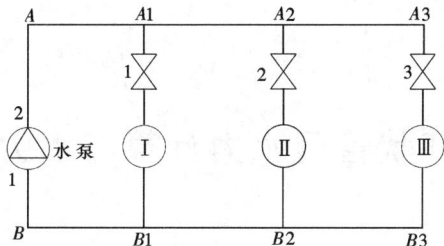

习题图 7-5

足用户的流量需求（三个用户均为 167m³/h），此时各个用户仍需调小阀门。试求水泵此时的转速和消耗的功率，并计算因各个用户关小阀门而增加的功率损耗。

（4）根据（1）～（3）的计算结果，你能得到什么样的启示？

7-13 某闭式空调冷水管网并联有两台相同的循环水泵。单台水泵性能参数如下：转速 2900r/min，所配电机功率 2.2kW。流量—扬程性能如下表：

参数序号	1	2	3
流量（m³/h）	7.5	12.5	15
扬程（m）	22	20	18.5

管网中开启一台水泵时，流量为 15m³/h，扬程为 18.5m。

（1）画出单台水泵运行时水泵的性能曲线和管网特性曲线，并标出工况点；

（2）若管网只需流量 10m³/h，拟采用：1）关小调节阀门；2）调节水泵的转速的办法来实现。求出采用这两种调节方法后水泵的工况点。采用关小调节阀的方法时，管网的阻抗值应增加多少？采用调节转速的方法时，转速应为多少？比较采用这两种方法耗用电能的情况；

（3）若管网需要增加流量，让这两台水泵并联工作，管网系统流量能否达到 30m³/h？此时每台水泵的流量和扬程各是多少？

第8章　环状管网水力计算与水力工况分析

环状管网具有较高的后备能力和对故障的承受能力。在城市集中供热管网、城市燃气管网和城市给水管网中，为提高管网的后备能力，在新建管网或管网扩建和改造时，越来越多地应用了环状管网。

环状管网中有的管段的流向具有两种可能性，这是区别于枝状管网的根本特点。当某一管段的阻抗发生变化时，不但会引起自己和其他管段流量的改变，而且还会使某些管段的流向改变，这使得环状管网的计算和分析比枝状管网复杂。

本章介绍环状管网的水力计算和水力工况分析方法。

环状管网水力计算时，已知管网布置和用户的设计流量，尚不能完全确定所有管段的流量。也可以说，环状管网满足用户设计流量的输配方案不唯一。因此，开展水力计算、匹配管网的组成时，应先给出满足用户流量的输配方案。这也是环状管网与枝状管网的重要区别。

环状管网的水力工况分析，也是在已知管网布置和组成（各管段结构参数、泵（风机）的性能等）条件下，求解管段流量、管段压降、节点压力、泵（风机）的工作流量、扬程（全压）等水力工况参数。环状管网各管段之间的串并联关系不是全部明确的，不能像枝状管网那样，利用管段的串并联关系，获得管网的总阻抗以及管段之间的流量比例关系，需要根据管网的流量平衡和压力平衡规律，利用基本的质量平衡和能量平衡关系式进行计算分析。对于复杂的管网，还需要以图论为基础，建立计算模型，借助计算机程序进行。

8.1　管网图及其矩阵表示

8.1.1　沿线流量、节点与节点流量

1. 沿线流量

在城市管网中，任一段管道中的流量由两部分组成：一部分是沿管道流出供给用户（或从用户排入）的流量，这些用户分散连接在环状管网的干管或分配管上。这些分散的小流量被称为沿线流量，或途泄流量。流出时，沿线流量沿途逐渐减小，到管段末端等于零；流入时，起点为零，沿途逐渐增加，到末端时最大。另一部分是通过该管段输送到下游管段的转输流量。转输流量沿整个管段不变。

假定沿线流量均匀分布在全部干管上，据此计算出每米管线长度的沿线流量，称作比流量：

$$q_s = \frac{Q - \sum q}{\sum l} \tag{8-1-1}$$

式中　q_s——比流量；

Q——所有用户的总流量；

$\sum q$——集中用户（如公用建筑、小区用户）流量总和；

$\sum l$——干管总长度。

根据比流量可求出各管段的沿线流量：

$$q_l = q_s l \qquad\qquad (8\text{-}1\text{-}2)$$

式中　q_l——沿线流量；

　　　l——该管段的长度。

2. 节点与节点流量

管网中，各管段的端点称为节点。从节点处流入或流出管网的流量称为节点流量。管段流量沿线变化不便于进行管网计算，必须将沿线流量转化成节点流出的流量。转化的方法是把沿线流量分成两部分，这两部分流量被人为地转移到管段两端的节点上。

设流量转移到管段终点的折算系数是 α，则该管段沿线流量转移到终点的部分为 αq_l，转移到起点的部分为 $(1-\alpha)q_l$。对于燃气管网，一般取 $\alpha = 0.55$。对于给水管网，一般取 $\alpha = 0.5$，即将沿线流量平均转移到管段的起点和终点上。

对于流入或流出管网的流量较大的集中流量，如集中供热管网中热源的供回水、燃气管网气源的供气、给水管网水源的供水、排水管网的总出口等，为大型小区或公用建筑提供的流量较大的燃气、自来水、供暖热水等，可在这些集中流量处设置节点，使其成为节点流量；也可将其通过折算系数的办法，转移到其上下游的两个节点上。

这样，管网中某个节点的节点流量包括：位于节点位置处的集中流量；与节点相连的各个管段中的集中流量折算到该节点的流量；与节点相连的各个管段中的沿线流量折算到该节点的流量。

规定节点流量流入为正、流出为负。根据质量守恒原理，在管网中，所有节点流量的代数和为零，可以以此来检查节点流量计算的正确性。

【例 8-1】如图 8-1-1 所示的某城市小区低压燃气管网，由调压站供气，燃气对空气的相对密度为 0.55。小区内居民用户的日用气量为 4m^3/户，高峰途泄流量为 0.4m^3/（h·户）。公共建筑用气量如图中所示。计算各节点流量。

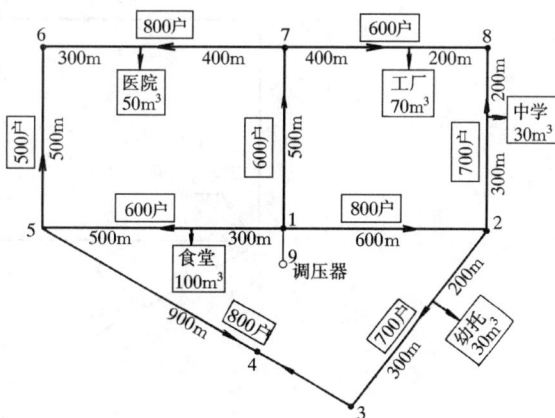

图 8-1-1　低压燃气管网负荷图

【解】首先给节点、管段编号，并假定各管段的燃气流向，再按管段始点 0.45、终点 0.55 的比例将沿线流量分摊至各节点。公建用气量（集中流量）按用气点至前后节点距离的反比例分摊到节点上。

例如节点 1 为管段 1～2、1～5 和 1～7 的始点，该节点的居民生活节点流量部分由三个管段途泄流量按照居民用户数 800、600 和 600，用气量为 0.4m^3/（h·户）以及折算系数 0.45 分摊得到：

$$Q_{1l} = (600+600+800)\times 0.45\times 0.4 = 360\text{m}^3/\text{h}$$

而与节点 1 相连的管段中只有管段 1~5 有一个用气量为 100m³/h 的食堂的公建用气点，该食堂到节点 1 和节点 5 的距离分别为 300m 和 500m，则按照用气点至节点距离的反比例分摊到节点 1 上的公建节点流量部分为：

$$Q_{12}=100\times500/（300+500）=63m^3/h$$

节点 1 输出的节点流量的最后结果为：

$$Q_1=Q_{11}+Q_{12}=（600+600+800）\times0.45\times0.4+100\times5/8=423\ m^3/h$$

管段 9~1 为输送管，沿途没有用户接出。各节点流量的计算结果见表 8-1-1 和图8-1-2。

<table>
<tr><td colspan="4" style="text-align:center">节 点 流 量 计 算</td><td colspan="2" style="text-align:right">表 8-1-1</td></tr>
<tr><td rowspan="2">序号</td><td colspan="2" style="text-align:center">沿线流量折算部分
（m³/h）</td><td colspan="2" style="text-align:center">集中流量折算部分
（m³/h）</td><td>节点流量
（m³/h）</td><td rowspan="2">备注</td></tr>
<tr><td colspan="2"></td><td colspan="2"></td><td></td></tr>
<tr><td>1</td><td colspan="2">$Q_{11}=（600+600+800）\times0.45\times0.4=360$</td><td colspan="2">$Q_{12}=100\times5/8=63$</td><td>$Q_1=423$</td><td>流出</td></tr>
<tr><td>2</td><td colspan="2">$Q_{21}=[（700+700）\times0.45+800\times0.55]\times0.4=428$</td><td colspan="2">$Q_{22}=30\times2/5+30\times3/5=30$</td><td>$Q_2=458$</td><td>流出</td></tr>
<tr><td>3</td><td colspan="2">$Q_{31}=（400\times0.45+700\times0.55）\times0.4=226$</td><td colspan="2">$Q_{32}=30\times2/5=12$</td><td>$Q_3=238$</td><td>流出</td></tr>
<tr><td>4</td><td colspan="2">$Q_{41}=（400+400）\times0.55\times0.4=176$</td><td colspan="2">0</td><td>$Q_4=176$</td><td>流出</td></tr>
<tr><td>5</td><td colspan="2">$Q_{51}=[（500+400）\times0.45+600\times0.55]\times0.4=294$</td><td colspan="2">$Q_{52}=100\times3/8=38$</td><td>$Q_5=332$</td><td>流出</td></tr>
<tr><td>6</td><td colspan="2">$Q_{61}=（800+500）\times0.55\times0.4=286$</td><td colspan="2">$Q_{62}=50\times4/7=28$</td><td>$Q_6=314$</td><td>流出</td></tr>
<tr><td>7</td><td colspan="2">$Q_{71}=[（800+600）\times0.45+600\times0.55]\times0.4=384$</td><td colspan="2">$Q_{72}=50\times3/7+70\times2/6=45$</td><td>$Q_7=429$</td><td>流出</td></tr>
<tr><td>8</td><td colspan="2">$Q_{81}=（700+600）\times0.55\times0.4=286$</td><td colspan="2">$Q_{82}=70\times4/6+30\times3/5=65$</td><td>$Q_8=350$</td><td>流出</td></tr>
<tr><td>9</td><td colspan="2">0</td><td colspan="2">2720</td><td>$Q_9=2720$</td><td>流入</td></tr>
</table>

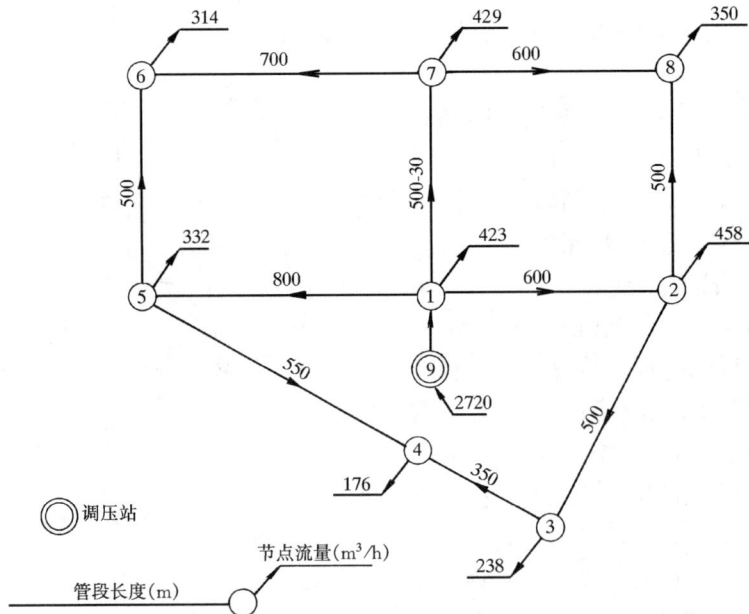

图 8-1-2 低压燃气管网图

8.1.2 管网图

图论是数学中应用非常广泛的一个分支。在电子计算机问世以后，图论的应用更加广泛。借助图论的有关概念和方法，可使流体输配管网的特性和流动规律的描述更加直观和方便，特别是便于利用计算机进行管网的计算分析。

要利用图论来研究流体输配管网，首先要将具体的管网抽象成"图"。利用节点流量的概念，可以将具体的管网简化为只包含管段和节点两类元素的管网模型。管段是管网中流量和管径均不发生变化的一段管道。即管段中不允许有流量的输入和输出，但流体在管段中各个断面的能量可以发生变化。管段具有管长、管径、内壁粗糙度等构造属性；流量、阻力等水力属性；方向、起点、终点等拓扑属性。节点是管段的端点，也是一些管段的交点。节点具有空间几何位置属性，节点流量、节点压力等水力属性，与节点关联的管段及其方向、与节点关联的管段数目等拓扑属性。如果考虑管段和节点的拓扑属性，仅考虑管段和节点之间的关联关系时，流体输配管网即被抽象为图。由于是由管网抽象而成，也称为管网的网络图，简称为管网图。与管段或节点有关的其他属性参数作为"权"值，赋予管段或节点，以便进行计算研究。下面介绍与流体输配管网有关的一些图论的基本概念。

8.1.3 图论的基本概念

1. 节点、分支、图和有向图

在流体输配管网图中，如果把各管段的交汇点称为节点（Node），各交汇点间的管段称为分支（Branch），则由节点和分支构成的集合称为图，用 $G=(V,E,\Phi)$ 表示，其中 V 为图中所有节点的集合，记为 $V=\{v_1,v_2,\cdots,v_J\}$；E 为图中所有分支的集合，记为 $E=\{e_1,e_2,\cdots,e_N\}$；Φ 为从 E 到 V 的有序（或无序）偶对所构成的集合，它表明了 E 和 V 之间确定的关联关系。由于流体输配管网的每条分支都有确定的流动方向，则由各有向分支和节点构成的管网图是有向图（其他各分支没有方向的管网图称无向图）。下面是流体输配管网图的一个简单例子。

例如：在图 8-1-3 中，图 $G=(V,E,\Phi)$，图 G 中要素 V、E 和 Φ 可以分别表示为：

$$V=\{v_1,v_2,v_3,v_4,v_5,v_6\}$$

$$E=\{e_1,e_2,e_3,e_4,e_5,e_6,e_7\}$$

$$\Phi:\Phi(e_1)=\langle v_3,v_6\rangle \qquad \Phi(e_2)=\langle v_4,v_3\rangle$$

$$\Phi(e_3)=\langle v_6,v_1\rangle \qquad \Phi(e_4)=\langle v_3,v_2\rangle$$

$$\Phi(e_5)=\langle v_4,v_5\rangle \qquad \Phi(e_6)=\langle v_2,v_1\rangle$$

$$\Phi(e_7)=\langle v_2,v_5\rangle$$

为简便起见，节点和分支的编号可只用阿拉伯数字表示，但应注意相互之间的区别。编号分别采用从 1 开始的自然数序列。

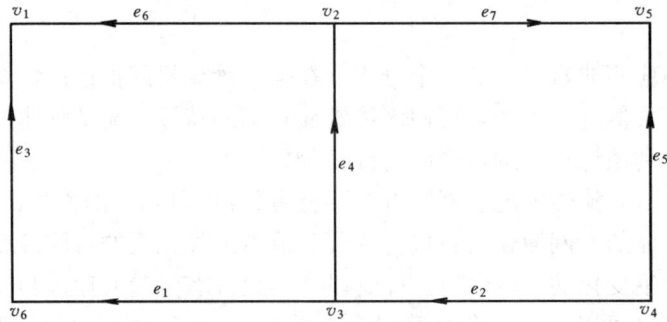

图 8-1-3　流体输配管网图

2. 关联

在流体输配管网图中，每个分支 e_i 按流动方向标有方向，且方向由始点指向末点。如果分支 e_i 两端的节点为 v_{j-1} 和 v_j，且 v_{j-1} 为分支 e_i 的始点，v_j 为分支 e_i 的末点，称分支 e_i 和节点 v_{j-1}、v_j 关联；如果某节点 v_j 是若干分支 e_1，e_2，…，e_r 的端点，则称节点 v_j 与分支 e_1，e_2，…，e_r 关联。

例如在图 8-1-3 中，分支 e_7 和节点 v_2 和 v_5 关联，而与节点 v_2 关联的分支有 e_4、e_6、e_7。

3. 链、基本链、回路和基本回路

在图 $G=(V，E，\Phi)$ 中，设 v_1，v_2，…，$v_J \in V$；e_1，e_2，…，$e_N \in E$。由节点—分支—节点……分支—节点组成的交替序列，且与任一个分支相邻的两个节点是该分支的端点，则此序列称为链。如图 8-1-3 中，$v_3 e_1 v_6 e_3 v_1 e_6 v_2$ 是一条链。链的起始节点和终止节点称为链的起点和终点。上述链中，v_3 和 v_2 分别是该链的起点和终点。链中的各分支的方向可以相同或相反。如果链中除起点和终点外，所包含节点各不相同，则称为基本链。

在定义链的基础上，回路被定义为一条闭合（起点和终点重合）的链，闭合的基本链称为基本回路。在图 8-1-3 中，分支 1、4、6、3 构成一个基本回路。

4. 通路和基本通路

对于有向图 $G=(V，E，\Phi)$，如果在链中各分支方向一致，即前一分支的末点是后继分支的始点，则这种链称为通路。类似也有基本通路。基本通路的定义是：如果通路中所包含的节点各不相同，则称该通路为基本通路。在一般情况下，流体输配管网中某两点之间的通路可以有一条，也可能有多条。在图 8-1-3 中，由分支 2、1、3 构成从节点 4 到节点 1 的通路就是一条基本通路，而分支 2、4、6 是节点 4 到节点 1 的另一条基本通路。

5. 有向赋权图

在流体输配管网图中，由于任意两节点之间至少有一条链连接，因此相互连通，构成有向连通图 $G=(V，E，\Phi)$。将分支（管段）或节点有关水力属性或构造属性参数作为"权"值，赋予各分支或节点（在图中，可标注于相应的位置）后，管网图即成为有向连通赋权图。如图 8-1-4 就是图 8-1-3 的一个以阻抗作为分支权值的有向赋权图。

6. 树

树的定义是：如果一个连通图为不包含任何回路，该连通图称为树，并称树中的分支为树枝。树的主要性质有：

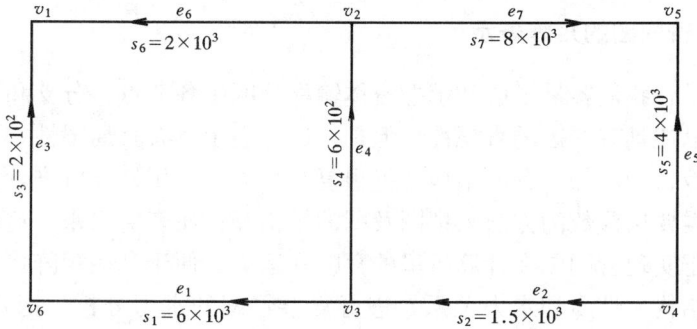

图 8-1-4　以分支阻抗为权的有向赋权图

1）在树中任意两节点间由惟一的一条基本链连接；

2）如果树中不相邻的两节点之间加上一条边，恰好得到一个回路；

3）如果树的节点数为 J，树的分支数为 L，则 $L=J-1$。

树作为一种简单而重要的图，在许多领域中已有广泛的应用。在流体输配管网中独立回路方程组的建立、调节阀的布置等方面，都和管网中某一个树及树的结构有关。

7. 生成树和最小树

生成树的定义是：连通图 G 的生成树 T 是 G 的一个子图，它包含全部节点和连接各节点的分支（树枝），但不包含任何一条回路。通常讨论的树都是生成树。

对图 G 而言，其生成树 T 以外的分支构成余树，余树中的分支称为余枝。对有 J 个节点和 N 个分支的管网图 G，生成树包含 $J-1$ 个树枝，那么余树共包含 $N-J+1$ 个余枝。

应该指出，在连通赋权图 G 中，生成树不是惟一的。如果在所有生成树中，树 T_1 上各分支的赋权值之和最小，则称 T_1 为连通赋权图 G 的最小树，记作 $T_{\min}$；如果在所有生成树中，树 T_2 上各分支的赋权值之和最大，则称 T_2 为连通赋权图 G 的最大树，记为 $T_{\max}$。在流体输配管网中，无论是流量分配计算、还是调节阀的合理布置，都与流体输配管网的最小树（或最大树）有关。其他诸如城市通信网的铺设、运输管网的优化等，也都要涉及最小树或最大树。在图 8-1-4 所示管网中，共有 6 个节点，7 条分支，各分支上的数据为分支的阻抗。由分支 3、6、4、2、5（5 条分支）构成管网的一棵生成树（图 8-1-5a）；由分支 3、1、4、2、5 组成管网的另一棵生成树（图 8-1-5b）。按照管网图 8-1-4 中的阻抗赋权，其最小树由分支 3、6、4、2、5 组成（图 8-1-5a）。

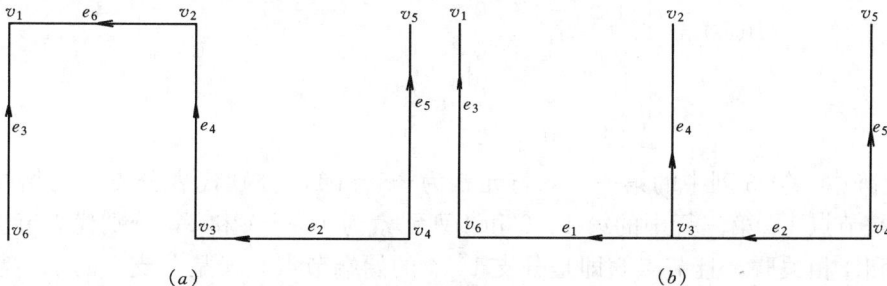

图 8-1-5　生成树

8.1.4 流体输配管网图的矩阵表示

借助图的表示，我们容易了解和掌握流体输配管网中各节点、分支和分支上参数的表达，管网特性的描述具有一定的直观性。但是，这种表示法有其局限性。随着流体输配管网中节点和分支数目的增加，图的结构变得很复杂。为了运用计算机进行复杂流体输配管网的分析计算，需要用代数的方法来把图及图的结构和性质表达出来，这就是图的矩阵表示。运用矩阵便于实现管网图在计算机里的存贮和运算，便于利用矩阵代数中的方法来研究流体输配管网结构、性质和水力关系，进行复杂管网的水力分析。把管网图 G 用矩阵表示，首先要把节点和分支的排列次序关系表达到矩阵中来。

1. 管网图的关联矩阵和基本关联矩阵

已知流体输配管网图含有 J 个节点，N 条分支，各分支和节点之间的关联关系可以用一个 $J \times N$ 阶的矩阵 $B(G) = (b_{ij})_{J \times N}$ 表达出来，$B(G)$ 就是图 G 的关联矩阵，其中：

$$b_{ij} = \begin{cases} 1 & \text{表示节点 } i \text{ 在分支 } j \text{ 的始端} \\ -1 & \text{表示节点 } i \text{ 在分支 } j \text{ 的末端} \\ 0 & \text{表示节点 } i \text{ 不在分支 } j \text{ 上} \end{cases}$$

在关联矩阵 $B(G)$ 中，每一行代表一个节点，行号是节点号；每一列代表一个分支，列号为分支号。矩阵 $B(G)$ 的特点是每一列中总有一个数是 1，一个数是 -1，其他皆为 0。这是因为每列都代表一个分支，而每个分支必定有两个节点。

关联矩阵 $B(G)$ 中任一不为零的元素表示节点与分支关系。$B(G)$ 中每一列中不为零的元素有两个（1 和 -1），它们所在的行号分别表示与该列对应的分支相关联的节点号。每一行中不为零的元素所在的列号表示与该行对应节点相关联的分支号。矩阵 $B(G)$ 中任一零元素表示节点与对应的分支不关联。

对于图 8-1-3 及图 8-1-4 所示管网，该管网的关联矩阵是一个 6×7 阶矩阵。根据定义，管网图的关联矩阵为：

$$B(G) = \begin{array}{c} \\ \\ \\ \\ \\ \\ \\ \end{array} \begin{array}{ccccccc} e_1 & e_2 & e_3 & e_4 & e_5 & e_6 & e_7 \\ \left[\begin{array}{ccccccc} 0 & 0 & -1 & 0 & 0 & -1 & 0 \\ 0 & 0 & 0 & -1 & 0 & 1 & 1 \\ 1 & -1 & 0 & 1 & 0 & 0 & 0 \\ 0 & 1 & 0 & 0 & 1 & 0 & 0 \\ 0 & 0 & 0 & 0 & -1 & 0 & -1 \\ -1 & 0 & 1 & 0 & 0 & 0 & 0 \end{array}\right] \end{array} \begin{array}{c} v_1 \\ v_2 \\ v_3 \\ v_4 \\ v_5 \\ v_6 \end{array}$$

在矩阵中，第 3 列中的第一、六行元素为 -1 和 1，分别代表分支 3 的始端是节点 6，末端是节点 1，第三行中的第 1、2 和 4 列元素为 1、-1 和 1，分别代表节点 3 与分支 1、2 和 4 相关联，且节点 3 即是分支 1、4 的始端节点，又是分支 2 的末端节点，其余类推。

$J \times N$ 阶矩阵 $B(G)$ 表达了管网中 J 个节点与 N 条边之间的关联关系，但 $(J-1) \times N$ 阶矩阵 $B_k(G)$ 就完全能表达这一关系，即矩阵 $B(G)$ 中有一行是多余的。可以证明，管

网图 G 的 $J \times N$ 阶关联矩阵 $B(G) = (b_{ij})_{J \times N}$ 的秩等于 $J-1$。即 $J \times N$ 阶关联矩阵 $B(G)$ 中任意 $J-1$ 行线性无关。从关联矩阵 $B(G)$ 中除去节点 k 所对应的一行，得到 $(J-1) \times N$ 阶矩阵 $B_k(G)$，称为管网图 G 对于参考节点 v_k 的 $(J-1) \times N$ 阶基本关联矩阵。通常在不必强调参考节点时，就简称基本关联矩阵。就图 8-1-3 所示流体管网来说，对于参考节点 v_6 的 $(J-1) \times N$ 阶的基本关联矩阵 $B_k(G)$ 为：

$$B_k(G) = \begin{matrix} & e_1 & e_2 & e_3 & e_4 & e_5 & e_6 & e_7 & \\ & \begin{bmatrix} 0 & 0 & -1 & 0 & 0 & -1 & 0 \\ 0 & 0 & 0 & -1 & 0 & 1 & 1 \\ 1 & -1 & 1 & 1 & 0 & 0 & 0 \\ 0 & 1 & 0 & 0 & 1 & 0 & 0 \\ 0 & 0 & 0 & 0 & -1 & 0 & -1 \end{bmatrix} & \begin{matrix} v_1 \\ v_2 \\ v_3 \\ v_4 \\ v_5 \end{matrix} \end{matrix}$$

这样，就可以得出结论：基本关联矩阵 $B_k(G)$ 中的 $(J-1)$ 个行向量线性无关，矩阵的秩为 $J-1$。通过基本关联矩阵 $B_k(G)$，我们可以得出与某一节点相关联的各分支上的流量与节点流量之间的关系。

2. 管网的基本回路矩阵和独立回路矩阵

对于管网图 G 而言，可以选出若干个基本回路。为了确定图中各基本回路及与分支的相互关系，引入基本回路矩阵。在图 8-1-6 中，对管网图 G 可以选出三条基本回路Ⅰ、Ⅱ和Ⅲ，对它的每一条基本回路 C_j，我们标定一个方向，并用箭头标出三个基本回路的方向。对于基本回路上的分支而言，若分支 $e_j \in C_j$，且 e_j 方向与 C_j 方向一致时，则称 e_j 在 C_j 中是顺向的，否则称为是逆向的。

由于流体输配管网 G 是一个有向连通图，包含 J 个节点和 N 条分支。在预先标定基本回路方向的情况下，由各分支与基本回路间的关系可以构成基本回路矩阵 $C(G) = (c_{ij})_{P \times N}$，$P$ 是基本回路数，基本回路矩阵 $C(G)$ 中的元素为：

$$C_{ij} = \begin{cases} 1 & \text{表示分支 } j \text{ 在基本回路 } i \text{ 上并与基本回路顺向；} \\ -1 & \text{表示分支 } j \text{ 在基本回路 } i \text{ 上并与基本回路逆向；} \\ 0 & \text{表示分支 } j \text{ 不在基本回路 } i \text{ 上。} \end{cases}$$

称矩阵 $C(G)$ 为图 G 的基本回路矩阵。

在基本回路矩阵 $C(G)$ 中，每一行代表一个基本回路，是一个 P 维行向量，该行号就是基本回路号；每一列代表一个分支，列号就是分支号。

基本回路矩阵 $C(G)$ 中任一不为零的元素表示该列对应的分支在该对应的基本回路上。在基本回路矩阵 $C(G)$ 中第 i 行中的不为零的元素对应的各列表示在该基本回路上的全部分支；第 j 列中的不为零元素对应的各行表示该分支所在的基本回路。矩阵中任一零元素表示该列对应的分支不在该行对应的基本回路上。

如图 8-1-6 所设的基本回路，管网图的基本回路矩阵 $C(G)$ 可写成：

$$C(G) = \begin{matrix} & e_1 & e_2 & e_3 & e_4 & e_5 & e_6 & e_7 & \\ & \begin{bmatrix} 1 & 0 & 1 & -1 & 0 & -1 & 0 \\ 0 & 1 & 0 & 1 & -1 & 0 & 1 \\ 1 & 1 & 1 & 0 & -1 & -1 & 1 \end{bmatrix} & \begin{matrix} C_{\mathrm{I}} \\ C_{\mathrm{II}} \\ C_{\mathrm{III}} \end{matrix} \end{matrix}$$

例如：在第 1 行的元素中，第 1、3、4、6 四列的非零元素代表基本回路 C_{I} 包含的

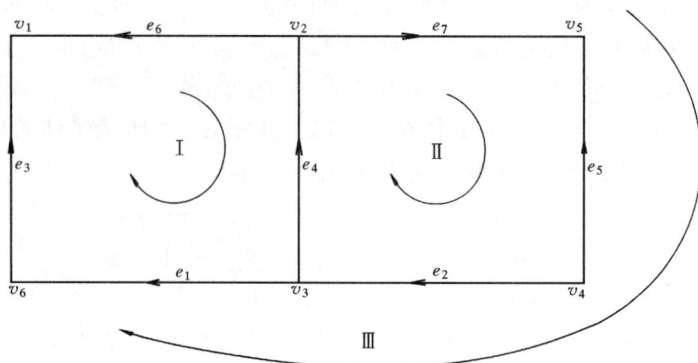

图 8-1-6　基本回路图

e_1、e_3、e_4 和 e_6 四条分支，其中分支 e_1、e_3 的方向与 C_I 的方向相同，e_4 和 e_6 的方向与 C_I 的方向相反。其余各行类推。

通过验算，可以得出上面基本回路矩阵是线性相关的。并且，一个管网图的基本回路矩阵的秩为 $M = (N-J+1)$。即在基本回路矩阵中，M 行组成的基本回路矩阵线性无关，并且各行对应的基本回路相互独立。那么，管网图 G 的独立回路矩阵 C_f 就定义为：在管网图 G 的基本回路矩阵 $C(G) = (c_{ij})_{P \times N}$ 中，$M = (N-J+1)$ 个独立回路对应的子矩阵，称为管网图 G 独立回路矩阵 $C_f(G) = (c_{ij})_{M \times N}$。

对于图 8-1-6 的基本回路矩阵 $C(G)$，如取 $C(G)$ 的头两行，可以得到独立回路矩阵 $C_f(G)$：

$$
\begin{array}{ccccccc}
e_1 & e_2 & e_3 & e_4 & e_5 & e_6 & e_7
\end{array}
$$

$$
C_f(G) = \begin{bmatrix} 1 & 0 & 1 & -1 & 0 & -1 & 0 \\ 0 & 1 & 0 & 1 & -1 & 0 & 1 \end{bmatrix} \begin{matrix} C_I \\ C_{II} \end{matrix}
$$

前面已经说明，图 G 的生成树 T 的树枝为 $(J-1)$ 个，且不含任何回路，而余枝有 $(N-J+1)$ 个。这样，在管网图 G 的某个生成树 T 的基础上，每加一个余枝就可以构成一个回路，且所得的回路各不相同（至少有一个不同的分支），它们组成的回路组是独立回路组，用独立回路组构成的基本回路矩阵是独立回路矩阵。可见，独立回路数与余枝数相等。

在写独立回路矩阵 $C_f(G)$ 时，把图中的余枝放在前边，树枝放在后面，并取独立回路方向与余枝方向一致，可得到两个分块矩阵 C_{f1} 和 C_{f2}：

$$
C_f(G) = \begin{bmatrix} C_{f1} & C_{f2} \end{bmatrix} = \begin{bmatrix} I & C_{f2} \end{bmatrix}
$$

式中　C_{f1}——$(N-J+1)$ 阶方阵，为一单位阵，对应余枝；

　　　C_{f2}——$(N-J+1) \times (J-1)$ 阶矩阵，对应树枝；

　　　I——单位子阵。

对于图 8-1-6 的独立回路矩阵 $C_f(G)$，如果以分支 3、6、4、2、5 组成生成树（最小树），以分支 1、7 为余枝，那么：

$$C_f(G) = \begin{array}{ccccccc} e_1 & e_7 & e_2 & e_3 & e_4 & e_5 & e_6 \end{array}$$

$$C_f(G) = \begin{bmatrix} 1 & 0 & 0 & 1 & -1 & 0 & -1 \\ 0 & 1 & 1 & 0 & 1 & -1 & 0 \end{bmatrix} \begin{matrix} C_{\text{I}} \\ C_{\text{II}} \end{matrix} = \begin{bmatrix} C_{f11} & C_{f12} \end{bmatrix}$$

其中：
$$C_{f11} = \begin{bmatrix} 1 & 0 \\ 0 & 1 \end{bmatrix}, C_{f12} = \begin{bmatrix} 0 & 1 & -1 & 0 & -1 \\ 1 & 0 & 1 & -1 & 0 \end{bmatrix}$$

3. 关联矩阵与基本回路矩阵的关系

基本关联 $B_k(G)$ 矩阵与独立回路矩阵 $C_f(G)$ 均具有重要的作用。基本关联矩阵 $B_k(G)$ 反映了节点与分支的关联关系，我们可以通过基本关联 $B_k(G)$ 得出与节点相关联的各分支上的流量和节点流量之间的关系；而矩阵 $C_f(G)$ 既反映了分支与独立回路的关系，又能将分支上的压力损失转化为独立回路上的压力损失闭合差。因此，$C_f(G)$ 矩阵与 $B_k(G)$ 矩阵是管网计算中最重要的两个基本矩阵。为简便起见，以后去掉各个矩阵符号的（G）部分。

从图论可知，关联矩阵 B 与基本回路矩阵 C 之间存在着一个十分重要的关系，就是 B 矩阵的行向量和 C 矩阵的行向量的内积等于零。这在数学上叫作 B 与 C 之间的正交性。用矩阵代数式来表示（符号"T"表示对矩阵的位置），则为：

$$B \cdot C^T = 0 \tag{8-1-3}$$

同理，对于基本关联 B_k 矩阵与独立回路矩阵 C_f，有：

$$B_k \cdot C_f^T = 0 \tag{8-1-4}$$

如果管网图 G 含有 J 个节点，N 条分支，T 是 G 的一棵生成树，对于图 G 的基本关联矩阵 B_k 和独立回路矩阵 C_f 中的各列作余枝在前，树枝在后的安排，并用余枝的方向作为独立回路 C_f 的方向，则：

$$C_f = \begin{bmatrix} I & C_{f12} \end{bmatrix} \tag{8-1-5}$$

$$B_k = \begin{bmatrix} B_{k11} & B_{k12} \end{bmatrix} \tag{8-1-6}$$

式中　B_{k11}——（$N-J+1$）×（$J-1$）阶矩阵，对应余枝；

B_{k12}——$J-1$ 阶方阵，对应树枝。

由于 $B_k \cdot C_f^T = 0$，那么

$$\begin{bmatrix} B_{k11} & B_{k12} \end{bmatrix} \cdot \begin{bmatrix} I \\ C_{f12}^T \end{bmatrix} = B_{k11} + B_{k12}C_{f12}^T = 0 \tag{8-1-7}$$

由于 B_{k12} 是图 G 的基本关联矩阵 B_k 中由树枝所对应的列组成的（$J-1$）阶子方阵，根据图论的原理，由于基本关联矩阵 B_k 的秩为（$J-1$），B_k 的子方阵非奇异的充要条件是 $J-1$ 列对应的分支是图 G 的一棵树，则 B_{k12}^{-1} 存在，得到基本关联 B_k 矩阵与独立回路矩阵 C_f 的关系：

$$C_{f12}^T = -B_{k12}^{-1}B_{k11} \tag{8-1-8}$$

$$C_{f12} = -B_{k11}^T(B_{k12}^{-1})^T \tag{8-1-9}$$

8.2　恒定流管网特性方程组及其求解方法

如 8.1 节所述，在管网布置确定和结构参数已知的条件下，求解各管段的流量（包含

流向），是完成环状管网水力计算和水力工况分析的前提。要计算各管段的流量，首先必须建立以各管段的流量为未知数的方程组，这些方程组是依据管网在恒定流动情况下所遵循的基本规律建立起来的，称为恒定流管网特性方程组，包括节点流量平衡方程组和回路压力平衡组。由于回路压力平衡方程组是非线性方程组，需要采用数值计算方法求解。本节介绍依据图的矩阵表示建立的恒定流管网特性方程组及其求解方法。

8.2.1　节点流量平衡方程组

根据质量守恒原理，在管网恒定流动过程中，与任一节点关联的所有分支的流量，其代数和等于该节点的节点流量。即

$$\sum_{j=1}^{N} b_{ij} Q_j = q_i \tag{8-2-1}$$

式中　b_{ij}——流动方向的符号函数；

$b_{ij}=1$——i 节点为 j 分支的端点且 q_j 流出该节点；

$b_{ij}=-1$——i 节点为 j 分支的端点且 q_j 流向该节点；

$b_{ij}=0$——i 节点不是 j 分支的端点；

Q_j——j 分支的流量；

q_i——i 节点的节点流量，q_i 的符号按照流入节点为正号，流出节点为负号。

$i=1,2,3,\cdots,J$；$j=1,2,3,\cdots,N$。

式（8-2-1）即管网的节点方程或连续性方程。

管网中所有节点均满足式（8-2-1），用矩阵形式表示可写成：

$$BQ = q \tag{8-2-2}$$

式中　B——管网图的关联矩阵，$J \times N$ 阶矩阵；

Q——N 阶分支流量列阵，$Q^T=(Q_1,Q_2,\cdots,Q_N)$；

q——J 阶节点流量列阵，$q=(q_1,q_2,\cdots,q_J)^T$。

如 8.1 节所述，管网图的关联矩阵 B 中只有 $J-1$ 个行向量是线性无关的，且去除 B 的任意一行后余下的 $J-1$ 个行向量是线性无关。这表明，式（8-2-2）中有一个方程是多余的，其中任意 $J-1$ 个方程相互独立。用矩阵形式表示为：

$$B_k Q = q' \tag{8-2-3}$$

式中　B_k——管网图的基本关联矩阵，$(J-1) \times N$ 阶矩阵，由 B 删除参考节点对应的行得到；

q'——$J-1$ 阶节点流量列阵，由 q 去掉参考节点的节点流量得到。

式（8-2-3）即为管网的节点流量平衡方程组，有 N 个未知数（N 个管段的流量），$J-1$ 个方程。对于环状管网，管网图不只是一棵树（在管网图中找出生成树后，还有剩余分支），$N>J-1$，根据线性代数的理论，不能由式（8-2-3）解出全部分支的流量，根据 8.1 节所述，B_k 中树枝所对应的 $J-1$ 列是线性无关的，所以式（8-2-3）的解可以表示为余枝管段流量的线性组合。也可以说，如果确定了管网中对应于某个生成树的余枝管段的流量，树枝管段也就被确定了，从这个意义上说，由于节点流量平衡方程组的约束，管网各分支中只有 $M=N-J+1$ 个分支流量是独立的，且这 $N-J+1$ 个分支必须是对应于管网图某棵生成树的余枝。

【例 8-2】 如图 8-2-1 所示的管网，给各分支编号，并取分支 1、2、7 为余枝，分支 3、4、5、6、8、9、10 为树枝，余枝的流量为 $Q_1 = 927\text{m}^3/\text{h}$，$Q_2 = 581\text{m}^3/\text{h}$，$Q_7 = 110\text{m}^3/\text{h}$，各节点流量在图 8-2-1 上标出，按照节点流量平衡方程式（8-2-3），取节点 9 为参考节点，得到：

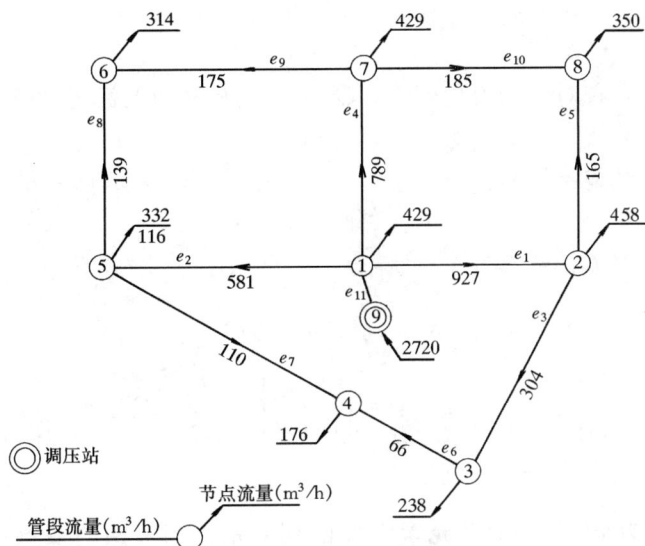

图 8-2-1 低压燃气管网图

$$\begin{bmatrix} 1 & 1 & 0 & 1 & 0 & 0 & 0 & 0 & 0 & 0 & -1 \\ -1 & 0 & 1 & 0 & 1 & 0 & 0 & 0 & 0 & 0 & 0 \\ 0 & 0 & -1 & 0 & 0 & 1 & 0 & 0 & 0 & 0 & 0 \\ 0 & 0 & 0 & 0 & 0 & -1 & -1 & 0 & 0 & 0 & 0 \\ 0 & -1 & 0 & 0 & 0 & 0 & 1 & 1 & 0 & 0 & 0 \\ 0 & 0 & 0 & 0 & 0 & 0 & 0 & -1 & -1 & 0 & 0 \\ 0 & 0 & 0 & -1 & 0 & 0 & 0 & 0 & 1 & 1 & 0 \\ 0 & 0 & 0 & 0 & -1 & 0 & 0 & 0 & 0 & -1 & 0 \end{bmatrix} \begin{bmatrix} Q_1 \\ Q_2 \\ Q_3 \\ Q_4 \\ Q_5 \\ Q_6 \\ Q_7 \\ Q_8 \\ Q_9 \\ Q_{10} \\ Q_{11} \end{bmatrix} = \begin{bmatrix} -429 \\ -458 \\ -238 \\ -176 \\ -332 \\ -314 \\ -429 \\ -359 \end{bmatrix}$$

即：

$$Q_1 + Q_2 + Q_4 - Q_{11} = -429$$
$$-Q_1 + Q_3 + Q_5 = -458$$
$$-Q_3 + Q_6 = -238$$
$$-Q_6 - Q_7 = -176$$
$$-Q_2 + Q_7 + Q_8 = -332$$
$$-Q_8 - Q_9 = -314$$

$$-Q_4 + Q_9 + Q_{10} = -429$$
$$-Q_5 - Q_{10} = -359$$

利用矩阵分块 $B_k = \begin{bmatrix} B_{k11} & B_{k12} \end{bmatrix}$，节点流量平衡方程式（8-2-3）可以有另一种形式。将流量列阵 Q 分块，有

$$Q = \begin{bmatrix} Q_{\mathrm{I}} \\ Q_{\mathrm{II}} \end{bmatrix}$$

其中，Q_{I} 为与余枝对应的流量列阵；Q_{II} 为与树枝对应的流量列阵。那么

$$B_k Q = \begin{bmatrix} B_{k11} & B_{k12} \end{bmatrix} \begin{bmatrix} Q_{\mathrm{I}} \\ Q_{\mathrm{II}} \end{bmatrix} = B_{k11} Q_{\mathrm{I}} + B_{k12} Q_{\mathrm{II}} = q' \tag{8-2-4}$$

$$Q_{\mathrm{II}} = B_{k12}^{-1} q' - B_{k12}^{-1} B_{k11} Q_{\mathrm{I}} = B_{k12}^{-1} q' + C_{\mathrm{fl2}}^{\mathrm{T}} Q_{\mathrm{I}} \tag{8-2-5}$$

那么

$$Q = \begin{bmatrix} Q_{\mathrm{I}} \\ Q_{\mathrm{II}} \end{bmatrix} = \begin{bmatrix} Q_{\mathrm{I}} \\ B_{k12}^{-1} q' + C_{\mathrm{fl2}}^{\mathrm{T}} Q_{\mathrm{I}} \end{bmatrix} = \begin{bmatrix} O \\ B_{k12}^{-1} q' \end{bmatrix} + \begin{bmatrix} I \\ C_{\mathrm{fl2}}^{\mathrm{T}} \end{bmatrix} Q_{\mathrm{I}} = \begin{bmatrix} O \\ B_{k12}^{-1} q' \end{bmatrix} + C_{\mathrm{f}}^{\mathrm{T}} Q_{\mathrm{I}}$$

$$\tag{8-2-6}$$

式中，"O" 代表 $N-J+1$ 个元素为 0 的列向量。当管网的节点流量均为零时，式（8-2-6）可写成：

$$Q = C_{\mathrm{f}}^{\mathrm{T}} Q_{\mathrm{I}} \tag{8-2-7}$$

式（8-2-5）可写成：

$$Q_{\mathrm{II}} = C_{\mathrm{fl2}}^{\mathrm{T}} Q_{\mathrm{I}} \tag{8-2-8}$$

如图 8-2-2 所示管网，余枝为 1、2、3，树枝为 4、5、6、7、8、9、10。余枝流量为 $Q_1 = 60$，$Q_2 = 30$，$Q_3 = 20$。

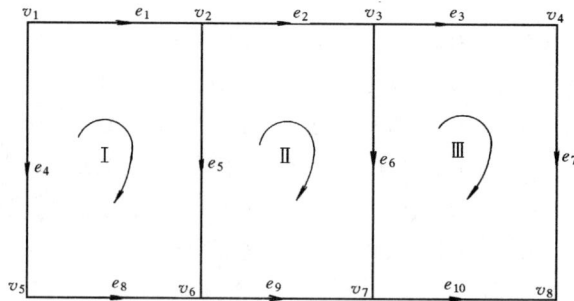

图 8-2-2　管网分支流量和压力损失

按余枝在前、树枝在后写出独立回路矩阵 C_{f}

$$C_{\mathrm{f}}(G) = \begin{array}{c} \begin{array}{cccccccccc} e_1 & e_2 & e_3 & e_4 & e_5 & e_6 & e_7 & e_8 & e_9 & e_{10} \end{array} \\ \begin{bmatrix} 1 & 0 & 0 & -1 & 1 & 0 & 0 & -1 & 0 & 0 \\ 0 & 1 & 0 & 0 & -1 & 1 & 0 & 0 & -1 & 0 \\ 0 & 0 & 1 & 0 & 0 & -1 & 1 & 0 & 0 & -1 \end{bmatrix} \end{array} \begin{array}{c} C_{\mathrm{I}} \\ C_{\mathrm{II}} \\ C_{\mathrm{III}} \end{array}$$

则根据式（8-2-8），有：

$$\begin{bmatrix} Q_4 \\ Q_5 \\ Q_6 \\ Q_7 \\ Q_8 \\ Q_9 \\ Q_{10} \end{bmatrix} = \begin{bmatrix} -1 & 0 & 0 \\ 1 & -1 & 0 \\ 0 & 1 & -1 \\ 0 & 0 & 1 \\ -1 & 0 & 0 \\ 0 & -1 & 0 \\ 0 & 0 & -1 \end{bmatrix} \begin{bmatrix} Q_1 \\ Q_2 \\ Q_3 \end{bmatrix} = \begin{bmatrix} -Q_1 \\ Q_1 - Q_2 \\ Q_2 + Q_3 \\ Q_3 \\ -Q_1 \\ -Q_2 \\ -Q_3 \end{bmatrix} = \begin{bmatrix} -60 \\ 30 \\ 10 \\ 20 \\ -60 \\ -30 \\ -20 \end{bmatrix}$$

8.2.2 回路压力平衡方程组

根据能量守恒原理，在管网恒定流动过程中，任意回路中沿回路方向，各个分支管段压降的代数和零。对于环路 i：

$$\sum_{j=1}^{n} c_{ij} \times (\Delta P_j - H_j) - P_{Gi} = 0 \qquad (8\text{-}2\text{-}9)$$

式中　c_{ij}——分支流动方向的符号函数；

　$c_{ij}=1$——j 分支包括在 i 回路中并与回路同向；

　$c_{ij}=-1$——j 分支包括在 i 回路中并与回路反向；

　$c_{ij}=0$——j 分支不包括在 i 回路中；

　ΔP_j——j 分支的阻力损失，若阻力损失使压力沿分支方向降低则为正，反之为负；

　P_{Gi}——重力作用形成的 i 环路的流动动力，按式（4-4-2）计算；环路 I 中重力作用形成的动力，与环路同向为正，逆向为负；

　H_j——在 j 分支输入的全压动力，一般取所在分支方向为动力作用方向，故恒为正。

式（8-2-9）被称为独立回路压力平衡方程。一个有 N 个分支、J 个节点的管网，其中有 $M=N-J+1$ 个独立回路，对于这 $N-J+1$ 个独立回路列写的回路压力平衡方程是相互独立的。与节点方程一起，共有 $(N-J+1)+(J-1)=N$ 个独立方程，可解出 N 个分支的流量。当可忽略重力作用时，式（8-2-9）用矩阵形式表示可写成：

$$C_f(\Delta P - H) = 0 \qquad (8\text{-}2\text{-}10)$$

式中　C_f——管网图的独立回路矩阵，$M \times N$ 阶矩阵；

　ΔP——N 阶列阵，$\Delta P = [\Delta P_1, \ \Delta P_2, \ \cdots, \ \Delta P_N]^T$；

　$H = [H_1, H_2, \cdots, H_N]^T$。

当所分析计算的管网中没有全压动力作用，式（8-2-10）可写成：

$$C_f(\Delta P) = 0 \qquad (8\text{-}2\text{-}11)$$

将 ΔP 分块：

$$\Delta P = \begin{bmatrix} [\Delta P]_1 \\ [\Delta P]_2 \end{bmatrix}$$

式中　$[\Delta P]_1$——对应余枝的分支压力损失列阵；

　$[\Delta P]_2$——对应树枝的分支压力损失列阵。

则有

$$C_f(\Delta P) = [I, C_{f12}]\begin{bmatrix}[\Delta P]_1 \\ [\Delta P]_2\end{bmatrix} = [\Delta P]_1 + C_{f12}[\Delta P]_2 = 0 \tag{8-2-12}$$

于是，由树枝的压力损失列阵可以求出所有分支的压力损失：

$$\Delta P = \begin{bmatrix}[\Delta P]_1 \\ [\Delta P]_2\end{bmatrix} = \begin{bmatrix}-C_{f12}[\Delta P]_2 \\ [\Delta P]_2\end{bmatrix} = \begin{bmatrix}-C_{f12} \\ I\end{bmatrix}[\Delta P]_2 \tag{8-2-13}$$

例如在图 8-2-2 中，已知各树枝压力损失为 $\Delta P_4 = 60$，$\Delta P_5 = 90$，$\Delta P_6 = 120$，$\Delta P_7 = 110$，$\Delta P_8 = 80$，$\Delta P_9 = 60$，$\Delta P_{10} = 40$，可求出余枝阻力：

$$[\Delta P]_1 = \begin{bmatrix}\Delta P_1 \\ \Delta P_2 \\ \Delta P_3\end{bmatrix} = -C_{f12}[\Delta P]_2 = -\begin{bmatrix}-1 & 1 & 0 & 0 & -1 & 0 & 0 \\ 0 & -1 & 1 & 0 & 0 & -1 & 0 \\ 0 & 0 & -1 & 1 & 0 & 0 & -1\end{bmatrix}\begin{bmatrix}\Delta P_4 \\ \Delta P_5 \\ \Delta P_6 \\ \Delta P_7 \\ \Delta P_8 \\ \Delta P_9 \\ \Delta P_{10}\end{bmatrix}$$

$$= -\begin{bmatrix}-\Delta P_4 + \Delta P_5 - \Delta P_8 \\ -\Delta P_5 + \Delta P_6 - \Delta P_9 \\ -\Delta P_6 + \Delta P_7 - \Delta P_{10}\end{bmatrix} = \begin{bmatrix}50 \\ 30 \\ 50\end{bmatrix}$$

8.2.3　分支阻力定律

分支的流动阻力可以用通用公式的方式来表示：

$$\Delta P_j = S_j Q_j^n, j = 1 \sim N \tag{8-2-14}$$

式中　S_j——分支 j 的阻抗；

Q_j——分支 j 的流量；

n——指数，由管道流动阻力计算的基本公式确定，一般取 $n=2$。

8.2.4　泵或风机性能曲线的代数方程

水泵（或风机）是管网最常见的全压动力源。它们输出的全压随流量的变化关系由性能曲线确定。因此，需要确定泵与风机性能曲线的函数式，以便将其引入管网方程中进行计算。

1. 用插入法建立泵或风机的性能方程

建立泵或风机性能曲线的代数方程，可以从已有的特性曲线，取若干点流量与扬程（全压）、流量与功率、流量与效率，或从泵与风机性能表上取得若干组数据。

流量数据为：

$$\{Q_1, Q_2, Q_3, \cdots, Q_r\}$$

对应各个流量数据的扬程（全压）和功率数据为：

$$\{H_1, H_2, \cdots, H_r\}; \{N_1, N_2, \cdots, N_r\}$$

上述各组数据可以采用插值或曲线拟合方法得到扬程（全压）与流量、功率与流量的代数方程。

$$H = H(Q)$$
$$N = N(Q)$$

通常采用二次多项式描述代数方程 $H = H(Q)$ 和 $N = N(Q)$，即：

$$H = C_1 + C_2 Q + C_3 Q^2 \qquad (8\text{-}2\text{-}15)$$

$$N = C_1' + C_2' Q + C_3' Q^2 \qquad (8\text{-}2\text{-}16)$$

式中　　　　Q——泵或风机的流量；

H——泵的扬程或风机的全压；

N——泵或风机的功率；

C_1，C_2，C_3——扬程（全压）——流量性能曲线数学表达式系数；

C_1'，C_2'，C_3'——功率——流量性能曲线数学表达式系数。

当所取的数据 $r = 3$ 时，即取 3 个点 $(Q_1，H_1)$、$(Q_2，H_2)$ 和 $(Q_3，H_3)$ 时，由拉格朗日（Lagrange）二次插值公式，可得

$$\begin{cases} C_1 = H_1 - C_2 Q_1 - C_3 Q_1^2 \\[2mm] C_2 = \dfrac{H_1 - H_2}{Q_1 - Q_2} - (Q_1 + Q_2) C_3 \\[4mm] C_3 = \dfrac{H_3(Q_1 - Q_2) + H_1(Q_2 - Q_3) + H_2(Q_3 - Q_1)}{(Q_1 - Q_2)(Q_2 - Q_3)(Q_3 - Q_1)} \end{cases} \qquad (8\text{-}2\text{-}17)$$

同理可得 C_1'、C_2' 和 C_3'。

2. 曲线拟合方法建立泵或风机的性能方程

在对泵与风机进行性能测定时，设对 k 个工况点进行测定，获得 k 组扬程——流量数据。由于测定工作产生的误差，造成测定数据偏离实际工况点，不能用插值方法建立性能曲线的代数方程，而要采用最小二乘法进行曲线拟合。

已测得数据 $(Q_i，H_i)$，$i = 1，2，\cdots k$，对应第 i 个测点所测得的流量和扬程（全压）：

$$H(Q_i) = C_1 + C_2 Q_i + C_3 Q_i^2 \qquad (8\text{-}2\text{-}18)$$

测点的实际扬程 $H(Q_i)$ 与实测 H_i 存在误差

$$d_i = H(Q_i) - H_i$$

为了从测定的 k 组数据出发，求取一个最佳的系数 C_1、C_2 和 C_3 值，以便使误差最小，建立误差平方和函数 E：

$$E = \sum_{i=1}^{k} [H(Q_i) - H_i] = \sum_{i=1}^{k} [C_1 + C_2 Q_i + C_3 Q_i^2 - H_i]^2 \qquad (8\text{-}2\text{-}19)$$

根据最小二乘原理，求取误差的平方和函数 E 为极小时的 C_1、C_2 和 C_3 的值：

$$\frac{\partial E}{\partial c_i} = 2 \sum_{i=1}^{k} [C_1 + C_2 Q_i + C_3 Q_i^2 - H_i] \cdot Q_i^{3-j} = 0 \quad j = 1,2,3 \qquad (8\text{-}2\text{-}20)$$

经整理得到：

$$\begin{cases} C_1 k + C_2 \sum_{i=1}^{k} Q_i + C_3 \sum_{i=1}^{k} Q_i^2 = \sum_{i=1}^{k} H_i \\ C_1 \sum_{i=1}^{k} Q_i + C_2 \sum_{i=1}^{k} Q_i^2 + C_3 \sum_{i=1}^{k} Q_i^3 = \sum_{i=1}^{k} H_i Q_i \\ C_1 \sum_{i=1}^{k} Q_i^2 + C_2 \sum_{i=1}^{k} Q_i^3 + C_3 \sum_{i=1}^{k} Q_i^4 = \sum_{i=1}^{k} H_i Q_i^2 \end{cases} \tag{8-2-21}$$

解三元一次方程组，可求出 C_1、C_2 和 C_3 的值。

3. 泵或风机性能方程的转速变换

对于离心式的水泵和风机，在已知其转速为 n_1 时某工况的流量和扬程（或全压），运用相似律可以得出其他转速下相似工况的扬程（或全压）。据此，在已知转速为 n_1 时的泵与风机性能方程，可以得出其他转速下的性能方程。

设泵与风机已知转速为 n_1 时某工况的性能参数（Q_{I}，H_{I}）满足性能方程：

$$H_{\mathrm{I}} = C_{11} + C_{21} Q_{\mathrm{I}} + C_{31} Q_{\mathrm{I}}^2 \tag{8-2-22}$$

当转速由 n_1 变换到 n_2 时，其对应相似工况的性能参数（Q_{II}，H_{II}）满足方程：

$$H_{\mathrm{II}} = C_{12} + C_{22} Q_{\mathrm{II}} + C_{32} Q_{\mathrm{II}}^2 \tag{8-2-23}$$

根据相似律可知，（Q_{I}，H_{I}）和（Q_{II}，H_{II}）之间有：

$$\frac{Q_{\mathrm{I}}}{Q_{\mathrm{II}}} = \frac{n_1}{n_2}$$

$$\frac{H_{\mathrm{I}}}{H_{\mathrm{II}}} = \left(\frac{n_1}{n_2}\right)^2$$

则由式（8-2-22）和式（8-2-23）可得：

$$\begin{aligned} H_{\mathrm{II}} &= H_{\mathrm{I}} \left(\frac{n_2}{n_1}\right)^2 \\ &= \left(C_{11} + C_{21} Q_{\mathrm{I}} + C_{31} Q_{\mathrm{I}}^2\right)\left(\frac{n_2}{n_1}\right)^2 \\ &= C_{11}\left(\frac{n_2}{n_1}\right)^2 + C_{21}\left(\frac{n_2}{n_1}\right) Q_{\mathrm{II}} + C_{31} Q_{\mathrm{II}}^2 \end{aligned}$$

则有：

$$C_{12} = \left(\frac{n_2}{n_1}\right)^2 C_{11} \,;\, C_{22} = \left(\frac{n_2}{n_1}\right) C_{21} \,;\, C_{32} = C_{31} \tag{8-2-24}$$

将管网中泵或风机等动力设备的性能方程、分支阻力定律代入回路压力平衡方程组（8-2-10），得到：

$$f_i(\boldsymbol{Q}) = \sum_{j=1}^{N}\left[c_{ij} S_j \,|\, Q_j \,|^{n-1} Q_j - H_j(Q_j)\right] - P_{\mathrm{G}i} = 0, j = 1, 2, \cdots, N; i = 1, 2, \cdots, M \tag{8-2-25}$$

式中　$f_i(\boldsymbol{Q})$——第 i 回路压力降的代数和；

　　　　Q_j——第 j 分支的流量；

　　　　S_j——第 j 分支的阻抗；

$H_j(Q_j)$——第 j 分支上泵与风机的扬程（或全压）函数；

c_{ij}——符号函数，第 j 分支包括在 i 回路中并与回路同向，$c_{ij}=1$；第 j 分支包括在 i 回路中并与回路反向，$c_{ij}=-1$；第 j 分支不包括在 i 回路中，$c_{ij}=0$。

式（8-2-25）中将 $\Delta P_j=S_jQ_j^n$ 写成 $S_j\,|\,Q_j\,|^{\,n-1}Q_j$，主要是考虑实际流动方向的影响。

8.2.5 求解恒定流管网特性方程组的回路方程法

管网的回路压力平衡方程组包含 $M=N-J+1$ 个方程，与节点流量平衡方程组一起共有 $(N-J+1)+(J-1)=N$ 个独立方程，在已知各分支阻抗、节点流量以及泵或风机性能参数的前提下，可解出 N 个分支的流量值。

由于回路压力平衡方程组是非线性的，当独立回路数大于 1 时，无法直接得到解析解，需要采用数值求解方法进行计算。目前，求解管网方程组的方法很多，有节点方程法、回路方程法等。回路方程法从回路压力平衡方程组出发，推导出求解余枝流量修正值，逐步迭代计算，直到得到满足精度要求的余枝流量的数值解。由于回路方程法直接解出各个管段的流量，计算原理清晰，便于计算机编程求解，本书介绍回路方程法。回路方程法根据求解余枝流量修正值的具体方法不同，又分为很多种。

1. 牛顿法

如前所述，管网中树枝管段的流量可以用余枝管段流量的线性组合表示出来。即对于式（8-2-25）中的树枝流量未知量，可以用余枝流量来替换，即式（8-2-6）所表示的关系。这一关系也可以通过节点流量平衡方程组移项得到。设管网的节点数为 J，分支数为 N，把式（8-2-25）中的树枝流量未知量，用余枝流量替换后，回路压力平衡方程组只有余枝流量未知数 $M=N-J+1$ 个，与回路压力平衡方程组数目相等。不妨设余枝管段编号为 $1\sim M$，则以 M 个余枝流量为变量的独立回路压力平衡方程组的一般形式为：

$$\left\{\begin{array}{l} f_1(Q_1,Q_2,\cdots,Q_M)=0 \\ f_2(Q_1,Q_2,\cdots,Q_M)=0 \\ \cdots \\ f_M(Q_1,Q_2,\cdots,Q_M)=0 \end{array}\right\} \tag{8-2-26}$$

式中 $Q_1,Q_2,\cdots,Q_M$——M 个余枝管段流量。

如前所述，各管段初始分配的流量不能满足回路压力平衡方程组，设 $Q_1^0,Q_2^0,\cdots,Q_M^0$ 为余枝管段初始流量，则它们不能使式（8-2-26）的左边的 $f_1,f_2,\cdots,f_M=0$，假设 $\Delta Q_1^0,\Delta Q_2^0,\cdots,\Delta Q_M^0$ 为余枝管段流量的修正值，能满足：

$$\left\{\begin{array}{l} f_1(Q_1^0+\Delta Q_1^0,Q_2^0+\Delta Q_2^0,\cdots,Q_M^0+\Delta Q_M^0)=0 \\ f_2(Q_1^0+\Delta Q_1^0,Q_2^0+\Delta Q_2^0,\cdots,Q_M^0+\Delta Q_M^0)=0 \\ \cdots \\ f_M(Q_1^0+\Delta Q_1^0,Q_2^0+\Delta Q_2^0,\cdots,Q_M^0+\Delta Q_M^0)=0 \end{array}\right\} \tag{8-2-27}$$

对上式中的 M 个方程的左边按泰勒（Taylor）级数展开，并舍去含 ΔQ_1^0，ΔQ_2^0，$\cdots$，ΔQ_M^0 的二次和更高次项，得到：

$$\left\{\begin{array}{l}f_1(Q_1^0,Q_2^0,\cdots,Q_M^0)+\dfrac{\partial f_1}{\partial Q_1}\Delta Q_1^0+\dfrac{\partial f_1}{\partial Q_2}\Delta Q_2^0+\cdots+\dfrac{\partial f_1}{\partial Q_M}\Delta Q_M^0=0\\[3mm]f_2(Q_1^0,Q_2^0,\cdots,Q_M^0)+\dfrac{\partial f_2}{\partial Q_1}\Delta Q_1^0+\dfrac{\partial f_2}{\partial Q_2}\Delta Q_2^0+\cdots+\dfrac{\partial f_2}{\partial Q_M}\Delta Q_M^0=0\\[3mm]\cdots\\[2mm]f_M(Q_1^0,Q_2^0,\cdots,Q_M^0)+\dfrac{\partial f_M}{\partial Q_1}\Delta Q_1^0+\dfrac{\partial f_M}{\partial Q_2}\Delta Q_2^0+\cdots+\dfrac{\partial f_M}{\partial Q_M}\Delta Q_M^0=0\end{array}\right\} \tag{8-2-28}$$

写成矩阵的形式，即：

$$\left\{\begin{array}{l}\dfrac{\partial f_1}{\partial Q_1},\dfrac{\partial f_1}{\partial Q_2},\cdots,\dfrac{\partial f_1}{\partial Q_M}\\[3mm]\dfrac{\partial f_2}{\partial Q_1},\dfrac{\partial f_2}{\partial Q_2},\cdots,\dfrac{\partial f_2}{\partial Q_M}\\[3mm]\cdots\\[2mm]\dfrac{\partial f_M}{\partial Q_1},\dfrac{\partial f_M}{\partial Q_2},\cdots,\dfrac{\partial f_M}{\partial Q_M}\end{array}\right\}\left[\begin{array}{c}\Delta Q_1^0\\[2mm]\Delta Q_2^0\\[2mm]\cdots\\[2mm]\Delta Q_M^0\end{array}\right]=\left[\begin{array}{c}-f_1(Q_1^0,Q_2^0,\cdots,Q_M^0)\\[2mm]-f_2(Q_1^0,Q_2^0,\cdots,Q_M^0)\\[2mm]\cdots\\[2mm]-f_M(Q_1^0,Q_2^0,\cdots,Q_M^0)\end{array}\right] \tag{8-2-29}$$

上式左边的系数矩阵的元素都是 f_1，f_2，$\cdots$，f_M 对于 Q_1，Q_2，$\cdots$，Q_M 的偏导数在 Q_1^0，Q_2^0，$\cdots$，Q_M^0 的值。这一矩阵称为雅可比（Jacobi）矩阵。式（8-2-29）为线性方程，求解可得到 ΔQ_1^0，ΔQ_2^0，$\cdots$，ΔQ_M^0，进而可得到：

$$\left\{\begin{array}{l}Q_1^1=Q_1^0+\Delta Q_1^0\\[2mm]Q_2^1=Q_2^0+\Delta Q_2^0\\[2mm]\cdots\\[2mm]Q_M^1=Q_M^0+\Delta Q_M^0\end{array}\right\} \tag{8-2-30}$$

但由于方程组（8-2-26）线性化时舍去了流量修正值二次方以上的项，所以 Q_1^1，Q_2^1，$\cdots$，Q_M^1 还只能是方程组的近似解，但它向真实解逼近了一步。

按以上的方法，继续对 Q_1^1，Q_2^1，$\cdots$，Q_M^1 进行修正，直到第 K 次计算后满足下式：

$$\max\{\mid f_i(Q_1^K,Q_2^K,\cdots,Q_M^K)\mid\}<\varepsilon \tag{8-2-31}$$

ε 是预先给定的足够小的正数，即计算的精度要求——环路压力闭合差的最大允许值。Q_1^K，Q_2^K，$\cdots$，Q_M^K 为符合计算精度要求的解，将其代入节点压力平衡方程组，或根据树枝流量与余枝流量的关系式，可求得所有树枝管段流量。

根据上述分析，可将计算过程中求解流量修正值的方程组表示为：

$$A\times[\Delta Q_M]=-f \tag{8-2-32}$$

式中　A——雅可比矩阵；

$[\Delta Q_M]$——M 个余枝流量修正值组成的列向量；

f——M 个独立回路压力闭合差组成的列向量。

上述求解方法称为牛顿法，式（8-2-32）称为牛顿方程组。

【**例 8-3**】某流体输配管网如图 8-2-3 所示，分支数 $N=7$，节点数 $J=6$，独立回路数 $M=N-J+1=2$，求牛顿方程组的系数矩阵。

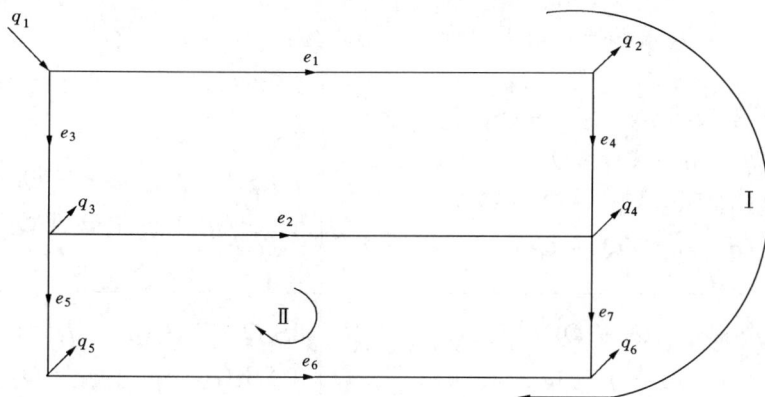

图 8-2-3 例 8-3 图

【**解**】以节点 6 为参考节点，列出节点流量平衡方程组，得：

$$\begin{bmatrix} 1 & 0 & 1 & 0 & 0 & 0 & 0 \\ -1 & 0 & 0 & 1 & 0 & 0 & 0 \\ 0 & 1 & -1 & 0 & 1 & 0 & 0 \\ 0 & -1 & 0 & -1 & 0 & 0 & 1 \\ 0 & 0 & 0 & 0 & -1 & 1 & 0 \end{bmatrix} \begin{bmatrix} Q_1 \\ Q_2 \\ Q_3 \\ Q_4 \\ Q_5 \\ Q_6 \\ Q_7 \end{bmatrix} = \begin{bmatrix} q_1 \\ q_2 \\ q_3 \\ q_4 \\ q_5 \end{bmatrix}$$

以分支 1、2 为余枝，可将树枝 3、4、5、6、7 的流量表示为：

$$Q_3 = q_1 - Q_1$$
$$Q_4 = q_2 + Q_1$$
$$Q_5 = q_1 + q_3 - Q_1 - Q_2$$
$$Q_6 = q_1 + q_3 + q_5 - Q_1 - Q_2$$
$$Q_7 = q_2 + q_4 + Q_1 + Q_2$$

应注意节点流量是有符号的，流入节点为正，流出节点为负。

分支阻力定律中取 $n=2$，独立回路压力平衡方程组为：

$$\begin{bmatrix} 1 & 0 & -1 & 1 & -1 & -1 & 1 \\ 0 & 1 & 0 & 0 & -1 & -1 & 1 \end{bmatrix} \begin{bmatrix} S_1 Q_1^2 \\ S_2 Q_2^2 \\ S_3 Q_3^2 \\ S_4 Q_4^2 \\ S_5 Q_5^2 \\ S_6 Q_6^2 \\ S_7 Q_7^2 \end{bmatrix} = 0$$

将树枝流量用余枝流量替换，可得：

$$f_1 = S_1 Q_1^2 - S_3(q_1 - Q_1)^2 + S_4(q_2 + Q_1)^2 - S_5(q_1 + q_3 - Q_1 - Q_2)^2$$
$$- S_6(q_1 + q_3 + q_5 - Q_1 - Q_2)^2 + S_7(q_2 + q_4 + Q_1 + Q_2)^2 = 0$$
$$f_2 = S_2 Q_2^2 - S_5(q_1 + q_3 - Q_1 - Q_2)^2 - S_6(q_1 + q_3 + q_5 - Q_1 - Q_2)^2$$
$$+ S_7(q_2 + q_4 + Q_1 + Q_2)^2 = 0$$

f_1，f_2 分别对 Q_1，Q_2 求偏导，可得出雅可比矩阵为：

$$A = \begin{bmatrix} \begin{array}{c} 2S_1Q_1 + 2S_3(q_1 - Q_1) + 2S_4(q_2 + Q_1) \\ + S_5(q_1 + q_3 - Q_1 - Q_2) \\ + 2S_6(q_1 + q_3 + q_5 - Q_1 - Q_2) \\ + 2S_7(q_2 + q_4 + Q_1 + Q_2) \end{array} & \begin{array}{c} 2S_5(q_1 + q_3 - Q_1 - Q_2) \\ + 2S_6(q_1 + q_3 + q_5 - Q_1 - Q_2) \\ + 2S_7(q_2 + q_4 + Q_1 + Q_2) \end{array} \\ \hline \begin{array}{c} 2S_5(q_1 + q_3 - Q_1 - Q_2) \\ + 2S_6(q_1 + q_3 + q_5 - Q_1 - Q_2) \\ + 2S_7(q_2 + q_4 + Q_1 + Q_2) \end{array} & \begin{array}{c} 2S_2Q_2 + 2S_5(q_1 + q_3 - Q_1 - Q_2) \\ + 2S_6(q_1 + q_3 + q_5 - Q_1 - Q_2) \\ + 2S_7(q_2 + q_4 + Q_1 + Q_2) \end{array} \end{bmatrix}$$

可见，雅可比矩阵是一个主对角元素占优的对称矩阵。

2. Cross 法

牛顿法需要求很多偏导数，解牛顿方程组也不方便。H. Cross 给出了一种简化的计算方法。

当系数矩阵满足主对角元素大于同行其他副元素之和时，删去所有副元素，即对于牛顿方程组，略去雅可比矩阵中的非主对角元素，得到：

$$\begin{bmatrix} \dfrac{\partial f_1}{\partial Q_1} & & & 0 \\ & \dfrac{\partial f_2}{\partial Q_2} & & \\ & & \cdots & \\ 0 & & & \dfrac{\partial f_M}{\partial Q_M} \end{bmatrix} \begin{bmatrix} \Delta Q_1 \\ \Delta Q_2 \\ \cdots \\ \Delta Q_M \end{bmatrix} = \begin{bmatrix} -f_1 \\ -f_2 \\ \cdots \\ -f_M \end{bmatrix} \tag{8-2-33}$$

从而可直接得出：

$$\Delta Q_i = \frac{-f_i}{\dfrac{\partial f_i}{\partial Q_i}}, i = 1 \sim M \tag{8-2-34}$$

上述方法称为 Cross 法。计算管网中不包含泵或风机，分支阻力定律中 $n = 2$ 时，式 (8-2-34) 可写成：

$$\Delta Q_i = \frac{-\sum\limits_{j=1}^{N} c_{ij} S_j Q_j \mid Q_j \mid}{2\sum\limits_{j=1}^{N} S_j \mid Q_j \mid}, i = 1 \sim M \tag{8-2-35}$$

式 (8-2-35) 常用于环状管网水力计算时手工进行管网平差。

应该指出，Cross 法舍去了系数矩阵中除主对角元素以外的所有副元素。为简化算法并尽量满足主对角元素占优的限制条件，Cross 法以阻抗 S 值为依据，通过选取最小阻抗树构造独立回路，从而使余树的阻抗最大来达到增大主元素数值的目的。在通常情况下上述做法基本满足要求。但矩阵中的元素还与流量有关。因此，该算法的收敛性既与流量初值有关，而且也与独立回路的选择有关，在个别情况下可能出现迭代计算已达最大迭代次数而仍未达到精度指标的要求，特别是当精度取值很高时可能遇到这种情况。

根据上述算法，可以编制计算机程序进行计算。初学者在学习中可根据实际流体输配管网问题（城市供热、给水、燃气等管网），选择已有计算程序进行计算机分析，或自行编制计算程序。

8.3 环状管网的水力计算与水力工况分析方法

8.3.1 环状管网水力计算的基本步骤

环状管网水力计算的根本任务，是在已知用户要求的设计流量和管网布置的条件下，确定各个管段的管径和流动阻力、管网的动力需求，这与枝状管网是相同的。但已知管网布置和用户设计流量，还无法确定出环状管网所有管段的流量，因此，其计算步骤和方法有差别。在实际工程中，大多数管网只是干线构成环状，源点与环状干线之间的输送干线、从环状干线引出的支线仍然是枝状管线（称为枝状支线）。枝状管线水力计算方法与第 3~4 章讲述的枝状管网相同。因此，整个环状管网的水力计算可先将枝状管线从管网中去掉，将其流量作为连接点的节点流量，形成管网的环状干线图。先计算管网中的环状干线，再进行枝状管线的计算。尽管工程中的城市供热、供燃气以及给水等环状管网，由于各有其工程特点，具体的计算过程有所差异，但基本方法是一致的。下面归纳出环状管网水力计算的基本步骤。

1. 绘制管网图，计算节点流量

绘制管网布置图，统计各条管线的长度、沿线流量、端点位置标高等基础参数。按照 8.1 节讲述的方法计算节点流量，并将其标示在图中。从管网流出的节点流量用从节点引出的箭头表示，流入的用指向节点的箭头表示。节点流量统一约定流出为负，流入为正，数值（不含符号）标在箭头线旁。

2. 环状干线水力计算

（1）绘制管网的环状干线图

1）根据管网的管线布置图、用户的设计流量，按照节点流量平衡关系能够直接确定出流量的管段组成枝状管线。将枝状管线从管网图中去掉，剩余的管段即为环状干线。将枝状管线的流量转化为其与环状干线连接点的节点流量。

2）分别进行环状干线节点和管段（分支）编号，编号采用从 1 开始的自然数序列，并注意两者之间的区分。

（2）初定环状干线的流量输配方案

环状干线的流量输配任务是从一些节点接纳流量，向另外一些节点输出流量。它的输配方案不唯一，这也是管网布置成环状和枝状的本质区别之一。从管网特性方程组来分析，环状干线部分的节点流量平衡方程组的未知数多于方程数，有多解。因此需要预先确定一种较为合理的输配方案，或称流量初始分配。然后按照预先确定的输配方案进行管径等管网组成要素的匹配。

显然，初定的输配方案对环状管网的设计和运行有着重要的影响。它将影响管径匹配、管网造价、动力需求及运行费用、事故工况的可靠性等重要的技术经济指标。目前，针对城市给水、供热、燃气等管网的流量初始分配方法进行了优化研究，但由于涉及的目标很多，难以形成统一的优化分配方法，因此流量初始分配往往带有一定的经验性。管段流量初始分配需满足管网的节点流量平衡。

（3）初定管径

根据各个管段初始分配的流量，以及管网设计的一些重要参数，如平均比摩阻、经济流速等，利用各类管网的管道阻力计算公式或水力计算图表初定管径。

（4）管网平差

步骤（2）分配的管段流量和步骤（3）确定的管径之间不满足回路压力平衡的要求。按照8.2节讲述的方法，在初定管径基础上求解出满足管网节点流量平衡方程组和回路压力平衡方程组的管段流量。进行这一步骤的计算时，环状干线中一般没有动力设备，故不必进行动力设备性能的拟合。

（5）校核各管段的水力参数，进行管径调整

管网平差得出了环状干线各个管段在初定管径条件下满足回路压力平衡要求的流量。可以方便地计算出各个管段的流速、压降及比摩阻等水力参数。校核流速、比摩阻等参数是否符合设计要求，如不符合，可调整部分管径，重新进行管网平差计算，直到满足要求为止。

经过上述步骤，获得了环状干线的一种流量输配及对应的管径匹配方案，且它们之间满足回路压力平衡的要求。

（6）计算各个节点的压力

在环状干线中，任意选择一个节点为参考节点，根据各个管段的阻力损失，计算出所有节点以参考节点的压力为起算点的压力值，称为参考压力。

$$[P'] = [B_{k12}^T]^{-1} \cdot [\Delta P]_2 \tag{8-3-1}$$

式中　$[P']$——除参考节点外的节点参考压力列向量；

B_{k12}^T——基本关联矩阵对应树的分块阵的转置阵；

$[\Delta P]_2$——对应树枝的管段压力损失列阵。

3. 枝状管线水力计算

枝状管线包括连接源点与环状干线的输送干线和从环状干线引出的枝状支线。水力计算的基本步骤如下：

（1）计算各个管段的设计流量

源和用户的设计流量是已知的，按照节点流量平衡方程推算可得各个管段计算流量值。由于这部分管线是枝状，输配方案惟一。

（2）选定最不利用户，对输送干线和连接最不利用户的枝状支线管段进行水力计算

可根据规定的比摩阻，利用各类管网的水力计算公式或图表，确定这些管段的管径，计算流动阻力。

源点至每一用户之间的流体输送回路中,在设计工况下,需用压力最高的回路称为最不利回路,该回路中的用户即为最不利用户。开式管网可参照 3.4～3.6 节讲述的方法,用虚拟管路,将每个用户与管网的连接点和源点连接起来,组成虚拟闭合回路。确定最不利用户应综合考虑用户距离源点的距离、用户的地理位置高度(不能忽略重力影响时)、用户对连接点处压头的要求等因素。水力计算完成后,由于管径选择等因素,实际的最不利用户可能与最初确定的不同。

(3) 对其余枝状支线管段进行水力计算

先确定待计算枝状支线管路的资用动力,按照"压损平衡"要求选择和调整管径。资用动力是指待计算管路可资利用的动力。计算其余枝线的资用动力时,可选择已计算完成的部分环状干线和连接最不利用户的枝状支线等管路,与待计算枝状支线组成回路,依据回路压力平衡原理进行。规定该回路的方向与待计算枝状支线流向相同,则:

$$P_{zy} = -\sum_j c_j \cdot \Delta P_j \tag{8-3-2}$$

式中　P_{zy}——待计算枝状支线的资用动力,Pa 或 mH$_2$O;

c_j——符号数,当管段流向与回路方向相同时取 1,相反时取 -1;

ΔP_j——回路中其他管段的压力损失,Pa 或 mH$_2$O,顺着流动方向压力损失增大,取正值。

待计算枝状支线的控制平均比摩阻为:

$$R_{pj} = \frac{P_{zy}}{(1+\alpha) \cdot \sum l} \tag{8-3-3}$$

式中　α——局部阻力与沿程阻力之比的估计值;

$\sum l$——待计算枝状支线管路的总计算长度,m。

计算压损不平衡率为:

$$\Delta = \frac{P_{zy} - \Delta P_{sy}}{P_{zy}} \times 100\% \tag{8-3-4}$$

式中　ΔP_{sy}——待计算枝状支线管段计算压力损失之和,Pa 或 mH$_2$O。

压损不平衡率一般应控制在 ±15% 以内。

8.3.2 环状管网的水力工况分析方法

环状管网水力工况分析的任务,是在已知管网组成要素(管网布置、各管段的管径、管长、局部管件的形状尺寸、动力装置的性能曲线、流体的性质等)的条件下,分析计算管网的工况参数,主要包括管网的实际流量和压力分布情况、动力装置的工作流量和扬程(全压)等。

环状管网各管段之间的连接较为复杂,不全是简单的串并联关系,因此其水力工况的分析计算的基本方法是 8.2 节介绍的建立和求解管网特性方程组,获得各个管段的流量,进而计算管段压降、节点压力、泵(风机)的工作流量、扬程(全压)等水力工况参数,其基本步骤如下。

(1) 绘制管网图,对管段进行编号;

(2) 统计管网各管段的结构参数,计算各个管段的阻抗;

(3) 拟合出动力装置的性能曲线数学表达式;

（4）构建管网图的基本关联矩阵和独立回路矩阵，建立管网特性方程组；

（5）求解管网特性方程组，计算流量、压力等工况参数。

环状管网的水力工况分析计算通常采用计算机程序或软件进行。本书编者开发的计算软件可于网上下载，登录中国建筑工业出版社官网 www.cabp.com.cn→输入书名或 31599（征订号）查询→点选图书→点击配套资源即可下载。（重要提示：下载配套资源需注册网站用户并登录）。

8.4　环状管网动力与调节装置匹配概要

8.4.1　环状管网动力装置匹配概要

在动力装置的设置位置和流量输送任务已知的前提下，通过计算得出对动力装置的扬程（全压）需求后，即可按照第 6 章所述的方法进行具体的匹配选型。

按照 8.3 节所述的方法，已确定了所有管段的管径并计算了流动阻力。式（8-3-4）中分子计算值为负数且绝对值最大的枝状支线连接的用户，为管网的实际最不利用户。在管网图中，从动力装置的出口位置出发选择管段，组成动力装置出口—输送干线—环状管线—连接实际最不利用户的支线管路—动力装置入口的回路，回路方向取为动力装置的作用方向，则需要动力装置提供的扬程（全压）动力 P_q 为：

$$P_q = \sum_j c_j \cdot \Delta P_j - P_G \tag{8-4-1}$$

式中　ΔP_j——回路中任意管段的压力损失，Pa 或 mH_2O；

　　　　P_G——该回路沿规定回路方向的重力作用动力，Pa 或 mH_2O。

8.4.2　环状管网调节装置匹配概要

管网的调节可以认为是要实现某个特定的流量输配任务。当管网布置、管段结构参数（阻抗）及动力装置性能确定后，管网中的流量分配由管网流动的基本规律——节点流量平衡和回路压力平衡决定。设置调节装置的目的是使特定的流量输配任务在实际运行中得以实现。

设整个环状管网分支数为 N，节点数为 J，根据节点流量平衡定律，可列写 $J-1$ 个独立的节点流量平衡方程，其系数矩阵为管网的基本关联矩阵，$(J-1) \times N$ 维。根据 8.2 节的有关论述，当对应于管网某棵生成树的 $(N-J+1)$ 个余枝管段的流量确定后，树枝管段流量也就被确定了，可用式（8-2-5）计算得出。因此，要实现某个特定的流量输配任务，可以认为是通过调节，使 $(N-J+1)$ 个余枝管段的流量为要求值。

根据管网的回路压力平衡定律，当管网中的 $N-J+1$ 个独立回路满足压力平衡，管网中任意回路都实现了压力平衡。如 8.1 节所述，在管网图的生成树上，加上一个余枝管段，即得到且只能得到一个回路。余枝管段是 $N-J+1$ 个，得到的回路共有 $N-J+1$ 个，且每个回路中都有一个不同于其他回路的余枝管段，组成管网的独立回路组；因此，实现管网各种流量分配任务的调节装置应设置在余枝管段上，个数为 $N-J+1$。当管网的动力装置——泵或风机的性能可以调节时（如变速调节），可将泵或风机视为调节装置，并先将泵或风机所在的分支选为余枝。当对应某个流量输配任务时，管网的独立回路压力平衡方程组得不到满足，根据式（8-2-25），第 i 个独立回路中：

$$\Delta H_i = \sum_{j=1}^{N} \left[c_{ij} S_j \mid Q_j \mid^{n-1} Q_j \right] - P_{Gi} \tag{8-4-2}$$

各管段流量及阻抗已知，可计算出 ΔH_i。若在每个独立回路的余枝管段上，提供压力调整量（$-\Delta H_i$），可使独立回路平衡方程组得到满足，要求的流量分配任务将得以实现。理论上，应针对管网运行周期内所有可能的流量输配任务，计算出各余枝管上所需提供的调整量的变化范围，进而确定调节装置的类型。

如果调整量依靠改变调节阀的开度进而改变余枝管段的阻抗来实现，则余枝管段的阻抗增量应为：

$$\Delta S_k = \frac{-\Delta H_i}{Q_k^n} \tag{8-4-3}$$

式中　Q_k——第 i 个独立回路中调节阀所在余枝管段的流量值。

环状管网一般应用于集中供热、城市燃气、城市给水等大规模的市政公用设备工程领域。管网规模大、影响因素多、运行工况复杂。在运行调节时，既要满足用户流量需求的变化，又要考虑节约运行成本。随着自动控制技术、计算机技术与网络通信技术的发展，大型环状管网可采用计算机网络监控系统进行自动监测与调控。调控方案则是从具体的工程特点出发，依据用户流量需求变化和运行能耗情况，利用相关的优化理论和软件进行分析确定，这方面的知识可在各专门工程管网技术理论著作中进一步学习。

8.5　角联管网的流动稳定性及其判别式

恒定流管网中，流动稳定性是指管网中分支的阻抗、动力装置工况改变后，达到新的恒定状态时，分支流动方向是否发生改变的性质。在简单串、并联管网中，尽管某一分支的阻抗变化会使泵与风机的工况点改变，引起总流量及其他分支流量的变化，但各分支流动方向均不变化。在环状管网中，当某一分支的阻抗发生变化时，有时不仅会引起其他分支流量发生变化，还会引起某些分支流动反向，造成该分支

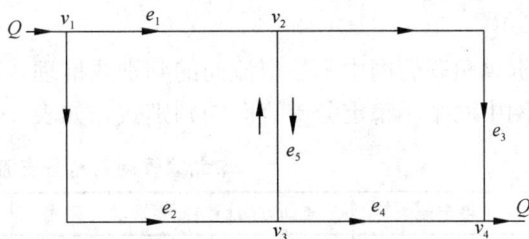

图 8-5-1　单角联管网

流动的不稳定。流动方向可能发生改变的分支称为对角分支，含有对角分支的管网又称为角联管网。在如图 8-5-1 所示的管网中，分支 5 为对角分支，此管网又称单角联管网。流体在对角分支 5 的流动方向，随着其他四条分支的阻抗值 s_1，s_2，s_3 和 s_4 的取值不同而发生以下三种变化。

当流量 q_5 向上流动时，阻力 $h_1 > h_2$，$h_3 < h_4$，流量 $q_1 < q_3$，$q_2 > q_4$。在通常分支阻力定律中 $n = 1 \sim 2$ 时，有：

$$s_1 q_1^n > s_2 q_2^n, s_3 q_3^n < s_4 q_4^n$$

两式相比，得

$$\frac{s_1 q_1^n}{s_3 q_3^n} > \frac{s_2 q_2^n}{s_4 q_4^n} \tag{8-5-1}$$

进而

$$\frac{s_1 s_4}{s_2 s_3} > \left(\frac{q_2 q_3}{q_1 q_4}\right)^n > \left(\frac{q_4 q_3}{q_3 q_4}\right)^n = 1 \tag{8-5-2}$$

得到 q_5 向上流的条件

$$\frac{s_1 s_4}{s_2 s_3} > 1 \tag{8-5-3}$$

同理可以推导出 q_5 向下流的条件

$$\frac{s_1 s_4}{s_2 s_3} < 1 \tag{8-5-4}$$

当 $q_5 = 0$ 时，有

$$\frac{s_1 s_4}{s_2 s_3} = 1 \tag{8-5-5}$$

令稳定性参数 $K = \dfrac{s_1 s_4}{s_2 s_3}$，结合以上三式，可以得到单角联管网对角分支稳定性的判别方法，如表 8-5-1 所示。

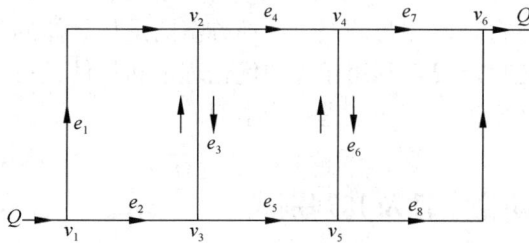

图 8-5-2　双角联管网

流向判别式中不包含分支 5 的阻抗 s_5，说明不管 s_5 怎样变化，分支 5 的流动方向都不会改变，只能使各分支流量发生变化。特别当 $K = 1$ 时，s_5 变化不会改变各分支的流量，如图 8-5-2 所示双角联管网中，共有 8 条分支，其中 3、6 为对角分支，它们的流向取决于其他 6 条分支的阻抗值，当其他 6 条分支的阻抗值发生变化时，分支 3、6 的流向各有三种变化。

根据单角联管网中不稳定流向的判别式推理，可得当分支阻力定律中指数 $n = 2$ 时双角联管网中两个不稳定分支流向的判别式，如表 8-5-2 所示。

单角联管网对角分支流动稳定性的判别式　　表 8-5-1

不稳定流	流动方向稳定性系数的计算式	流向判别式	q_5 流向
q_5	$K = \dfrac{s_1 s_4}{s_2 s_3}$	$K > 1$	向上
		$K < 1$	向下
		$K = 1$	等于零

双角联管网对角分支流动稳定的判别式　　表 8-5-2

不稳定的流动	条件式	流动方向稳定性系数计算式	流动方向的判别式	流动方向
q_3	$s_1 s_5 \leqslant s_2 s_4$	$K_1 = \dfrac{s_3 \left(\sqrt{s_1 s_6} - \sqrt{s_2 s_4 - s_1 s_5}\right)^2 + s_1 s_5 s_6}{s_7 \left(\sqrt{s_2 s_6} + \sqrt{s_2 s_4 - s_1 s_5}\right)^2 + s_2 s_4 s_6}$	$K_1 > 1$	q_3 向上
			$K_1 < 1$	q_3 向下
			$K_1 = 1$	$q_3 = 0$
	$s_1 s_5 \geqslant s_2 s_4$	$K_1' = \dfrac{s_8 \left(\sqrt{s_1 s_6} + \sqrt{s_1 s_5 - s_2 s_4}\right)^2 + s_1 s_5 s_6}{s_7 \left(\sqrt{s_2 s_6} - \sqrt{s_1 s_5 - s_2 s_4}\right)^2 + s_2 s_4 s_6}$	$K_1' > 1$	q_3 向上
			$K_1' < 1$	q_3 向下
			$K_1' = 1$	$q_3 = 0$

不稳定的流动	条件式	流动方向稳定性系数计算式	流动方向的判别式	流动方向
q_6	$s_4 s_8 \leqslant s_5 s_7$	$K_2 = \dfrac{s_1 \left(\sqrt{s_3 s_8} - \sqrt{s_5 s_7 - s_4 s_8}\right)^2 + s_3 s_4 s_8}{s_2 \left(\sqrt{s_3 s_7} + \sqrt{s_5 s_7 - s_4 s_8}\right)^2 + s_3 s_5 s_7}$	$K_2 > 1$	q_6向上
			$K_2 < 1$	q_6向下
			$K_2 = 1$	$q_6 = 0$
	$s_4 s_8 \geqslant s_5 s_7$	$K'_2 = \dfrac{s_1 \left(\sqrt{s_3 s_8} + \sqrt{s_4 s_5 - s_5 s_7}\right)^2 + s_3 s_6 s_8}{s_2 \left(\sqrt{s_3 s_7} - \sqrt{s_4 s_8 - s_5 s_7}\right)^2 + s_3 s_5 s_7}$	$K'_2 > 1$	q_6向上
			$K'_2 < 1$	q_6向下
			$K'_2 = 1$	$q_6 = 0$

8.6　环状管网水力计算与装置匹配案例

图 8-6-1 是某城市以区域锅炉房为热源的高温热水集中供热工程的供水管网布置图。设计供水温度为 110℃，回水温度 70℃。该管网的干线连成环状。由于室外热水供热管网的回水沿供水管线相同的路径返回热源，所以图中只画出了供水管线。该集中供热管网共有 15 个热力站（热用户），全部采用水/水换热器与建筑供暖管网间接连接。所有用户预留的资用压头是 8mH₂O。根据每个热力站所负担的热负荷，计算出该热力站的高温热水循环流量，示于图中。

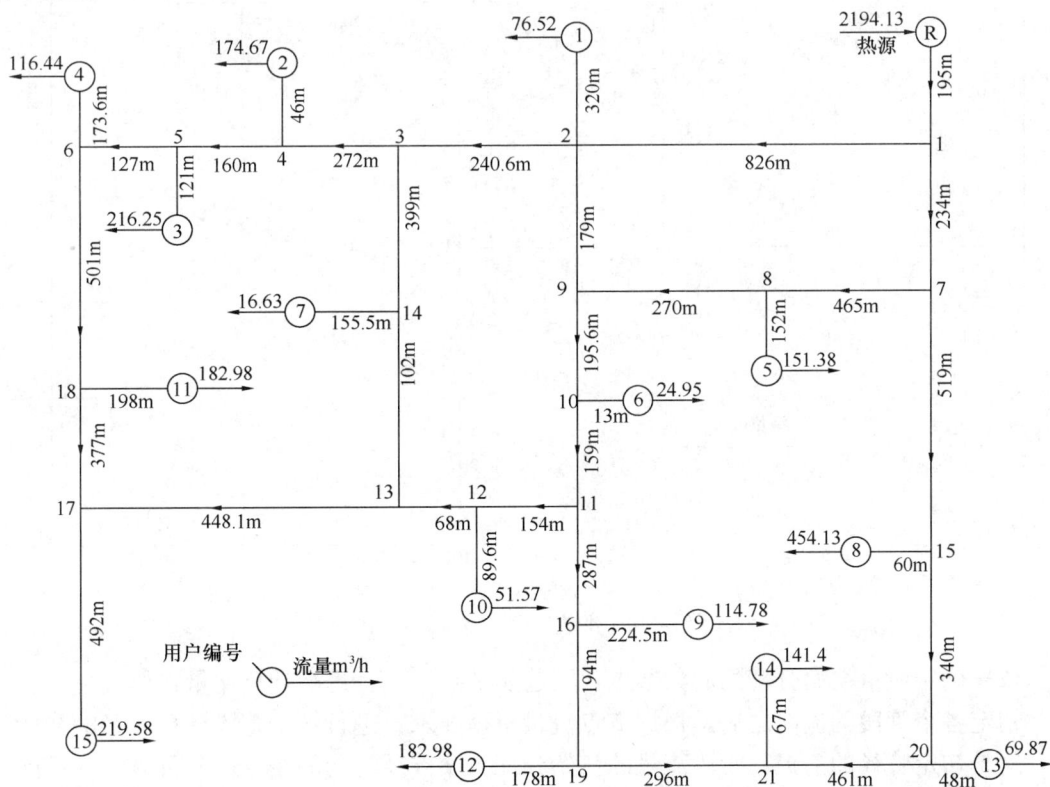

图 8-6-1　供热管网图（供水管部分）

供热管网的回水沿供水管线相同的路径返回热源，回水管线各个管段的长度、流量与对应的供水管段相同。热力站是供回水的分界点，因此，可沿热力站将供回水管网分开，只对供水管网进行计算。这样，每个热力站的热水量视为分界点处的节点流量。热源输送进入管网的流量亦作为节点流量。

8.6.1　环状干线水力计算

（1）绘制管网的环状干线图，初定环状干线的流向

管网的环状干线图见图 8-6-2。将连接在环状干线上的枝状管线的流量作为连接点处的节点流量。用从 1 开始的自然数序列分别对节点和分支进行编号。环状部分的管段流向具有不确定性。因热水应从热源流出，流入热力站（热用户），拟定流向时可有以下两个参考原则：一是"热水应从离热源较近的节点流向较远的节点"；二是"同一节点，必须有热水流入，也有热水流出"。初定的环状干线的流向，标于图 8-6-2 中。

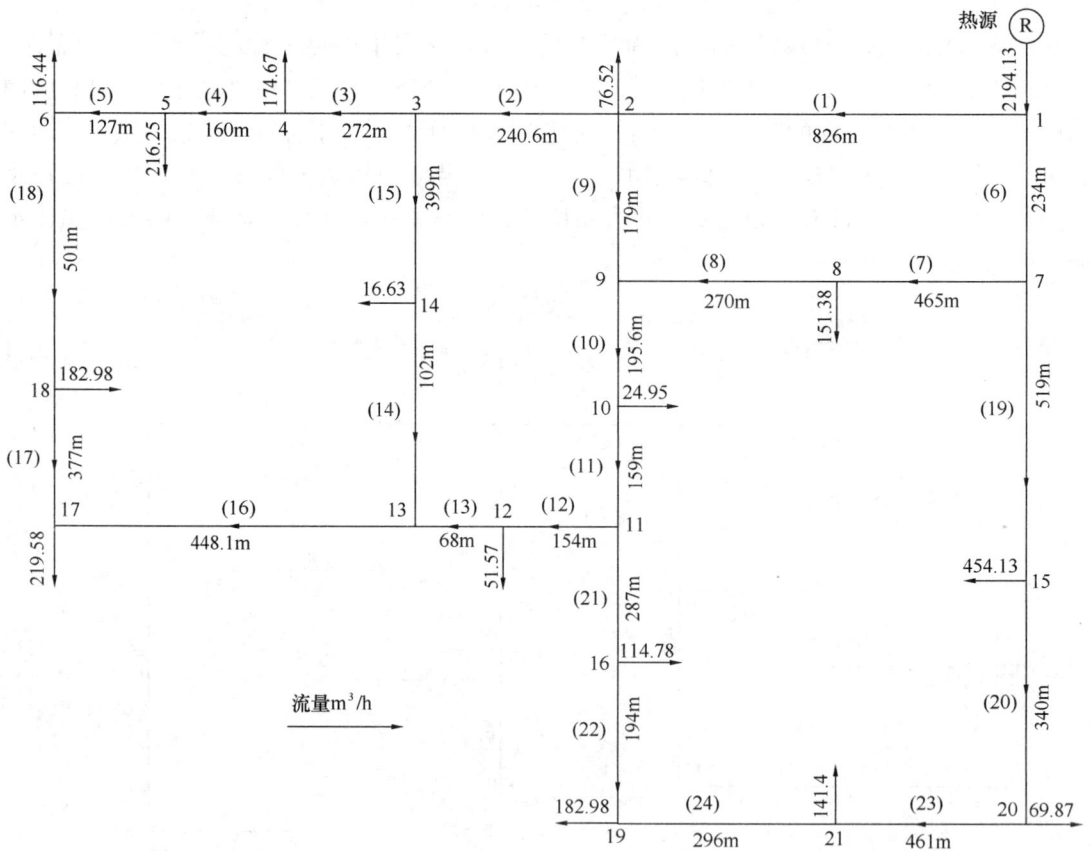

图 8-6-2　供热管网的环状干线图

（2）确定流量初始分配的起始节点，从起始节点开始，进行计算流量初始分配

初定各个管段的流向之后，根据节点流量平衡要求，进行各个管段计算流量的初始分配，这是初定管径的前提。管段流量的初始分配方案涉及管网的经济性和可靠性，不同的流量分配，影响管径的选择，从而影响建设费用和运行费用；当某条管段出现事故时，其

他管段的替代输送能力也不相同。

由于初定流向时遵守了"同一节点，必须有热水流入，也有热水流出"这一原则，管网中一定存在这样的节点：两根（或两根以上）管段的流量全都流入该节点，而从该节点流出的只有节点流量。初定流向时，遵循"流体应从离源点较近的节点流向较远的节点"这一原则，这种节点一般距离热源较远。以这种节点作为流量初始分配的起始节点。根据节点流量平衡原理，可得到流入该节点的几根管段的总流量，这几根管段之间，按照流量与管段长度成反比的关系分配总流量。这样，管段越短，分配的流量越多，匹配的管径越大；越长的管段，分配的流量越少，匹配的管径也越小，从而达到节约管材、减少建设费用的目的。图 8-3-2 中，初始分配流量的起始节点是节点 17 和节点 21。例如节点 17，流出该节点的流量为供应给热力站 15 的循环热水 219.58m³/h。因此，管段（16）（节点 13～17）和管段（17）（节点 18～17）的总流量是 219.58m³/h，管段（16）的长度是448.1m，管段（17）的长度是 377m，所以管段（16）分配的流量是 $219.58 \times \frac{377}{448.1+377} = 100.329$ m³/h，管段（17）分配的流量是 $219.58 \times \frac{448.1}{448.1+377} = 119.251$m³/h。

完成起始节点处的流量分配后，即可逆着流向，在下一节点处进行流量分配。针对节点 13，可以分配管段（13）和（14）的初始计算流量。当某节点只有一个流入管段时，其流量就是流出该节点的流量总和。例如节点 18，流入的管段（18），其流量等于管段（17）和节点 18 的节点流量之和。按此方法，从分配流量的起始节点开始，逐个节点向热源点推进，完成管段计算流量的初始分配。本例的流量分配的节点次序如下：

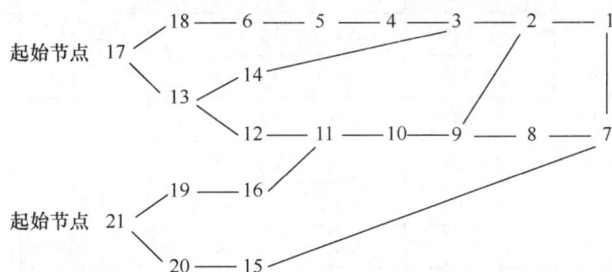

各管段初始分配的计算流量列于表 8-6-1。

（3）选择各个管段的比摩阻，初定管径

按照《城市热力网设计规范》中水力计算参数的要求（不同管网有不同的设计规范要求），选定环状干线的比摩阻，列于表 8-6-1 中。

根据各管段初始分配的计算流量、比摩阻以及介质的密度、管壁的绝对当量粗糙度，计算管径。对于室外供热管网，计算按式（8-6-1）（其余管网可从相应的设计规范、标准或手册中查找相应的计算公式）：

$$d = 0.02788\rho^{0.19}R^{-0.19}K^{0.0476}Q^{0.381} \tag{8-6-1}$$

式中　d——计算管径，m；

　　　R——比摩阻，Pa/m；

　　　ρ——流动介质密度，本例中，$\rho=950.66$kg/m³；

　　　K——管壁的绝对当量粗糙度，m，对于室外供热管网，$K=0.0005$m；

Q——管段的计算流量，m^3/h。

按此公式，计算出各管段的管径，列于表 8-6-1。由于管材有一定规格，在计算管径的基础上，选取与计算管径最为接近的标准管径，并计算出个管段的实际内径，列于表 8-6-1 中。

（4）统计各管段的局部阻力系数（或局部阻力的当量长度）

本例按照局部阻力与沿程阻力的比值进行估算。参照《城市热力网设计规范》，考虑管网将采用套筒补偿器。对于 $DN=450\sim1200mm$ 的管段，局部阻力占沿程阻力的比值取 0.4；$DN<450mm$ 的管段，局部阻力占沿程阻力的比值取 0.3，据此计算出所有管段的折算长度，列于表 8-6-1 中。

环状干线管段初始分配流量与初选管径　　表 8-6-1

管段编号	起始节点	终止节点	长度 (m)	初始分配流量 (m^3/h)	折算管长 (m)	选用比摩阻 (Pa/m)	计算管径 (m)	选用管径（公称直径）(mm)	选用管径（内径）(m)
1	1	2	826	1255.921	1156.4	55	0.506	500	0.512
2	2	3	241	866.352	336.8	40	0.467	450	0.462
3	3	4	272	809.591	380.8	40	0.455	450	0.462
4	4	5	160	634.921	224.0	40	0.414	450	0.462
5	5	6	127	418.671	165.1	40	0.354	350	0.359
6	1	7	234	938.209	327.6	40	0.481	500	0.512
7	7	8	465	358.919	604.5	40	0.333	350	0.359
8	8	9	270	207.539	351.0	40	0.271	300	0.309
9	2	9	179	313.048	232.7	40	0.317	300	0.309
10	9	10	196	520.588	254.3	40	0.384	400	0.408
11	10	11	159	495.638	206.7	40	0.377	400	0.408
12	11	12	154	111.768	200.2	40	0.214	250	0.257
13	12	13	68	60.198	88.4	40	0.169	200	0.207
14	14	13	102	40.132	132.6	40	0.145	200	0.207
15	3	14	399	56.762	518.7	40	0.165	200	0.207
16	13	17	448	100.329	582.5	40	0.205	200	0.207
17	18	17	377	119.251	490.1	40	0.219	200	0.207
18	6	18	501	302.231	651.3	40	0.312	300	0.309
19	7	15	519	579.290	674.7	40	0.400	400	0.408
20	15	20	340	125.160	442.0	40	0.223	250	0.257
21	11	16	287	383.870	373.1	40	0.342	350	0.359
22	16	19	194	269.090	252.2	40	0.299	300	0.309
23	20	21	461	55.290	599.3	40	0.164	200	0.207
24	19	21	296	86.110	384.8	40	0.194	200	0.207

（5）环状干线平差计算

管段初始分配计算流量只是满足了节点流量平衡方程组。在选定管径后，各个管段的流量应由节点流量平衡方程组和回路压力平衡方程组确定。管网平差计算，就是求解这两个方程组组成的管网数学模型，计算出各个管段的流量。常用的求解方法——回路方程法已在8.2节中讲述过，目前多采用计算机程序进行求解。

与本教材配套的"环状管网水力计算与水力工况分析"软件就是利用回路方程法开发的。按照软件的要求，输入管网的节点数与分支数、流体密度、节点与管段编号、管段长度、管径、节点流量、参考节点及参考节点压力等输入信息，程序即自动计算各管段的阻抗、管网图的关联矩阵、选取以阻抗为权值的最小生成树、选取余枝管段、计算独立回路矩阵并给定余枝流量的假定值，按照牛顿法进行数值求解。计算结果输出各个管段的流量（有符号量，正值表示最终流向与设定方向相同，负值则表示相反）、阻力损失，并计算各个节点相对于参考节点的压力值等。程序采用窗口化的可视界面进行数据输入，计算结果以表格方式输出。该软件的详细使用说明见软件文档中的电子使用说明书。利用该软件计算出本例的管网平差结果，见表8-6-2和表8-6-3。

从表8-6-2中可以看出，各个管段的实际比摩阻基本都小于70Pa/m，少数管段的比摩阻小于30Pa/m，考虑到这些管径已经较小，而该热网还有增加用户的可能，故不再进行调整。

环状干线管段流量与阻力

表 8-6-2

管段编号	起点	终点	阻抗（kg/m⁷）	流量（m³/h）	压力损失（Pa）	压力损失（mH₂O）	比摩阻（Pa/m）
1	1	2	492483.1	1117.451	47450.80	5.090	41.03
2	2	3	246038.9	852.897	13809.93	1.481	41.00
3	3	4	278148.8	772.800	12817.59	1.375	33.66
4	4	5	163616.9	598.130	4516.63	0.484	20.16
5	5	6	453369.0	381.880	5101.53	0.547	30.90
6	1	7	139517.0	1076.679	12479.42	1.339	38.09
7	7	8	1659973.0	441.880	25009.47	2.683	41.37
8	8	9	2118244.0	290.500	13793.13	1.479	39.30
9	2	9	1404317.0	188.035	3831.22	0.411	16.46
10	9	10	356695.0	478.535	6302.59	0.676	24.79
11	10	11	289951.5	453.585	4602.96	0.494	22.27
12	11	12	9898522.0	125.223	11976.68	1.285	59.82
13	12	13	4370776.0	73.653	1829.53	0.196	20.70
14	14	13	6556164.0	63.467	2037.68	0.219	15.37
15	3	14	25646170.0	80.097	12695.39	1.362	24.48
16	13	17	28802130.0	137.120	41785.10	4.482	71.73

续表

管段编号	起点	终点	阻抗（kg/m⁷）	流量（m³/h）	压力损失（Pa）	压力损失（mH₂O）	比摩阻（Pa/m）
17	18	17	24232100.0	82.460	12713.71	1.364	25.94
18	6	18	3930518.0	265.440	21368.66	2.292	32.81
19	7	15	946445.4	634.799	29428.13	3.156	43.62
20	15	20	7018172.0	180.669	17676.04	1.896	39.99
21	11	16	2251614.0	328.361	18732.37	2.009	50.21
22	16	19	1521997.0	213.581	5357.17	0.575	21.24
23	20	21	29631290.0	110.799	28068.24	3.011	46.84
24	19	21	19025730.0	30.601	1374.72	0.147	3.57

环状干线各节点的参考压力　　　　　　表 8-6-3

节点编号	节点流量（m³/h）	参考压力（Pa）	参考压力（mH₂O）	备注
1	2194.13	0	0	参考节点
2	−76.52	−47450.8	−5.090	
3	0	−61260.73	−6.571	
4	−174.67	−74078.32	−7.946	
5	−216.25	−78594.95	−8.430	
6	−116.44	−83696.49	−8.977	
7	0	−12479.42	−1.339	
8	−151.38	−37488.89	−4.021	
9	0	−51282.02	−5.501	
10	−24.95	−57584.60	−6.177	
11	0	−62187.57	−6.670	
12	−51.57	−74164.24	−7.955	
13	0	−75993.77	−8.151	
14	−16.63	−73956.08	−7.933	
15	−454.13	−41907.55	−4.495	
16	−114.78	−80919.93	−8.679	
17	−219.58	−117778.89	−12.633	
18	−182.98	−105065.19	−11.269	
19	−182.98	−86277.09	−9.254	
20	−69.87	−59583.59	−6.391	
21	−141.40	−87651.79	−9.402	

8.6.2　枝状管线水力计算

枝状管线的水力计算方法与前面讲述的枝状管网基本相同。

（1）输送干线与连接最不利用户的支线

本例中，连接用户 15 的支线与环状干线的连接点——节点 17 的压力最低，支线管段也最长，设其为最不利用户。输送干线（热源——节点 1）、节点 17——最不利用户（用户 15）之间支线管段的水力计算结果列于表 8-6-4。

节点 17——最不利用户（用户 15）入口的压力损失是 14360.11Pa，节点 17 的参考压力是 −117778.89Pa，因此用户 15 入口点的参考压力为 −132139 Pa。

（2）连接其余用户的枝状支线

当所有用户的预留压力相同时，连接某用户的枝状支线的资用动力 P_{ZY} 等于该支线与环状干线的连接点的压力，减去最不利用户与管网连接点的压力。例如节点 2——用户 1 的支线管段，其资用动力等于节点 2 的参考压力（−47450.8Pa）减去用户 15 入口的参考压力（−132139 Pa），为 84688.2 Pa。其余支线的资用动力计算结果见表 8-6-4。根据资用动力和折算管长，用式（8-3-3）计算出管段的控制比摩阻，然后用式（8-6-1）计算管径，选取与计算管径最为接近的标准管径，根据实际选用的管径计算出每个支线的压力损失和比摩阻，结果列于表 8-6-4。

《城市热力网设计规范》指出，连接用户的支线比摩阻可以大于 300Pa/m，但是流速不能超过 3.5m/s。连接用户 8 的支线流速超过了规定值，故将管径调整为 DN ＝250mm（内径 257mm），调整后的计算结果列于表 8-6-4 中。从表 8-6-4 的计算结果可知，这些用户支线的计算阻力小于其资用压力，多余的压力需要靠热力站中设置阀门消除。

枝状管线水力计算表　　　　　　　　　表 8-6-4

管段	设计流量 (m³/h)	资用动力 (Pa)	折算管长 (m)	控制比摩阻 (Pa/m)	计算管径 (m)	选用管径公称直径 (mm)	选用管径内径 (m)	比摩阻 (Pa/m)	压力损失 (Pa)	流速 (m/s)
\multicolumn{11}{c}{输送干线与连接最不利用户的枝状支线}
热源—1	2194.130	—	273.0	65	0.606	600	0.612	62.000	16927.3	
17—用户 15	219.580	—	639.6	40	0.277	300	0.309	22.450	14360.1	
\multicolumn{11}{c}{连接其余用户的枝状支线}
2—用户 1	76.52	84688.2	416.0	203.577	0.136	150	0.15	121.179	50410.4	1.20
4—用户 2	174.67	58060.7	59.8	970.914	0.138	150	0.15	631.413	37758.5	2.75
5—用户 3	216.25	53544.0	157.3	340.394	0.183	200	0.207	178.412	28064.2	1.78
6—用户 4	116.44	48442.5	225.7	214.651	0.158	200	0.207	51.727	11673.7	0.96
7—用户 5	151.38	94650.1	197.6	478.998	0.150	150	0.150	474.257	93713.2	2.38
10—用户 6	24.95	74554.4	16.9	4411.502	0.049	65	0.065	1039.207	17562.6	2.09
14—用户 7	16.63	58182.9	202.2	287.820	0.071	80	0.081	145.410	29394.6	0.90
15—用户 8	454.13	90231.4	78.0	1156.813	0.192	200	0.207	786.814	61371.5	3.75
16—用户 9	114.78	51219.1	291.9	175.498	0.163	200	0.207	50.263	14669.1	0.95
12—用户 10	51.57	57974.8	116.5	497.723	0.099	100	0.104	376.466	43850.7	1.69
18—用户 11	182.98	27073.8	257.4	105.182	0.215	250	0.257	41.022	10559.0	0.98
19—用户 12	182.98	45861.9	231.4	198.193	0.190	200	0.207	127.738	29558.5	1.51
20—用户 13	69.87	72555.4	62.4	1162.747	0.094	100	0.104	691.055	43121.8	2.28

续表

管段	设计流量 (m³/h)	资用动力 (Pa)	折算管长 (m)	控制比摩阻 (Pa/m)	计算管径 (m)	选用管径公称直径 (mm)	选用管径内径 (m)	比摩阻 (Pa/m)	压力损失 (Pa)	流速 (m/s)
21—用户 14	141.4	44487.2	87.1	510.760	0.144	150	0.150	413.786	36040.8	2.22
15—用户 8	454.13	90231.4	78.0	1156.813	0.192	250	0.257	252.678	19708.9	2.43

8.6.3　匹配动力装置

整个管网的实际最不利用户仍为用户 15。本工程为闭式室外供热管网，不考虑回路中重力作用的影响，根据式（8-4-1），管网需由水泵提供的压力，可按下式确定：

$$P = \Delta P_r + \Delta P_w + \Delta P_y \qquad (8\text{-}6\text{-}2)$$

式中　ΔP_r——循环热水通过热源内部的压力损失，Pa 或 mH₂O；本例取 15mH₂O；

ΔP_w——供热循环水从热源出口至最不利用户入口及从最不利用户出口返回到热源入口的压力损失，Pa 或 mH₂O。本例中，从热源出口到用户最不利用户 15 入口的压力损失，即：热源——1 管段＋1、2、3、4、5 管段＋17、18、19 管段＋（节点 17-用户 15）管段，为 15.989mH₂O，则 H_w＝15.989×2≈32mH₂O；

ΔP_y——最不利用户的预留压力，本例中热用户采用换热器与用户供暖系统间接连接，所用换热器的一次侧预留压力为 8mH₂O。

因此，水泵扬程应为 P＝15＋32＋8＝55mH₂O。

管网总循环水量为 2194.13m³/h，扬程需求为 55mH₂O，选配相同型号的热水泵 4 台，3 用 1 备。单台水泵性能参数见表 8-6-5。

循环水泵性能参数表　　　　　　　　　　　　表 8-6-5

流量（m³/h）	扬程（mH₂O）	转速（r/min）	轴功率（kW）	电机功率（kW）	效率（%）
576	65		127.5		80
792	58	1450	150	190	83.5
972	50		167.5		79

8.7 节管网工况计算软件得出的水泵的工况点是：n＝1450r/min 时，3 台并联运行输出流量 2285.45m³/h，扬程 59.149mH₂O（551619.1Pa），其中，每台水泵输出流量 761.82m³/h，扬程 59.149mH₂O，运行流量比设计流量大 4%，说明水泵匹配合理。

8.6.4　匹配调节阀

在每个热力站换热器的一次侧（供热管网侧）供水管上设电动调节阀，可根据二次侧（用户侧）供水温度设定值调节供热管网进入换热器的流量，见图 8-6-3。

环状干线上调节阀的设置位置。根据 8.4 节的论述，先在环状干线管网图上找出一棵生成树，由管段 1、2、3、4、5、6、7、9、10、11、12、14、15、18、19、20、21、22、23 组成。环状干线的调节阀设置在余枝管段 8、13、17、24 及上述管段对应的回水管段上。

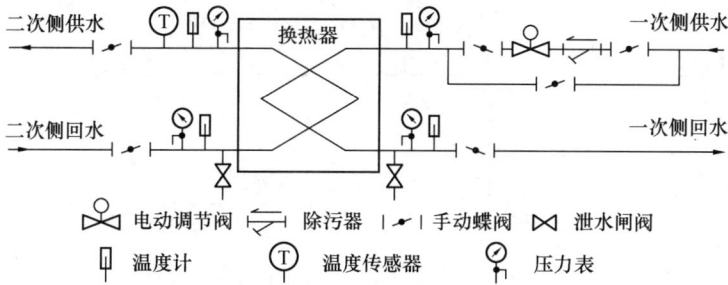

图 8-6-3 热用户与供热管网连接示意图

8.7 环状管网的水力工况分析与调节案例

对复杂的环状管网进行水力工况计算分析，通常应用计算机程序进行。下面给出应用本书配套的"环状管网水力计算与水力工况分析"软件进行环状管网水力工况分析的实例。

仍以 8.6 节中图 8-6-1 的城市集中供热管网为例，讨论环状管网水力工况分析方法。由于是对实际运行工况的模拟计算，回水管及热力站、循环水泵均应参与计算，水泵的性能参数见 8-6-5。该管网的回水管沿着与各对应供水管相同的路径布置，为使图面清晰，将供水管网与回水管网分别绘制，见图 8-7-1（a）、（b）。对管段、节点编号。

（1）3 台水泵并联运行，水泵转速分别为额定转速 1450r/min 和 900r/min 时，管网的总流量、水泵的工况点、各个用户热力站的实际流量及其与设计流量的比值。循环水泵入口（节点 59）设为管网系统的定压点，压力恒定为 186462Pa（20mH$_2$O），计算各个用户入口的压力。

（2）管段 1（节点 1~2）因故障检修而被关断，计算此时各个用户的供热保障率（实际获得的热水循环流量与设计流量的比值）。

首先应计算各个管段的阻抗。环状干线的供水部分管段 1~24 管段的阻抗在水力计算时已计算出（见表 8-6-2），回水部分为管段 73~96，它们的阻抗分别与管段 1~24 相同。连接用户的支管（供水部分为管段 26~40，回水部分为管段 56~70）、输送干线（管段 25、71）以及用户热力站（管段 41~55）、热源内部（管段 72），可以在软件中输入管段的计算阻力和设计流量，根据 $S = \Delta P/Q^2$ 计算，计算出阻抗。连接用户的支管和输送干线的计算阻力见表 8-6-4。由于管径的限制，连接用户的支线阻力小于其资用动力（见表 8-6-4），其富余压力在运行时依靠热力站入口阀门消耗掉，热力站的计算阻力应加入这部分富余压力。以用户 1 为例，其热力站的计算阻力为：74584.981（热力站设计阻力）＋（84688.2－50410.4）×2（供回水支线富余压力）＝143140.581Pa，同理计算出所有热力站的计算阻力，列于表8-7-1中。热源内部的阻力为 139846.8Pa，流量为 2194.13m^3/h。

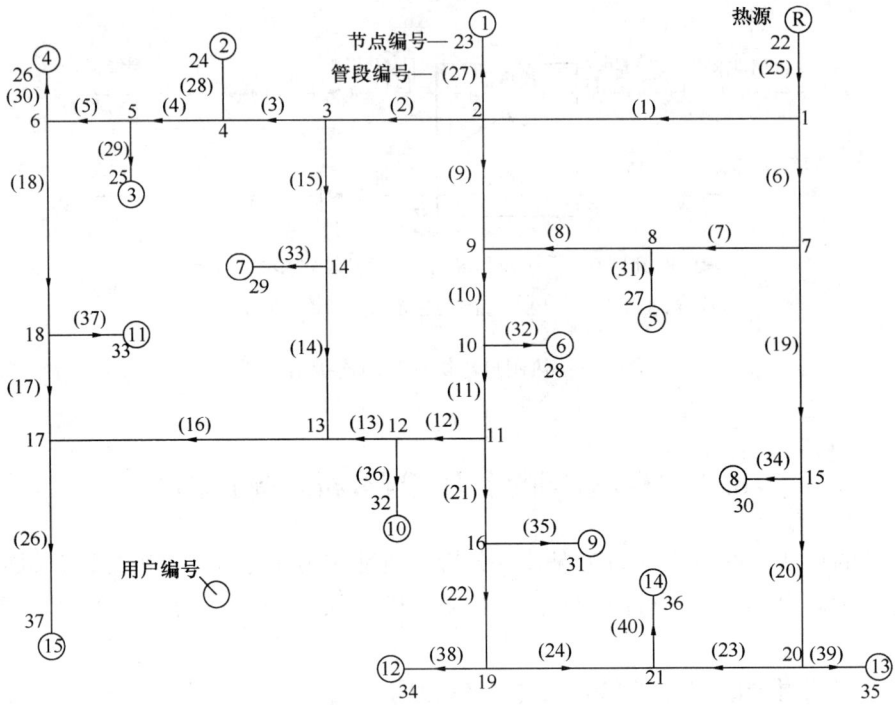

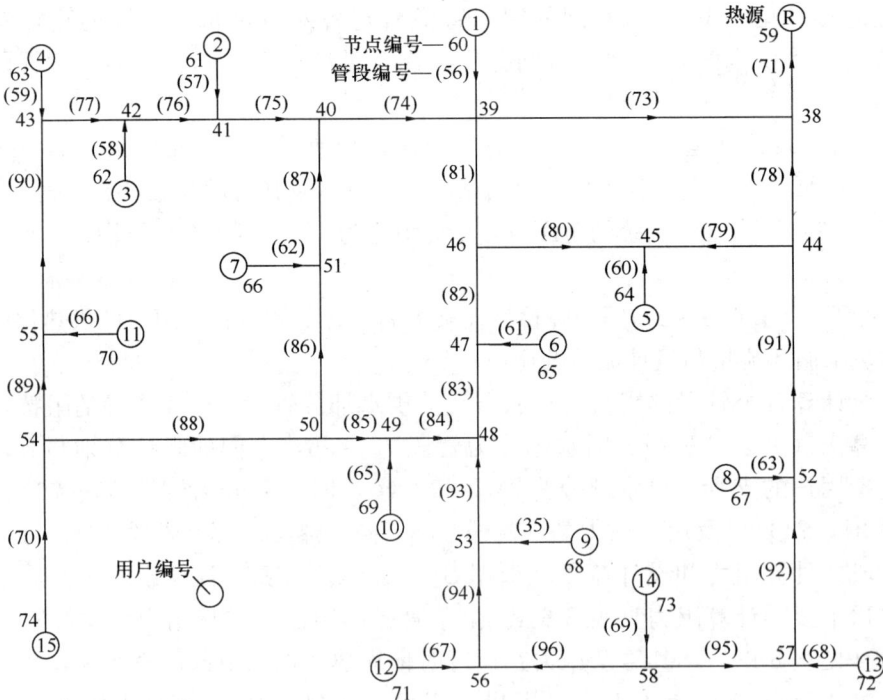

图 8-7-1　供热管网图

(a) 供水管部分；(b) 回水管部分

热力站的计算阻力 表 8-7-1

热力站编号	管段编号	计算阻力（Pa）	设计流量（m³/h）
用户热力站 1	41	143140.581	76.52
用户热力站 2	42	115189.381	174.67
用户热力站 3	43	125544.581	216.25
用户热力站 4	44	148122.581	116.44
用户热力站 5	45	76458.781	151.38
用户热力站 6	46	188568.581	24.95
用户热力站 7	47	132161.581	16.63
用户热力站 8	48	215629.981	454.13
用户热力站 9	49	147684.981	114.78
用户热力站 10	50	102833.181	51.57
用户热力站 11	51	107614.581	182.98
用户热力站 12	52	107191.781	182.98
用户热力站 13	53	133452.181	69.87
用户热力站 14	54	91477.781	141.40
用户热力站 15	55	74584.981	219.58

各个管段的起止节点及阻抗见表 8-7-2。

（1）计算设计工况各用户热力站的实际流量和入口压力。运行与本教材配套的"环状管网水力计算与水力工况分析"软件，首先建立一个工程文件名称"xin2.mdb"，按照程序的提示，依次输入节点数（74）和分支数（96）、流体密度（950.66kg/m³）、分支（即管段）信息（起点、终点、阻抗）、动力装置参数（所在分支、额定转速与工作转速、表 8-6-5 中的三对 Q-H 性能参数、高效工作的流量范围、并联工作台数等），软件用二次多项式拟合出单台泵（或风机）的性能曲线。完成数据输入后，首先进行输入数据的合法性检查。然后，软件开始管网计算。首先计算出在工作转速下并联运行的性能曲线多项式；接着，计算管网图的基本关联矩阵、最小阻抗生成树和独立回路矩阵；然后，利用 8.2 节所述的回路方程法求解，得出每个管段的流量和阻力。回路方程求解时，余枝管段及其初始假定流量是由软件自动选择和设定的。在得出每个管段的流量和阻力的基础上，程序根据定压点的压力和管段的能量方程，计算出每个节点的压力。

管段起止节点及阻抗表 表 8-7-2

管段	起点	终点	阻抗(kg/m⁷)	备注	管段	起点	终点	阻抗(kg/m⁷)	备注
1	1	2	492483.1	环状干线	6	1	7	139517	环状干线
2	2	3	246038.9	环状干线	7	7	8	1659973	环状干线
3	3	4	278148.8	环状干线	8	8	9	2118244	环状干线
4	4	5	163616.9	环状干线	9	2	9	1404317	环状干线
5	5	6	453369	环状干线	10	9	10	356695	环状干线

管段	起点	终点	阻抗(kg/m⁷)	备注	管段	起点	终点	阻抗(kg/m⁷)	备注
11	10	11	289951.5	环状干线	47	29	66	6193352000	用户热力站7
12	11	12	9898522	环状干线	48	30	67	13550450	用户热力站8
13	12	13	4370776	环状干线	49	31	68	145281000	用户热力站9
14	14	13	6556164	环状干线	50	32	69	501122600	用户热力站10
15	3	14	25646170	环状干线	51	33	70	41655170	用户热力站11
16	13	17	28802130	环状干线	52	34	71	41491510	用户热力站12
17	18	17	24232100	环状干线	53	35	72	354282100	用户热力站13
18	6	18	3930518	环状干线	54	36	73	59295510	用户热力站14
19	7	15	946445.4	环状干线	55	37	74	20047990	用户热力站15
20	15	20	7018172	环状干线	56	60	39	111577100	用户1—节点39
21	11	16	2251614	环状干线	57	61	41	16039210	用户2—节点41
22	16	19	1521997	环状干线	58	62	42	7777597	用户3—节点42
23	20	21	29631290	环状干线	59	63	43	11158590	用户4—节点43
24	19	21	19025730	环状干线	60	64	44	52999130	用户5—节点44
25	22	1	45568.88	热源—节点1	61	65	47	365639200	用户6—节点47
26	17	37	3859910	节点17—用户15	62	66	51	1377489000	用户7—节点51
27	2	23	111577100	节点2—用户1	63	67	52	1238531	用户8—节点52
28	4	24	16039220	节点4—用户2	64	68	53	14430320	用户9—节点53
29	5	25	7777597	节点5—用户3	65	69	49	213691500	用户10—节点49
30	6	26	11158590	节点6—用户4	66	70	55	4087150	用户11—节点55
31	8	27	52999130	节点7—用户5	67	71	56	11441430	用户12—节点56
32	10	28	365639100	节点10—用户6	68	72	57	114477600	用户13—节点57
33	14	29	1377489000	节点14—用户7	69	73	58	23361490	用户14—节点21
34	15	30	1238531	节点15—用户8	70	74	54	3859910	用户15—节点54
35	16	31	14430320	节点16—用户9	71	38	59	45568.88	节点38—热源
36	12	32	213691500	节点12—用户10	72	59	22	376472.2	热源内部
37	18	33	4087150	节点18—用户11	73	39	38	492483.1	环状干线
38	19	34	11441430	节点19—用户12	74	40	39	246038.9	环状干线
39	20	35	114477600	节点20—用户13	75	41	40	278148.8	环状干线
40	21	36	23361500	节点21—用户14	76	42	41	163616.9	环状干线
41	23	60	316823900	用户热力站1	77	43	42	453369	环状干线
42	24	61	48930630	用户热力站2	78	44	38	139517	环状干线
43	25	62	34792910	用户热力站3	79	45	44	1659973	环状干线
44	26	63	141586500	用户热力站4	80	46	45	2118244	环状干线
45	27	64	43240960	用户热力站5	81	46	39	1404317	环状干线
46	28	65	3925846000	用户热力站6	82	47	46	356695	环状干线

管段	起点	终点	阻抗(kg/m⁷)	备注	管段	起点	终点	阻抗(kg/m⁷)	备注
83	48	47	289951.5	环状干线	90	55	43	3930518	环状干线
84	49	48	9898522	环状干线	91	52	44	946445.4	环状干线
85	50	49	4370776	环状干线	92	57	52	7018172	环状干线
86	50	51	6556164	环状干线	93	53	48	2251614	环状干线
87	51	40	25646170	环状干线	94	56	53	1521997	环状干线
88	54	50	28802130	环状干线	95	58	57	29631290	环状干线
89	54	55	24232100	环状干线	96	58	56	19025730	环状干线

计算循环水泵转速为 900r/min 时的工况的步骤同上，只是需要将动力装置的工作转速改为 900r/min，其余输入参数与计算设计工况时相同。计算时可直接在"xin2.mdb"的基础上进行修改。

计算结果得出每个管段的流量、阻力及水泵输出的流量、扬程等。两种工况下各用户热力站（对应管段 41～45）的流量和入口压力见表 8-7-3。

$n=1450r/min$、$n=900r/min$ 两种工况下的用户（热力站）流量及入口压力 表 8-7-3

热力站编号	设计流量 (m³/h)	$n=1450r/min$			$n=900r/min$		
		实际流量 (m³/h)	实际流量/ 设计流量	入口压力 (Pa)	实际流量 (m³/h)	实际流量/ 设计流量	入口压力 (Pa)
用户热力站 1	76.52	79.5907	104.01%	463918	49.40112	64.56%	292583
用户热力站 2	174.67	181.7	104.02%	448768	112.7793	64.57%	286746.4
用户热力站 3	216.25	224.956	104.03%	454368	139.6276	64.57%	288903.8
用户热力站 4	116.44	121.13	104.03%	466579.8	75.1839	64.57%	293608.4
用户热力站 5	151.38	163.413	107.95%	419743.3	101.4289	67.00%	275564.4
用户热力站 6	24.95	26.0183	104.28%	488323	16.14931	64.73%	301985.1
用户热力站 7	16.63	17.3173	104.13%	457848.8	10.74866	64.63%	290244.8
用户热力站 8	454.13	469.342	103.35%	503838.4	291.3157	64.15%	307962.6
用户热力站 9	114.78	119.546	104.15%	466315.1	74.20091	64.65%	293506.5
用户热力站 10	51.57	53.7265	104.18%	441892.3	33.34751	64.66%	284097.5
用户热力站 11	182.98	190.378	104.04%	444635.1	118.1655	64.58%	285154.2
用户热力站 12	182.98	190.466	104.09%	444433.3	118.22	64.61%	285076.4
用户热力站 13	69.87	72.2964	103.47%	459551.6	44.87364	64.22%	290900.8
用户热力站 14	141.4	147.003	103.96%	436081.1	91.24337	64.53%	281858.7
用户热力站 15	219.58	228.565	104.09%	426712.6	141.8676	64.61%	278249.4

计算得出水泵的工况点是：$n=1450r/min$ 时，3 台并联运行输出流量 2285.45m³/h，扬程 59.149mH₂O（551619.1Pa），其中，每台水泵输出流量 761.82m³/h，扬程 59.149mH₂O；$n=900r/min$ 时，3 台并联运行输出流量 1418.553m³/h，扬程 22.787mH₂O（212514.4Pa），

其中，每台水泵输出流量 $472.851\text{m}^3/\text{h}$，扬程 $22.787\text{mH}_2\text{O}$。

（2）管段 1 因故障需要检修而被关断，计算此时各个用户的供热保障率（实际获得的热水循环流量与设计流量的比值），3 台水泵并联运行，转速 $n=1450\text{r/min}$。此时，相当于前面 xin2.mdb 中计算的管网删除管段 1（节点 1~2 之间的管段），管网的节点数（共74 个）及其编号不变，管段减少一个（共 95 个）。删除管段 1 后，在程序计算时，要求管段编号采用从 1 开始的自然数序列，故程序计算中原编号为 2 的管段改为 1，原编号为3 的管段改为 2，依次类推。

利用"环状管网水力计算与水力工况分析"软件进行计算，各热力站（对应计算结果表中管段 40~54）实际流量见表8-7-4。

故障工况下各用户（热力站）的实际流量　　　　表 8-7-4

热力站编号	实际流量（m³/h）	实际流量/设计流量	实际流量/故障前流量
用户热力站 1	52.30425	68.35%	65.72%
用户热力站 2	120.2379	68.84%	66.17%
用户热力站 3	148.898	68.85%	66.19%
用户热力站 4	80.21349	68.89%	66.22%
用户热力站 5	157.0139	103.72%	96.08%
用户热力站 6	19.51858	78.23%	75.02%
用户热力站 7	11.76949	70.77%	67.96%
用户热力站 8	520.6849	114.66%	110.94%
用户热力站 9	91.88042	80.05%	76.86%
用户热力站 10	37.78405	73.27%	70.33%
用户热力站 11	126.565	69.17%	66.48%
用户热力站 12	147.5825	80.65%	77.49%
用户热力站 13	77.30445	110.64%	106.93%
用户热力站 14	123.1418	87.09%	83.77%
用户热力站 15	153.6055	69.95%	67.20%

水泵的工况是 $n=1450\text{r/min}$，3 台水泵并联运行，共输出流量 $1868.504\text{m}^3/\text{h}$，扬程 $63.7\ \text{mH}_2\text{O}$（594279.4Pa）；每台水泵输出流量 $622.835\text{m}^3/\text{h}$，扬程 $63.7\ \text{mH}_2\text{O}$。总流量是不发生故障时的 81.76%，是设计流量的 85.16%。

从表中可见，节点 1~2 之间的管段发生故障后，实际流量与设计流量比值最低的是从 2 节点连出的用户 1，但仍能得到设计流量 68.35% 的流量；用户 5、8、13 由于靠近从热源引出的另一条干线的一侧，得到的流量基本接近故障前的流量，其中用户 8、13 的实际流量反而超过了故障前。

计算分析结果还表明，当节点 1~2 之间的管段发生故障后，节点 2~9、14~13、3~14、19~21 之间的管段流向与故障前相反，即变为 9~2、13~14、14~3、21~19。这些结果反映了环状管网的基本特点：流量输配的后备性强；管段流量（包括流向）的不确定性。

教材配套的"环状管网水力计算与水力工况分析"软件的详细使用方法见该软件的使用说明文档。

思 考 题 与 习 题

8-1 什么是节点流量?

8-2 环状干线的初始流量分配在环状管网水力计算中有什么作用?"只要满足节点流量的平衡,环状干线各管段的流量可以任意分配。"这种说法正确吗?为什么?

8-3 什么是管网图?"赋权图"的"权"是什么意思?

8-4 什么是树?什么是生成树?什么是最小生成树?

8-5 什么是独立回路?怎样选择网络图的独立回路?

8-6 什么是恒定流管网的特性方程组?应怎样求解?

8-7 什么是角联分支?枝状管网中有角联分支吗?

8-8 比较环状管网水力计算与枝状管网水力计算的不同点。

8-9 习题图 8-1 为某流体输配管网图,各管段的阻抗 S 已知。请完成:

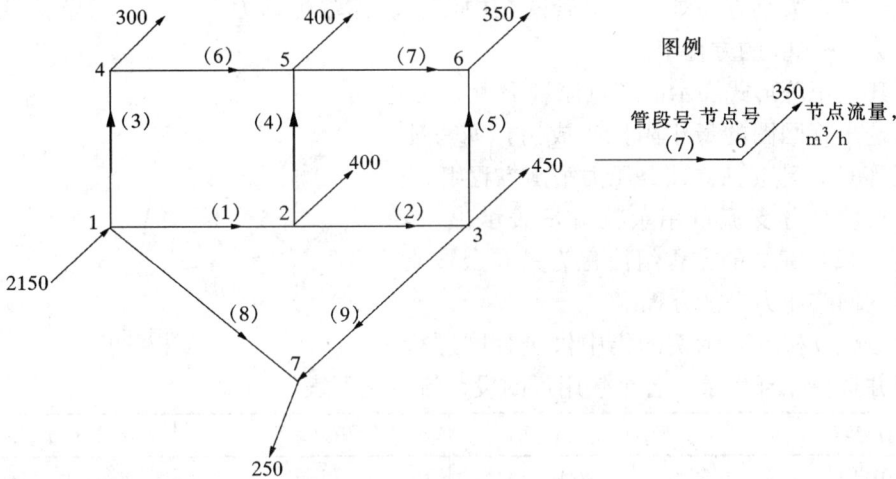

习题图 8-1

(1) 写出该管网图的关联矩阵 B 和基本关联矩阵 B_k。

(2) 以管段 (1)、(2)、(3) 为余枝,找出该管网图的独立回路组,每个回路中以余枝方向为回路方向,写出独立回路矩阵 C_f。

(3) 用矩阵形式写出该管网的节点流量平衡方程组。

(4) 用矩阵形式写出该管网的回路压力平衡方程组。

(5) 根据树枝流量与余枝流量的关系式,将回路压力平衡方程组转化为以余枝流量为未知数的方程组。

8-10 如习题图 8-2 所示流体输配管网图,各分支的阻抗为:$S(1) = 2.2$,$S(2) = 2.3$,$S(3) = 2.4$,$S(4) = 0.2$,$S(5) = 0.3$,$S(6) = 0.4$(单位:kg/m^7)。该管网图没有节点流量。在分支③上设有机械动力,在其合理的工作流量范围,输出全压和流量的函数关系为:

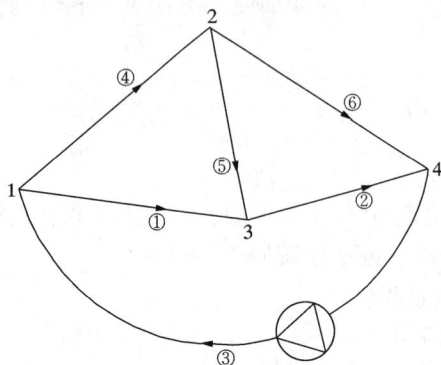

习题图 8-2

$$P_3 = -250Q_3^2 - 50Q_3 + 480 \quad (Pa)$$

试建立求解该管网的分支流量 Q（Q_1，Q_2，$\cdots Q_6$）的计算方程组。

（1）建立矩阵形式表示的节点流量平衡方程组。

（2）选出管网图的最小阻抗生成树，列写独立回路矩阵 C_f，建立独立回路压力平衡方程组。

（3）将所有分支流量用余枝流量表示出来，据此将（1）、（2）建立的方程组简化为只有余枝流量未知数的回路压力平衡方程组。

（4）对于（3）所建立的非线性方程组，提出一种数值求解的思路。

8-11　如习题图 8-3 所示的流体输配管网图，各分支的阻抗为：$S(1)=2.2$，$S(2)=2.3$，$S(3)=0.2$，$S(4)=0.3$，$S(5)=0.4$（单位：kg/m^7）。该图 1、4 节点分别有节点流量，大小方向如图；该管网图中没有流体输配动力。试建立求解该分支流量 Q（Q_1，Q_2，$\cdots Q_5$）的方程组。

（1）建立矩阵形式表示的节点流量平衡方程组。

（2）选出管网图的最小阻抗生成树，列写独立回路矩阵 C_f，建立独立回路压力平衡方程组。

（3）将所有分支流量用余枝流量表示出来，并将（1）、（2）建立的方程组简化为只有余枝流量未知数的回路压力平衡方程组。

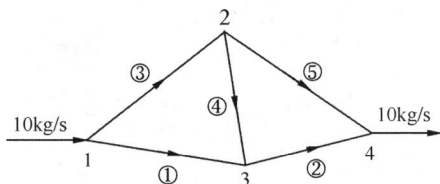

习题图 8-3

8-12　对教材 8.6 示例的集中供热管网进行水力计算并选择循环水泵。各个热用户的设计流量见下表：

用户编号	设计流量（m³/h）	用户编号	设计流量（m³/h）
用户 1	91.824	用户 9	114.78
用户 2	209.604	用户 10	103.14
用户 3	259.5	用户 11	182.98
用户 4	139.728	用户 12	182.98
用户 5	181.656	用户 13	69.87
用户 6	49.9	用户 14	141.4
用户 7	33.26	用户 15	219.58
用户 8	454.13		

其余条件与教材 8.6 示例中相同。（可利用环状管网水力计算与水力工况分析软件进行。）

8-13　若图 8-7-1（a）中，管段（6）因检修被关断，计算此时各个用户的实际流量与设计流量之比。其余条件与 8.7.1 中相同。（可利用环状管网水力计算与水力工况分析软件进行。）

参 考 文 献

[1] 供暖通风与空气调节术语标准 GB/T 50155-2015.

[2] 工业通风机、透平鼓风机和压缩机 名词术语 JB/T 2977-2005.

[3] 离心泵名词术语 GB 7021-1986.

[4] 通风机能效限定值及节能评价值 GB 19761-2005.

[5] 清水离心泵能效限定值及节能评价值 GB 19762-2005.

[6] 民用建筑供暖通风与空气调节设计规范 GB 50736-2012.

[7] 工业建筑供暖通风与空气调节设计规范 GB 50019-2015.

[8] 公共建筑节能设计标准 GB 50189-2015.

[9] 城镇供热管网设计规范 CJJ 34-2010.

[10] 城镇燃气设计规范 GB 50028-2006.

[11] 建筑给水排水设计规范 GB 50015-2003(2009 年版).

[12] 通风与空调工程施工质量验收规范 GB 50243-2002.

[13] 建筑给水排水及采暖工程施工质量验收规范 GB 50242-2002.

[14] 工业金属管道设计规范 GB 50316-2000.

[15] 采暖与空调系统水力平衡阀 GB/T 28636-2012.

[16] 全国民用建筑工程设计技术措施 暖通空调·动力(2009 年版).

[17] 陆耀庆. 实用供热空调设计手册(第二版). 北京：中国建筑工业出版社，2008.

[18] 孙一坚. 简明通风设计手册. 北京：中国建筑工业出版社，1997.

[19] 李岱森. 简明供热设计手册. 北京：中国建筑工业出版社，1998.

[20] 赵荣义. 简明空调设计手册. 北京：中国建筑工业出版社，1998.

[21] 袁国汀. 建筑燃气设计手册. 北京：中国建筑工业出版社，1999.

[22] 商景泰. 通风机实用技术手册. 北京：机械工业出版社，2005.

[23] 蔡增基等. 流体力学泵与风机(第五版). 北京：中国建筑工业出版社，2009.

[24] 陆亚俊等. 暖通空调(第三版). 北京：中国建筑工业出版社，2015.

[25] 何天祺等. 供暖通风与空气调节(第三版). 重庆：重庆大学出版社，2014.

[26] 孙一坚，沈恒根. 工业通风(第四版). 北京：中国建筑工业出版社，2010.

[27] 贺平等. 供热工程(第四版). 北京：中国建筑工业出版社，2009.

[28] 赵荣义等. 空气调节(第四版). 北京：中国建筑工业出版社，2009.

[29] 段常贵等. 燃气输配(第五版). 北京：中国建筑工业出版社，2015.

[30] 姜乃昌等. 水泵及水泵站(第四版). 北京：中国建筑工业出版社，1998.

[31] 王增长等. 建筑给水排水工程(第四版). 北京：中国建筑工业出版社，1998.

[32] 严世煦等. 给水排水管网系统(第三版). 北京：中国建筑工业出版社，2014.

[33] 潘云钢. 高层民用建筑空调设计. 北京：中国建筑工业出版社，1999.

[34] 马最良等. 民用建筑空调设计(第三版). 北京：化学工业出版社 2015.

[35] 穆为明. 泵与风机的节能技术. 上海：上海交通大学出版社，2013.

[36] 罗伯特·珀蒂琼[瑞典]，杨国荣等译. 全面水力平衡：暖通空调水力系统设计与应用手册. 北

京：中国建筑工业出版社，2007.

[37] 施俊良．调节阀的选择．北京：中国建筑工业出版社，1986.

[38] 李先瑞．供热空调系统运行管理、节能、诊断技术指南．2004.

[39] 高养田．空调变流量水系统设计技术发展．暖通空调，1996，26(3).

[40] 高养田．空调变流量水系统设计技术发展(续).暖通空调，1996，26(4).

[41] 姚国梁．空调变频水泵节能问题探讨．暖通空调，2004，34(6).

[42] 孙一坚．空调水系统变流量节能控制．暖通空调，2001，31(6).

[43] 孙一坚．空调水系统变流量节能控制(续1)：水流量变化对空调系统运行的影响．暖通空调，2004，34(7).

[44] 孙一坚等．空调水系统变流量节能控制(续2)：变频调速水泵的合理应用．暖通空调，2005，35(10).

[45] 江亿．用变速泵和变速风机代替调节用风阀水阀．暖通空调，1997，27(2).

[46] 江亿．管网可调性和稳定性的定量分析．暖通空调，1997，27(3).

[47] 潘云钢．"以泵代阀"末端系统的能耗分析与系统优化．暖通空调，2011，41(9).

[48] 秦绪忠等．集中供热网的可及性分析．暖通空调，1999，29(1).

[49] 秦绪忠等．供热空调水系统的稳定性分析．暖通空调，2002，32(1).

[50] 蔡启林．供热系统水力失调的综合治理．煤气与热力，2002，22(4).

[51] 田贯三等．燃气管网水力计算研究．哈尔滨工业大学学报，2003，35(7).

[52] 肖益民等．环状供热管网水力计算方法探讨．重庆大学学报(自然科学版)，2005，28(11).

[53] 李祥立等．多热源环状管网的水力计算与分析．2004，34(7).

教育部高等学校建筑环境与能源应用工程专业教学指导分委员会规划推荐教材

征订号	书　名	作　者	定价(元)	备　注
23163	高等学校建筑环境与能源应用工程本科指导性专业规范（2013年版）	本专业指导委员会	10.00	2013年3月出版
25633	建筑环境与能源应用工程专业概论	本专业指导委员会	20.00	
34437	工程热力学（第六版）	谭羽非 等	43.00	国家级"十二五"规划教材（可免费索取电子素材）
35779	传热学（第七版）	朱　彤 等	58.00	国家级"十二五"规划教材（可免费浏览电子素材）
32933	流体力学（第三版）	龙天渝 等	42.00	国家级"十二五"规划教材（附网络下载）
34436	建筑环境学（第四版）	朱颖心 等	49.00	国家级"十二五"规划教材（可免费索取电子素材）
31599	流体输配管网（第四版）	付祥钊 等	46.00	国家级"十二五"规划教材（可免费索取电子素材）
32005	热质交换原理与设备（第四版）	连之伟 等	39.00	国家级"十二五"规划教材（可免费索取电子素材）
28802	建筑环境测试技术（第三版）	方修睦 等	48.00	国家级"十二五"规划教材（可免费索取电子素材）
21927	自动控制原理	任庆昌 等	32.00	土建学科"十一五"规划教材（可免费索取电子素材）
29972	建筑设备自动化（第二版）	江　亿 等	29.00	国家级"十二五"规划教材（附网络下载）
34439	暖通空调系统自动化	安大伟 等	43.00	国家级"十二五"规划教材（可免费索取电子素材）
27729	暖通空调（第三版）	陆亚俊 等	49.00	国家级"十二五"规划教材（可免费索取电子素材）
27815	建筑冷热源（第二版）	陆亚俊 等	47.00	国家级"十二五"规划教材（可免费索取电子素材）
27640	燃气输配（第五版）	段常贵 等	38.00	国家级"十二五"规划教材（可免费索取电子素材）
34438	空气调节用制冷技术（第五版）	石文星 等	40.00	国家级"十二五"规划教材（可免费索取电子素材）
31637	供热工程（第二版）	李德英 等	46.00	国家级"十二五"规划教材（可免费索取电子素材）
29954	人工环境学（第二版）	李先庭 等	39.00	国家级"十二五"规划教材（可免费索取电子素材）
21022	暖通空调工程设计方法与系统分析	杨昌智 等	18.00	国家级"十二五"规划教材
21245	燃气供应（第二版）	詹淑慧 等	36.00	国家级"十二五"规划教材
34898	建筑设备安装工程经济与管理（第三版）	王智伟 等	49.00	国家级"十二五"规划教材
24287	建筑设备工程施工技术与管理（第二版）	丁云飞 等	48.00	国家级"十二五"规划教材（可免费索取电子素材）
20660	燃气燃烧与应用（第四版）	同济大学 等	49.00	土建学科"十一五"规划教材（可免费索取电子素材）
20678	锅炉与锅炉房工艺	同济大学 等	46.00	土建学科"十一五"规划教材

欲了解更多信息，请登录中国建筑工业出版社网站：www.cabp.com.cn查询。在使用本套教材的过程中，若有何意见或建议以及免费索取备注中提到的电子素材，可发Email至：jiangongshe@163.com。